中国心灵

宗白华美学思想研究

张生 著

同济大学人文学院优秀著作扶持规划资助项目

南京大学出版社

目 录

绪言　中国明窗

——宗白华与德国美学思想的因缘

作为中国著名的美学家和诗人，宗白华（1897—1986）在中国现代学术界的命运似乎一波三折，让人唏嘘不已。而他所拥有的强烈的德国文化的学术背景，使得他的美学研究自始至终都染上了深沉的德意志的诗思合一的色彩，独具一格，至今仍不失其价值，为后学所赞赏。如刘纲纪在总结近一个世纪以来中国现代美学的发展历程时，就对他进行了深刻的“画像”：“在中国‘五四’以来的学者中，他是为数不多的、最能深刻了解德国哲学与美学精神的学者之一。对中国古代的美学精神，他也有罕见的、深刻的了解。他本人的美学思想，在主要的方面，正是德国美学与中国美学的一种内在、深刻交融的产物。”[1] 所以，从宗白华的学术命运的沉浮中，不仅可以看到他的美学思想取向的变化，也可以看到中国美学在现代化进程中对德国美学思想的吸收与转化以及由此获得的可贵的经验与教训。当然，还可以从他的美学思想的变化中看到中国学术界思潮的变化，看到中国近百年以来的社会现实的变化。

宗白华早在1919年新文化运动前后即“少年成名”，当时他还

1　刘纲纪：《德国美学在中国的传播与影响》，见《刘纲纪文集》，武汉：武汉大学出版社，2009年，第298页。

只是一名刚从同济医工学堂毕业不久的学生。1919 年夏起，他先后参与编辑《少年中国》并主编《时事新报》的《学灯》副刊，同时努力撰文介绍德国哲学家如叔本华、康德以及欧洲其他哲学家的思想，尤其是他对叔本华、康德思想的阐释，堪称继王国维之后最为突出的人；他还积极介入当时为人所关注的青年问题和中西文化的讨论，并因此引起陈独秀的批评并产生争执。其间，他在编辑《学灯》时发现了时在福冈九州大学留学的郭沫若投稿的新诗，对其鼓励有加，使其插上“女神”的翅膀一举成名。1920 年 5 月，他与郭沫若还有田汉的通信集《三叶集》出版后，更是名动一时。1920 年夏，他去德国法兰克福大学及柏林大学留学，转而从事美学及艺术理论研究。他虽于 1923 年出版诗集《流云》，但也只是一个插曲，并未改变自己的学术志向。1925 年夏，他学成归国，赴东南大学哲学系任教，陆续开设“美学”“艺术学”和涉及中西哲学比较的“形上学”等课程。1928 年，东南大学改名为中央大学，1930 年他受同事兼好友汤用彤推荐担任哲学系主任。而在此阶段，可能因教务繁重，他除了撰写的美学及艺术学等课程的讲稿之外，并无其他文章发表。1930 年初，他转而从事中国艺术及美学研究，对中国的绘画、书法、诗歌等进行深入的批评，重新回到人们的学术视野之中。之后他虽因抗战爆发随校西迁至重庆但坚持研究不辍，终于 1943 年提出“中国艺术意境之诞生”，为学人所瞩目。

因此，1945 年贺麟在《当代中国哲学》一书中评价当时中国哲学界在艺术及美学研究方面的贡献时，将宗白华置于榜首：“近来对于美学有创见的尚颇不乏人。宗白华先生对于‘艺术的意境’的写照，不惟具哲理且富诗意。他尤善于创立新的深彻的艺术原理，以解释中国艺术之特有的美和胜长处。”[1] 贺麟同时也对邓以蛰、朱光

1　贺麟：《五十年来的中国哲学》，北京：商务印书馆，2002 年，第 58 页。

潜二位美学家的工作进行了评价。他认为抗战时一直困居于北平的邓以蛰的有关中国艺术理论的研究，“尤能发扬中国艺术之美的所在，使人对中国各种艺术有深一层进一步，富有美学原理的了解和欣赏。他在抗战期中所写的《论国画中的六法》及《论书法》两篇文字（即可在《哲学评论》发表），尤为精当有力”[1]。而贺麟在此对邓以蛰和宗白华在中国艺术之美的赞赏，或许就是后来所谓的“南宗北邓”的说法的由来。相较而言，贺麟虽然对朱光潜在中国美学方面的工作也予以肯定，但更集中于他对西方美学的“融汇”与介绍上，“朱光潜先生的《谈美》是雅俗共赏，影响到中学生的审美观念的名著。他用新的审美经验及审美原理以发挥中国固有的美学原理。他的《文艺心理学》巨著，介绍、批评、折衷众说，颇见工力。而他采康德美学之长，而归趋于意大利哲学家克罗齐的美学，颇见择别融汇的能力。他最近已译成克罗齐的《美学原理》，后由商务印书馆印行。他并将发奋译出康德与黑格尔的美学著作，这不能不说是中国哲学界，特别美学方面，大可庆幸的一个好消息”[2]。而从贺麟对宗白华、邓以蛰和朱光潜的美学研究的评价可以看出，他虽未对三人进行直接的比较，但从评价他们的先后次序及其对中国美学的具体贡献上，可以看出他对宗白华的推崇。

1949年，新中国成立，中央大学改名南京大学。1952年，大学院系调整，宗白华随南大哲学系赴北大哲学系任教，此时，他年届55岁，仍为壮年。他热心学习马克思主义，不仅用唯物主义思想重新梳理马克思的思想和中国近代思想的变迁，还尝试运用马克思唯物主义的观点重写西方的“美学史”，同时修订自己之前对中国美学及艺术的批评，以图别开生面。他还努力做之前并不喜欢的翻译工

1　贺麟：《五十年来的中国哲学》，北京：商务印书馆，2002年，第58页。
2　贺麟：《五十年来的中国哲学》，北京：商务印书馆，2002年，第58页。

作，特别是于1964年出版了康德《判断力批判》上卷的译著，此外还校对了马克思《1844年经济学哲学手稿》等德文著作。因此，1960年前后，他又迎来了自己的一个学术高潮。但之后，随着各种政治运动频仍，宗白华也迅速被边缘化，在学术界也迅速消失。因此，1980年夏，中华美学学会成立时，与会的很多人竟然已经不知道宗白华是谁。嗣后，在其学生林同华的努力下，于1981年5月在上海人民出版社出版《美学散步》，他才如尘封已久的“古董”一般得以重回“人间”。而此时，他已84岁高龄，垂垂老矣。

但是，这一次，宗白华的学术影响并没有随着他的离去而再度消失。他的美学研究，特别是他对中国美学富有创造性的贡献逐渐得到越来越多的重视和承认。很多人开始将他与同在北大任教的美学家朱光潜进行对比，最早对两人进行直接比较的是1981年刚出版了《美的历程》的李泽厚。他在1980年冬为宗白华《美学散步》作的“序”里讲道：

> 在北大，提起美学，总要讲到朱光潜先生和宗白华先生。朱先生海内权威，早已名扬天下，无容我说。但如果把他们两位老人对照一下，则非常有趣（尽管这种对照只在极有限的相对意义上）。两人年岁相仿，是同时代人，都学贯中西，造诣极高。但朱先生解放前后著述甚多，宗先生却极少写作。朱先生的文章和思维方式是推理的，宗先生却是抒情的；朱先生偏于文学，宗先生偏于艺术；朱先生更是近代的，西方的，科学的；宗先生更是古典的，中国的，艺术的；朱先生更是学者，宗先生更是诗人……。[1]

1　李泽厚：《宗白华〈美学散步〉序》，《读书》1981年第3期。

李泽厚的这个序不仅比较了宗白华与朱光潜的写作风格，还在某种意义上代表了当时对两人在中国美学贡献上的评价，那就是从著述的多少和影响力的大小来说，朱光潜的成就似乎比宗白华更高。这个看法多少改变了之前贺麟对两人的评价。但李泽厚的这个看法颇具代表性，曾担任过宗白华助教的叶朗在 1996 年谈到两人时也认为“朱光潜最有资格做中国现代美学的代表人物”的观点，因此中国当代美学“应该从朱光潜接着讲”。[1] 而曾受教于宗白华的刘纲纪于 2004 年在谈到朱光潜和宗白华对中国美学的研究时，却认为后者比前者更为深刻：“我觉得，在对中国美学特征的体悟上，他比朱光潜先生要深入一些。”[2] 不过，随着对宗白华的认识的加深，叶朗对其的评价也逐渐在改变，2018 年，他在谈论宗白华的文章中认为其美学思想至今仍可给我们深刻的“启示”，“有一些是属于美学基本理论的理论核心区的启示，因而是对我们构建具有中国色彩的美学基本理论和美学理论体系极为重要的启示”[3]。所以，不仅要从朱光潜接着讲，更要从宗白华接着讲。而 1980 年代曾随宗白华攻读研究生的刘小枫此前已经将其放在一个更为广阔的学术思想背景中去考察：“三十年代起，宗白华的论述在深度和幅度上拓宽了汉语审美主义。宗氏力图把更为晚近的西欧审美主义与汉语思想的审美主义融贯起来，即把个体的自由和艺术化的人生融贯起来。这种审美主义论述的展开承继并拓展了王国维的叙述方式：将古代汉语思想（儒、道、禅）审美化，即通过古代诗文、音乐、绘画以至个体人格风范

1　叶朗：《中国美学研究之现状及发展趋势》，见《胸中之竹：走向现代之中国美学》，合肥：安徽教育出版社，2002 年，第 247 页。

2　刘纲纪：《路漫漫其修远兮，吾将上下而求索》，见《刘纲纪文集》，武汉：武汉大学出版社，2009 年，第 1213 页。

3　叶朗：《照亮美的光来自心灵：宗白华对中国美学和中国艺术的阐释》，《中国文学批评》2018 年第 1 期。

的诠释，提供一种审美化个体自由人生的范本。”[1] 因此，刘小枫认为宗白华是其所谓的“汉语审美主义模式”得以“形成”的关键人物。

可是，这一切都是他人眼里的宗白华，对于他本人来说，他又是如何看待自己的？1932 年，宗白华在开始集中精力专治中国艺术及美学之际，作为中国最早介绍歌德的诗文及思想的人之一，他借庆祝歌德逝世百年纪念，撰写和翻译了一系列纪念歌德的文章，以表示自己对这位德意志文化伟人的崇敬。他在《歌德之人生启示》一文中，对歌德的人生赞赏不已：

> 歌德对人生的启示有几层意义，几个方面。就人类全体讲，他的人格与生活可谓极尽了人类的可能性。他同时是诗人，科学家，政治家，思想家，他也是近代泛神论信仰的一个伟大的代表。他表现了西方文明自强不息的精神，又同时具有东方乐天知命宁静致远的智慧。德国哲学家息默尔（Simmel）说：“歌德的人生所以给我们无穷兴奋与深沉的安慰的，就是他只是一个人，他只是极尽了人性，但却如此伟大，使我们对人类感到有希望，鼓动我们努力向前做一个人。”我们可以说歌德是世界一扇明窗，我们由他窥见了人生生命永恒幽邃奇丽广大的天空！[2]

这其中，宗白华对歌德是“世界一扇明窗”的赞美，可以说同时深深地寄寓着他自己的学术理想，那就是像歌德一样，成为一扇“中国明窗”。这个学术理想，其实早在 1920 年他赴德留学后就已经

1　刘小枫：《现代性社会理论绪论》，上海：上海三联书店，1998 年，第 314 页。
2　宗白华：《歌德之人生启示》，见《宗白华全集》第 2 卷，合肥：安徽教育出版社，1994 年，第 2 页。

建立。因为他到了德国不久，就敏感地发现当时德国人对东方文化的浓厚兴趣，因此在“借外人的镜子照自己面孔”之余，也就下定决心，准备将来从事“文化批评”或者“文化哲学”的工作，从而为祖国的文化“以寻出新文化建设的真道路来”[1]。所以，他认为对中国“旧文化”中的“伟大优美”的事物，如绘画等，不仅“万不可消灭”，而且要重新估定其在世界文化中的不朽价值，但对于已经衰朽的中国的文化，却是“不可不借些西洋的血脉和精神来，使我们病体复苏”[2]。

正是这样的想法奠定了宗白华之后研究中国文化和艺术之美的基础，而从他这扇“中国明窗”里，既可以看见“西洋的血脉和精神”，也可以看到中国艺术的境界。因此，与王国维等只是用叔本华、康德和尼采等人的思想来解释中国的文学不同，宗白华不仅用德国思想来解释中国的艺术及文化，同时还有强烈的文化建设意识，不仅在美学研究的文体上、思想内容的变化上和研究的方法上向德国思想家学习，还努力建构中国的“艺术意境”理论。所以，从宗白华这扇“中国明窗”里，不仅可以看到中国艺术之美，还可以透过艺术看到其中所表现的“中国艺术心灵”，更可以看到他自己的一颗真挚的热爱“中国文化的美丽精神”的“中国心灵”。

一、文体风格：“能将哲理化入诗境，人格表现于艺术”

然而在宗白华的这扇“中国明窗”里，看到的“风景”虽然优

1　宗白华:《自德见寄书》，见《宗白华全集》第1卷，合肥：安徽教育出版社，1994年，第321页。

2　宗白华:《自德见寄书》，见《宗白华全集》第1卷，合肥：安徽教育出版社，1994年，第321页。

美而迷人，却让人常常觉得“脱有形似，握手已违”，似乎只能“素处以默，妙机其微”。他的美学思想之所以会给人这种感受，与其高妙的行文不无关系。他的语言简练优美，富有诗意，又内蕴哲理，既给人以华贵之感，又融入生命的情绪与经验，令人身临其境，他的文体也因此自成一格。可以说，他是一位“诗人美学家”。当然，他之所以形成这样的文体，既与其身为诗人习惯于对语言的精练有关，更与其对德国思想的喜爱有关。也许正因为此，李泽厚将其与朱光潜的文体进行比较时，才强调其“诗人”身份，而非后者的“学者”身份，并且对他独特的文章风格特意做了描述：“或详或略，或短或长，都总是那种富有哲理情思的直观把握，并不作详尽严格的逻辑分析或系统论证，而是单刀直入，扼要点出，诉诸人们的领悟，从而叫人去思考、去体会。”[1] 但宗白华的文体之所以给人如此深的印象，并非偶然，实与其有意追求有关。

先谈宗白华对于德国思想的喜爱，这既来自他青年时代即已接受的德国文化的熏陶和训练，也来自他对于康德、叔本华、尼采、歌德、席勒等人深刻的认识。而这其中对宗白华的最重要的影响就是德国人对思想的追求，因此他很赞同卡莱尔对德国人的看法：“英国大文豪卡莱尔称德国民族是‘诗人与思想家的民族’。德国两大诗人歌德与席勒确可以称为大思想家。”[2] 他年轻时在编辑《学灯》时，曾告诉郭沫若自己平日多在“概念的世界”里研究康德哲学，但是他的理想却是曾对田汉说的，成为一个“诗人哲学家”：“我恐怕要从哲学渐渐结束在文学了。因为我已从哲学中觉得宇宙的真相最好用艺术表现，不是纯粹的名言所能写出的，所以我认为将来最真确

1　李泽厚：《宗白华〈美学散步〉序》，《读书》1981 年第 3 期。

2　宗白华：《席勒的人文思想》，见《宗白华全集》第 2 卷，合肥：安徽教育出版社，1994 年，第 113 页。

的哲学就是一首‘宇宙诗’，我将来的事业也就是尽力加入做这首诗的一部分罢了。”[1] 这使得他在自己的写作中很注意思想的传递，哲理的表达。

因此，作为诗人，宗白华在自己的文章中追求诗与思的合一，诗要求语言的精练，思则追寻思想的深刻，但二者结合，殊为不易。所以，他盛赞郭沫若的诗歌与别的白话诗相比有着独特的风格，这就是有着“哲理做骨子”：“你的诗是以哲理做骨子，所以意味浓深。不像现在有许多新诗一读过后便索然无味了。所以白话诗尤其重在思想意境及真实的情绪，因为没有词藻来粉饰他。”[2] 宗白华对新诗的看法并非无的放矢，新诗与传统的古典诗歌相比，由于使用白话，的确已经少了很多蕴藉，如果没有“哲理”或者“思想意境”，则不免会更加流于清浅。宗白华受郭沫若诗歌的启发，对白话诗的哲理非常重视，并将其作为衡量好诗的标准。在他于德国留学中亲自开始创作白话诗《流云》小诗后，对此体会更深。因此，他也对激发自己创作灵感的冰心女士的诗赞赏不已：

> 我尤爱冰心女士的浪漫谈和诗，她的意境清远，思致幽深，能将哲理化入诗境，人格表现于艺术。她的《繁星》七十首，真给了我许多的愉快与安慰。不过，我还祝她能永久保持着思致与情感的调和，不要哲理胜于诗意，回想多于直感。[3]

1　宗白华：《三叶集》，见《宗白华全集》第1卷，合肥：安徽教育出版社，1994年，第225页。

2　宗白华：《三叶集》，见《宗白华全集》第1卷，合肥：安徽教育出版社，1994年，第227页。

3　宗白华：《致柯一岑书》，见《宗白华全集》第1卷，合肥：安徽教育出版社，1994年，第416页。

宗白华对冰心诗的评价就在于其可以将“哲理”融入“诗境”，同时也把自己的“人格”或“情感”于“艺术”即诗句中表现出来。他对这样一种风格的文章的喜爱始终未变，1940 年，他在《学灯》编发李长之的纪念蔡元培逝世的文章时，心有所感，直抒胸臆：“我所爱读的文章，是美而含了一些智慧，聪明而带了一片热情。”[1] 文章需要有诗意之“美”，又要有让人觉得“智慧”与“聪明”的哲理，还要有“热情”或是生命的情绪，这才是宗白华心目中理想的文章。

当然，诗意的获得首先要求文字的俭省与精练，这也是宗白华刻意追求的风格。1933 年，他在答复中华书局编辑舒新城的《美学》催稿信里就曾谈到自己的作文风格：“弟做文努力于言简意赅，不愿拉长许多废话。”[2] 他也把对简练的追求作为一种对美的追求，他在评论好友徐悲鸿的画作时，很是赞同其推崇的中国画的“华贵”与“静穆”的“造诣之道”即“练与简”，“练则简。简则几乎华贵，为艺之极则也”：

> 此实中国画法所到之最高境界。华贵而简，乃宇宙生命之表象。造化中形态万千，其生命之原理则一。故气象最华贵之午夜星天，亦最为清空高洁，以其灿烂中有秩序也。此宇宙生命中一以贯之之道，周流万汇，无往不还；而视之无形，听之无声。老子名之为虚无；此虚无非真虚无，乃宇宙中浑沌创化之原理；亦即画图中所谓生动之气韵。画家抒写自然，即是欲

1 宗白华：《〈中国美育之今昔及其未来〉编辑后语》，见《宗白华全集》第 2 卷，合肥：安徽教育出版社，1994 年，第 262 页。

2 宗白华：《致舒新城函》，见《宗白华全集》第 2 卷，合肥：安徽教育出版社，1994 年，第 65 页。

表现此生动之气韵；故谢赫列为六法第一，实绘画最后之对象与结果也。[1]

但宗白华的这段“简练”的文字虽然也给人以“华贵”之感，却并不好“懂”，因为他在这段不无诗意的文字里不仅融入了自己对“简练”之美的深沉而浓烈的欣赏之情，还同时“将哲理化入诗境”，给人以“智慧”。这其中既引用了康德对“灿烂中有秩序的”的头顶的星空的赞美，还引用了柏格森的生命创化理论，同时，也引用了老子的“道”即“虚无”和谢赫的画论“六法”中的首法，即“气韵生动”。宗白华之所以引用中西哲人与艺术家的观点，意在说明中国画之简练为“生命之原理”或“宇宙生命中一以贯之之道”的“表象”，因此而“道”表象于“艺”，或艺道得以贯一，故为中国画之“最高境界”。

宗白华的这种“言简意赅”而又汇通中西的风格，一方面让其文章富于诗意有“华贵而简”之美；另一方面，却也因为富含哲理，“思致幽深”，让人感觉“仰之弥高，钻之弥坚，瞻之在前，忽焉在后”，让人颇有“夫子之墙数仞，不得其门而入”之感。对此，他的学生刘纲纪深有感触，“他对康德、歌德有深入独到的研究，对中国传统哲学也有深刻的思考，特别是对《周易》的研究颇深。他原是诗人，喜欢用散文的形式表达思想。研究宗先生的美学思想，看似容易，其实很难。对传统文化、对宗先生的思想缺乏深度的了解，就很难将他的言简意赅的思想讲透”[2]。

1　宗白华：《徐悲鸿与中国绘画》，见《宗白华全集》第2卷，合肥：安徽教育出版社，1994年，第50—51页。

2　刘纲纪：《路漫漫其修远兮，吾将上下而求索》，见《刘纲纪文集》，武汉：武汉大学出版社，2009年，第1213页。

这也是宗白华长期以来得不到应有的承认的一个原因，因为他的美学思想不仅表述得诗意或者散文化让人不易把握，更重要的是他的思想的丰富与深刻不易让人理解。所以刘纲纪发出了研究宗白华美学思想“看似容易，其实很难”的感慨，但是他更多地将其“难”归于宗白华对中国传统哲学和文化的思考与运用，而将宗白华对德国思想的认识只归结于康德和歌德两人，却是失之偏颇。其实，宗白华的美学思想之所以让国人觉得“很难”，并不能主要归因于他对中国传统哲学和文化的认识，而应该归因于他对近代德国诸多哲学家和美学家的思想的深透的理解，所以他在对中国艺术进行批评时方可以自如地对他们的理论予以创化，如羚羊挂角，无迹可寻，这才是他的美学思想中真正让人难以理解的地方。

二、思想脉络：“拿叔本华的眼睛看世界，拿歌德的精神做人”

宗白华与德国思想的因缘际会，可以说偶然中有必然。而这一刻从他 17 岁到青岛读书就已经确定了。1914 年初，17 岁的他从南京进入当时国内第一所采用德国教育制度的大学——青岛特别高等专门学堂（又名德华大学，Deutsch-Chinesische Hochschule），攻文科，学习德语。但是年夏天，因为“一战”爆发，日军占领青岛，学校被迫解散，他因叔父宗嘉谟在同济任国文教师，而转学上海由德国人创办的同样采用德式教育的同济医工学堂德文科，继续学业。1916 年夏，他升入医预科，1918 年毕业。继之，1920 年夏，他又于 23 岁赴德留学，先后至法兰克福大学、柏林大学学习哲学及美学，直至 1925 年夏回国至东南大学哲学系任教，从 17 岁到 28 岁，将近

11 年间，他几乎都沉浸在对日耳曼文化的深入学习之中。之后他在大学任教期间开设的课程，也以介绍德国思想和文艺为主，如康德、叔本华、尼采、歌德、斯宾格勒等人，当然，还有“美学”与“艺术学”等课程内容也多涉及德国的美学理论及艺术学等知识。甚至，他在 1952 年随院系调整至北大哲学系任教后，转而学习马克思主义，努力撰写美学新作，以及翻译康德的《判断力批判》上册并为他人校对德文著作等，也依然主要在德国思想的范围内活动。

因此，可以说宗白华在其志业之年与德国的思想始终未曾分离，而他学术研究的每一个阶段的展开，也都与德国思想的影响密不可分。如果从他不同时期所致力于思考和研究的问题入手，可以把他的学术生涯大致分为四个阶段：1920 年前后的人生哲学与诗学阶段，1920—1930 年的哲学、美学及艺术理论的研究阶段，1930—1949 年的中国艺术批评阶段，1950 年至 1960 年代的运用马克思主义的唯物史观“重写美学史”的阶段。而他在每个阶段都受到了德国思想的影响，从他热爱的德国古典哲学到 1949 年后成为主流思想的马克思主义，可谓一脉相承。显然，他对德国思想的接受，既有其理论的追求，也有现实的要求，当然，也有他自己的选择。

先谈宗白华的人生哲学与诗学的阶段。这个阶段基本上奠定了他对德国哲学以及文学的喜爱，尤其是对歌德的仰慕，还有对诗的喜爱。同时，他在介绍叔本华、康德等人的思想和欧洲的哲学流派之余，还介入了当时流行的青年人生观及中西文化的讨论问题。宗白华说自己对哲学的兴趣是在同济读书时产生的。他听到同宿舍一位同学经常诵念《楞严经》，在感动之余，又因其“庄严伟大的佛理境界”，与心里潜在的对“哲学的冥想”契合，由此开启了自己研究哲学的爱智之路。“我对哲学的研究是从这里开始的。庄子，康德，叔本华，歌德相继地在我的心灵的天空出现，每一个都在我的精神人格上留下了不可磨灭的印痕。‘拿叔本华的眼睛看世界，拿歌德的精神做人’，是我那时的口号。”[1] 而“拿叔本华的眼睛看世界”，就是不仅以叔本华的唯意志论来理解被盲目的生存意志所推动的世界，认识到世界的本质的荒诞，所以，“人之一生，往来于苦与无聊间而已”，更还要认识到唯有“天才”可以摆脱意志的困扰，脱离意志的苦海，即“用其心于宇宙观察，或天然风景，或学术文章，或万物之情，或社会人事，唯纯然客观，不动于心，不生私念，然后著之书册，形之歌咏，笔之图画，写之小说，宇宙现象之真，于焉以得，此天才之有益人世者也”[2]。宗白华为此主张青年用“唯美的眼光”来看世界，使自然生活与社会生活成为一个“艺术品”，从而使心中得到“安慰”“宁静”与“精神界的愉乐”，进而使人生艺术化而创造出新的生活。这就是他的“艺术人生观”，也是“拿歌德的精神做人”的真意。

> 这种艺术人生观就是把“人生生活”当作一种“艺术”看待，使他优美、丰富、有条理、有意义。总之，就是把我们的一生生活，当作一个艺术品似的创造。这种“艺术式的人生”，也同一个艺术品一样，是个很有价值、有意义的人生。有人说，诗人歌德的人生，比他的诗还有价值，就是因为他的人生同一个高等艺术品一样，是很优美、很丰富、有意义、有价值的。[3]

1 宗白华：《我和诗》，见《宗白华全集》第 2 卷，合肥：安徽教育出版社，1994 年，第 151 页。（本文言为《华言经》，但原刊文为《楞严经》，见《文学》（新年号/新诗专号）第 8 卷 第 1 期，上海：生活书店，1937 年，第 261 页。）

2 宗白华：《箫彭浩哲学大意》，见《宗白华全集》第 1 卷，合肥：安徽教育出版社，1994 年，第 8 页。

3 宗白华：《青年烦闷的解救法》，见《宗白华全集》第 1 卷，合肥：安徽教育出版社，1994 年，第 179 页。

宗白华对于歌德的热爱，很大意义上就是热爱他那种将生命的情绪容纳于优美的形式中的“艺术式的人生”。正是出于这种歌德式的人生的追求，宗白华才毅然抛弃已经获得的文化和学术的名声远赴法兰克福留学，而法兰克福正是歌德的故乡和叔本华的安息之所。当然，也许这并不是他选择到法兰克福去留学的直接原因，却由此开启了他长达近十年的美学及艺术理论的学习与研究。他的这个阶段又可以分为两个时期，即德国留学时期和回国任教时期。在德国留学期间，宗白华不仅注意从德国的学术生活中汲取新知，还有意融入德国的日常生活。

> 我这两年在德的生活，差不多是实际生活与学术并重，或者可以说是把二者熔于一炉了的。我听音乐，看歌剧，游图画院，浏览山水的时间，占了三分之一，在街道里巷中散步，看社会上各种风俗人事及与德人交际，又占了三分之一，还馀三分之一时间看书。叔本华言哲学者应当在宇宙底大书中研究，我无此才能，愿意且在这欧土文化的大书中浏览一下，以为快意。[1]

对德国学术生活的重视，使宗白华得以感悟德国哲学及文化的最新的潮流，确定以斯宾格勒等人所开创的“文化哲学”为自己的未来的学术方向，以做一个“文化批评家”，研究中国艺术与文化为己任。同时，他还努力致知，于德国学术的世界中涵泳。他在柏林大学受教于艺术学的创始人德索，Bolschman 和新康德学派的代表学

1　宗白华：《致柯一岑书》，见《宗白华全集》第 1 卷，合肥：安徽教育出版社，1994 年，第 416 页。

者里尔等，专注于学习艺术学和美学的知识。[1] 他不仅对各种代表性的美学家的思想了解深入，如费希纳、赫尔德、费肖尔、李普斯等人的观点，还对各种代表性的艺术学理论都广泛涉猎，如李格尔、沃尔夫林、贡布里希等人的看法，此外，他对狄尔泰、奥伊肯和息默尔等人的生命哲学也理解颇深。而这一切都成为他日后教学和研究的扎实的基础。他回国后开设“美学”“艺术学”等课程，其讲稿的内容主要来自此一时期的学习，如他在多处直接介绍德索及其关于艺术学的观点：“艺术学本为美学之一，不过，其方法和内容，美学有时不能代表之，故近年乃有艺术学独立之运动，代表之者为德之 Max Dessoir，著有专书，名 *Ästhetik und allgemeine Kunstwissenschaft*，颇为著名。”[2] 当然，这只是一个例子。

对德国日常的“实际生活”的重视，让宗白华得以将德国思想置入具体化的场景中予以认识，因而对德国的文化别有会心，如他对德国音乐的认识之深就为很多人所不及：

> 我在德国两年来受印象最深的，不是学术，不是政治，不是战后经济状况，而是德国的音乐。音乐直接表现了人生底内容，一切人生境界，命运界（即对世界的种种关系）各种繁复问题，都在音乐中得到了超然的解脱和具体的表现。德国音乐本来深刻而伟大。Beethoven 之雄浑，Mozart 之俊逸，Wagner 之壮丽，Grieg 之清扬，都给我以无限的共鸣。尤其以 Mozart

---

1 文中提到的 Bolschman，无法确认其身份，或为拼写错误。见邹士方：《宗白华评传》（上），北京：西苑出版社，2013 年，第 72 页。

2 宗白华：《艺术学》，见《宗白华全集》第 1 卷，合肥：安徽教育出版社，1994 年，第 496 页。

的神笛，如同飞泉洒林端，萧逸出尘，表现了我深心中的意境。[1]

正是这种对德国音乐的深切的理解，使得宗白华在日后的艺术批评中，将音乐性作为一个非常重要的批评标准。他也因此不仅对中国书法与绘画的音乐性予以成功的揭示，对中国文化精神及哲学的音乐性也作了深刻的描摹。对宗白华来说，还有一个“实际生活”对其后来从事艺术研究起到了非常重要的作用，那就是在“欧土文化的大书”中的游历。他一来欧洲就去了巴黎游览，参观了罗丹美术馆与卢浮宫博物馆等，后来还去了希腊雅典及意大利罗马等地。他不仅读万卷书，还行了万里路，而就在这样的耳濡目染之中，他对于欧洲的文化与艺术不仅有了书本的知识，还有了实际的经验，这一切对于他之后的美学及艺术研究来说，可谓弥足珍贵。

1925 年夏，宗白华结束德国的留学生涯回国后，入职东南大学哲学系，而教学工作的忙碌使得他无暇他顾，只能在假期专力写作。在此期间，他除了在国内大学中首开“艺术学”及学院开设的“美学”课程外，还开设了“形而上学”“人生之形式”等哲学课程，以及诸多德国哲学家的专题研究课程，如康德、叔本华、尼采、斯宾格勒、歌德等，均需要投入大量精力进行备课，所以，除了准备教案讲稿之外，他很难再有余力写作别的东西。但是，从留学到教学这漫长的十年，既是宗白华学术思想的养成期，也是他学术研究的沉潜期，同时也使他得以在之后致力于中国艺术的批评时大放异彩。

1932 年 10 月，宗白华在《图书评论》月刊发表《介绍两本中国画学的书并论中国的绘画》一文。这应该是他第一篇具体批评中国

1　宗白华:《致柯一岑书》，见《宗白华全集》第 1 卷，合肥: 安徽教育出版社，1994 年，第 414 页。

艺术的文章，因此也标志着他的“中国艺术研究转向”，即从之前的哲学、美学及艺术学的研究教学阶段转向对中国绘画、书法等艺术的具体的批评方面。在这篇具有开创性意义的文章中，宗白华从宇宙观、人生观和艺术观的一致性出发，对比了古代希腊人的心灵在人体雕塑中的表现，和文艺复兴后近代欧洲人所代表的西洋文明的心灵在哥特式的教堂、伦勃朗的画像和歌德的浮士德的精神中的表现，最后从中国绘画的表现中，发现了与这两者不同且独具魅力的“中国心灵”：

> 中国绘画里所表现的最深心灵究竟是什么？答曰，它既不是以世界为有限的圆满的现实而崇拜模仿，也不是向一无尽的世界作无尽的追求，烦闷苦恼，彷徨不安。它所表现的精神是一种“深沉静默地与这无限的自然、无限的太空浑然融化，体合为一”。它所启示的境界是静的，因为顺着自然法则运行的宇宙是虽动而静的，与自然精神合一的人生也是虽动而静的。它所描写的对象，山川、人物、花鸟、虫鱼，都充满着生命的动——气韵生动。[1]

这“中国心灵”，既不以古希腊的圆满和谐为盼，也不以近代人一往不返的追求为念，而是一种与天地同怀的“虽动而静”、与自然的运行合一的“心灵”。然而这“心灵”或者“文化心灵”的概念的运用，既受到了德国哲学家及诗人赫尔德的启发，也受到了斯宾格勒的影响。尤其是宗白华对于古希腊人的心灵和文艺复兴后的近代

1　宗白华：《介绍两本关于中国画学的书并论中国的绘画》，见《宗白华全集》第 2 卷，合肥：安徽教育出版社，1994 年，第44 页。

欧洲人的心灵的描述，直接来自斯宾格勒的《西方的没落》中的相关观点。他在文中对于中国艺术家及其绘画的赞赏，“一言蔽之，他是最超越自然而又最切近自然，是世界最心灵化的艺术”[1]，则是引用自德国艺术史学者菲歇尔的批评。菲歇尔曾于1926年访问中国，与齐白石等人来往，撰写了多部有关中国绘画、雕塑等艺术著作。宗白华深受其影响，他在1934年发表的《论中西画法的渊源与基础》中说：“德国学者菲歇尔博士（Dr. Otto Fisher）近著《中国汉代绘画》（*Die chinesische Malerei der Han-Dynastie*，1931）一书，极有价值。”[2] 当然，宗白华对于斯宾格勒的最重要的“兴感”还是其《西方的没落》中将艺术所表现的空间作为文化象征物以勘求民族“文化精神”或“文化心灵”的做法，他同时又结合了芮格(Alois Riegl，今译李格尔）的艺术意志说，解释了中国绘画放弃透视而采取“以大观小”之法，因而表现出了独特的空间意识：

> 中国诗人、画家确是用“俯仰自得”的精神来欣赏宇宙，而跃入大自然的节奏里去“游心太玄”。晋代大诗人陶渊明也有诗云：“俯仰终宇宙，不乐复何如！”
>
> 用心灵的俯仰的眼睛来看空间万象，我们的诗和画中所表现的空间意识，不是像那代表希腊空间感觉的有轮廓的立体雕像，不是像那表现埃及空间感的墓中的直线甬道，也不是那代表近代欧洲精神的伦勃朗的油画中渺茫无际追寻无着的深空，而是“俯仰自得”的节奏化的音乐化了的中国人的宇宙感。

---

1 宗白华：《介绍两本关于中国画学的书并论中国的绘画》，见《宗白华全集》第2卷，合肥：安徽教育出版社，1994年，第46页。

2 宗白华：《论中西画法的渊源与基础》，见《宗白华全集》第2卷，合肥：安徽教育出版社，1994年，第98页。

《易经》上说："无往不复，天地际也。"这正是中国人的空间意识！[1]

宗白华在对中国艺术的具体批评中，不仅吸收了斯宾格勒、李格尔等人的观点，还广泛吸收了康德的形式主义、叔本华的艺术的静观理论、尼采的悲剧学说和审美救赎观等。而这一切又都融合在他于 1943 年完成的《中国艺术意境之诞生》，特别是 1944 年的《中国艺术意境之诞生（增订稿）》之中。与王国维等人的境界说或意境理论不同的是，他所说的"意境"是一个艺术的"灵境"，是一种独特的空间意识的表现，它由艺术家的内在的"心源"与外在的"造化"的合一而产生，"主观的生命情调与客观的自然景象交融互渗，成就一个鸢飞鱼跃，活泼玲珑，渊然而深的灵境；这灵境就是构成艺术之所以为艺术的意境"[2]。同时，他更将意境视作由"直观感相的摹写，活跃生命的传达，到最高灵境的启示"所构成的空间性的"一个境界层深的创构"。[3] 当然，最重要的是，宗白华在宣布"中国艺术意境"的诞生的同时，还给予其至高的地位，认为意境不仅是中国的绘画诗歌等"一切艺术的中心之中心"[4]，更具有世界性的意义，"这中国文化史上最中心最有世界贡献的一方面"[5]。而对于"中国艺术意境"的"诞生"与"创构"，确实也是宗白华对中国艺

1 宗白华：《中国诗画中所表现的空间意识》，见《宗白华全集》第 2 卷，合肥：安徽教育出版社，1994 年，第 423 页。

2 宗白华：《中国艺术意境之诞生（增订稿）》，见《宗白华全集》第 2 卷，合肥：安徽教育出版社，1994 年，第 358 页。

3 宗白华：《中国艺术意境之诞生（增订稿）》，见《宗白华全集》第 2 卷，合肥：安徽教育出版社，1994 年，第 362 页。

4 宗白华：《中国艺术意境之诞生》，见《宗白华全集》第 2 卷，合肥：安徽教育出版社，1994 年，第 326 页。

5 宗白华：《中国艺术意境之诞生（增订稿）》，见《宗白华全集》第 2 卷，合肥：安徽教育出版社，1994 年，第 356 页。

术批评和美学研究的最大的贡献。

1949 年新中国成立后，因为时势的影响、生活的变化，像很多学人一样，他开始努力学习马列主义，检讨自己昔日的在一夜之间变“旧”的美学思想。他之后不仅尝试用新学习的马克思主义的唯物主义和阶级论来“重写美学史”，以与时俱进，还有意识地对自己过去的美学论述进行更新和改造。不过，宗白华对于 1949 年后的外在的社会现实与思想的巨大变动，似乎并无更多的挣扎。在 1951 年的南大校刊上，他不仅检讨了三十年前自己的“小资产阶级知识分子”希望创造新中国和新文化的局限性，为自己没有“实际参加”中国共产党创建新中国的“奋斗实践”感到“惭愧”，还对新中国的诞生表示了衷心的欢迎。

> 三十年后的今日，中国共产党领导成功的中国革命，把那漫天无际的黑雾吹得干干净净，伟大祖国的河山格外灿烂明丽！马列主义的哲学唤醒了迷途的长梦，使中国民族真能发展他的聪慧才能，贡献于全世界的人民了！[1]

50 年代初，他撰写了《近代思想史提纲》，对马克思主义的产生和思想发生的历程进行研究；又撰写了《中国近代思想史提纲》，对鸦片战争后中国思想的发展与马列主义在中国的传播进行梳理。当然，宗白华之前并非对马克思主义一无所知，他早有涉猎，但并未完全接受其观点。不过，他最喜欢的依然还是美学的研究，他在此期间撰写了《美学的散步（一）》（1957），探讨了诗与画的界限，

1　宗白华:《从一首诗想起》，见《宗白华全集》第 3 卷，合肥：安徽教育出版社，1994 年，第 2 页。

尽管他并未按照计划撰写关于音乐和建筑的“美学散步”的第二步，但仍获得了“散步美学家”的“美名”。他所致力的更重要的工作是“重写美学史”，用马克思的唯物主义的观点来重新批评中西方的美学。首先，涉及西方美学的有他在50—60年代写的一系列西方美学史的文章，如批评介绍古希腊、文艺复兴、德国唯理主义、英国经验主义美学等。当然，这其中影响最大的文章就是他1960年发表的为介绍自己所译的康德的《判断力批判》（上）而写作的《康德美学思想评述》。其次，就是他对自己所钟爱的关于中国艺术及美学的研究的“重写”，如60年代初发表的《中国艺术表现里的虚和实》《中国书法里的美学思想》《中国古代音乐寓言与音乐思想》《中国美学史中重要问题的初步探索》等，这些文章与之前的最大不同，就是试图重新用马克思的唯物主义来解释原来的观点，如他对于古希腊与中国的“宇宙观”和“形式美”不同的解释就加入了唯物史观和阶级分析的观点：

> 生生气化的宇宙观。节奏纵容的宇宙观。希腊的形式美，基于奴隶制民主社会中之尚秩序，尚组织的数学精神，表现于几何学，数学，天文学及希腊庙。中国之形式美，来自封建社会之等级制，尚礼法，重度数，尚自然的农业季节秩序（希腊岛国以掠夺及海上商业为上），具体表现于“礼器”上（理亦自礼来，度数亦自礼法来）。[1]

显然，宗白华对于中国和希腊的文化的基本观点并未发生改变，

1　宗白华：《建筑美学札记》，见《宗白华全集》第3卷，合肥：安徽教育出版社，1994年，第381页。

其方法也未改变，仍然是从宇宙观及其艺术表现等来论述，但是他直接引用了马克思的唯物主义和阶级论对其产生差异的原因进行阐释，也可以说丰富了其认识。不过，遗憾的是，尽管宗白华努力学习和运用“马列主义的哲学”来研究和重写美学史，可随着60年代中后期社会形势的剧烈变化，他也只能搁笔了。

三、研究方法：“要从比较中见出中国美学的特点”

等到70年代末，宗白华复出之时，已至耄耋之年。他那时除了散步于未名湖边，回忆自己当年的交游，就是反思自己多年来所走过的美学研究道路，以图金针度人。1978年，他在纪念老友徐悲鸿的文章中引用了歌德的话，“生命短促，而艺术永恒”[1]，这句话实则也是他对自己一生不懈追求美的有感而发。而他研究美学的方法，确实颇有代表性：首先他注重中西美学的比较；其次，他很注重艺术自身的贯通性，以及美与人生和宇宙观或哲学观的贯通，也即“道艺合一”；再次，他很注重研究思想生发的现实性。

宗白华在美学研究中，特别注意从西方美学出发，与中国美学进行比较研究。用他的话来说，就是“要在比较中见出中国美学的特点”[2]。而他本人对于中国艺术及美学问题的研究更是坚持了这个道路，他曾谈到自己之所以对中国美学有些新见，就与自己对西方哲学的深入学习有关：“我留学前也写过一些有关中国美学的文章，

1　宗白华:《忆悲鸿》，见《宗白华全集》第3卷，合肥:安徽教育出版社，1994年，第576页。

2　宗白华:《关于美学研究的几点意见》，见《宗白华全集》第3卷，合肥:安徽教育出版社，1994年，第592页。

但肤浅得很。后来学习研究了西方哲学和美学，回过头来再搞中国的东西，似乎进展就快一点了。”[1] 当然，这其中最重要的是他对德国哲学和美学的学习，在具体研究中国的艺术及美学时，他常首先将德国的美学理论或概念予以引介，然后再以其为方法，对相关的问题进行阐发，以求其昌明。德国学者 Heinrich Geiger 也注意到宗白华的这个研究特点：“在宗白华的多部著作中可以明确地看到两个重点：研究中国艺术的美学特征；介绍西方艺术概念。”[2] 而在宗白华的研究及文章的写作中，这两个“重点”几乎是同时展开的。

当然，宗白华强调对西方美学的学习，还有一个原因就是中国艺术的发展其实也不断受到西方的影响，“中国文化也有自己的发展过程，在这一过程中也曾受到西方文化的影响，如从印度佛教及其思想对中国文化有巨大影响。这就是要求我们在今天研究中国古代文化思想时不要忘记同西方进行比较。在美学研究中，一方面要开放中国美学的特质，另一方面也要同西方美学思想进行比较研究，发现它们之间的联系和区别”[3]。所以，他对中国艺术学习外国持鼓励和开放的态度，并且认为这才是中国艺术得到发展的重要途径：

> 中国艺术有自己悠久的传统。历史上，我们也吸收外来的东西，吸收之后就很快发展了自己的东西。拿雕塑来说，虽然受到了印度的影响，也间接地受到希腊的影响，人物多是佛像，

1 宗白华：《〈美学向导〉寄语》，见《宗白华全集》第 3 卷，合肥：安徽教育出版社，1994 年，第 608 页。

2 Heinrich Geiger：《审美观与艺术独立性：朱光潜和宗白华对现代中国美学发展的贡献》，见叶朗主编《美学的双峰：朱光潜，宗白华与中国现代美学》，合肥：安徽教育出版社，1999 年，第 117 页。

3 宗白华：《漫谈中国美学史研究》，见《宗白华全集》第 3 卷，合肥：安徽教育出版社，1994 年，第 617 页。

> 但是中国人的面貌，中国人的神态，很快就强烈地表现出来了；线条，衣服等，也都中国化了。越是靠近中国内地，中国化得越厉害。所以，我看吸收外国艺术表现手法这问题不用过于担心。他画西洋画，画得好了，也很好嘛。反过来再画中国画，创造自己的特点，也很好。“百花齐放，百家争鸣”，这确实是发展文化艺术的规律。[1]

因此，他认为当时被国内艺术界视作资本主义腐朽艺术代表的毕加索、马蒂斯等西方现代派画家的作品自有其价值，同样值得学习和借鉴。

其实，宗白华在进行美学研究时，既注重艺术的不同门类之间的贯通，也注意艺术与人生观及宇宙观或哲学观的贯通，即“道”贯于“艺”或道艺合一，而且这两者常常融为一体。他早年研究中国绘画书法时就特别注意其与诗歌、音乐及舞蹈的关系，如用共同的空间表现和空间意识来予以贯通，晚年又特别注重绘画、诗歌等的空间意识与戏曲的关系。因此，他特别注重研究中国美学的精神在各个艺术形式之间的贯通，“研究中国美学不能只谈诗文，要把眼光放宽些，放远些，注意到音乐，建筑，舞蹈等等，探索它们是否有共同的趋向，特点，从中总结出中国自己民族艺术的共同的规律来”[2]。与之同时，他在研究美学时还特别注重美的艺术与人生观和哲学观的贯通，因此他发现了中国美学的独特之处，那就是“道”贯于“艺”，或者“道器合一”：

1　宗白华：《关于美学研究的几点意见》，见《宗白华全集》第3卷，合肥：安徽教育出版社，1994年，第597页。

2　宗白华：《〈美学向导〉寄语》，见《宗白华全集》第3卷，合肥：安徽教育出版社，1994年，第607页。

> 中国人在天地的动静，四时的节律，昼夜的来复，生长老死的绵延，感到宇宙是生生而具条理的。这“生生而条理”就是天地运行的大道，就是一切现象的体和用。孔子在川上曰：“逝者如斯夫，不舍昼夜！”最能表出中国人这种“观吾生，观其生”（易观卜辞）的风度和境界，具体地贯注到社会实际生活里，使生活端庄流丽，成就了诗书礼乐的文化。但这境界，这“形而上的道”，也同时要能贯彻到形而下的器。器是人类生活的日用工具。人类能仰观俯察，构成宇宙观，会通形象物理，才能创作器皿，以为人生之用。器是离不开人生的，而人也成了离不开器皿工具的生物。而人类社会生活的高峰，礼和乐的生活，乃寄托和表现于礼器乐器。……人生里面的礼乐负荷着形而上的光辉，使现实的人生启示着深一层的意义和美。礼乐使生活上最实用的，最物质的衣食住行及日用品，升华进端庄流丽的艺术领域。……而它们艺术上的形体之美，式样之美，花纹之美，色泽之美，铭文之美，集合了画家书家雕塑家的设计与模型，由冶铸家的技巧，而终于在圆满的器形上，表出民族的宇宙意识（天地境界），生命情调，以至政治的权威，社会的亲和力。在中国文化里，从最低层的物质器皿，穿过礼乐生活，直达天地境界，是一片混然无间，灵肉不二的大和谐，大节奏。[1]

宗白华对中国美学的“道器合一”或者道艺合一的发现和强调，也是其对中国美学及文化研究的重要贡献。

1　宗白华：《艺术与中国社会》，见《宗白华全集》第2卷，合肥：安徽教育出版社，1994年，第412页。

当然，宗白华的美学研究还非常重视思想与现实的关联性，因此，他的研究很具有思想的现实性。他早年对艺术人生观的思考，以及抗战时期在重庆对于中国艺术意境的研究，都与时代的需求密切相关。宗白华美学研究还有一个特点就是其富于诗意的表述，对此他自然也是思虑备至，他认为美的研究和论述本来就可以如美本身一样多姿多彩：

> 美学的研究与论述可以采取不同的形态：柏拉图以对话的形式谈论美与艺术；康德以严肃的哲学分析的方式研究美的判断力；西方近代的一些美学家从心理分析的角度探寻美的意识的特点；中国的魏晋六朝时代的文人则注重从人物的风度，言语的隽妙，行动的别致来欣赏美，并把“气韵生动”列为美术的终极目标，等等。[1]

宗白华虽然采用散文的形式表述，他对于美的问题的研究却是形散神不散，对重要问题的探讨他喜欢重复思考和写作，以从不同的角度层层深入，可见草蛇灰线，自有线索，也自成体系。

* * *

可以说，宗白华美学思想的形成与进步，都与其对德国思想的学习密不可分，当然，还有众多的德国艺术学家的影响。而这也从某种意义上说明了一个道理，那就是文化的进步、学术的新变绝不可以闭门造车。宗白华始终强调研究中国美学不可忘记或拒绝与西

---

1 宗白华:《〈艺苑趣谈录〉序》，见《宗白华全集》第 3 卷，合肥：安徽教育出版社，1994 年，第 604 页。

方美学的比较，以从学习中发现自身的特点，因为只有这样，才能对世界美学有所贡献，而这才是真正的文化自信：

> 将来的世界美学自当不拘于一时一地的艺术表现，而综合世界古今的艺术理想，融合贯通，求美学上最普遍的原理而不轻忽个性的特殊风格。因为美与美术的源泉是人类最深心灵与他的环境世界接触相感时的波动。各个美术有它特殊的宇宙观与人生情绪为最深基础。中国的艺术与美学理论也自有它伟大独立的精神意义。所以中国画学对将来的世界美学自有它特殊重要的贡献。[1]

宗白华的中国美学研究之所以仍为今人赞赏，正是因为他对于德国美学思想的学习和借鉴，“融合贯通”，所以才有“中国艺术意境之诞生”。宗白华在研究艺术及美学中喜欢以窗户为喻，他以康德对形式的看法来描述窗户的两种主要功能，即“间隔”和“构图”的作用。而他在具体的研究中，不仅使用形式的窗户将中国艺术予以“间隔”，使其从传统和现实的各种羁绊中抽离出来，愈显其美，同时还运用德国的思想对其“构图”，赋予其清明的格式，因而从他的那些融哲理于诗意的散文中既可以看到西洋的风景，也可以看到他所建构的中国艺术的意境之美。而他就像自己的偶像“世界明窗”歌德那样，成为一扇“中国明窗”，透过这扇明窗，既让美好的“中国心灵”得以显现出来，也让人看到了中国文化的美丽精神的幽情壮彩。

---

1 宗白华：《介绍两本关于中国画学的书并论中国的绘画》，见《宗白华全集》第 2 卷，合肥：安徽教育出版社，1994 年，第43 页。

1986 年 9 月，89 岁的宗白华为自己在时隔 40 年才得以出版的《艺境》写了“前言”：“人生有限，而艺境之求索与创造无涯。本书或可为问路石一枚，对后来者有所启迪，则此生无憾矣!”[1] 但这已经是他最后写下的比较长的文字了。三个月后，他走完了自己身在华夏的漫长而短暂的美的旅程。1930 年代，他曾在《我与诗》中带着深情回忆自己的留德生活：

> 这时我了解近代人生的悲壮剧，都会的韵律，力的姿势。对于近代各问题，我都感到兴趣，我不那样悲观，我期待着一个更有力的更光明的人类社会到来。然而莱茵河上的故垒寒流，残灯古梦，仍然萦系在心坎深处，使我常作古典的浪漫的美梦。[2]

只是不知道，在离开美丽的中国时，他的心灵是否还牵挂着这些话语。

1　宗白华:《〈艺境〉前言》，见《宗白华全集》第 3 卷，合肥：安徽教育出版社，1994 年，第 623 页。

2　宗白华:《我和诗》，见《宗白华全集》第 2 卷，合肥：安徽教育出版社，1994 年，第 153 页。

第一章　拿康德的判断力批判艺术

——谈宗白华的艺术批评中的康德因素

宗白华对艺术的研究尤其是对于中国艺术的研究已成一家之言，他对艺术的研究有一个显著的特点，那就是他习惯于从哲学特别是德国哲学出发来审视艺术的本质及中国艺术的特征。这其中康德的思想对他影响最深，特别是康德在《纯粹理性批判》中有关“时空”的认识与《判断力批判》中关于“形式”的理解，不仅对他的艺术研究产生了思想的启发，还给予了他具体的方法。

宗白华与康德的缘分可谓长久。1918 年夏，他在同济德文科毕业时，因为喜欢哲学又学业优秀，学校曾奖励他德文版的康德的《纯粹理性批判》。[1] 1919 年，他写下《康德唯心哲学大意》《康德空间唯心说》以及《欧洲哲学的派别》中的专章《康德批判论》等介绍其思想的系列文章。1920 年 5 月，他赴德国法兰克福大学留学，即准备以康德哲学为学习重心，并计划撰写《康德哲学》一书；第二年他转到柏林大学后，又在新康德派代表里尔教授指导下继续对康德进行学习。之后他虽然因学术兴趣发生改变而未有专论康德之书，但始终不能忘情于康德，直至 1960 年重拾康德研究，在 63 岁

1　邹士方：《宗白华评传》，北京：西苑出版社，2013 年，第 10 页。

之年写下了《康德美学原理评述》的长文；1963 年，他在 66 岁时又翻译完成了康德的《判断力批判》上卷。宗白华曾说自己当年在同济读书时是“拿叔本华的眼睛看世界，拿歌德的精神做人”[1]，而考虑到他和康德如此漫长的“交往”以及后者对他的艺术研究的深入骨髓的影响，或许可以在这两句话后再加一句，那就是“拿康德的判断力批判艺术”。

不过，哲学家和艺术家考虑问题的方式是不同的。宗白华曾说：“文学家诗人所追摹的幻景与意象是一个个的人生及其命运。哲学家所瞑（冥）想探索的是一个个民族文化的灵魂及其命运。”[2] 但文学和哲学又有着紧密的联系，哲学求的是真，道德或宗教求的是善，文学艺术处于二者之间，求的是美，所以，文艺一方面从宗教“获得深厚热情的灌溉”，另一方面又从哲学“获得深隽的人生智慧，宇宙观念，使它能执行‘人生批评’和‘人生启示’的任务”。[3] 当然，它们之间的联系并不是直接的，宗白华在借助德国哲学家的思想来研究艺术时也做了很多变通和引申，才使得那些高深的思想能化作具体的艺术批评手段。正是通过这种思想的转换，宗白华才获得了解读中国艺术之美的钥匙。同时，他还通过对歌德等德国诗人对艺术的思考，与中国艺术进行比较，来凸显后者的独到之处，从而揭示出中国艺术所特有的精神。宗白华虽然谦称自己对于艺术的研究只是一种“没有计划，没有系统”的“美学的散步”，[4] 但其实也还

1　宗白华：《我和诗》，见《宗白华全集》第 2 卷，合肥：安徽教育出版社，1994 年，第 151 页。

2　宗白华：《〈哲学三慧〉等编辑后语》，见《宗白华全集》第 2 卷，合肥：安徽教育出版社，1994 年，第 173 页。

3　宗白华：《论文艺的空灵与充实》，见《宗白华全集》第 2 卷，合肥：安徽教育出版社，1994 年，第 344 页。

4　宗白华：《美学的散步（一）》，见《宗白华全集》第 3 卷，合肥：安徽教育出版社，1994 年，第 284 页。

是像他所喜欢的庄子一样“形散神不散”，有着系统的内在理路，而康德思想就是这其中的一根红线。

尽管不少学者已经对宗白华的艺术批评所受康德的影响进行了讨论，但大都只涉及某一方面，略显零散。本章从宗白华对康德美学思想的借鉴入手，从他对中国艺术特征的洞察，到他对中国艺术精神的把握，再到他对中国艺术的审美状态的认识，以较为全面系统地考察他对中国艺术的批评中所受到的康德的影响。同时，也试图展现出他是如何将康德的思想予以转化和运用以完成自己对中国艺术的具体批评的。

一、中国艺术的特征：“形式”与“空间”

宗白华对中国艺术有着很高的评价。他尤其认为作为“中国艺术的中心”的绘画水平之高，可称之为“世界文化史上的一件大事”，足可以和希腊的雕刻与德国的音乐“鼎足而三”。[1] 而他对中国艺术的研究，也始终放在与西洋尤其是自古希腊肇始的欧洲文化艺术的对比中进行，但具体而言，他对中国艺术的把握方式却是来自德国哲学家的思想启迪，这其中最主要的就是他所称道的“德国大哲”康德的“形式”概念和“空时因果先天之说”。正是借助康德的“形式”这扇“窗”，宗白华确立了中国艺术的艺术特质，同时，他又通过康德“空时”说特别是“空间”的概念，深入解析了中国书法与绘画空间的“生动”之美。

1　宗白华：《介绍两本关于中国画学的书并论中国的绘画》，见《宗白华全集》第 2 卷，合肥：安徽教育出版社，1994 年，第 47 页。

1. “形式”之“窗”

宗白华对艺术的“形式”（form）非常重视，他认为这是艺术之为艺术所必须具备的“原素”，是“美术”之为“美术”的“基本条件”，正是因为有了“形式”，才让艺术独立于科学、哲学、道德与宗教等“文化事业之外”，以表达“生命的情调与意味”。[1] 那么，究竟什么是形式或是艺术的形式？宗白华认为，“每一种空间上并立的(空间排列的)，或时间上相属的（即组合）一有机的组合成为一致的印象者，即形式”[2]，同时，艺术的“形式”还需要诉诸人的“感觉”如视觉与听觉等，方才使艺术得以“表现”出来，或者得以成立。前者如图画雕刻与建筑等，有结构的安排、颜色与线条的组合等形式，形成空间艺术；后者如诗歌音乐等，有韵律的协调、节奏的排列等形式，是时间的艺术。

而宗白华这种对形式的认识和重视与康德对形式的强调是分不开的。康德认为纯粹的趣味的判断即审美的判断是一种“静观”，它只关注对象及其表象的“形式”是否“合目的性”，而无须考虑其所具有的“利益”是否有用或善，亦无须通过概念来把握它或者将其把握为概念。如他曾说：“花，自由的素描，无任何意图地相互缠绕着的，被人称做簇叶饰的纹线，它们并不意味着什么，并不依据任何一定的概念，但却令人愉快满意。”[3] 宗白华对康德的这个思想进行了总结：“审美感是无私心的，纯是静观的，他静观的对象不是那对象里的会引起人们的欲求心或意志活动的内容，而只是它的形象，

1　宗白华：《略谈艺术的“价值结构”》，见《宗白华全集》第 2 卷，合肥：安徽教育出版社，1994 年，第 71 页。

2　宗白华：《艺术学》，见《宗白华全集》第 1 卷，合肥：安徽教育出版社，1994 年，第 513 页。

3　［德］康德：《判断力批判》(上)，宗白华译，北京：商务印书馆，1964 年，第 44 页。

它的纯粹的形式。所以，图案，花边，亚拉伯花纹正是纯粹美的代表物。”[1] 显然，对于康德美学中的这种形式主义，宗白华是非常认同的。他认为艺术具有三种价值，即“形式的价值”“抽象的价值”“启示的价值”，这三种价值又分别对应于艺术的三层结构，即“形”“景”“情”。其中，第一项也是最重要的一项就是“形式的价值”，“就主观的感受言，即美的价值”。[2] 因此，他还特别指出，艺术家之难能可贵就在于其有“形式化创造力”，并且他又进一步把形式具体化为艺术创作的手段，指出其有两种作用，其中消极的作用就是其“间隔化”的功用，通过形式的“间隔化”，“使一片自然或人生的景象，自成一独立的有机体，自构一世界，从吾人实际生活之种种实用关系中，超脱自在”。[3] 也就是说，“美的形式的组织”可以使审美的对象脱离实用性，变得“无用”，这和康德所主张的审美的非功利性是分不开的。宗白华据此出发，又引出了形式的第二个作用，即形式的积极作用，这就是形式所具有的“组织，集合，配置”的“构图”的功能。通过形式的“构图”，“使片景孤境自织成一内在自足的境界，无求于外而自成一意义丰满的小宇宙，启示着宇宙人生更深一层的真实”。[4] 当然，宗白华对形式的此一功能的强调，无疑也是受康德所强调的形式具有的“空间构形”的作用的影响。康德认为人的感官对象的形式不是“形象”就是“形象”或“感觉”的“表演”，前一种表现为“素描”，后一种表现为“构图形式”，这两

1 宗白华：《康德美学原理评述》，见［德］康德《判断力批判》（上），宗白华译，北京：商务印书馆，1964年，第217页。

2 宗白华：《略谈艺术的“价值结构”》，见《宗白华全集》第2卷，合肥：安徽教育出版社，1994年，第69页。

3 宗白华：《略谈艺术的“价值结构”》，见《宗白华全集》第2卷，合肥：安徽教育出版社，1994年，第70页。

4 宗白华：《略谈艺术的“价值结构”》，见《宗白华全集》第2卷，合肥：安徽教育出版社，1994年，第70页。

者就是“构成纯粹鉴赏判断的本然的对象”。[1] 所以，宗白华灵活地甚至是直接地运用了康德关于形式的观点来分析具体的艺术：

> 美的对象之第一步，需要间隔。图画的框，雕像的石座，堂宇的栏干台阶，剧台的帘幕（新式的配光法及观众坐黑暗中），从窗眼窥青山一角，登高俯瞰黑夜幕罩的灯火街市。这些幻美的境界，都是由各种间隔作用造成。[2]

宗白华这里所谈到的“间隔”的画框、石座、栏干等，被康德称为“装饰的东西”，康德也例举过“画幅的框子，或雕像上的衣饰，或华屋的柱廊”[3]，其本身即为一种“形式”，具有美的意味。而宗白华认为，除了“节奏”与“韵脚”这种外在的“形式”之外，中国的诗词还喜用“风雨”与“帘幕”等内在的“形式”造成“间隔化”，如宋李方叔词“玉阑干外清江浦，渺渺天涯雨。好风如扇雨如帘，时见岸花汀草、涨痕添”；又如宋韩持国词“燕子渐归春悄，帘幕垂清晓”等。对这种现象，宗白华也给予了“形式化”的解释，“风风雨雨也是造成间隔化的好条件，一片烟水迷离的景象是诗境，是画意”；并且“中国画堂的帘幕是造成深静的词境的重要因素”。[4] 从宗白华的这个透彻的观察中，可以看出中国艺术家对于艺术形式的重视和出神入化地把握与运用。

不过，对于形式所起到的“间隔”和“构图”作用，宗白华最

1　[德] 康德：《判断力批判》(上)，宗白华译，北京：商务印书馆，1964 年，第 63 页。

2　宗白华：《略谈艺术的“价值结构”》，见《宗白华全集》第 2 卷，合肥：安徽教育出版社，1994 年，第 70 页。

3　[德] 康德：《判断力批判》(上)，宗白华译，北京：商务印书馆，1964 年，第 64 页。

4　宗白华：《论文艺的空灵与充实》，见《宗白华全集》第 2 卷，合肥：安徽教育出版社，1994 年，第 346 页。

喜欢举的形象的例子是窗子。1933 年 7 月，他在《文艺月刊》发表《生命之窗的内外》，其中就有诗句如“大地在窗外睡眠！/窗内的人心，遥领着世界深秘的回音”。因为窗户很特殊，它本身就是一种“形式”，同时，它也可以赋予内外的世界以“形式”。因此，窗户就成为“间隔”和“构图”的最好的手段和工具。宗白华还引用杜甫《绝句》中“窗含西岭千秋雪，门泊东吴万里船”等诗句，来说明这一点。他认为在中国的园林中，窗子和类似窗子的长廊也是很重要的，因为园林不仅仅是为了居住，而是为了诗意的居住，或美的居住，这就需要“望”，即需要“欣赏”：

> 宋代的郭熙论山水画，说“山水有可行者，有可望者，有可游者，有可居者。”（《林泉高致》）可行，可望，可游，可居，这也是园林艺术的基本思想。……“望”最重要。一切美术都是“望”，都是欣赏。不但“游”可以发生“望”的作用（颐和园的长廊不但领导我们“游”，而且领导我们“望”），就是“住”，也同样要“望”。窗子并不单为了透空气，也是为了能够望出去，望到一个新的境界，使我们获得美的感受。[1]

所以窗子就像照相机的取景框，既可以让人“望”出去，也可以把窗外的景色“取”进来，这就产生了各种各样的风景，使人获得美的享受。当然，不仅是窗户，中国园林里的各种形状的门还有亭台楼阁等也都起到了相同的“间隔化”和“构图”的“形式”作用。可以说，艺术的奥秘就在于其所具有的不为普通人所知的这种

1　宗白华：《中国美学史中重要问题的初步探索》，见《宗白华全集》第 3 卷，合肥：安徽教育出版社，1994 年，第 477 页。

“形式”，宗白华对此一直是深以为然，他在《常人欣赏文艺的形式》中还特地引用了歌德的话来强调这一点：“内容人人看得见，/涵义只有有心人得之，/形式对于大多数人是一秘密。”[1] 而宗白华借助康德的形式观对于中国艺术“形式”的“揭密”，让人看见了中国艺术对“形式”的讲究，以及与西方的艺术的共同性。

2. “空间”之“生动”

在对中国艺术的“形式”作出康德式的解析的同时，宗白华又通过康德的“空间”概念对中国的绘画及书法进行了研究，指出其所呈现出的空间特征是“生动”的、“虚灵”的，而非如西洋画那般静态的、写实的。当然，宗白华对于空间的强调，主要与其对康德在《纯粹理性批判》中提出的“空时先天因果之说”的接受分不开。他早在1919年就在《康德空间唯心说》中对其所言的人们先天即具有的“感性直观”的方式也即空间和时间的认知进行了概括：

> 万象森罗，依空而住。百变纷纭，依时而显。空间时间者，世间一切事象之所莫能外也。一物显前，印入吾心，其色香味触，寒热坚脆，大小方圆，皆不可预测，必期实验。而其物必具形体，含方分，占据空间之中可前知也。一事之变，印入吾心，其事之实际为何？亦不可预测，必期实验。而其事必有先后始终，相继相续，起灭于时间之内可前知也。是故空间者，万象所同具，时间者，万变所同循，宇宙之间，未有一事一象，能离此而存焉。有之，其唯形而上之道乎？盖形而上云者，即

1　宗白华：《常人欣赏文艺的形式》，见《宗白华全集》第2卷，合肥：安徽教育出版社，1994年，第315页。

> 超乎空间时间之外之谓也。形下之器，则胥在空时而莫能外矣。[1]

宗白华还在此文中指出，康德把“空时”看成一种“不可思议之怪物”，我们及其周遭事物都不能脱离其控制，即不可不依靠空时而独立存在。这其中的原因就在于时空并不是客观存在的东西，而是人先天的主观的把握世界的方式，是一种“前知”，正是凭借着“占据空间”的“前知”和“起灭于时间”的“前知”，世界才得到直观，方显现为时空形态的存在，而非相反。康德指出：“如果空间与时间只是感性直观（作为感性的一种主观属性）就先于一切质料（即感觉）了；空间与时间是在一切出现之先的，是在经验的一切材料之先的，并且其实是使经验成为可能的。”[2] 而宗白华准确地把握了康德的这个观点：“空间时间，实无自体，唯心所见，空时观念，乃吾人心识分别功能，用于取兹外象。外相生心，必借于空间时间之形式，乃能现见。”[3] 显然，正是对康德的空时观有这样清晰的认知，宗白华才敢于把康德的“空时观念”尤其是对空间的意识引入自己的艺术批评之中：

> 原来人类的空间意识，照康德哲学的说法，是直觉性的先验格式，用以罗列万象，整顿乾坤。然而我们心理上的空间意识的构成，是靠着感官经验的媒介。我们从视觉，触觉，动觉，

1　宗白华：《康德空间唯心说》，见《宗白华全集》第1卷，合肥：安徽教育出版社，1994年，第15页。

2　［德］康德：《纯粹理性批判》，韦卓民译，见《韦卓民全集》第1卷，华中师范大学出版社，2016年，第231页。

3　宗白华：《康德空间唯心说》，见《宗白华全集》第1卷，合肥：安徽教育出版社，1994年，第16页。

> 体觉，都可以获得空间意识。[1]

所以，借助“空间意识”这个概念，宗白华对中国绘画和书法的“空间表现”或“空间感形”进行了研究。他认为与西洋绘画相比，中国绘画的空间意识有自己的特点，因为西洋绘画的空间意识是以古希腊的雕刻与建筑为基础形成的，因此其空间感接近建筑，是立体的，后来又发展出了光影及色彩的明暗，是写实的；但中国绘画的空间意识却是以中国书法为基础形成的，“显示一种类似音乐或舞蹈所引起的空间感形”。[2] 宗白华通过对中国书法空间表现力的研究，勾画出了中国画的空间意识。他认为中国的象形文字与西方表音的字母不同，其自身就具有“空间感”，中国字每个字都“占据齐一固定的空间”，写字时不仅用笔画“结成一个有筋有骨有血有肉的‘生命单位’”，同时还成为“一个有生命有空间立体味的艺术品”：

> 若字和字之间，行与行之间，能“偃仰顾盼，阴阳起伏，如树木之枝叶扶疏，而彼此相让。如流水之沦漪杂见，而先后相承”。这一幅字就是生命之流，一回舞蹈，一曲音乐。唐代张旭见公孙大娘舞剑器，因悟草书；吴道子观裴将军舞剑而画法益进。书画都通于舞。它的空间感觉也同于舞蹈与音乐所引起的力线律动的空间感觉。书法中所谓气势，所谓结构，所谓力透纸背，都是表现这书法的空间意境。一件表现生动的艺术品，

1　宗白华：《中西画法所表现的空间意识》，见《宗白华全集》第 2 卷，合肥：安徽教育出版社，1994 年，第 142 页。

2　宗白华：《中西画法所表现的空间意识》，见《宗白华全集》第 2 卷，合肥：安徽教育出版社，1994 年，第 143 页。

必然地同时表现空间感。因为一切动作以空间为条件，为间架。若果能状物生动，像中国画绘一枝竹影，几叶兰草，纵不画背景环境，而一片空间，宛然在目，风光日影，如绕前后。又如中国剧台，毫无布景，单凭动作暗示景界。（尝见一幅八大山人画鱼，在一张白纸的中心勾点寥寥数笔，一条极生动的鱼，别无所有，然而顿觉满纸江湖，烟波无尽）。[1]

所以，宗白华以为中国画的空间意识近似于音乐与舞蹈的“力线律动”，是“生动”的，同时又是“虚灵”的，有写意的味道。他虽然承认西洋画使用透视法在接近“立方形”的画框里营造了一个“锥形的透视空间”，追求如建筑般的“逼真的空间构造”，然而他却批评西洋画这种“逼真的假象”是“可怖的空幻”与“苦闷的象征”，“令人心往不返，驰情入幻”，就像永不满足的浮士德一样有去无回。相较而言，他认为中国画所表现出的空间意识则别有会心，弃早于西洋一千年就已发现的透视法而不用，并竭力“躲避它，取消它，反对它”，走上一条“特殊路线”，从现实的“狭隘的视野和实景里解放出来”，以追求一种“灵的境界”或“灵的空间”，表现出那种“宇宙生气”：

中国画则喜欢在一竖立方形的直幅里，令人抬头先见远山，然后由远至近，逐渐返于画家或观者所流连盘桓的水边林下。《易经》上说：“无往不复，天地际也。”中国人看山水不是心往不返，目极无穷，而是“返身而诚”，“万物皆备于我”。王安石

1 宗白华：《中西画法所表现的空间意识》，见《宗白华全集》第 2 卷，合肥：安徽教育出版社，1994 年，第 144 页。

有两句诗云：“一水护田将绿绕，两山排闼送青来。”前一句写盘桓、流连、绸缪之情；下一句写由远至近，回返自心的空间感觉。[1]

这就是二者不同的空间意识。可以说西洋绘画的空间感是静态的、“写实的”，是有形的，让人一目了然，且人与画中的空间是“物我对立”的关系。而中国绘画的空间感是“生动”的、“虚灵的”、无形的，所以才能让人“游目骋怀”，“不一而足”，人与画中的空间是“物我浑融”和“与物推移”的关系。中国绘画的这种独到之处，或别具一格的审美体验，或许正是宗白华推崇中国绘画可以与希腊雕刻和德国音乐并列的原因。

二、中国艺术的精神：“音乐”，“线”与“舞”

宗白华对于中国艺术精神的概括，集中在他对中国绘画所具有的音乐性的讨论上，而他的这个想法同样是对康德的时空观的灵活运用，即将空间性的绘画转化为时间性的音乐。以此为前提，宗白华深刻地指出，中国的绘画及书法是“无声的音乐”，对“线”的使用是其音乐性得以实现的条件，而这种音乐性的最高表现则为“舞”。

不过，在宗白华将康德的时空观予以具体转化的同时，歌德关于建筑和音乐关系的看法也对其启发很大，他直言：“歌德说，建筑

1　宗白华：《中西画法所表现的空间意识》，见《宗白华全集》第2卷，合肥：安徽教育出版社，1994年，第148页。

是冰冻住了的音乐。可见时间艺术的音乐和空间艺术的建筑还有暗通之点。至于舞蹈艺术在它回旋变化的动作里也随时显示起伏流动的空间形式。”[1] 在他看来，歌德把作为空间艺术的建筑和作为时间艺术的音乐巧妙地联系起来，很好地解决了康德时空观在艺术里的转化问题。同时，他也借鉴了康德对于建筑和音乐所共有的“形式”的概括——“一切感官对象的形式（外在的感官的及间接的内在感官的）不是形象便是表演，在后一场合是形象的表演（在空间里的模拟及舞蹈），或单纯是感觉（在时间里）的表演”。[2] 也即绘画、雕刻、建筑等“造型艺术”的“形式”均是一种“形象的表演”，而音乐的“形式”则是一种“感觉”的“表演”，前者可称为空间性的，后者是时间性的。宗白华大胆地把中国绘画和书法这本属于“空间里”的艺术形式转化成了同时具有时间属性的音乐艺术，不仅如此，他更是将音乐性视作中国艺术精神的核心。所以，他也很赞成英国作家及艺术批评家派脱（W. Pater，今译佩特，本书另有他人译为裴德等，不作统一）的“一切的艺术都趋向音乐的状态”的看法，[3] 并以此来佐证自己的观点。

1. “其美有如音乐”

宗白华热爱音乐，他自陈在德国留学时，他感受最深的并不是德国的学术和政治，而是德国的音乐，他经常流连于音乐厅，陶醉于贝多芬、莫扎特、瓦格纳等人的音乐之中，认为“德国全部的精

---

1 宗白华：《中西画法所表现的空间意识》，见《宗白华全集》第 2 卷，合肥：安徽教育出版社，1994 年，第 142 页。

2 ［德］康德：《判断力批判》（上），宗白华译，北京：商务印书馆，1964 年，第 63 页。

3 宗白华：《论中西画法的渊源与基础》，见《宗白华全集》第 2 卷，合肥：安徽教育出版社，1994 年，第 98 页。

神文化差不多可以说是音乐化了的”，或者说，“德国的文化是音乐式的”。[1] 他也因之发现，与德国相比，中国的音乐传统似乎并不突出，但这并不意味着中国就没有音乐的传统，而是因为音乐在中国转化为另外一种不为人所注意的艺术表现方式，从而间接地使国人对音乐的追求得到了与西洋不一样的实现与满足。这就是，中国的音乐突出地表现在中国的绘画与书法上，尤其是后者之中，当然，这种音乐是一种独特的“无声之音乐”：

> 中画殆欲以水墨直取造化中之无声的音乐，得此无声之音乐，谓之“得意”。……中画趋向水墨之无声音乐，而摆脱色相。其意不在五色，亦不在形体，乃在“气韵生动”中之节奏。一阴一阳，一开一阖，昼夜消息之理。[2]

这种用水墨谱出的“无声的音乐”，既是取自“造化”即“自然”的“节奏”，也是生命之“条理”与“律动”。而中国画是以书法为基础的，所以，宗白华指出中国艺术的音乐性也更集中地表现在书法上：“故书法为中国特有之高级艺术：以抽象之笔墨表现极具体之人格风度及个性情感，而其美有如音乐。”[3] 他同样认为书法是一种节奏的艺术，甚至在某种意义上，中国的书法就是音乐本身：

> 而引书法入画乃成中国画第一特点。……中国特有的艺术

1 宗白华：《致柯一岑书》，见《宗白华全集》第1卷，合肥：安徽教育出版社，1994年，第415页。

2 宗白华：《艺事杂录》，见《宗白华全集》第2卷，合肥：安徽教育出版社，1994年，第76页。

3 宗白华：《徐悲鸿与中国绘画》，见《宗白华全集》第2卷，合肥：安徽教育出版社，1994年，第49页。

“书法”实为中国绘画的骨干，各种点线皴法溶解万象超入灵虚妙境，而融诗心、诗境于画景，亦成中国画第二特色。中国乐教失传，诗人不能弦歌，乃将心灵的情韵表现于书法、画法。书法尤为代替音乐的抽象艺术。[1]

宗白华的这个观点虽然让人颇为惊讶，却不失其合理性。书法相对于音乐来说，不仅可以表现音乐的节奏，还让人“可望”。宗白华认为汉字本身就是对现实的一种形式化的抽象，“即缩写物象中抽象之轮廓要点，而遗弃其无关于物之精粹结构的部分”[2]，所以一个个汉字就像一扇扇窗子一样，可赋予世界以“形式”；另一方面，汉字又像窗子一样，本身就是“形式”。这就使得书法在满足人的时间意识的同时，还可以更为直接地满足人的空间意识，相较于“感觉”单纯的音乐，书法可以带给人更多也更大的愉快之情。或许也正因如此，书法作为日用艺术大兴后，真正的音乐也就再无复兴之时了。当然，这可能只是中国的音乐不够发达的原因之一。所以，宗白华一再申明书法与绘画的节奏感，是一种“自然”和“生命”的至深的“节奏”，其境界与直接呈现生命节奏的音乐是相通的。

2. “无线者非画也”

宗白华认为，中国书画的音乐性，虽然在线条和墨色上都有所表现，但更突出的还是表现在“线”的使用上。而他对中国书画中的“线”的强调，也与康德对“素描”以及“线描艺术”的绘画的

1 宗白华：《论中西画法的渊源与基础》，见《宗白华全集》第2卷，合肥：安徽教育出版社，1994年，第101—102页。

2 宗白华：《徐悲鸿与中国绘画》，见《宗白华全集》第2卷，合肥：安徽教育出版社，1994年，第49页。

推崇有关。宗白华指出，中国书画的“线”性特点其实与文化的传统有关，因为有史以来，中国人习惯于用“线条”或“线纹”来表象生活和世界，如“伏羲画八卦，即是以最简单的线条结构表示宇宙万象的变化节奏”。[1] 这与居住在地中海边的西洋文明的创造者希腊人不一样，中国人居住于莽莽苍苍的平原与山林之中，所感所知自然染上不同色彩：

> 中国绘画的渊源基础却系在商周钟鼎镜盘上所雕绘大自然深山大泽的龙蛇虎豹、星云鸟兽的飞动形态，而以卍字纹、回纹等连成各式模样以为底，借以象征宇宙生命的节奏。它的境界是一全幅的天地，不是单个的人体。它的笔法是流动有律的线纹，不是静止立体的形象。当时人尚系在山泽原野中与天地的大气流衍及自然界奇禽异兽的活泼生命相接触，且对之有神魔的感觉（《楚辞》中所表现的境界）。他们从深心里感觉万物有神魔的生命与力量。所以他们所雕绘的生物也琦玮诡谲，呈现异样的生气魔力。……希腊人住在文明整洁的城市中，地中海日光朗丽，一切物象轮廓清楚。思想亦游泳于清明的逻辑与几何学中。神秘奇诡的幻感渐失，神们也失去深沉的神秘性，只是一种在高明愉快境域里的人生。人体的美，是他们的渴念。在人体美中发现宇宙的秩序、和谐、比例、平衡，即是发现“神”，因为这些即是宇宙结构的原理，神的象征。人体雕刻与神殿建筑是希腊艺术的极峰，它们也确实表现了希腊人的“神

1　宗白华：《论中西画法的渊源与基础》，见《宗白华全集》第 2 卷，合肥：安徽教育出版社，1994 年，第 109 页。

的境界”与“理想的美”。[1]

继而宗白华以“线纹”为经，将中国艺术的历史予以“线”性化的处理。他直言，与希腊“沉重的雕像”相比，中国人的艺术“表象”从殷周时期的青铜器上的图案及花纹起，一直到汉代南阳和四川的壁画人物，再到魏晋时期洒脱的书法，都是围绕“飞动的线纹”展开的。这线纹看似简单，却源远流长，变化无穷，更意味深长，富含情韵，是谢赫的“六法”把“气韵生动”列为第一的原因，也是《易经》以“动”为念说明宇宙人生的原因：

> 抽象线纹，不存于物，不存于心，却能以它的匀整、流动、回环、屈折，表达万物的体积、形态与生命；更能凭借它的节奏、速度、刚柔、明暗，有如弦上的音、舞中的态，写出心情的灵境而探入物体的诗魂。[2]

宗白华以诗人的笔触对“线纹”之美进行了生动可感的描述，随后他也举例中国绘画史上一度推举的“曹衣出水，吴带当风”来说明此一观点。而中国“白描”对线条的把握和西画的“素描”所呈现的线条是不同的，西画的线条是“抚摩着肉体”，有一种“实体感觉”，如北齐的曹仲达来自中亚的曹国，为化外之人，作画时以衣褶的线纹凸显人物身姿，薄衣贴体，肉感十足，“有如希腊出浴女像”；而唐吴道子以衣褶线纹的飘逸洒脱为尚，线纹的“动荡，自由，

1　宗白华：《论中西画法的渊源与基础》，见《宗白华全集》第 2 卷，合肥：安徽教育出版社，1994 年，第 104—105 页。

2　宗白华：《论素描：〈孙多慈素描集〉序》，见《宗白华全集》第 2 卷，合肥：安徽教育出版社，1994 年，第 116 页。

超象而取势”，以“表现动力气韵为主”，暗示人物的“骨格”，令其若御风而行，飘飘欲仙。吴道子之所以能出神入化，全赖线纹之力。对此，宗白华感慨不已：“所以中国画自始至终以线为主。张彦远的《历代名画记》上说：‘无线者非画也。’这句话何其爽直而肯定！”[1]

宗白华这种对中国画的“线”的痴迷，或对“白描”以及西洋“素描”的赞赏，也有明显的康德的影子。因为康德曾讲过在绘画和雕刻乃至“一切造型艺术”中，“素描”都是根本性的东西，因为“素描”的“形式”本身就可给人以快感。而且，他也因此给予绘画最高的地位：“在造型艺术里我将给绘画以优先位置：一部分因它作为线描艺术构成一切其他造型艺术的基础；一部分因它能深深地钻进诸观念的领域，并能把直观的分野适应着这些观念更加扩大，超过其他艺术所能达到的。”[2] 这其中的原因就在于，康德认为“素描”不仅可以通过构图或设计赋予事物以“形式”，其自身也是一种最重要的“形式”。而中国书法与以书法为基础形成的绘画，其本身就是“线描”，因此可以说是“形式的形式”。是故，“曹衣出水”也好，“吴带当风”也好，由线条构成的衣饰其实就是康德所强调的起到“装饰”作用的“形式”，或者说，是“建立在美的形式中”的“装饰”，[3] 二者均具有感人至深的“形式”之美。

3. “舞”

宗白华在探讨中国艺术的音乐性时，虽然把绘画和书法作为其具体的表现，却把“舞”作为所有艺术类型中最典型也是最高的代

1　宗白华：《论素描：〈孙多慈素描集〉序》，见《宗白华全集》第2卷，合肥：安徽教育出版社，1994年，第116页。

2　［德］康德：《判断力批判》(上)，宗白华译，北京：商务印书馆，1964年，第177页。

3　［德］康德：《判断力批判》(上)，宗白华译，北京：商务印书馆，1964年，第64页。

表。这一方面是因为宗白华认为“舞蹈”也是一种“线纹姿式”，[1]与书法及绘画的“线纹”有异曲同工之妙，同有“形式”的深度美感；另一方面，他还认为在中国的“乐”中，是包含着“舞”的，而“舞”本质上也是一种音乐，只不过由于“舞”在空间中的呈现，使得时间性的音乐变得可见了。这恰好将康德所说的“形象”在空间里的“表演”的舞蹈与“感觉”在时间里的“表演”的音乐统一了起来，而“形象”和“表演”这两种“感官对象”的“形式”就是给人带来美的愉悦的原因，所以，宗白华对“舞”的高度肯定也依然与康德对“形式”的强调不无关系。

宗白华觉得不仅中国的书法与画法皆有“飞舞”的特点，传统的建筑也有“飞檐”表现着“舞姿”，更重要的是，在中国艺术中，“舞”还起着关键的沟通作用，从日常生活到各种艺术以及体悟最高的“道”，都可以通过“舞”来完成。他引用庄子《养生主》中的“庖丁解牛”来对自己的这个观点进行阐释。庄子所塑造的庖丁是个精于解牛之艺的高手，“庖丁为文惠君解牛，手之所触，肩之所倚，足之所履，膝之所踦，砉然向然，奏刀騞然，莫不中音。合于《桑林》之舞，乃中《经首》之会”。当文惠君问他技艺何以如此惊人时，“庖丁释刀对曰：‘臣之所好者，道也，进乎技矣。’”宗白华因此将庖丁解牛与自己对“舞”的观点联系到了一起：

> “道”的生命和“艺”的生命，游刃于虚，莫不中音，合于桑林之舞，乃中经首之会。音乐的节奏是它们的本体。所以儒家哲学也说：“大乐与天地同和，大礼与天地同节。”《易》云：

---

1 宗白华：《略谈艺术的“价值结构”》，见《宗白华全集》第2卷，合肥：安徽教育出版社，1994年，第71页。

“天地细缊，万物化醇。”这生生的节奏是中国艺术境界的最后源泉。[1]

庖丁解牛的动作，只是普通而日常的动作，可是这种日常的动作与“舞”是相通的，而“舞”并非简单的动作，它有更深的含义，就是“音乐的节奏”，而且，这“节奏”与天地生命的节奏相通且“同和”。宗白华因此对“舞”充满热爱：“然而，尤其是‘舞’，这最高度的韵律、节奏、秩序、理性，同时是最高度的生命、旋动、力、热情，它不仅是一切艺术表现的究竟状态，且是宇宙创化过程的象征。”[2]

正是因为“舞”有这样的作用，宗白华认为在中国艺术家笔下，它才起到了沟通各种艺术与融合各种艺术的作用。而“舞”也因此成为中国艺术中最为神奇的样式，充满各种不可思议的“传说”，其中最有名的就是吴道子观将军裴旻舞剑作画与张旭见公孙大娘舞剑器而草书技艺精进的故事。这也说明中国的绘画和书法与“舞”都是相通的，因为“舞”的节奏和音乐是相通的，“舞”本身就是音乐，观“舞”其实为的是直接通过音乐的节奏来激发自己的灵感，并创造出可与此舞共振的艺术来。杜甫的《观公孙大娘弟子舞剑器行》就描述了其幼年亲睹的公孙大娘“舞剑器”的场景：“昔有佳人公孙氏，一舞剑器动四方。观者如山色沮丧，天地为之久低昂。”而有意思的是，这首七言诗本身也是富含“节奏”与“韵律”的佳作。由此可知，“舞”与诗，即与文学也是相通的。宗白华更是认为，

1 宗白华:《中国艺术意境之诞生（增订稿）》，见《宗白华全集》第2卷，合肥：安徽教育出版社，1994年，第365页。

2 宗白华:《中国艺术意境之诞生（增订稿）》，见《宗白华全集》第2卷，合肥：安徽教育出版社，1994年，第366页。

“舞”也是中国戏剧表演的基础，而其又与中国绘画艺术和诗中的意境相通。中国的舞台上一般没有类似西方舞台那样的“逼真的布景”，常常只有“一桌二椅”，演员通过程式化的表演手段和舞蹈来表达出人物的动作和内心的情感：

> 中国的绘画、戏剧和中国另一种特殊的艺术——书法，具有着共同的特点，这就是它们里面都是贯穿着舞蹈精神（也就是音乐精神），由舞蹈的动作显示虚灵的空间。……而舞蹈也是中国戏剧艺术的根基。中国舞台运动在二千年的发展中形成一种富有高度节奏感和舞蹈化的基本风格，这种风格既是美的，同时又能表现生活的真实，演员能用一两个极洗炼而又极典型的姿式，把时间、地点和特定情景表现出来。例如“趟马”这个动作。[1]

宗白华在这里提到的“趟马”就是个程式化的舞蹈动作，演员手执马鞭，通过虚拟的动作来表演骑马的情景，惟妙惟肖，让人感同身受。作为经典的京剧表演程式，趟马在《追韩信》和《盗御马》等剧中都有应用。此外，宗白华对豫剧《抬花轿》中的程式化动作“抬轿”也赞叹不已。而中国戏剧就是由这一个个颇具舞蹈意味的程式化的动作构成的。因此，可以说“舞”是中国艺术最集中的表现形式，也是中国艺术的精髓所在，其灵魂当然是无所不在的至高的音乐性，也即那种宇宙生命的“生生的节奏”。而这就是宗白华认为的形式“最后与最深的作用”，也即形式除了“间隔化”与“构图”

1　宗白华：《中国艺术表现里的虚与实》，见《宗白华全集》第3卷，合肥：安徽教育出版社，1994年，第389页。

的作用之外，“而尤在它能进一步引人‘由美入真’，深入生命节奏的核心”[1]。

三、中国艺术的审美状态：“虚”与“实”，“镂金错彩”与“初发芙蓉”

宗白华通过对中国艺术的形式与空间的考察，同时通过对中国艺术的音乐性和以线条为主的表现方式及其所具有的“舞”的共通性的探讨，深化了对中国艺术的认识，以此为基础，他对中国艺术的意境的营造和主要的审美特征进行了深刻而独到的总结。同样，在此过程中，康德依然是他用来“批判”中国艺术的“利器”，他一方面利用康德的形式观分析了中国艺术借助“虚”与“实”来创造意境的做法；另一方面，他还借鉴康德的“壮美（或崇高）”与“优美”的观点，将中国艺术的审美特征分别归纳为“镂金错彩”与“初发芙蓉”两种重要的类型。

所谓意境，宗白华认为就是“客观的自然景象和主观的生命情调的交融渗化”产生的一种审美的状态：“什么是意境？唐代大画家张璪论画有两句话：‘外师造化，中得心源。’造化和心源的凝合，成了一个有生命的结晶体，鸢飞鱼跃，剔透玲珑，这就是‘意境’，一切艺术的中心之中心。”[2] 为了使人能够更为直观地把握自己所说的“意境”，宗白华还引用了明清之际的画家恽南田题唐洁庵的画的

1　宗白华：《略谈艺术的“价值结构”》，见《宗白华全集》第 2 卷，合肥：安徽教育出版社，1994 年，第 71 页。

2　宗白华：《中国艺术意境之诞生》，见《宗白华全集》第 2 卷，合肥：安徽教育出版社，1994 年，第 326 页。

话来让自己悬想中的这个“意境”尽可能变得具体可感：“谛视斯境，一草一树，一丘一壑，皆洁庵灵想所独辟，总非人间所有。其意象在六合之表，荣落在四时之外。”[1]

也就是说，在宗白华看来，艺术品的“意境”是一种“幻境”，是艺术家与“造化”互动“凝合”后的一种“象征”和“表现”，而非单纯的“自然界现象，普通的实际”。而“一草一树，一丘一壑”之所以“总非人间所有”，是因为艺术经过了艺术家的“心源”的“灵想”，变得与“造化”相异了。但是，艺术品虽然不是“普通的实际”，“然亦决非幻梦，盖另自成一种实际，所谓 aesthetical reality 是也”。[2] 这是一种美学上的真，或者说是一种审美上的现实，因为艺术必须有感觉可以附和的客观实在才能存在，才能让人所直观，所欣赏。

1. “虚”与“实”

宗白华认为意境是“一切艺术的中心之中心”，所以，在艺术中谋求意境的实现就成了艺术创作的最高任务。而对于中国艺术来说，宗白华指出，“虚”与“实”的互动就是创造意境的不二法门。但这里的“虚”与“实”其实还是利用了康德对于艺术的无功利性的思考，尤其是对艺术形式及其功能的看法。宗白华认为意境的创造，首先需要“空灵”，要虚已以待，排除杂念：

> 艺术心灵的诞生，在人生忘我的一刹那，即美学上所谓

1　宗白华：《中国艺术意境之诞生》，见《宗白华全集》第 2 卷，合肥：安徽教育出版社，1994 年，第 326 页。

2　宗白华：《艺术学》，见《宗白华全集》第 1 卷，合肥：安徽教育出版社，1994 年，第 544 页。

> “静照”。静照的起点在于空诸一切、心无挂碍，和世务暂时绝缘。这时一点觉心，静观万象，万象如在镜中，光明莹洁，而各得其所，呈现着它们各自的充实的、内在的、自由的生命，所谓“万物静观皆自得”。这自得的、自由的各个生命在静默里吐露光辉。[1]

所以，宗白华认为获得“美感”，进入意境要“能空”，这个空就是要让自己排除现实的功利心，不再从实用的角度去考虑利害问题，和现实拉开一段距离，暂时做到“忘我”。其实，这也就是康德对艺术的“形式”所起到的“间隔化”作用的强调。宗白华举了《世说新语》“任诞”篇中两则晋人饮酒的故事，非常形象生动地说明了这个观点。一则为光禄大夫王蕴所言，“酒正使人人自远”；另一则为卫将军王荟所言，“酒正引人著胜地”。这两个人对于酒的作用的看法似乎彼此矛盾，前者认为饮酒让人变得自我疏离，即“自远”，有莫名空虚之感；后者却认为饮酒可让人入于“胜地”，臻于不可思议之妙境。但宗白华指出，这恰说明“酒”是让人获得美感的途径，因为只有饮酒之后，才能让人忘乎所以，空虚自己，进而因“自远”获得“心灵内部的距离化”之后，才能“著胜地”，进入充实丰盈的自由境界。他举例说陶渊明爱酒，可只有在他喝了酒，变得“心远地自偏”后，才能“悠然见南山”，看到具体而浑厚的实体，获得“真意”。所以，他认为：“晋人王荟说得好，‘酒正引人著胜地’，这使人人自远的酒正能引人著胜地。这胜地是什么？不正是

1　宗白华：《论文艺的空灵与充实》，见《宗白华全集》第 2 卷，合肥：安徽教育出版社，1994 年，第 345 页。

人生的广大、深邃和充实?”[1] 而这也正是宗白华所强调和欣赏的中国的美的特质，也即孟子所言的“充实之谓美”。

因此，宗白华指出，这种“虚”与“实”的辩证关系以及互动，既是意境得以实现的手段，也是意境的实质。而他认为对“虚”与“实”的追求，遍及中国艺术的各个门类，是中国艺术审美状态的基本营造法则，从绘画中的留白，如“马一角”，书法的“计白当黑”，到戏曲中的程式化的动作，如“刁窗”“趟马”等，还有园林中的亭台楼阁的空间布置，都凸显了这种虚实结合、有无相生的美学特征。而在宗白华作出这样的判断的背后，则与康德的形式观的启迪不无关系。

关于宗白华的意境理论的由来，罗钢做了深入的讨论，他认为如同王国维身后有叔本华、朱光潜身后有克罗齐一样，宗白华的身后则有着卡西尔，他的意境说主要受卡西尔的美学的启发，尤其是宗白华在意境中将“形式”与“生命”直接关联更是对卡西尔观点的直接改写。因此，罗钢讲了一段非常有意思的话：

> 如果把宗白华的“中国艺术意境”比作一株树，卡西尔的美学构成了这棵树的树干，而他所使用的中国美学和艺术元素则是这棵树的树叶，远远望去，我们看见的是外面纷披的枝叶，而一旦走近，拨开枝叶，我们就会发现，即使这棵树上似乎最富于中国特征的枝叶，也仍然是从德国美学的躯干里生长出来的。[2]

1　宗白华：《论文艺的空灵与充实》，见《宗白华全集》第 2 卷，合肥：安徽教育出版社，1994 年，第 347 页。

2　罗钢：《传统的幻象：跨文化语境中的王国维诗学》，北京：人民文学出版社，2015 年，第 273 页。

这个看法从大的方面来说当然不错，但是，不可否认的是作为新康德主义者的卡西尔对“形式”的强调也是来源于康德，而宗白华对意境的论述虽然可能有卡西尔的因素，但是对意境的总体描述以及对意境的创生途径的探讨更多的来自康德的启示，此外还有叔本华及尼采的影响，而考虑到康德对宗白华的更为根本的影响，或许说，宗白华的身后站着康德更为合适，康德才是宗白华意境这棵树的“树干”。

2. “镂金错彩”与“初发芙蓉”

在对意境的虚实相生的认知前提下，宗白华又进一步借鉴了康德对于美的不同类型的观点，展开了自己对中国艺术的主要审美类型的论述。康德曾在 1764 年完成的《关于优美感与壮美感的考察》一文中，将美分为“优美”和“壮美（或崇高）”。而这两种美带给人的情绪是不同的，“壮美感动着人，优美摄引着人”[1]。前者如白雪皑皑的高大的山峰、诗人弥尔顿笔下的地狱等，后者如鲜花盛开的原野、诗人荷马对维纳斯腰带的描绘等，虽然二者都带给人“欢愉”之情，却是有差别的，壮美或崇高“激发人们的欢愉，但又充满着畏惧”，优美“也给人一种愉悦的感受，但那却是欢乐和微笑的”。[2]而康德又以黑夜和白昼给人以不同的感受来说明其差异，黑夜是壮美的、“崇高”的，白昼则是“优美”的、迷人的。我国学者中王国维因受叔本华以及康德的影响，较早运用这两个美学概念来谈论艺术，但仍以“优美”与“壮美”名之，并未进一步具体化。而宗白华在将中国艺术所追求的美分为这两种类型时，在康德的基础上予

1　宗白华：《康德美学原理评述》，见［德］康德《判断力批判》（上），宗白华译，北京：商务印书馆，1964 年，第 214 页。

2　［德］康德：《论优美感和崇高感》，何兆武译，北京：商务印书馆，2001 年，第 3 页。

以具体可感的转换，即将与优美和壮美相关的两种类型的美名之为“初发芙蓉”的美与“镂金错彩”的美：

> 鲍照比较谢灵运的诗和颜延之的诗，谓谢诗如“初发芙蓉，自然可爱”，颜诗则是“铺锦列绣，雕缋满眼”。《诗品》：“汤惠休曰：谢诗如芙蓉出水，颜诗如错采（彩）镂金。颜终身病之。”（见钟嵘《诗品》《南史·颜延之传》）这可以说是代表了中国美学史上两种不同的美感或美的理想。[1]

宗白华认为这两种不同类型的“美感或美的理想”，前者接近于优美，后者接近于壮美或崇高。而两千年来，这两种美在中国绵延不绝，分别造成了不同风格的艺术，楚辞、汉赋、骈文、颜延之的诗、明清瓷器、刺绣、京剧戏服等，可以称之为“镂金错彩，雕缋满眼”的壮美；另一种则为汉代的铜器陶器、王羲之的书法、顾恺之的画、陶潜的诗、宋代的白瓷等，可谓“初发芙蓉，自然可爱”的优美。但是，宗白华强调，从魏晋起，中国人对后者的美学风格的喜爱压倒了前者。

> 魏晋六朝是一个转变的关键，划分了两个阶段。从这个时候起，中国人的美感走到了一个新的方面，表现出一种新的美的理想。那就是认为“初发芙蓉”比之于“镂金错采（彩）”是一种更高的美的境界。……这是美学思想上的一个大的解放。

1　宗白华：《中国美学史中重要问题的初步探索》，见《宗白华全集》第3卷，合肥：安徽教育出版社，1994年，第450页。

诗、书、画开始成为活泼泼的生活的表现，独立的自我表现。[1]

显然，宗白华对此种美学风格的转变是持赞同态度的。但是，此后接近壮美的“镂金错彩”的美的缺失，也使中国人的审美的境界流于狭小、纤弱，缺乏力量感。所以，他认为只喜欢白昼而不喜欢黑夜的中国人是有问题的：

> 尼采的诗云：“世界最深，深过于白昼所想的。”中国人太爱清楚，爱白昼，爱平凡，爱小趣味小抒情；不爱探索黑夜的深沉。所以有《语录》而少伟大的哲学系统（只有一部《易》!），有抒情诗而无壮丽的史诗（史籍是白昼所记，史诗却是黑夜的产物，荷马是个瞎子，瞽史方知天道）。[2]

这也从一个侧面说明，宗白华是把中国自魏晋以后占据国人审美上风的“初发芙蓉”的美当成康德所言的“优美”，将“镂金错彩”的美当作“壮美”来看待。而康德是推崇壮美或崇高的，他认为崇高具有数与力的美，尤其是后者对我们的意义更大，“因它们提高了我们的精神力量越过平常的尺度”。[3] 并且，它是内在于我们的心里的，可以使“我们能够自觉到我们是超越着心内的自然和外面的自然”。[4] 对康德的这个观点宗白华显然是接受的。不过，他对于康德关于中国绘画的观点显然没有接受。因为在康德眼里，这个东

1　宗白华：《中国美学史中重要问题的初步探索》，见《宗白华全集》第 3 卷，合肥：安徽教育出版社，1994 年，第 450—451 页。

2　宗白华：《〈人与技术〉编辑后语》，见《宗白华全集》第 2 卷，合肥：安徽教育出版社，1994 年，第 188 页。

3　［德］康德：《判断力批判》（上），宗白华译，北京：商务印书馆，1964 年，第 101 页。

4　［德］康德：《判断力批判》（上），宗白华译，北京：商务印书馆，1964 年，第 104 页。

方民族的一切都是"怪诞"的，"他们的绘画也是怪诞不经的，所表现的都是些奇怪的和不自然的形象，类似那样的对象是全世界都找不到的"。[1]

* * *

但是，无论如何，艺术在人的生活中总是不可或缺的。尤其是中国的艺术，既使国人养成独特的美的习惯，也使国人得到心灵的慰藉、精神的超拔。而宗白华借助"大哲"康德的美学思想对中国艺术予以"比附"，用其"判断力"来"批判"中国艺术，对其形式之"窗"的观照、空间之"生动"的捕捉、音乐性的叩问、"线"的表现的追索和"舞"的升华的感悟，对中国艺术虚实相生的意境的阐释和"镂金错彩"与"初发芙蓉"的美学类型的归纳，可谓洞幽烛微，而他的这一"借他人之酒杯，浇自己之块垒"的努力，不仅使得我们对中国艺术的理解加深，因之得以丰富自己的心灵，同时也可以提升自己对人生与世界的觉察。

宗白华对此早已了然于心，这或许也是他对艺术情有独钟的原因，因为"艺术的境界，既使心灵和宇宙净化，又使宇宙和心灵深化，使人在超脱的胸襟里体味到宇宙的深境"[2]。他很喜欢把中国艺术的境界与"宇宙生命"之最高法则联系在一起，他曾借老友徐悲鸿对中国画"练"与"简"的追求来表述自己对此"艺术境界"的感悟：

> 此实中国画法所到之最高境界。华贵而简，乃宇宙生命之表象。造化中形态万千，其生命之原理则一。故气象最华贵之

1　［德］康德：《论优美感和崇高感》，何兆武译，北京：商务印书馆，2001年，第60页。

2　宗白华：《中国艺术意境之诞生》，见《宗白华全集》第2卷，合肥：安徽教育出版社，1994年，第337页。

午夜星天，亦最为清空高洁，以其灿烂中有秩序也。此宇宙生命中一以贯之之道，周流万汇，无往不在；而视之无形，听之无声。老子名之为虚无；此虚无非真虚无，乃宇宙中浑沌创化之原理；亦即画图中所谓生动之气韵。[1]

这段话不期然又让人想起康德所言的令其“景仰”和“敬畏”的那两样东西，即“在我之上的星空和居我心中的道德法则”[2]。而宗白华之所以如此借重康德的思想以及西洋的艺术来批判并比照中国的艺术，就是为了使人能够更好地理解中国艺术的特点，以便能更深情地欣赏中国艺术之美。诚如康德所言：“如果没有人类，整个世界就会成为一个单纯的荒野，徒然的，没有最后目的的了。”[3] 而艺术没有人欣赏，那也会失去其存在的价值，中国艺术也不例外。为此，宗白华特别喜欢例举唐诗人常建的《江上琴兴》一诗来表达中国艺术的这种美化世界和涵养人生的作用：

江上调玉琴，一弦清一心。
泠泠七弦遍，万木澄幽阴。
能使江月白，又令江水深。
始知梧桐枝，可以徽黄金。

江上抚琴，让心清，令木阴，使得“心灵和宇宙净化”，而琴声如水，使月白，令水深，也让“宇宙和心灵深化”。中国艺术的无言

1　宗白华：《徐悲鸿与中国绘画》，见《宗白华全集》第 2 卷，合肥：安徽教育出版社，1994 年，第 50—51 页。

2　［德］康德：《实践理性批判》，韩水法译，北京：商务印书馆，1999 年，第 177 页。

3　［德］康德：《判断力批判》（下），韦卓民译，北京：商务印书馆，1964 年，第 109 页。

之美尽在这只可意会不可言诠的诗行中，与诗里动人的琴声一样，千载余情。宗白华作为美学家，他对这首诗中所蕴含的美心有戚戚，一往情深，而作为诗人，他对这首诗更是情有独钟，不能自已。抗战期间，他随中央大学流亡于陪都重庆，在嘉陵江畔的柏溪，他写下了一首五言律诗，名为《柏溪夏晚归棹》，来描述自己对中国艺术之意境的至深的认识：

飙风天际来，绿压群峰暝。
云罅漏夕晖，光写一川冷。
悠悠白鹭飞，淡淡孤霞迥。
系缆月华生，万象浴清影。

宗白华说他希望能以此诗来“传达中国心灵的宇宙情调”[1]，同时表现自己对中国艺术之美的感悟，他显然对自己的这首小诗比较满意，曾多次在自己的文章中引用。至于这首诗是否比常建的更好，那是见仁见智，但宗白华在诗中所表达的“中国心灵”之“宇宙情调”，对中国艺术之一往情深，却至今仍让人感怀。

1　宗白华：《中国艺术意境之诞生》，见《宗白华全集》第2卷，合肥：安徽教育出版社，1994年，第337页。

第二章　因惊宇宙之美，遂忘人世之苦

——宗白华对叔本华思想的创化

宗白华对叔本华的喜爱几乎可与对康德的喜爱相当。他自述1914年起在同济德文工学堂读书期间，爱上哲学，并开始阅读康德以及叔本华等德国哲人的著作。与康德的高蹈的“形上学”相比，当时正对佛教感兴趣的他似乎更倾心于受到佛教影响的叔本华的论说。1917年，他正式发表的第一篇哲学文章，就是在《丙辰》杂志上介绍叔本华思想的《萧彭浩哲学大意》，他自言：“吾读其书，抚掌惊喜，以为颇近于东方大哲之思想，为著斯篇焉。”[1] 与康德更多地影响他对美及艺术的基本看法不同，叔本华不仅影响了他对美及艺术的看法，还影响了这一时期他对人生乃至世界的看法，因此，他甚至喊出了这样的口号：“拿叔本华的眼睛看世界。”[2] 这并非虚言，他之后发表了多篇文章，如《说人生观》(1919)、《叔本华之论妇女》(1919)、《青年烦闷的解救法》(1920) 等，或借用叔本华思想看人生，或摘译其著作谈女性，或视其艺术观为青年解烦妙方等，

1　宗白华：《萧彭浩哲学大意》，见《宗白华全集》第1卷，合肥：安徽教育出版社，1994年，第5页。

2　宗白华：《我和诗》，见《宗白华全集》第2卷，合肥：安徽教育出版社，1994年，第151页。

可谓言必称叔本华。而自从他用叔本华的眼睛看世界起，似乎把世界也“叔本华化”了。

与之同时，他也撰写了多篇关于康德的文章，但现在已很难确知他是因迷恋康德而叔本华，还是由迷恋叔本华而康德。有学者言其哲思进路是由叔本华而康德，[1] 但并无确切的根据。不过，王国维曾谈及自己对于康德和叔本华的接受过程，或可为宗白华如何接受康德和叔本华的问题提供旁解：

> 余之研究哲学，始于辛壬之间。癸卯春，始读汗德之《纯理批评》，苦其不可解，读几半而辍。嗣读叔本华之书而大好之。自癸卯之夏，以至甲辰之冬，皆与叔本华之书为伴侣之时代也。其所尤惬心者，则在叔本华之《知识论》，汗德之说得因之以上窥。[2]

王国维称自己始读康德之《纯粹理性批判》不可解，之后通过读叔本华的《作为意志和表象的世界》，尤其是其中的《康德哲学批判》后才对康德学说豁然开朗。而王国维的这个“康德—叔本华—康德”的路径，有其合理之处，因为叔本华的思想本来就以康德为始基，如在《作为意志和表象的世界》的序言里他就坦承自己的哲学“在很大限度内是从伟大的康德的成就出发的”，[3] 而且叔本华的思想及其表述比康德更清晰也更易于理解，因此理解叔本华就成为理解康德的一座较为便捷的桥梁。宗白华的路径似与王国维一致，

1　林同华：《宗白华美学思想研究》，沈阳：辽宁人民出版社，1987 年，第 13 页。

2　王国维：《静庵文集自序》，见《王国维文集》第 3 卷，北京：中国文史出版社，1997 年，第 469 页。

3　[德] 叔本华：《作为意志和表象的世界》，石冲白译，北京：商务印书馆，1982 年，第 5 页。

也是由康德而叔本华再康德。他曾在《萧彭浩哲学大意》中说“继康德而起者多人，而萧彭浩最为杰出”[1]，同时，他也提到了康德的“空时因果先天之说”，称“其理闳深”。虽然他在此文中并未对康德予以“详解”，可显然对其已经有了较为深入的了解。而从两年后他连续发表的两篇论述康德的《康德唯心哲学大意》(1919) 与《康德空间唯心说》(1919) 的专文来看，他好像并未遇到王国维所说的“苦其不可解”的问题。并且，他也并未像王国维在学习哲学的过程中感到自己“欲为哲学家则感情苦多，而知力苦寡”，[2] 这可能也与他在同济接受了良好的德文教育能够直接阅读学习康德等人的原著，而王国维只能借助英文译本理解康德有关。

宗白华虽然没有像王国维一样对叔本华进行连篇累牍的评论，对叔本华思想的介绍却从未中辍，从此一时期的《哲学杂述》(1919)、《读书与自动的研究》(1920) 等，到他留德归来执教于东南大学暨中央大学时开设的课程如“美学” (1925—1928)、“艺术学” (1926—1928) 中都给予叔本华以重要位置。王国维说自己对叔本华是“愿言千复，奉以终身”，[3] 宗白华对叔本华的喜爱也并不逊色，他认为叔本华是与李白、杜甫、歌德、康德、莎士比亚、拜伦一样的“天才”，所以，他虽然也很喜欢受惠于叔本华的尼采，但对其后来否定叔本华的天才并不认可：“此种态度，吾人亦不易采取，固真正的天才作品，吾人实无法否认之，殊不必将其根本推翻也。”[4]

1　宗白华：《萧彭浩哲学大意》，见《宗白华全集》第 1 卷，合肥：安徽教育出版社，1994 年，第 3 页。

2　王国维：《自序》(二)，见《王国维文集》第 3 卷，北京：中国文史出版社，1997 年，第 473 页。

3　王国维：《叔本华像赞》，见《王国维文集》第 3 卷，北京：中国文史出版社，1997 年，第 314 页。

4　宗白华：《艺术的天才》，见《宗白华全集》第 1 卷，合肥：安徽教育出版社，1994 年，第 486 页。

由此可见他对叔本华的喜爱之一斑。

有意思的是，1920 年 5 月底，宗白华去德国留学，首先就读于法兰克福大学。这其中除了有他在同济就读时德籍老师 Diessler 介绍的缘故之外，[1] 也与他的“少年中国学会”的好友王光祈以及同济同学魏时珍先其一步已于四月离沪来此留学有关。叔本华选择在这座城市度过余生的近三十年，这里也是歌德和莫扎特的故乡。更有意思的是，1920/1921 年法兰克福大学哲学系秋季学期的课程中就有两门课程与叔本华相关，一门是“叔本华的生平与哲学”（Schopenhauer. Sein Leben und seine Philosophie），一门是其伦理学研究，即“对叔本华《伦理学的两个基本问题》的文章阅读及讨论（关于道德哲学的介绍）”（Lektüre von Schopenhauers Schrift “Die beiden Grundprobleme der Ethik”, mit anschließender Erörterung [zur Einführung in die Philosophie der Moral]），[2] 相信宗白华看到这些课程时一定有亲切之感。因为他早在来德之前就已经学习和探讨过叔本华的哲学和伦理学了，而叔本华的主要著作如《世界唯意识论》（即《作为意志和表象的世界》）、《哲学剩篇》（即《附录与补遗》）等，他也早已烂熟于心。

如同叔本华的思想对王国维的美学思想产生了根本性影响一样，宗白华同样也从叔本华的思想中受到了关键启发，他不仅将其关于艺术的看法融入自己的美学及艺术的批评中，还通过叔本华的眼睛审视自己所生活的世界，所以，较之他对康德思想的吸收更多地停留在美及艺术领域，叔本华的影响则更为宽泛和深入。也正因此，

---

1 邹士方：《宗白华评传》，北京：西苑出版社，2013 年，第 69 页。另：此处拼写为 Disser Lez，而第 10 页拼写为 Diess Ler，疑均不确，或为 Diessler 之误，为宗白华就读德文科时教师，但同济校史馆所藏此时期档案未能查出与其相关史料。

2 参见：《法兰克福大学哲学学院 1920/1921 冬季学期课程目录》（未刊稿），由法兰克福大学艺术史硕士王晓芬同学借阅并复制于法兰克福大学档案馆。

他对叔本华思想的融汇比对康德的更加妥帖，也更加大胆，故本章尝试从世界观到艺术观再到人生观、美学观等几个方面对宗白华所受到的叔本华的影响条分缕析，以系统讨论他对其思想的“创化”。概而言之，宗白华对叔本华的创造性转化就是在世界观上改“意志”为“活力”，在艺术的来源上将“理念”去除直接与“自然”关联，在艺术的冲动上把伦理的“同情”经“同感”拓展为“美感”发生的原因，在艺术的人生观上变“旁观”为“乐观”，以及在审美上由“静观”到“静照”再到对“空灵”之美的追求等，而这几个方面也是他的生命美学得以形成的重要因素。

一、“世界真相”：改“意志”为“活力”

宗白华对康德、叔本华等哲学家的“好奇”，最初并不是为了解决文艺的问题，而是出于对“世界”的好奇，为了寻求“世界真相”或者“宇宙真相”。那么，关于“世界”是什么，或者说，身在其中的我们如何看待这个“世界”，一直是众说纷纭。在林林总总的世界“观”中，宗白华比较认同的是叔本华的看法。但他并未完全接受叔本华的观点，而是将其设定的世界本原的盲目的“意志”置换为有目的的“活力”，进而把叔本华的“意志”世界观改造为自己的“活力”世界观。

叔本华的“世界观”的关键之处，就是将康德所言的那个与“现象界”（Erscheinungen）有别的“物自体”或“自在之物”（Dinge an sich）置换为“意志”（Wille）。宗白华将“物自体”译为“物之自相”，它因在时空及因果关系之外所以不可认识，但是现象界却是由其造成。叔本华认为意志就是这样的“物自体”，其本质乃是一种

“生存”的欲望，在意志的推动下，其自身渐次“客体化”，按照一定的级别显现为“客体”（Objekt）或“表象”（Vorstellung），也即意志通过客体化从无机物到有机物，从植物到动物，直至最终造成了人自身及周遭的一切。因此，叔本华断言，我们所谓的“世界”，实际上就是由“看”不见的“意志”及“看”得见的“意志的客体性”或曰“表象”两者共同构成：“而意志就是单独构成世界那另一面的东西；因为这世界的一面自始至终是表象，正如另一面自始至终是意志。”[1] 对此，宗白华曾在《萧彭浩哲学大意》一文中进行了精当的概括：

> 此意志者，无知之欲，所欲者何，即兹生存。此欲一动，乃现此世，吾人一身，即此意志之现象也。以欲视故生目，以欲闻故生耳，以欲消化，故生肠胃，以欲呼吸，故生肺，一切支体官械，莫不以有欲乃现之于外。全体一身，乃此求生之欲。全体之现象，即吾脑筋，亦以吾欲思想而生。……今述其言曰：一切现象，后之意志，其体单简，其用则欲与不欲而已。（按：不欲亦是意志，如欲生，不欲死，只是一也。）所不同者，唯在所欲。……此意志者，由之浑沌无机，进而为有机植物动物，渐次发现，由黑暗而趋光明，造神经系，感觉外物，如是境界，忽然现前。此感觉知识者，意志所造，用以欲达其求者耳。[2]

也就是说，在叔本华看来，我们所生活的这个“世界”包括我

1　［德］叔本华：《作为意志和表象的世界》，石冲白译，北京：商务印书馆，1982 年，第 28 页。

2　宗白华：《萧彭浩哲学大意》，见《宗白华全集》第 1 卷，合肥：安徽教育出版社，1994 年，第 6—7 页。

们自己都是“现象”，而决定现象有无的就是后面的“意志”。这不可知的“意志”虽然“浑沌无机”，却有一种强烈的“生存”之欲，而所谓的“生存”就是要将意志“现此世中”，所以，正是在意志的“所欲”的鼓动下，“世界”才得以逐级“现象”出来。而人由于各种“欲”而生各种官能，随之得以“看到”和“思想”这个“现成”的自己也身在其中的“世界”；同时又因这个“意志”的“所欲”是无穷无尽的，“世界”也因此变得生生不息且永无止境。不过，宗白华在此并不是简单地复述叔本华的思想，而是用自己的理解进行阐释，他后来自述曾喜欢“拿佛理来讲解康德”[1]，其实，在康德之前，他就以佛理来解说过叔本华。如他以“意”与“识”来分别对译叔本华的“意志”与“表象”，“则世界唯意志之说，可以立意志为本体，此世界，乃现象，心与物所幻成，唯识所见。故曰：世界唯意，唯识”[2]。此处的“意”与“识”即佛家所言之眼、耳、鼻、舌、身、意的“六识”，前五“识”所能“见”到的就是我们的这个有着色、声、香、味、触的可以在时空中感知的“世界”，即表象；“意”为第六识，即意识，可以认识“法”即现象背后的概念等“看”不到东西，故宗白华用其译“意志”。应该说，宗白华的这个翻译确实与叔本华的思想十分相契，而这也是他将叔本华的《作为意志和表象的世界》译为“世界唯意识论”的原因。

宗白华虽然在1917年写下这篇非常恰切的介绍叔本华思想的文章，可他并没有完全服膺其意志说，更多的还是停留在理论认知的层面。他真正把叔本华的意志说“自身化”，与自己的思想融为一体

1　宗白华：《中国的学问家—沟通—调和》，见《宗白华全集》第1卷，合肥：安徽教育出版社，1994年，第112页。

2　宗白华：《萧彭浩哲学大意》，见《宗白华全集》第1卷，合肥：安徽教育出版社，1994年，第4页。

是在1920年夏天赴德留学途经巴黎之时，他尝试着将前者的意志说转化成自己的活力说，也即用“活力”来取代并融汇叔本华的“意志”。他自述这一刻的发生犹如禅宗的“顿悟”，当时他在巴黎游历，“徘徊于罗浮艺术之宫，摩挲于罗丹雕刻之院”后，不期然“思想大变”，他犹如在黑暗的迷途中“忽然遇着一刹那的电光”，受到了巨大的启迪，对世界和艺术都有了更加“深沉”的“信仰”：“我这次看见了罗丹的雕刻，就是看到了这种光明。我自己自幼的人生观和自然观是相信创造的活力是我们生命的根源，也是自然的内在的真实。”[1] 其实，宗白华的这个描述很像叔本华所说对某种理念的“直观”(Anschauung)，而通过这一“直观”，他对“世界”有了更为深刻的认知，自觉“看”到了“世界真相”，于是他大胆地以“活力”取代了叔本华的意志，将世界重绘为一幅由“活力”生成的世界的图景或“宇宙的图画”：

> 这个世界不是已经美满的世界，乃是向着美满方面战斗进化的世界。你试看那棵绿叶的小树。他从黑暗冷湿的土地里向着日光，向着空气，作无止境的战斗。终竟枝叶扶疏，摇荡于青天白云中，表现着不可言说的美。一切有机生命皆凭借物质扶摇而入于精神的美。大自然中有一种不可思议的活力，推动无生界以入于有机界，从有机界以至于最高的生命、理性、情绪、感觉。这个活力是一切生命的源泉，也是一切“美”的源泉。[2]

1 宗白华：《看了罗丹雕刻以后》，见《宗白华全集》第1卷，合肥：安徽教育出版社，1994年，第309页。

2 宗白华：《看了罗丹雕刻以后》，见《宗白华全集》第1卷，合肥：安徽教育出版社，1994年，第310页。

可以设想，置身于罗丹的雕刻之院，宗白华也是“拿叔本华的眼睛”来看罗丹的，但是，宗白华又在“叔本华的眼睛”前加上了自己的一副“滤镜”，赋予了叔本华的盲目的意志以新的面目，那就是意志不再是“混沌”的和“无知”的，而是“创造”的、“理性”的、有规律的。由此，宗白华把叔本华的如决堤洪水一般的意志“驯化”为既有秩序又有韵律的创造性的力量，将意志改造为自己所相信的“创造的活力”。宗白华在对叔本华的意志的改造中，显然有柏格森的“创化论”的启发，他将柏格森的由人的“心象”到“生物界”乃至“大宇宙全体”的“绵延创化”的观念，导入叔本华的“无意识的求生意志，冲动表现”，[1] 给予其“合理”的“内核”。同时，他以此为基础，给予改造后的意志即“活力”以“美”的方向，并将其视作“一切生命的源泉”和“一切美的源泉”，而其最高目标即为“精神的美”，所以，叔本华的由盲目的意志推动和表象出的世界也为之一变，不再像他描述的那样充满了无尽的痛苦与无聊，而是变成了一个有着美好愿景的“向着美满方面战斗进化的世界”。

而宗白华对叔本华的“意志”世界观的这一“驯化”或“创化”非常重要，正是有了“活力”世界观做基础，他才得以进一步较为系统地建构出自己的艺术观与美学观，并在后来予以不断丰富与深化。

二、“美的真泉”：去“理念”为“自然”

尽管宗白华自觉通过哲学尤其是叔本华的思想已经明了了“宇

1　宗白华：《读柏格森“创化论”杂感》，见《宗白华全集》第1卷，合肥：安徽教育出版社，1994年，第80页。

宙真相”，或者说对“世界真相”有了明确的看法，但他觉得哲学并不能表现这世界的“真相”，欲表现这“真相”只能诉诸文学艺术，他很想也很愿意倾力为之，故他预感自己虽起于爱智之学可最后却会终于爱美之术。他在赴德留学之前曾向好友田汉以及郭沫若等人坦陈了这个观点：“因我已从哲学中觉得宇宙的真相最好是用艺术表现，不是纯粹的名言所能写出的，所以我认将来最真确的哲学就是一首‘宇宙诗’，我将来的事业也就是尽力加入做这首诗的一部分罢了。”[1] 而王国维在三十岁时也曾决定从哲学转为文学，之前他虽然“酷嗜”哲学，可却因哲学“知其可信而不能爱，觉其可爱而不能信”而生“最大之烦闷”，移情于文学：“而近日之嗜好所以渐由哲学而移于文学，而欲求直接之慰藉者也。”[2] 这显然与宗白华由哲学而文学艺术的理由不同，宗白华并不是困惑于哲学的“可信”与“可爱”之间的矛盾才放弃哲学，而是因为想更好地把握和表现“宇宙的真相”才选择了文学。有学者认为宗白华由哲学转入文学有两个原因：一是其从知识上来说更重中式的“体验”而轻西式的“认识”；二是从“人性”上来说，他并不认同“那种抽象的思维”，更喜欢“当下体验的，情绪性的，感受性的人生”，或者说是一种“艺术的人生，美学的人生”。[3] 这个观点有一定道理，却忽视了宗白华本人对哲学与文学的认知，因而是不准确的。

也许正因如此，宗白华在面对哲学时既未感到王国维的那种“知力”不逮，也无那样的矛盾心理，相较而言，他对哲学的态度也比后者要平易得多，在对哲学予以知识化的处理时也并无过多的忌

1　宗白华：《三叶集》，见《宗白华全集》第 1 卷，合肥：安徽教育出版社，1994 年，第 225 页。

2　王国维：《自序》(二)，见《王国维文集》第 3 卷，北京：中国文史出版社，1997 年，第 473 页。

3　王岳川：《宗白华的散步美学境界》，《文艺争鸣》2017 年第 3 期。

惮之情。所以，他才在巴黎“顿悟”众妙之门之际，不仅把叔本华设定的这个世界的“真体”即“意志”置换为“活力”，也顺势将其构建的“意志—理念—自然（即大自然与生活）—艺术”的艺术生成系统改造为“活力—自然—艺术”，建构了自己的艺术生成系统。这其中最重要的“创化”就是他在去除叔本华的“理念”环节的同时，又以“自然”取代了叔本华的“理念”，认为“自然”而非理念才是艺术的直接的源泉。

叔本华的理念来自对柏拉图的“理念”（Idee）的挪用，他将理念视作康德的自在之物也即他所谓的意志的“唯一直接”的并且是“恰如其分”的客体性，进而把理念作为意志与表象之间的一个中介或过渡的环节。正是因理念“在事物和自在之物中间”，也由此成为了“表象的根本形式”，[1] 而纷繁复杂的事物或个体，则是对理念的“复制”与客体化，或者说表象。以此为前提，叔本华指出，“艺术的唯一源泉就是对理念的认识，它唯一的目标就是传达这一认识”。[2] 也就是说，艺术实质上就是来自对于“生活自身”和“大自然”中的理念的把握或者“体会”：

> 被体会了的理念是任何地道艺术作品真的和唯一的源泉。理念，就其显著的原始性说，只能是从生活自身，从大自然，从这世界汲取来的，并且也只有真正的天才或是一时兴奋已上跻于天才的人才能够这样做。只有从这样的直接感受才能产生

---

1 ［德］叔本华：《作为意志和表象的世界》，石冲白译，杨一之校，北京：商务印书馆，1982年，第245页。

2 ［德］叔本华：《作为意志和表象的世界》，石冲白译，杨一之校，北京：商务印书馆，1982年，第252页。

真正的，拥有永久生命力的作为。[1]

但宗白华并不完全认可叔本华的这个观点，他在将叔本华的意志置换为活力后，同时把放置在意志与自然之间的理念抽除，直接用自然取代了理念的地位，并且将理念的作用融合到自然之中，转而将自然作为艺术的“范本”与“美的真泉”。

所以自然始终是一切美的源泉，是一切艺术的范本。艺术最后的目的，不外乎将这种瞬息变化，起灭无常的“自然美的印象”，借着图画、雕刻的作用，扣留下来，使它普遍化、永久化。……艺术的功用就是将他描摹下来，使人人可以普遍地、时时地享受。艺术的目的就在于此，而美的真泉仍在自然。[2]

宗白华又进一步探讨了艺术把握自然的方式。首先他将自然的本质概括为表象“活力”的各种“活动”或“动”；其次，他认为艺术的目的就在于表现自然的这种“动象”，进而揭示出这动象的背后的那种生生不息的充满活力的“宇宙真相”。

我们知道“自然”是无时无处不在“动”中的。物即是动，动即是物，不能分离。这种“动象”，积微成著，瞬息变化，不可捉摸。……况且动者是生命之表示，精神的作用；描写动者，即是表现生命，描写精神。自然万象无不在“活动”中，即是

1　[德] 叔本华：《作为意志和表象的世界》，石冲白译，杨一之校，北京：商务印书馆，1982年，第326页。

2　宗白华：《看了罗丹雕刻以后》，见《宗白华全集》第1卷，合肥：安徽教育出版社，1994年，第310—311页。

> 无不在“精神”中，无不在“生命”中。艺术家要想借图画、雕刻等表现自然之真，当然要能表现动象，才能表现精神、表现生命。这种“动象的表现”，是艺术最后的目的，也就是艺术与照片根本不同之处了。[1]

宗白华认为，正是因为“自然”的本质就是永远的“动”，艺术若要表现自然，则必须要能表现这个“动”或者“动象”方可抓住“自然之真”，从而表出生命与精神之实质。他解释罗丹之所以说“照片说谎，而艺术真实”，就是因为照片只能表现静态的对象，而艺术可以捕捉“动象”。他还用罗丹的雕塑《行步的人》和一张“行步的人”的照片为例进阐明自己的这个看法，他指出照片里的人虽然提起了一只脚，却让人觉得“凝住不动”，“好像麻木了一样”，可前者却让人感到是真的“在那里走动”，甚至“仿佛要姗姗而去了”，有着强烈的艺术的感染力。

显然，对此主张，宗白华一直铭记在心。四十多年后，他还借明朝画家徐文长题南宋画家夏圭山水画的“观夏圭此画，苍洁旷迥，令人舍形而悦影”的评语，再次对罗丹的这种把握事物深处的“动”而不是停留在对事物外表即“形”的描摹的艺术创作方法进行肯定：

> 离形得似的方法，正在于舍形而悦影。影子虽虚，恰能传神，表达出生命里微妙的、难以模拟的真。这里恰正是生命，是精神，是气韵，是动。《蒙娜丽莎》的微笑不是像影子般飘拂

1　宗白华：《看了罗丹雕刻以后》，见《宗白华全集》第 1 卷，合肥：安徽教育出版社，1994 年，第 312 页。

在她的眉睫口吻之间吗？[1]

正如“罗丹写动而不写静”一样，宗白华指出中国艺术家为了“表现万物的动态，刻画真实的生命和气韵”，也是通过抛弃简单的描摹事物的外表即“形似”来达成的。他们借“舍形”或“离形”以得“似”或“影”，这“似”或“影”就是“动”或“动象”，其背后则是“活”的生命与精神的气息。而宗白华认为达·芬奇的《蒙娜丽莎》之所以迷人，就是因为画像的脸上似笑非笑的“影子”同样也是一种“动象”，这与罗丹通过艺术把握的生命的“动”，利用“阴影”来雕塑自己的艺术品，从而给出的艺术的“动象”，实质是一样的。这就是宗白华发现的艺术的奥秘。

不过，虽然宗白华认为艺术家最重要的任务就是去把握“自然”中的这个“动”，去表现这个“动”，去创造“动象”，但他并不认为艺术家把握“自然”的方式是被动的，就像镜子或照相一样去机械地反映“自然”：

> 艺术家要模仿自然，并不是真去刻划那自然的表面形式，乃是直接去体会自然的精神，感觉那自然凭借物质以表现万相的过程，然后以自己的精神、理想情绪、感觉意志，贯注到物质里而制作万形，使物质而精神化。[2]

就是说，艺术家所把握的是“自然”内在的“精神”，与之神会

1　宗白华：《形与影：罗丹作品学习札记》，见《宗白华全集》第3卷，合肥：安徽教育出版社，1994年，第444页。

2　宗白华：《看了罗丹雕刻以后》，见《宗白华全集》第1卷，合肥：安徽教育出版社，1994年，第313页。

以后，再以“自己的精神”将其“贯注”到物质里，方能创造出“精神化”的艺术来。而这最终的艺术里的“精神”，既有“自然”的精神，也有艺术家的“自我”的精神。宗白华还进一步指出，“自然”本来也是个艺术家，它的所作所为与艺术家有异曲同工之妙：

> “自然”本是个大艺术家，艺术也是个“小自然”。艺术创造的过程，是物质的精神化；自然创造的过程，是精神的物质化；首尾不同，而其结局同为一极真、极美、极善的灵魂和肉体的协调，心物一致的艺术品。[1]

一言以蔽之，宗白华心目中的艺术家的使命，就是在把握了使“精神物质化”的“自然”的精神后，再“使物质而精神化”。这也正是罗丹对他的艺术观的启发，所以，他始终对罗丹念念不忘：“罗丹创造的形象常常往来在我的心中，帮助我理解艺术。”[2] 当然，宗白华之所以“看了罗丹雕刻”后“理解”了艺术，其关键还是因为之前叔本华所给予他的前置性的影响。而他对大自然所具有的美的创造力的认识，除了受叔本华与罗丹的启迪之外，与歌德，特别是康德等人对自然的推崇也是有一定关系的。如康德就认为大自然有一种豪奢的自由自在的美，“它不服从于任何人为的规则，却能对他的鉴赏不断地提供粮食”[3]。而且，康德还认为，自然美是优于艺术美的，艺术美或美术不过是自然的“摹本”，在审美的判断上，自然本身是“合目的性而无目的”的，并且与我们“内里”的“那构成

1　宗白华：《看了罗丹雕刻以后》，见《宗白华全集》第1卷，合肥：安徽教育出版社，1994年，第313页。

2　宗白华：《形与影：罗丹作品学习札记》，见《宗白华全集》第3卷，合肥：安徽教育出版社，1994年，第446页。

3　［德］康德：《判断力批判》（上），宗白华译，北京：商务印书馆，1964年，第82页。

我们生存的终极目的，道德的使命”相契合。[1] 这也使得宗白华最终把自然而不是叔本华的理念作为艺术和美的“源泉”与“范本”。之后，他更是把中国绘画里所描写的花鸟虫鱼山水人物所表现出的“自然的最深最后的结构”，直接等同于柏拉图的理念，“有如柏拉图的观念（即理念），纵然天地毁灭，此山此水的观念是毁灭不动的”。[2] 从这个说法中，也可以确认宗白华对叔本华的艺术生成观的改造的线索，那就是他把叔本华的理念去除后又以自然为名融为了一体，而在这自然化的理念背后，则是取代了意志的源源不断的“活力”。

三、“艺术的冲动”：因“同情”生“美感”

在艺术的产生与美感的发生上，宗白华也颇受叔本华的启发。他对叔本华的伦理学的核心即“同情”（Mitleid）非常认可，不仅把同情当作人生与社会得以成立的根本，还把它当作沟通艺术与人生及自然之间的桥梁。他认为艺术家的“艺术的冲动”与“美感”的产生即发生于人的同情，而同情的达成则需“同感”的发挥，因为只有同情才能使得人们的情感融为一体，所以，他也将激发与传达同情作为“艺术创造的目的”予以深化，并进而将同情拓展至宇宙的方方面面，从而使得这个“无情”的宇宙成为一个“有情”的“美术世界”。

叔本华认为人的行为动机有三种，宗白华将其概括为“自利”

1　［德］康德：《判断力批判》（上），宗白华译，北京：商务印书馆，1964 年，第 146 页。

2　宗白华：《介绍两本关于中国画学的书并论中国的绘画》，见《宗白华全集》第 2 卷，合肥：安徽教育出版社，1994 年，第 44 页。

“害他”与“同情”。“自利”是人最基本的动机，就是和动物一样的“利己主义”，即在生存意志的驱使下，以欲求一切以有利于自己的生存的冲动；而“这种利己主义像一个宽大的壕沟，把人和人永久地隔离开来”；[1] 由此产生第二种动机“害他”，叔本华将其称为“恶意与残忍”，“而恶意与残忍则使别人的痛苦不幸成为目的本身，实现这一目的能给予明显的快乐”，[2] 也即为了获得快乐去无所顾忌地损害他人，叔本华认为这两者都是“反道德的力量”，是人性的阴暗面。而第三种动机就是“同情”，即克服前两种动机，“不以一切隐秘不明的考虑为转移，直接分担另一人的患难痛苦，遂为努力阻止或排除这些痛苦给予同情支援”。[3] 在叔本华眼里，“同情”既是真正的道德的基础也是道德的最高法则。因为在表象的世界里，每个人都被由时空和因果关系等根据律所构成的“个体化原理”所局限，也就是被由此造成的所谓的“摩耶之幕”所遮蔽，任由盲目的生命意志所驱使，为获得个体的生存而自私自利甚至贻害他人却不觉，而“同情”即产生于人对这种加诸自身和他人身上的个体化原理的认知，也即看透这使现象成为现象的摩耶之幕的蒙蔽，认识到人我之间并无差别，其本质上都是被意志所摆弄的表象，因此产生同情，把一切有生之物或有情之物均看作自己。

于是这样一个人，他在一切事物中都看到自己最内在的，真实的自我，就会自然而然把一切有生之物的无穷痛苦看作自

1 ［德］叔本华：《伦理学的两个基本问题》，任立，孟庆时译，北京：商务印书馆，1996年，第223页。

2 ［德］叔本华：《伦理学的两个基本问题》，任立，孟庆时译，北京：商务印书馆，1996年，第225页。

3 ［德］叔本华：《伦理学的两个基本问题》，任立，孟庆时译，北京：商务印书馆，1996年，第234页。

己的痛苦，也必然要把全世界的创痛作为自己所有的（创痛）。对于他，已再没有一个痛苦是不相干的了。……在他眼里的已不再是他本人身上交替起伏的苦和乐，那只有局限于利己主义中的人们才是这样；而是他，因为看穿了个体化原理，对待所有的一切都是同等的关切。[1]

这也就是叔本华乐引《吠陀》所言的“这就是你”或“凡此有情，无非即汝”的深意。他也因此非常推崇同情，认为“一切仁爱（博爱，仁慈）都是同情”或“一切真纯的爱都是同情”，这是一种摆脱了希腊人所说的“自爱”的“博爱”。[2] 而宗白华对叔本华的同情观也颇为嘉许，他在最初介绍叔本华思想时，就对此不吝赞美之辞：“此同情之感，为道德之根源。具此感者，视他人之痛苦，如在己身。无限之同情，悲悯一切众生，为道德极则。此其意志中已觉宇宙为一体。”[3] 也因此，他不仅把同情视作社会结合的“原始”与社会进化的“轨道”，还把同情作为人这个“小己”的“解放”的“第一步”，并进而将同情作为维系社会稳定的“最重要的工具”。他甚至认为，一个社会若无同情的凝聚作用，使得人们的情感趋于一致，社会将会不期然而解体。所以，他后来才把叔本华的伦理的同情拓展到艺术的领域，将其化为“艺术的同情”。简言之，就是宗白华认为“美感”来自人的“同情心”，是人的来自“社会的同情”向“全宇宙”的推而广之，同时诗人及艺术家凭此同情而对自然及人生

1 [德] 叔本华：《作为意志和表象的世界》，石冲白译，杨一之校，北京：商务印书馆，1982年，第519页。

2 [德] 叔本华：《作为意志和表象的世界》，石冲白译，杨一之校，北京：商务印书馆，1982年，第514，515页。

3 宗白华：《萧彭浩哲学大意》，见《宗白华全集》第1卷，合肥：安徽教育出版社，1994年，第8页。

产生艺术的冲动，将其艺术化或形式化为各种艺术。

> 这时候，我们拿社会同情的眼光，运用到全宇宙里，觉得全宇宙就是一个大同情的社会组织，什么星呀，月呀，云呀，水呀，禽兽呀，草木呀，都是一个同情社会中间的眷属。这时候，不发生极高的美感么？这个大同情的自然，不就是一个纯洁的高尚的美术世界么？诗人、艺术家，在这个境界中，无有不发生艺术的冲动，或舞歌或绘画，或雕刻创造，皆由于对于自然，对于人生，起了极深厚的同情，深心中的冲动，想将这个宝爱的自然，宝爱的人生，由自己的能力实现一遍。[1]

不过，宗白华也指出，同情的产生虽然与作为“有情”众生的人的自然生发与外化有关，但是其“涵养与发展”却既不能依靠科学与哲学，也不能依靠宗教与伦理，或者说，对真的追求与对善的遵循与实践并不能滋养同情，而这个任务只有艺术或美才能承担。因为同情是一种“情绪感觉”，是主观的东西，很难通过思想的“知”与事功的“意”来达成一致。

> 哲学家和科学家，兢兢然求人类思想见解的一致，宗教家和伦理学家，兢兢然求人类意志行为的一致，而真能结合人类情绪感觉的一致者，厥唯艺术而已。一曲悲歌，千人泣下；一幅画境，行者驻足，世界上能融化人感觉情绪于一炉者，能有过于美术的么？美感的动机，起于同感。我们读一首诗，如不

1　宗白华：《艺术生活：艺术生活与同情》，见《宗白华全集》第1卷，合肥：安徽教育出版社，1994年，第319页。

能设身处地，直感那诗中的境界，则不能了解那首诗的美。我们看一幅画，如不能神游其中，如历其境，则不能了解这幅画的美。我们在朝阳中看见了一枝带露的花，感觉着它生命的新鲜，生意的无尽，自由发展，无所挂碍，便觉得有无穷的不可言说的美。[1]

"美术"虽可以"融化人的感觉情绪"，达成同情，但其何以"融化"人的情绪与感觉却是个不能回避的问题，所以宗白华又引入了"同感"，把同感作为一个同情在艺术领域赖以发挥作用的中介，不管是艺术家的"艺术冲动"还是普通人的"美感"的发生，还是艺术目的的实现，都需要将自身的同情经由同感以实现，而要想使得艺术对人的同情产生影响，同样也离不开同感的作用。同样，宗白华对"同感"（Einfühlung）的引入与阐释也更多地来自德国哲学家与美学家的影响，如赫尔德、李普斯（Theodor Lipps）、古鲁斯（K. Groos）等，当然，影响最大的是李普斯。"Einfühlung"这个词指的就是移情作用，宗白华将其译为"同感"或"感入"，"凡将个人内部之情绪感入此物，而视此物为生命之表现，即为同感"。[2] 他举例说如看到失火即感到自身的"生命之情绪"也如火，就可以把火看成"同情之物"和生命的"象征"与"表现"，由此也可以看出，他是把同感作为同情得以实现的"方法"来看待和使用的。

这也是为何宗白华认为无论是对诗的境界、画的美等艺术，还是对带露的花的"不可言说的美"的等自然的欣赏，都需要借助同感才能生发与完成。正是有了这种"感入"的能力，人在欣赏诗歌

1　宗白华：《艺术生活：艺术生活与同情》，见《宗白华全集》第1卷，合肥：安徽教育出版社，1994年，第317页。

2　宗白华：《美学》，见《宗白华全集》第1卷，合肥：安徽教育出版社，1994年，第438页。

绘画以及大自然时，可以“设身处地”“神游其中”，可以“感觉”，可以感同身受，才使得同情成为可能。而艺术则通过这种同感的作用，使得其所蕴含的艺术家的“同情心”不仅在人与社会之中得以发扬，还可以扩展到自然中去，因此不仅使得人类社会融为一体，还可以使得自然也充满同情，最终则使得人、自然乃至整个宇宙皆被同化为一个充满同情的“美术世界”。

四、“艺术人生观”：从“旁观”到“乐观”

宗白华从涉足哲学及文化的研究开始就致力于“艺术人生观”的建构，试图通过艺术来改变人生，而叔本华对艺术的作用以及天才的看法，同样为其提供了明晰的思想的方向。叔本华认为天才可以通过艺术的创造来“观审”表象世界背后的理念以摆脱意志的控制获得愉悦，普通人则可以分享天才所制作的艺术品暂时摆脱意志的纠缠以获得同样的愉悦，而宗白华则把叔本华对人生及世界的“观审”即“旁观”的态度往前推进一步，主张在此基础上更为主动地采取“诗人之乐观”，以积极的态度将人生艺术化或者“美化”，并进而建设“乐观的文学”，以“复兴”与“振作”民族与国家的“爱力”和“生命力”。

叔本华指出只有艺术可以认识世界的本质，也即各种现象背后的理念，艺术的创造是天才的任务，而天才之所以可以完成这个任务就在于其具有强大的“知识”或“认识”（Erkenntnis）能力，这种认识能力本是为意志服务的，但因天才的认识能力超出意志所能驱使的分量，故可以运用这种能力去透视现象以把握理念。而这一特别的认识能力就是所谓的“观审”（Kontemplation），“这种观审既要求完全忘记自己的本人和本人的关系，那么，天才的性能就不是别的而是最完美的客观性，也就是精神的客观方向，和主观，指向本人亦即指向意志的方向相反”[1]。宗白华最初将叔本华所描述的这种与意志的主观方向背道而驰的客观的认识的“观审”方式理解为“客观观物”，他在《萧彭浩哲学大意》中也对叔本华的这个思想进行了精当的概括：

> 依萧彭浩形而上观察，则其人生观，自不得不悲。一切意志，唯是求生。但此欲无尽，可暂止而不可永息。有所欲者，以有所缺，有所缺而不得，则苦；既得，则为时不久，又觉无聊，无聊亦苦。盖人本体为欲，无所欲，则觉此生如负重也。人之一生，往来于苦与无聊间而已。唯天才能忘其小己，用其心于宇宙观察，或天然风景，或学术文章，或万物之情，或社会人事，唯纯然客观，不动于心，不生私念，然后著之书册，形之歌咏，笔之图画，写之小说，宇宙现象之真，于焉以得，此天才之有益于人世者也。[2]

显然，在叔本华看来，人若想在“求生”的意志所造成的“苦与无聊”间获得暂时的休憩，只能设法“忘其小己”，转移心志，从自己眼前的生活中掉头他顾，用心“观察”身外之物，同时也要做到“纯然客观”，不动心，不私情，才能借力各种创作，忘情得乐。但能这样做的只有那些“知识发达”和“意志亦甚强”的“天才”，

1　［德］叔本华：《作为意志和表象的世界》，石冲白译，杨一之校，北京：商务印书馆，1982年，第259页。

2　宗白华：《萧彭浩哲学大意》，见《宗白华全集》第1卷，合肥：安徽教育出版社，1994年，第8页。

如音乐家、画家、小说家、诗人等，非一般人可以力行。不过，叔本华还认为，非天才的普通人也可以通过天才制作的“艺术品”分享天才对自然和社会的“观感”，以获得“美感的愉悦”，这是“天才之有益于人世者”的地方。

> 通过艺术品，天才把他所把握的理念传达于人。这时理念是不变的，仍是同一理念，所以美感的愉悦，不管它是由艺术品引起的，或是直接由于观审自然和生活引起的，本质上是同一愉快。艺术品仅仅只是使这种愉悦所以可能的认识较为容易的一个手段罢了。……艺术家让我们通过他的眼睛来看世界……把他的眼睛套在我们（头上）。[1]

宗白华对叔本华的这个观点无疑是赞同的，特别是对天才可以“让我们通过他的眼睛来看世界”的说法欣赏有加，因为他的那句“拿叔本华的眼睛看世界”的口号很可能就是由此“脱化”而来。而宗白华自承其确立“艺术人生观”，不仅仅是为了自我的砥砺，还为了将人生艺术化，也就是把人生“理想化，美化”为“艺术品”，从而建构出健全的“小己的新人格”以及“创造”出中国的“新文化”。但他所指出的具体的“创造”人生为艺术品的途径，与其对“生活”的理解不可分离，他受洛克影响，把生活看作一个人“对外的经验”和“对内的经验”的总和，因而把生活或者人生“理想化，美化”的方式也就分为“对外”和“对内”两种。因此他认为，前者可取一种叔本华式的“静观”，把生活视作艺术品；后者则可以歌

1　［德］叔本华：《作为意志和表象的世界》，石冲白译，杨一之校，北京：商务印书馆，1982 年，第 272 页。

德为榜样，通过努力生活，把自己“活成”一个艺术品。

这里着重谈谈宗白华对前者的构想，也即他所说的“拿叔本华的眼睛看世界”，而这种“对外”的方式主要是采取“艺术”或“唯美的眼光”来“观察”生活，使其形式化，从中得到解脱。他的这个观点虽有康德的形式主义的影子，更多还是来自叔本华的直接影响，他称其为一种“静观的，消极的，偏于艺术的方法”。[1] 因为叔本华认为人的生活中“最美妙，最纯粹的愉快”，就是由哲学的认知、美的欣赏，还有艺术的共鸣等所带来的“享受”。而我们之所以“愉快”的本质就在于这些活动让我们得以摆脱意志所表象出的现实的羁绊，“这又只是因为这种愉快把我们从现实生存中拨了出来，把我们变为对这生存不动心的旁观者了”。[2] 宗白华将叔本华的这个观点以诗意的语言表述了出来，即“世界旁观之则美，身处之则苦”。但是，他并未止步于此，他很希望普通人能借着“诗人之乐观”来克服叔本华式的对盲目的求生意志支配下的世界的悲观情绪。

> 其实，世界实际，本超苦乐，苦乐之感，纯属主观，而诗人之乐观，则有可言者。诗人歌咏性情，情之所感，发而为诗，诗人对世界人生，不以学理观，不以事实观，而以心中之感情观也。情分悲乐，于是有悲观之诗人，有乐观之诗人。乐观诗人，徜徉天地间，惊自然之美，叹造化之功，歌咏之，颂扬之，手之舞之，足之蹈之，誉宇宙为天堂，为安乐园，人之生世，在此大宇宙间，山明水秀，鸟语花香，无往而非乐境也。此派

1　宗白华：《怎样使我们生活丰富》，见《宗白华全集》第1卷，合肥：安徽教育出版社，1994年，第20页。

2　[德] 叔本华：《作为意志和表象的世界》，石冲白译，杨一之校，北京：商务印书馆，1982年，第430页。

> 乐观诗人，因惊宇宙之美，遂忘人世之苦，固属偏见，而自然界现象之宏伟壮丽，亦人类所共认也。德国哲学家萧彭浩氏尝有言曰：世界旁观之则美，身处之则苦。颇具深意。[1]

与叔本华不同的是，宗白华并不认为人生因被“意志”所鼓动“往来于苦与无聊间”而“不得不悲”，而是觉得“世界”本身并无“苦乐”，生活有苦乐不过是“主观”的一种“经验”，因此，如何看待这种“经验”就成了“主观”的事情。这其中，诗人对于“世界人生”的“主观”尤其值得重视，因为诗人是“以心中的感情”观世界，所以“苦乐”由已，也即诗人以何种眼光观看世界决定了自己的“经验”是苦还是乐。显然，宗白华更喜欢以“乐观”的态度看世界的“乐观诗人”，因为他们透过自已“乐观”之“心眼”所看到的世界其实是个艺术化的世界，触目皆春，故“无往而非乐境也”，此即所谓“因惊宇宙之美，遂忘人世之苦”。但这其实并非“偏见”，因为这个“宇宙”已经不是那个未经诗人看顾过的“超苦乐”的“宇宙”，而是经过“乐观诗人”加以“理想化，美化”后的“宇宙”，这个“宇宙”也由此成了个“艺术品”。

宗白华也主张一种“乐观的文学”，认为对现代中国的民族的“复兴”与“建设”来说，更应提倡一种“乐观的，向前的”文学。就像惠特曼于美国，罗曼・罗兰于法国一样，提振“老气太深”的中国民族摆脱那种“颓废”与“悲观”的精神，进入“一种愉快舒畅的精神界”，“从这种愉快乐观的精神界里，才能养成向前的勇气

1　宗白华：《说人生观》，见《宗白华全集》第1卷，合肥：安徽教育出版社，1994年，第19—20页。

和建设的能力呢”。[1] 同时，这种“乐观的文学”也是提倡社会的“爱力”与创造民族的“生命力”的责任，只有这样，才能从“民族底魂灵与人格上振作中国”。[2]

五、“审美之要道”：从“静观”到“静照”再到“空灵”

不过，作为叔本华的“旁观者”的宗白华虽把“静观”作为建构“艺术人生观”的一种方式，但并未止步于此。他首先把“静观”作为一种审美的方法，进而将其改译为“静照”，作为“美感养成”的第一个环节将其化作“空灵”之美的基础，与“充实”之美共同构成“艺术精神的两元”。

宗白华对叔本华的“观审”（Kontemplation/Contemplation）的认识，有个不断发展和深化的过程。1917 年，他在《萧彭浩哲学大意》中第一次将其描述为“客观观物”。而之前王国维则将其解为“观”，即在“观物”时，“不观其关系，而但观其物”，或者“不视为与我有关系之物，而但视为外物”。[3] 有学者认为这个“观”是“能观”，即诗人在“观物”时，能够“摆脱意志的束缚，忘掉自己的个人存在，而自由地进入审美静观之中”，[4] 但二者差别不大。可以说，宗白华此时对这个概念的理解并没有超越王国维的解释。到

1 宗白华：《恋爱诗的问题：致一岑》，见《宗白华全集》第 1 卷，合肥：安徽教育出版社，1994 年，第 417 页。

2 宗白华：《乐观的文学：致一岑》，见《宗白华全集》第 1 卷，合肥：安徽教育出版社，1994 年，第 419 页。

3 王国维：《红楼梦评论》，见《王国维文集》第 1 卷，北京：中国文史出版社，1997 年，第 4 页。

4 佛雏：《王国维诗学研究》，北京：北京大学出版社，1999 年，第 186 页。

1920年，他在《美学与艺术略谈》中将其作为“美感底主观条件”之一种译为“静观作用”(Contemplation)，[1] 才开始在较长的一段时间内使用“静观”。他虽然1921年在德国留学时曾用“静观”来概括“东方的精神思想”，但只是与西方文化的“进取”特征进行比较的说法，[2] 并非严格在叔本华的“观审”意义上予以使用。1925年，他归国后于中央大学讲授美学课程，将“静观论”列为“同感论”“实验说”“幻想论”等“审美方法”之首，并且认为其“实为审美之要道”。

> Contemplation（静观）此字之意，即停止一切冲动，用极冷静之眼光观察之。叔本华谓吾人若用Contemplation之状态去观察，实为审美之要道。彼之美学，即基于此状态之上者，如看失火——初见之则恐怖，因一切财产悉将毁坏，计算心生，即不能生美感。或见他人失火，而赋同情，则美感亦不能生。若能将此观念完全消除，则火焰冲天，必能发生美感，所谓“隔河观火”，即系能将此等观念抛开故也。此等愉快，即因为客观的、无关自身利害的一种观察，所谓Contemplation之状态是也。如打仗，本为可怖之事，而影戏中之打仗则生快感，即系知其为假的，而不生计较心、同情心之故。[3]

宗白华对静观也有更为简略的阐释：“静观状态——叔本华所谓

1　宗白华：《美学与艺术略谈》，见《宗白华全集》第1卷，合肥：安徽教育出版社，1994年，第188页。

2　宗白华：《自德见寄书》，见《宗白华全集》第1卷，合肥：安徽教育出版社，1994年，第20页。

3　宗白华：《美学》，见《宗白华全集》第1卷，合肥：安徽教育出版社，1994年，第437—438页。

客观的是也（objurgation）。”[1] 也即采静观态度时，需要用“客观”的“极冷静之眼光观察之”，去除意志的干扰，摒弃利害关系的考虑。这也是他认为的艺术之所以为艺术的本质，“艺术是要人静观领略，不生欲心的。所以艺术品须能超脱实用关系之上，自成一形式的境界，自织成一个超然自在的有机体”。[2] 而宗白华在把静观作为审美方法的同时，还有一个重要的变化，那就是把之前所推崇的“同情”与“美感”剥离了开来，更加突出静观与“美感”的关联，同时也更加突出其所具有的“冷静”的意义。20 世纪 30 年代前后，宗白华同时也在“静观”意义上使用“观照”一词，认为“观照”就是艺术家可以“超拔自己”在宇宙中直接“看”到“超形相的美”。[3] 1940 年代前后，宗白华又将其改译为“静照”，“静照是一切艺术及审美生活的起点。这里，哲学彻悟的生活和审美的生活，源头是一致”。[4] 与静观相似，“静照”也早在中国诗文中出现，如宗白华在谈“静照”时就引王羲之诗句“争先非吾事，静照在忘求”等予以生发，因此，有学者将其与老庄的“虚静说”相关联，但实际上宗白华之所以以“静照”替“静观”，是因为前者更接近叔本华的原意。叔本华在谈到艺术的天才之所以为天才，就是其可以使得自己原本服务于意志的“认识”摆脱意志的纠缠，成为“纯粹”的“无意志”的“无痛苦”的“认识主体”：

---

1 宗白华：《美学》，见《宗白华全集》第 1 卷，合肥：安徽教育出版社，1994 年，第 488 页。此处 objurgation 单词可能拼写有误，德语“客观的”应为：objektiv，“客观化”：Objektivation。

2 宗白华：《哲学与艺术：希腊大哲学家的艺术理论》，见《宗白华全集》第 2 卷，合肥：安徽教育出版社，1994 年，第 61 页。

3 宗白华：《哲学与艺术：希腊大哲学家的艺术理论》，见《宗白华全集》第 2 卷，合肥：安徽教育出版社，1994 年，第 63 页。

4 宗白华：《论〈世说新语〉和晋人的美》，见《宗白华全集》第 2 卷，合肥：安徽教育出版社，1994 年，第 275 页。

> 人在这时，按一句有意味的德国成语来说，就是人们自失于对象之中了，也即是说人们忘记了他的个体，忘记了他的意志；他已仅仅只是作为纯粹的主体，作为客体的镜子而存在；好像仅仅只有对象的存在而没有觉知这对象的人了，所以人们也不能再把直观者（其人）和直观（本身）分开来了，而是两者已经合一了；这同时即是整个意识完全为单一的直观景象所充满，所占据。[1]

叔本华的“纯粹主体”在观审时“作为客体的镜子而存在”（als klarer Spiegel des Objekts）的说法，应该启发了宗白华多年后使用“静照”置换静观，因为“静观”更强调主体对客体的“看”，这里似乎还有“意志”存在的痕迹，而“静照”更强调主体对客体的“纯粹”的反映，更接近叔本华所说的处于观审状态的主体因去除意志而“成为（反映）世界本质的一面透明的镜子”，[2] 即“纯粹”的“认识主体”。

可供参考的是，朱光潜将叔本华的观审翻译为“观照”，[3] 这或许也是注意到了叔本华对“镜子”的强调，因为他特地翻译了叔本华《作为意志和表象的世界》第三卷里涉及“镜子”的这一段落，即“纯粹自我”在“观照”事物时需“成为该事物的明镜”。[4] 当然，朱光潜也谈到观照与庄子所谓的“至人之用心若镜”，以及与佛家所

1　[德] 叔本华:《作为意志和表象的世界》，石冲白译，杨一之校，北京: 商务印书馆，1982 年，第 250 页。

2　[德] 叔本华:《作为意志和表象的世界》，石冲白译，杨一之校，北京: 商务印书馆，1982 年，第 260 页。

3　朱光潜:《看戏与演戏》，见《朱光潜全集》第 9 卷，合肥: 安徽教育出版社，1997 年，第 259 页。

4　朱光潜:《文艺心理学》，见《朱光潜全集》第 1 卷，合肥: 安徽教育出版社，1997 年，第 214 页。

谓的“大圆镜智”的关联，如他曾以此来解释佛家所倡的“观照”：“人要把心磨成一片大圆镜，光明普照，而自身却无动作。”[1] 但是，朱光潜对观照的阐释，虽然有中国诗文的“会通”，但主要还是来自西方哲学起自柏拉图的“观照”传统，尤其是叔本华的观审对镜子的客观性的重视。宗白华的静观显然与朱光潜的观照有异曲同工之妙，所以，他在把静照作为“美感养成”的第一个环节时，有意强调其所蕴含的与“镜子”相类的功能与状态：

> 艺术心灵的诞生，在人生忘我的一刹那，即美学上所谓“静照”。静照的起点在于空诸一切，心无挂碍，和世务暂时绝缘。这时一点觉心，静观万象，万象如在镜中，光明莹洁，而各得其所，呈现着它们各自的充实的、内在的、自由的生命，所谓“万物静观皆自得”。这自得的、自由的各个生命在静默里吐露光辉。苏东坡诗云：“静故了群动，空故纳万境。”王羲之云：“在山阴道上行，如在镜中游。”[2]

宗白华在此谈的“万象如在镜中”“如在镜中游”，还有其后所引用的司空图的“空潭泄春，古镜照神”等，都是对静照的“深化”或者进一步的“叔本华化”。同时，他开始把静观作为静照得以实现的手段来看待，而不是像之前将其作为观审的译名来使用。也因此，宗白华不仅把静照作为“艺术心灵”或“美感”的诞生的标志，还将其作为“艺术精神的两元”中的“空灵”之美的生成的基础，与

1 朱光潜：《看戏与演戏》，见《朱光潜全集》第 9 卷，合肥：安徽教育出版社，1997 年，第 263 页。

2 宗白华：《论文艺的空灵与充实》，见《宗白华全集》第 2 卷，合肥：安徽教育出版社，1994 年，第 345—346 页。

所谓的“充实”之美相始终和“对照”。

从宗白华的描述里可以看出，空灵并不等于静照。静照只是“忘我”，是“空诸一切”，是“和事务暂时绝缘”，是“静观万象”，或者用叔本华的话来说，是“直观景象”，是把握其中的理念。但宗白华却认为在静照之际，静观之“镜”中不仅“万物”可以“自得”，更呈现出“生命”的“自由”与“自得”。他称此为于“静”中“观”万物或自然之“理趣”。而所谓“理趣”，即作为“物之定形”的“理”，与作为“物之生机”的“趣”的融合，[1] 也即艺术家们所“观”的不仅是万物自然的理念或“形式”（Form），还有自然万物中“生命的律动”（Lebenschwung）。而正是这两者的融洽，达到“物理具足，生趣盎然”的“境界”，遂使得静照成为宗白华所言的“空灵”之美。换句话说，这空灵之“空”就是叔本华所言的“纯粹的认识主体”，而空灵之“灵”则是宗白华引入的“生命”与“灵魂”：“这空明的觉心，容纳着万境，万境浸入人的生命，染上了人的心灵。”[2] 而正是有了人的心灵的引入，这美的境界中才不仅有空灵，还会有生命的“豪情”与壮阔深邃的生活，遂产生“充实”之美。这就是宗白华所由衷感慨的：“静穆的观照和飞跃的生命构成艺术的两元，大概也是构成禅的心灵状态吧。”[3] 这“艺术的两元”的形成，即来自他对于叔本华的观审的深入的引申与创化，当然其中还有尼采思想的影响。有学者因宗白华有言“俯仰往还，远近取

1　宗白华：《徐悲鸿与中国绘画》，见《宗白华全集》第 2 卷，合肥：安徽教育出版社，1994 年，第 50 页。

2　宗白华：《论文艺的空灵与充实》，见《宗白华全集》第 2 卷，合肥：安徽教育出版社，1994 年，第 346 页。

3　宗白华：《中国艺术意境之诞生》，见《宗白华全集》第 2 卷，合肥：安徽教育出版社，1994 年，第 332 页。

与，是中国哲人的观照法，也是诗人的观照法”，[1] 将其“静照”的理论来源片面中国化，认为其“原型”是其提到的《周易》的《系辞》的“观物取象”以及老庄的“虚静说”，[2] 而忽视了宗所谓的“中国观照法”的理论根本仍为叔本华的“观审”，也许只能让人虚惊一场。

* * *

宗白华从接触叔本华开始，就接受了他的思想的影响，从将其盲目的“意志”改造为积极的“活力”，以建立自己的“世界观”或“宇宙观”，到用“自然”替代叔本华的“理念”以为美或艺术的源泉，再把叔本华的伦理的同情拓展到艺术的领域作为艺术冲动与美感产生的原因，并进而以其建构自己的“乐观”的“艺术人生观”，直至最终在把叔本华的观审予以从静观到静照的译解的同时，更将其推进为与“充实”之美并列的“艺术精神的两元”的“空灵”之美的基础。这每一步都可以看到他对叔本华的“创化”，从中也可以看出他的生命美学生成的轨迹。

当然，从这一系列的改造中，还可以看出宗白华对叔本华的改造最核心的特点就是“合理”。因为他认为叔本华虽然发现“世界真相”是意志，但并未赋予“世界”以“形式”：“叔本华发现‘盲目的生存意志’，而无视生命本身具条理与意义及价值（生生而条理）。”[3] 因此，他才对叔本华的思想进行了不间断的创化，以使其

1　宗白华：《中国诗画中所表现的空间意识》，见《宗白华全集》第 2 卷，合肥：安徽教育出版社，1994 年，第 436 页。

2　汪裕雄：《审美静照与艺境创构：宗白华意境创构论评析》，《安徽大学学报》2011 年第 6 期。

3　宗白华：《形上学：中西哲学之比较》，见《宗白华全集》第 1 卷，合肥：安徽教育出版社，1994 年，第 586 页。

“条理化”，这既有康德的“形式”的影响，也有他喜欢的歌德所具有的“谐和的形式”与“创造形式的意志”：“生命与形式，流动与定律，向外的扩张与向内的收缩，这是人生的两极，这是一切生活的原理。歌德曾名之为宇宙生命的一呼一吸。而歌德自己的生活实在象征了这个原则。”[1] 当然，除了康德与叔本华的影响之外，也与宗白华对希腊哲学精神的欣赏有关，他赞同希腊哲人对宇宙的认识，即宇宙既拥有“无尽的生命，丰富的动力”，同时也拥有“严整的秩序，圆满的和谐”，所以，生活在其间，有着“情感的风浪，意欲的波涛”的人也应该“以宇宙为模范，求生活中的秩序与和谐。和谐与秩序是宇宙的美，也是人生美的基础”。[2] 最后，这个改造也较为符合中国人的“生生而条理”的对生命的看法。

叔本华言，只有天才可以摒弃与生活的各种直接的关系来观照生活，暂停对生活的习惯性的功利目的的思考，也即摆脱“意志”的无微不至的驱使，看透摩耶之幕的骗局，从而获得观审理念的愉悦。而宗白华却希望普通人也可以获得天才的“眼睛”，更直白地说，就是叔本华的眼睛，以他的“眼睛”来“静观”人生与宇宙，在“旁观”的“愉快”中从世界抽身而出，暂时忘却“小己”的“悲”与“小己”的“苦”，可得不思之“乐”。这也许就是宗白华以诗意的语言称之为的“因惊宇宙之美，遂忘人世之苦”的真意。

1　宗白华：《歌德之人生启示》，见《宗白华全集》第 2 卷，合肥：安徽教育出版社，1994 年，第 7 页。

2　宗白华：《哲学与艺术：希腊大哲学家的艺术理论》，见《宗白华全集》第 2 卷，合肥：安徽教育出版社，1994 年，第 58 页。

第三章 静穆的观照和飞跃的生命

——宗白华对尼采思想的吸收

相较于对康德和叔本华的喜爱，宗白华对尼采的热爱似乎并不那么引人瞩目，他本人也很少谈到尼采对自己的影响，更不像对叔本华、康德那样，写有专门的文章，但是，这并不意味着他受惠于尼采的地方不多，恰恰相反，尼采的思想与康德、叔本华的思想一样，不仅是构成他的美学大厦的不可或缺的基石，甚至还是他的美学思想颇具“深度”的原因。而宗白华对尼采的态度，很像朱光潜，后者在谈到尼采时说：“一般读者都认为我是克罗齐式的唯心主义信徒，现在我自己才认识到我实在是尼采式的唯心主义信徒。在我心灵里植根的倒不是克罗齐的《美学原理》中的直觉说，而是尼采的《悲剧的诞生》中的酒神精神和日神精神。”[1] 如果把克罗齐换成康德或者叔本华，朱光潜的这番话几乎完全可以用在宗白华身上，因为宗白华也堪称“尼采式的唯心主义信徒”，他不仅在青年时期身体力行，大声疾呼以尼采的超人精神鼓励中国的青年过“奋斗”与“创造”的生活，更重要的是他还在壮年之时把《悲剧的诞生》中的酒

1 朱光潜:《〈悲剧心理学〉中译本自序》，见《朱光潜全集》第 2 卷，合肥：安徽教育出版社，1987 年，第 210 页。

神精神和日神精神作为理论骨架建构出了“中国艺术意境”，同时，他还以尼采的权力意志作为自己进行文化批评的基础，“重估一切价值”，借助他人的眼光看自己的面孔，从而发现与重建“中国文化的美丽精神”。可以说，他的“心灵里”也同样深深地“植根”了尼采的思想。

也许是旁观者清，宗白华对尼采的那种“深沉”的“喜欢”，其实早已被他当年的师友所熟知。抗战时期他在重庆中央大学哲学系的同事熊伟四十年后就回忆到，宗当时曾开设叔本华与尼采的专题课，可能是爱之深切，他“让学生看外文原书，他讲课是漫谈性的，意境很高”。[1] 而与宗交往密切的中央大学 1938 级哲学系学生谢随知对此印象更为深刻：“我觉得，宗老师的灵魂深处，他对这个世界的看法是很深沉的，怀着一种莫名的悲哀，这个也许可以追溯到他在德国的时候，或者就种下了根子。叔本华，歌德，尼采，倭伊铿这些哲学家的思想，对他的影响可能很大。宗老师在中大曾先后开了介绍这些人的思想的课，详尽地介绍了他们的哲学思想。从我的观察可以说，歌德和叔本华两个人是宗老师最喜欢不过的，其次就是尼采。”[2] 而且，他还记得当时宗白华不仅用“叔本华的眼睛看世界”，来谈论抗战时期人们为盲目的求生意志所推动，饥渴顿踣，不得已逃亡到内地的原因，还用尼采的权力意志来解释世界何以战火纷飞，那就是各国的政治人物被权力意志所支配而产生的冲突所致，这也说明，尼采也是他看世界的另外一双重要的“眼睛”。

不过，宗白华对尼采的喜欢却不是在德国留学时“种下了根子”，而是早在去德国之前就已经接受了尼采的思想。他对此也有清

1　邹士方：《宗白华评传》（下），北京：西苑出版社，2013 年，第 174 页。
2　邹士方：《宗白华评传》（下），北京：西苑出版社，2013 年，第 181 页。

晰的记述："在五四运动的前夕，我在上海同济大学学习德文后，因法租界封闭了同济，同济迁吴淞，我无意学医，自己在家阅读德国古典文学，歌德、席勒、赫尔德林等诗人的名著，同时也读了一些哲学书，如康德、叔本华、尼采的著作。"[1] 而且，他此一时期的好友田汉，也很喜欢尼采，他曾在宗白华参与编辑工作的《少年中国》1919 年 9 月第 1 卷第 3 期发表译文《说尼采的〈悲剧之发生〉》。而他的另一个朋友郭沫若，也对尼采非常热爱，经他之手发表在《时事新报》1920 年 1 月 23 日副刊《学灯》的郭沫若的《匪徒颂》就歌颂了尼采这个"欺神灭像"的"倡导超人哲学的疯癫"，在诗中，郭沫若将其与哥白尼、达尔文一起视作"学说革命的匪徒们"。[2] 而且，郭沫若也是《查拉图斯特拉如是说》的最早的译者，1923 年，他就开始翻译了第一部和第二部的部分章节，并且在 1928 年结集为《查拉图司屈拉钞》由上海创造社出版部出版。他们三人在 1920 年出版的通信集《三叶集》中也多次谈及尼采的思想。还有就是宗白华所熟识和接替他主编《学灯》的李石岑也是尼采思想的积极的引介者。1920 年，他曾在主编的《民铎》第 2 卷第 1 号上编发过"尼采号"并写了《尼采思想之批判》的长文。1921 年，他在《学灯》发表《爵尼索斯之皈依》，之后写了多篇介绍尼采的研究文章。1931 年，他还在上海商务印书馆出版了国内第一部研究尼采的专著《超人哲学浅说》。这些人对尼采的喜爱应对宗白华的尼采观有一定的影响。当然，之所以宗白华在阅读康德、叔本华时对尼采也感兴趣，主要还是基于这三个人的思想承接关系，因为尼采的理论与叔本华有很

1 宗白华：《少年中国学会回忆点滴》，见《宗白华全集》第 3 卷，合肥：安徽教育出版社，1994 年，第 579 页。

2 郭沫若：《匪徒颂》，见《郭沫若全集》文学编第 1 卷，北京：人民文学出版社，1982 年，第115 页。

深的渊源，所以如同他由康德之叔本华一样，再由叔本华之尼采，实为他们的思想展开的内在逻辑使然。如有学者就认为王国维由康德、叔本华而尼采就是这个原因："王国维前期的哲学诗学研究，除跟康德、叔本华两家有较深的渊源关系外，也多少涉及尼采(1844—1900)的某些理论。尼为叔氏弟子，因叔而及尼，这是很自然的。"[1] 宗白华在学习德国哲学时也不例外，大体遵循此一路径。

但尼采的思想对宗白华的文艺批评及美学理论的建构的所起的作用，远比王国维要深入和关键。而这个影响，如前所述，大致有三个方面：首先主要体现在尼采的超人学说对他的青年的人生观理论的支援上；其次体现在尼采的日神和酒神精神对他建构中国艺术意境时提出"静穆的观照和飞跃的生命"的"艺术的二元"的影响上；最后，就体现在尼采的权力意志及相关思想对其文化批评的较为广泛的影响上。本章就从这三个方面来具体探讨尼采思想对宗白华的影响以及后者对前者的转化。

一、"超人"的中国化："创造更高的新人格"

宗白华对尼采的接受与康德及叔本华几乎同时，而这一时期恰处于新文化运动前后，对"青年"问题的关注再次成为热点。继梁启超那篇著名的《少年中国说》(1900)希望少年能振作精神改"老大中国"为"少年中国"之后，陈独秀在《新青年》的创刊号《青年杂志》上的《敬告青年》(1915)一文，鼓励青年与旧文化决裂，引起很多青年的共鸣。李大钊《青春》(1916)也提倡正值青春之年

1　佛雏：《王国维诗学研究》，北京：北京大学出版社，1999年，第315页。

的青年为国家的“青春”而奋斗，而青年宗白华受此时代精神影响，不仅加入了李大钊等人于1918年发起的“少年中国学会”，成为最早的一批创会会员，还以《少年中国》的撰稿人与编辑的身份，撰写了多篇文章，对青年的人生观问题进行了独到的思考。他把人生观分为“三观”，即“乐观”“悲观”与“超然观”（即“超世入世观”），认为只有采取“明理哲人”的“超世入世观”，既看透世间一切皆为空幻，“深悉苦乐，皆属空华”，可又有淑世的情怀，“但悯彼众生，犹陷泥淖，于是毅然奋起，慷慨救世”，[1] 青年才能既自救又他救，在改造旧社会的同时创造新社会。

正是以此为方向，宗白华指出：“我们要创造新少年，新中国，还是从创造‘新我’起。”[2] 在宗白华看来，创造“新我”的途径就是要创造“小己”即我的“新人格”，而这“新人格”的来源及方向，就是尼采的“超人”思想。之前，陈独秀在《敬告青年》中提倡青年做“自主的而非奴隶的”人时曾提到尼采道德观：“德国大哲尼采（Nietzsche）别道德为二类；有独立心而勇敢者曰贵族道德（Morality of Noble），谦逊而服从者曰奴隶道德（Morality of Slave）”[3]，主张青年要学习“贵族道德”的独立与勇敢。而宗白华不仅主张青年要有独立自由的人格，更主张青年学习尼采的超人的战斗精神和创造精神，他的这个观点在此一时期写就的《中国青年的奋斗生活与创造生活》（1919）中突出地体现了出来。他在该文中主张“青年”即“少年”要提倡一种“少年中国精神”，通过“奋斗”和“创造”来改变自己进而改变社会与国家。而他的这篇讨论

---

1 宗白华：《说人生观》，见《宗白华全集》第1卷，合肥：安徽教育出版社，1994年，第24页。

2 宗白华：《致〈少年中国〉编辑诸君书》，见《宗白华全集》第1卷，合肥：安徽教育出版社，1994年，第53页。

3 陈独秀：《敬告青年》，见《独秀文存》，上海：亚东书局，1922年，第4页。

青年及人生观问题的代表作，不仅主要的理论框架、关键的概念，甚至题目都来自尼采在《查拉图斯特拉如是说》中对超人的相关论述。这其中主要包括三个方面：一是对超人的“过渡”思想的“人格”化的转化以及对“体魄”的重视，二是对超人所具有的“战斗”与“创造”精神的提倡，三是借用末人的概念对过着“寄生生活”的国人进行的批评。

1.“超人”与“新人格”

首先，谈谈宗白华对超人的“过渡”思想的“人格”化的转化以及对“体魄”的重视。尼采的“超人”（Übermensch）思想最早来自《作为教育家的叔本华》（1874），他认为人和动植物一样，生存的目的即在于产生更高的范本，“‘人类应该不断致力于伟大个人的产生——它的使命仅在于此，别无其他。’人们通过观察任何一类动物和植物得出了一个原理，即它们存在的目的仅在于产生更高的个别标本，更不同寻常，更强大，更复杂，更有生产力的标本，然后多么喜欢把这个原理应用到社会及其目标上，人们是多么喜欢这样做，只要不和他们养成的关于社会目标的幻想发生明显的矛盾”。[1] 其后，尼采在《查拉图斯特拉如是说》（1891）中又把自己的这个思想具体展开，他把查拉图斯特拉塑造为教人“超人道理”的老师。那么，何为“超人的道理”？首先，“人是一样应该超过的东西”；其次，“超人是土地的意义”。[2] 前者给予“人”以新的定义，即“人”并非人这种生物的终点或“目的”，而只是一种从禽兽到“超人”的“过渡”或“渡桥”，所以，当下的人是一种可以“超过”或“超脱”

---

1 ［德］尼采：《作为教育家的叔本华》，周国平译，南京：译林出版社，2012 年，第 48 页。

2 ［德］尼采：《苏鲁支语录》，徐梵澄译，北京：商务印书馆，1992 年，第 6 页。

的东西："人便是一根索子，联系于禽兽与超人间——驾空于深渊之上。是一危险底过渡，一危险底征途，一危险底回顾，一危险底战栗与停住。人之伟大，在于其为桥梁，而不是目的；人之可爱，在于其为过渡与下落。"[1] 后者则给予"人"以新的方向，这就是向"超人"迈进，而"超人"就是忠实于土地也即现世的人，他的生命既不以过去的人为旨归，也不以虚无缥缈的彼岸世界即上天为目的，而是在现实生活中努力超越自己，以臻于更高状态的存在。这就是查拉图斯特拉所说的超人的教导，他像"闪电"一样照亮被"浓云"所笼罩的人的生存的真正的意义："我将教人以生存之意义，那便是超人，浓云中的闪电人。"[2]

不过，宗白华在谈到超人时，并没有直接使用尼采的"人"可"过渡"到"超人"的说法，而是接受了维斯巴登（Wiesbaden）（或为宗笔误，Wiesbaden 为德国地名，无相关人名，可能是伏尔泰等人的理论）的"人格"观念，用更为具体和"科学"的"人格"来赋予尼采较为"抽象"的"人"以实在可感的定性，把尼采的从"人"到"超人"的"过渡"转化为从"人的人格"到"超人的人格"的"过渡"，让不熟悉或者不理解尼采思想的读者更容易接受。维斯巴登认为，"人格也者，乃一精神之个体，其一切天赋之本能，对于社会处于自由的地位"。[3] 宗白华赞成他的看法，同时指出人格虽然是"天赋的本能"，但是其并非固定的和"守成不变"的，我们应该主动予以"发展"和"创造"才能更好地发挥其价值：我们做人的责任，就是发展我们健全的人格，再创造向上的新人格，永进不息，

1 ［德］尼采：《苏鲁支语录》，徐梵澄译，北京：商务印书馆，1992 年，第 8 页。

2 ［德］尼采：《苏鲁支语录》，徐梵澄译，北京：商务印书馆，1992 年，第 14 页。

3 宗白华：《中国青年的奋斗生活与创造生活》，见《宗白华全集》第 1 卷，合肥：安徽教育出版社，1994 年，第 98 页。

向着“超人”(Übermensch) 的境界做去。[1] 显然，他在此用人格的“过渡”取代了尼采的人的“过渡”，同时也不把超人作为人的目的，而是把“超人的境界”或超人的“人格”作为“小己”即个人提升自我人格的目标。并且，他还提出了具体的措施：

> 我们对于小己的智慧要日进于深广，对于感觉要日进于优美，对于意志要日进于宏毅，对于体魄要日进于坚强，每日间总要自强不息。对于人格上有所增益，有所革新，才不辜负这一天的生活。[2]

也就是说，我们的“人格”要想达至“超人的境界”，就要从康德所谓的知、情、意三个方面来锻炼“小己”，除此之外，宗白华还加入了对“小己”的“体魄”锻炼这一维度，即通过“劳动工作”来“强健体力”。概而言之，用现在的话来说，就是只有经过德智体美劳五个方面的“增益”与“革新”，才能达至“超人的境界”。

而宗白华对“体魄”的重视，其实与尼采对“肉体”的重视不无关系。尼采认为之前“灵魂”之所以蔑视“肉体”，丑化“肉体”，是因为灵魂“想这么超出肉体与地球高升”，[3] 也即希望可以摆脱现实的生活。在《肉体之污蔑者》中，尼采借查拉图斯特拉之口说，所谓的“我”的“肉体”与“灵魂”是不可分割的，而“精神”只是“小理智”，只是“肉体”这个“大理智”的“用具”，更重要的

1　宗白华：《中国青年的奋斗生活与创造生活》，见《宗白华全集》第 1 卷，合肥：安徽教育出版社，1994 年，第 98 页。

2　宗白华：《中国青年的奋斗生活与创造生活》，见《宗白华全集》第 1 卷，合肥：安徽教育出版社，1994 年，第 98 页。

3　［德］尼采：《苏鲁支语录》，徐梵澄译，北京：商务印书馆，1992 年，第 6 页。

是，在“感官与精神”的背后还有一个“支配”着“我”的“自己”(das Selbst)：“在你的思想与感情的背面，兄弟哟，有一个有力的命令者，一个韬晦的哲人——那名叫‘自己’。他居在你的肉体中，你的肉体便是他。”[1] 那么，这个“自己”和“我”到底是什么？郭沫若在译者注里特地作出了解释：“此篇中的‘我’是专指精神作用而言。在尼采的意思，精神只是肉体的一小部分的印象，篇中的‘自己’便是肉体全部的活用而言。”[2] 而宗白华对此显然了然于胸，所以，他不仅强调要在智慧、感觉与意志方面提升小己的人格，还特别强调要在“体魄”上予以强化。而他之所以提出我们可以在“自然境界”里创造小己的人格，其中的一个重要的原因就是人在自然界的活动可以强健我们的身体：“我们身体在自然界中活动工作，呼吸新鲜空气，领略花香草色，自然心旷神怡，活泼强健了。”[3] 由此可见，宗白华对“身体”的关注与尼采对“肉体”的推崇两者之间的密切的联系。因为，如查拉图斯特所言，超人即创造者首先须自我创造，而这创造的开始，就是创造出一个新的“肉体”：“你当得创造一个更高迈的肉体，一个最初的运动，一个自转的车轮，——你当创造一个创造者。”[4] 也即“肉体”的“创造”是道德、文化等一切创造的基础。宗白华对尼采的这个观点一直坚信不疑，直到二十年后的抗战时期，他还对自己的这个看法进行了发挥：

> 我以为近代中国人的道德堕落，怯弱，苟安，自私，意志薄弱，容易动摇，整个的原因是由于体魄不健，神经衰弱，无

1 ［德］尼采：《查拉图司屈拉钞》，郭沫若译，上海：创造社出版部，1928年，第21页。

2 ［德］尼采：《查拉图司屈拉钞》，郭沫若译，上海：创造社出版部，1928年，第23页。

3 宗白华：《中国青年的奋斗生活与创造生活》，见《宗白华全集》第1卷，合肥：安徽教育出版社，1994年，第99页。

4 ［德］尼采：《查拉图司屈拉钞》，郭沫若译，上海：创造社出版部，1928年，第97页。

> 积极生活之光明的勇气和拓展事业的魄力，只想投机取巧，不劳而获的方法占得虚荣和生活的享受。不了解生活的真正幸福是在一种健康体魄底活泼劳动！中国汉唐时人，西洋希腊人和近代人都了解这一点，他们文化的灿烂是有它生理的基础。[1]

这也可以看作他对尼采的超人思想的深化。

2. “奋斗”与“创造”

其次，就是宗白华对超人的“奋斗”和“创造”的精神的吸收。这也是他的《中国青年的奋斗生活与创造生活》一文题目中的“奋斗”和“创造”两个关键词的由来。尼采指出超人的最重要的品质就在于既能斗争、破坏、征服，又能创造、更新与生成，或者说，超人既是“战士”也是“创造者”：既是“那打碎他们的价格标榜的人，破坏者，犯罪者”，又是“那在新标榜上写定新价值的人”。[2] 因为不破不立，如果不能勇敢地“重估一切价值”，不去破坏和铲除旧的价值的“标榜”，就不能在“新标榜”上建立和确定新的价值，所以，作为超人，必须具备“奋斗”与“创造”这两种精神。在《三种的变形》中，查拉图斯特拉以三种动物即“骆驼”“狮子”与“小儿”的逐次“变形”为喻，描述了精神自我超越的旅程，而这其实也是人向超人过渡的征途。精神开始是负重的骆驼，然后变为勇猛的狮子，最后变为创造的小儿。而在这“三变”中，首先，“精神上的狮子”的战斗作用至关重要，因为精神像骆驼一样通过承担“重负”成其为“强毅而能担戴”的精神之后，要创造新的价值，必须

1　宗白华：《〈从国史上所得的民族宝训（续）〉等编辑后语》，见《宗白华全集》第2卷，合肥：安徽教育出版社，1994年，第211页。

2　［德］尼采：《苏鲁支语录》，徐梵澄译，北京：商务印书馆，1992年，第16页。

借助代表“我要”的狮子的力量摆脱代表着过去数千年来的“一切事物之一切价值”的有着“金光灿烂”的鳞甲的“巨龙”，勇猛的与这条名为“汝当”的巨龙展开“奋斗”并击败对方，才能拿到“创造新的价值权利”和“自由”：“他曾把‘汝当’爱作最神圣者：如今要他从他的爱者掠夺自由，他在这最神圣的行为之中也不能不寻出狂妄与放肆；要实行这种掠夺是不能不待乎狮子。”[1] 这也是为何精神在展开过程中需要狮子般的力量和奋斗精神。其次，就是精神的小儿的创造作用，因为小儿有“创造的游戏”精神，这是狮子的勇力所不能完成的，“小儿是无嫌猜，是无怀：是新的开始，是游戏，是自转的车轮，是最初的运动，是一个神圣的肯定”。[2] 这就是精神需要小儿的游戏能力和创造精神的原因。而宗白华对“青年”或者“少年”的强调，提倡和鼓励中国的青年或少年过“奋斗生活”与“创造生活”，就与尼采所言的超人的狮子的战斗精神和小儿的创造精神直接相关。

而宗白华所言的中国青年的“奋斗生活”，包括两个方面，即“对于自心遗传恶习的奋斗”与“对于社会黑暗势力的奋斗”。前者主要鼓励青年对中国社会几千年来产生的“旧心理与旧习惯”展开“奋斗”，其中主要有“个人主义与家庭主义”“笼统主义与直觉主义”“放任主义与自然主义”等三种“恶心习”；后者则主要鼓励青年对中国社会上的“黑暗势力”，即对“种种恶习惯，恶风俗，不自然的虚礼谎言，无聊的举动手续，欺诈的运动交际”等“大起革命”，从而“消除一切欺人的偶像，废除一切不合时宜的制度风

1 ［德］尼采：《查拉图司屈拉钞》，郭沫若译，上海：创造社出版部，1928 年，第 4 页。
2 ［德］尼采：《查拉图司屈拉钞》，郭沫若译，上海：创造社出版部，1928 年，第 4 页。

俗”。[1] 而宗白华的这种表述其实就是尼采所说的发扬狮子的力量勇敢地“重估一切价值”，并进而以“恶”制恶，破坏旧道德，以“战胜”社会的“黑潮流”或“黑暗势力”，如查拉图斯特拉所言：“兄弟约，奋斗与战争是恶吗？但是这种恶是不可缺少的，在你群德之中嫉妬，怀疑，诬噬是不可缺少的。”[2] 但这种对旧道德旧风俗的“奋斗与战争”是艰巨的也是危险的，如不能战胜则会被其征服，所以，在《战争与战士》篇中，查拉图斯特拉呼唤人为自己的“思想”而战，“我不劝你们去工作，我劝你们去战争。我不劝你们求平和，我劝你们求胜利。使你们的工作成为战争，使你们的平和成为胜利罢”。[3] 这也是宗白华强调对社会的“黑暗势力”的“奋斗”要“积极进行，至死不懈”的原因。

但宗白华认为，中国青年的这种“奋斗生活”只是“创造生活”的准备，最终还是为了“创造”出“新人格与新文化”，迎来“新生活与新社会”。所以，他认为：“奋斗与创造，如鸟之双翼，车之双轮，绝对不能偏重的。不奋斗，不能开创造的事业；不创造，不能得奋斗的基础。”[4] 这其实就是查拉图斯特拉所言的精神从狮子的“奋斗”到小儿的“创造”的“变形”。当然，最重要的还是对未来的“创造”，这也是尼采赋予超人这个“创造者”的使命，“这却是为人类立目标的人，为地球创意义，开未来者：这人方创出何者为善为恶。”[5] 因此，宗白华也把“中国青年的创造生活”分为两种：

1 宗白华：《中国青年的奋斗生活与创造生活》，见《宗白华全集》第 1 卷，合肥：安徽教育出版社，1994 年，第 97 页。

2 ［德］尼采：《查拉图司屈拉钞》，郭沫若译，上海：创造社出版部，1928 年，第 26 页。

3 ［德］尼采：《查拉图司屈拉钞》，郭沫若译，上海：创造社出版部，1928 年，第 49 页。

4 宗白华：《中国青年的奋斗生活与创造生活》，见《宗白华全集》第 1 卷，合肥：安徽教育出版社，1994 年，第 97 页。

5 ［德］尼采：《苏鲁支语录》，徐梵澄译，北京：商务印书馆，1992 年，第 196 页。

一种即之前提到的“对于小己新人格的创造”，另一种为“对于中国新文化的创造”。对于前者，宗白华强调人格的创造性的重要，他引歌德的话来予以说明：“我记得德国诗人歌德（Gothe）有一句话说：‘人类最高的幸福就是人类的人格。’这话很有深意。但是，我以为‘人类最高的幸福在于时时创造更高的新人格。’”[1] 至于后者，宗白华同样强调文化本质上是“人所创造”的：“文化也者，乃人类智力战胜天行，利用自然质力增进人类生活（物质，精神，社会三方生活）。”[2] 因此，他将文化分为“物质文化”“精神文化”“社会文化”三方面，依次对中国这三方面的文化进行了“重估”，认为与欧西比较，不管是物质的运用、学术艺术道德宗教的进步，还是社会的政治与经济组织，都有很大差距，因此需要青年努力发挥“创造精神”，以建立一个“少年中国”。而宗白华对这两者的创造性的强调，其实都离不开尼采对超人的创造性的发挥。

当然，宗白华并未对奋斗与创造精神有所侧重，因为作为超人的品质，这两者本来就是不可分的。同样受尼采影响的他的朋友郭沫若很好地谈到了超人的这个特点：“光明之前有混沌，创造之前有破坏，新的酒不能盛容于旧的革囊。凤凰要再生，要先把尸骸火葬。”[3] 只不过，郭是通过《匪徒颂》《凤凰涅槃》与《女神之再生》等诗篇来活化超人的这种“破坏”与“创造”合一的思想的，而宗白华是通过讨论中国青年的“奋斗”与“创造”生活的这篇长文来转化相同的思想而已。

1　宗白华：《中国青年的奋斗生活与创造生活》，见《宗白华全集》第1卷，合肥：安徽教育出版社，1994年，第99页。

2　宗白华：《中国青年的奋斗生活与创造生活》，见《宗白华全集》第1卷，合肥：安徽教育出版社，1994年，第100页。

3　郭沫若：《我们的文学新运动》，见《郭沫若全集》文学编第16卷，人民文学出版社，1989年，第5页。

3. “末人”与“寄生虫”

再次，谈谈宗白华对中国的过着“寄生生活”的人的批评与尼采的“末人”（der letzte Mensch）之间的关系。尼采在《查拉图斯特拉如是说》中不仅讲述了超人的思想，还塑造了与其相反的末人的形象。在查拉图斯特拉眼中，末人没有远大的理想，不愿意超越自己，只愿意在原地打转，却甘之如饴。他们质疑那些可以让人超越自己的高远的目标和价值：“爱情是什么？创造是什么？遥情是什么？星辰是什么？末后底人这么问着而且睐眼”，他们自以为已经找到了人生的意义，“我们已寻到了幸福”是他们的口头禅，满足于得过且过的生活，而“地球”也因他们的鼠目寸光而变“小”。他们彼此寻求“温暖”，恐惧变化，以“生病与怀疑”即肉体与精神的变化为“罪恶”，并且时时麻醉自己，“时或吃一点点毒药，这使人做适意的梦。最后以多量底毒药，致怡然而死”。[1]

宗白华对尼采笔下的末人显然感同身受，因为在他看来，那个年代中国这样的人比比皆是，他给了末人的中国版一个名字——“寄生虫”。而“寄生虫”（Schmarotzer）恰是查拉图斯特拉所言的末人的“最卑劣底一种”，“那是一条毒虫，蜷伏的，蜿蜒的，要因你们的疾病创伤之暗处而养肥的”。[2] 查拉图斯特拉之所以对寄生虫不惜“恶”言相向，是因为寄生虫不仅自己不奋斗也不创造，过着寄生的生活，还败坏和腐蚀那些勇于攀登高山的人，同时以他们的伤痛为食。宗白华同样这么看待中国的寄生虫。他认为奋斗和创造是人的真正的生活，所以“寄生虫和害虫”过的生活是“不正当的生

1　［德］尼采：《苏鲁支语录》，徐梵澄译，北京：商务印书馆，1992 年，第 11 页。

2　［德］尼采：《苏鲁支语录》，徐梵澄译，北京：商务印书馆，1992 年，第 209 页。

活”，甚至“不是人的生活”，这种寄生生活是人类的“大敌”，人类的“种种罪恶与痛苦”“种种战争与种种社会革命”的爆发，均是因为这些寄生虫的寄生生活所导致，而中国的寄生虫更是为害甚烈：

> 中国社会上寄生生活之多，恐怕要算世界第一，一班社会上自命高等阶级的人差不多都过的是寄生生活。天天丰衣足食，放佚淫乐，对于社会没有丝毫的贡献，还要替社会制造无数的罪恶，如养成淫奢的风气，造就偷惰的习惯，他们自己不奋斗不创造，让一班农民工人替他奋斗，替他创造，维持他们淫侈不道德的生活。[1]

有鉴于此，宗白华把奋斗生活和创造生活作为改良社会的“唯一的方法”，以“完全消灭”那种“淫侈逸乐”和“恬不知耻”的寄生生活。而且，他对中国的寄生虫的态度也和查拉图斯特拉非常相似。当查拉图斯特拉把“末后底人”的生活告诉聆听他演讲的“群众”，鼓励他们像自己一样蔑视这“最可蔑视者”，树立远大的“目标”和“最高希望”时，群众的回应却让他失望，因为他们“欢欣鼓舞”地向他呼喊：“给我们造成这末后底人”，甚至，他们为了自己能够成为末人而甘愿摒弃超人，“将我们造成这末后底人！我们当奉给你超人！”[2] 而查拉图斯特拉对其实已经成为末人的“群众”的悲愤和对寄生虫的决绝，很可能也影响了宗白华，所以，在谈到通过两种“奋斗”和两种“创造”的方法来改变中国的“超人”事业时，他直言：“我们对于中国过去人物已经没有希望，未来的人物有

---

1 宗白华：《中国青年的奋斗生活与创造生活》，见《宗白华全集》第1卷，合肥：安徽教育出版社，1994年，第92—93页。

2 ［德］尼采：《苏鲁支语录》，徐梵澄译，北京：商务印书馆，1992年，第12页。

未来的事业，我们不得不将此四种事业做我们中国现在青年的唯一责任。”[1] 如同查拉图斯特拉告诫超人在自己攀登神圣的高山时不要与寄生虫同行一样，在奋斗和创造的道路上，他也抛弃了中国的寄生虫。

而查拉图斯特拉的这个告诫，宗白华直至二十余年以后的1945年仍未忘怀，他在把学生唐君毅谈“人生哲学”的《人生之体验》一书推荐给“爱智青年”阅读时，特地引用了其自序，而其中就有这样一句话：“何谓人？今藉孔子一语答曰：‘人者天地之心也。’复藉尼采一语答曰：‘人是须自已超越的。’”[2] 相信宗白华在读到唐君毅的这句话时，一定想到了当年自己对查拉图斯特拉的超人的赞赏。

二、“中国艺术意境之诞生”：《悲剧的诞生》的启示

宗白华关于中国的“艺术意境”的观点，浸透了尼采在《悲剧的诞生》(1872) 里对希腊悲剧的看法，几可称有异曲同工之妙。而他“创造”出“中国艺术意境”的这个时刻，正是他随中央大学西迁重庆的时期，而这个阶段也是其思想最为活跃、最为高产的时期。他于1943年3月完成的《中国艺术意境之诞生》及1944年1月修订完成的《中国艺术意境之诞生（增订稿）》堪称其中的杰作。当然，这个意味深长的题名难免让人不由自主地联想起与尼采的《悲剧的诞生》的“血缘”关系。这篇文章不仅宣布了“中国艺术意境之诞

1　宗白华：《中国青年的奋斗生活与创造生活》，见《宗白华全集》第1卷，合肥：安徽教育出版社，1994年，第94页。

2　宗白华：《介绍一本人生哲学书〈人生之体验〉》，见《宗白华全集》第2卷，合肥：安徽教育出版社，1994年，第392页。

生”，也成为宗白华的里程碑式的作品，同时也标志着意境说经王国维的创作之后达至一个全新的“境界”，遂成为宗白华所言的“一切艺术的中心之中心”，[1] 又标志着他本人美学思想的成熟。但就像王国维的意境说所依托的主要是叔本华的思想一样，宗白华的意境论后面主要是尼采的思想在起支撑作用。

尼采把叔本华的作为世界存在的不同样态的“表象”和“意志”予以转化，以希腊神话中的阿波罗和狄奥尼索斯即日神与酒神分别对这两种不同样态予以形象化的表达。在尼采看来，前者所象征的就是叔本华的“意志”经个体化原理即时空与因果律规范之后所产生的“表象”，他将其称为“外观”（Scheines），“关于日神的确可以说，在他身上，对于这一原理的坚定信心，藏身其中者的平静安坐精神，得到了最庄严的表达，而日神本身理应被看作个体化原理的壮丽的神圣形象，他的表情和目光向我们表明了‘外观’的全部喜悦，智慧及其美丽”。[2] 日神让人留恋于世界的外观，也即叔本华所说的摩耶面纱之下的世界，如同梦一般让我们在优美的形象中恬然自安。而后者所象征的则是叔本华所说的个体化原理所不能规范的这个世界的最为根本的“意志”，尼采将其描述为“惊骇”（Grausen）与“狂喜”（Verzückung）相混杂的一种迷狂状态，“在同一处，叔本华向我们描述了一种巨大的惊骇，当人突然困惑地面临现象的某种认识模型，届时充足理由律在其任何一种形态里看来都碰到了例外，这种惊骇就抓住了他。在这惊骇之外，如果我们再补充上个体化原理崩溃之时从人的最内在基础即天性中升起的充

1　宗白华：《中国艺术意境之诞生》，见《宗白华全集》第2卷，合肥：安徽教育出版社，1994年，第326页。

2　[德] 尼采：《悲剧的诞生》，周国平译，北京：生活·读书·新知三联书店，1986年，第5页。

满幸福的狂喜，我们就瞥见了酒神的本质，把它比拟为醉乃是最贴切的"[1]。尼采认为，在酒神的醉的状态下，笼罩在真实的意志世界之上的摩耶面纱被撕裂，人们在浑然忘我之际与自然与世界乃至与意志本身融为一体，从而在迷狂中获得解脱。

> 我的眼光始终注视着希腊的两位艺术之神日神和酒神，认识到他们是两个至深本质和至高目的皆不相同的艺术境界的生动形象的代表。在我看来，日神是美化个体化原理的守护神，唯有通过它才能真正在外观中获得解脱；相反，在酒神神秘的欢呼下，个体化的魅力烟消云散，通向存在之母，万物核心的道路敞开了。[2]

而以此为前提，尼采将阿波罗精神与狄奥尼索斯精神的结合视作希腊悲剧诞生的原因。他特别强调作为艺术发展动力的阿波罗和狄奥尼索斯的"二元性"（Duplizität），二者是互相对立的"艺术力量"（Künstlerisch Mächte）或者是"自然的艺术冲动"（Kunsttriebe der Natur），却有类于"生育"的"性的二元性"，"只要我们不单从逻辑推理出发，而且从直观的直接可靠性出发，来了解艺术的持续发展是同日神和酒神的二元性密切相关的，我们就会使审美科学大有收益。这酷似生育有赖于性的二元性，其中有着连续不断的斗争和只是渐发性的和解"[3]。也就是说，它们既是艺术产生的原因也是

1　[德] 尼采：《悲剧的诞生》，周国平译，北京：生活・读书・新知三联书店，1986 年，第 5 页。

2　[德] 尼采：《悲剧的诞生》，周国平译，北京：生活・读书・新知三联书店，1986 年，第 67 页。

3　[德] 尼采：《悲剧的诞生》，周国平译，北京：生活・读书・新知三联书店，1986 年，第 2 页。

其发展的动力，而希腊悲剧就是日神与酒神这种二元性的相互“斗争”与“和解”的结果。

宗白华亦对此予以发挥，认为“中国艺术意境之诞生”同样来自阿波罗精神与狄奥尼索斯精神这二元力量的“动静不二”的结合。是故，他分别从艺术家的“创造”意境之“心灵”的养成、“意境的表现”，以及“意境的创造”三个方面来对“中国艺术意境”予以建构。他认为艺术家“创造心灵”的养成有两种方法，即“天机飞跃”与“凝神寂照”，前者可由对生活的狄奥尼索斯式的“体验”而生，后者则随阿波罗式对生活的“静照”而来。艺术家也由这二元的“创造心灵”发展出“艺术的二元”，即“静穆的观照”与“飞跃的生命”，前者为阿波罗精神的体现，后者为狄奥尼索斯精神的发扬，所谓“意境的表现”即是此“二元”的发挥所构成的意境的不同的层次。而同时“意境的创造”也需要此“二元”的相克相生，也因此产生了阿波罗式的“空灵”与狄奥尼索斯的“充实”之美。

1. “创造心灵”：“天机飞跃与凝神寂照”

宗白华认为中国的艺术意境诞生于“人的性灵”之中，欲求艺术意境的诞生，首先需要对艺术家的“创造心灵”或者“人格”进行“涵养”。但他指出，这种“创造心灵”与“人格”的“微妙的境地”并非来自一般的“培养”，即可通过“机械的学习”和常规的探索或试验习得，而是需要艺术家“在活泼泼的天机飞跃而又凝神寂照的体验中涌现出来的”。[1] 也即在宗白华看来，这是一种“天机”或者灵性的培养，艺术家需要在“体验”大自然“天机飞跃”的奥

1 宗白华：《中国艺术意境之诞生》，见《宗白华全集》第2卷，合肥：安徽教育出版社，1994年，第339页。

秘的同时，又进行“凝神寂照”，方可涵养出自己的艺术人格与创造的心灵。而他所谓的“天机飞跃”的“体验”方法就是尼采的狄奥尼索斯的理论的转化，“凝神观照”的态度则和阿波罗精神密不可分。

首先谈谈“天机飞跃”的培养方法，宗白华称其为“‘达阿理索式’(Dionysius) 的艺术理论”。[1] 这种方法要艺术家发扬酒神精神，突破人我界限，看透表象世界的面纱，以把握意志的跳动的脉搏。宗白华以中国画家涵养自己的艺术创造心灵为例，来对这种方式予以说明。此种类型的艺术家大都勇于投入到大自然与生活之中，乐观山水之变幻，喜看生活之动荡，力求与其融为一体，在陶然忘机之际，于动态的生活和变化的大自然的贴身“体验”中把握“飞跃”的“天机”，进而洞悉大自然的奥秘和生活的真谛，以创造出生动的画境。而在宗白华看来，元代画家黄子久即黄公望可为最典型的狄奥尼索斯式的艺术家。

> 黄子久终日只在荒山乱石，丛木深篠中坐，意态忽忽，人不测其为何。又每往泖中通海处看急流轰浪，虽风雨骤至，水怪悲诧而不顾。[2]

而黄之所以在荒山杂木之中深坐，又在风雨交加中观汹涌浪涛于不顾，就是想通过沉浸式的“体验”，与其所置身的这个动荡的世

1　宗白华：《中国艺术意境之诞生》，见《宗白华全集》第 2 卷，合肥：安徽教育出版社，1994 年，第 329 页。宗在文中将狄奥尼索斯（Dionysius）译为达阿理索式、狄阿理索斯、狄阿里索斯等，朱光潜将其译为狄俄倪索斯等，以及书中出现的其他译法，为尊重原文，不作统一。

2　宗白华：《中国艺术意境之诞生》，见《宗白华全集》第 2 卷，合肥：安徽教育出版社，1994 年，第 329 页。

界同流，以获得“飞跃”的“天机”，为自己在画中创造出“活泼泼”的意境做好准备。用宗白华的解释就是“于倜傥雄奇的生活姿态中获得动荡跌宕的画境”。[1]

其次，就是“凝神寂照”的方法，宗白华指出这种方法类似于阿波罗的观照。艺术家须与生活保持距离，冷眼旁观，以把握世界的“外观”，体验其真意，创造出静态的画境，让人在借其静观时世界的表象时得到解脱。他以明代画家顾凝远的创作经验为例，来对其进行描述。

> 当兴致未来时，腕不能运，时径情独往，无所触则已；或枯槎顽石，勺水疏林，如造化所弃置，与人装点绝殊，则深情冷眼求其幽意之所在，而画之生意出矣。[2]

显然，顾凝远的这种“深情冷眼求其幽意”的体验生活的方式，与黄公望是不同的。因为顾喜欢的景物是孤寂而荒凉，“如造化所弃置”，甚至没有“人”的“装点”的痕迹。但宗白华认为这并不意味着艺术家的纯然忘我，这是“在幽静中的心灵活跃”。正是这种心灵的发挥，产生了元人的那种沉静深远，荒寒孤高的“画境”。

这就是宗白华所总结的艺术家的两种养成自己的“创造心灵”或“人格”的方式，或者说是化“眼中之竹”为“胸中之竹”的方式。他并未回避尼采的影响，而是直接以其所提出的艺术冲动的二元性力量的酒神与日神精神来指称，前者以黄子久为典型，后者以

1 宗白华：《中国艺术意境之诞生》，见《宗白华全集》第2卷，合肥：安徽教育出版社，1994年，第329页。

2 宗白华：《中国艺术意境之诞生》，见《宗白华全集》第2卷，合肥：安徽教育出版社，1994年，第330页。

米友仁为代表："黄子久以狄阿理索斯（Dionysius）的热情深入宇宙的动象，米友仁却以阿波罗（Apollo）式的宁静涵映世界的广大精微，代表着艺术生活上两种最高精神形式。"[1] 不过，宗白华同时也指出，这两种不同的"创造心灵"的养成方式，并不矛盾，同一个艺术家也可以兼而有之。如黄子久就是，他除了常观奇峰怪石，听怒涛澎湃以体验"飞跃"的"天机"之外，还叫人把各种树枝扔到深潭里，"凝神寂照"，以体验其错杂相交产生的一种"造境"。

2. "意境的表现"："静穆的观照和飞跃的生命"

宗白华所言"意境的表现"，指的是意境的内在结构。他认为中国的艺术意境不是一个"单层的平面的自然的再现，而是一个境界层深的创构"，他将其分为三个层次，即从"直观感相的模写"，到"活跃生命的传达"，再到"最高灵境的启示"。[2] 而在探讨艺术意境的这三层"层深"的具体表现时，他同样也引入了阿波罗精神与狄奥尼索斯精神。如同尼采把阿波罗精神与狄奥尼索斯精神的二元结合视为希腊悲剧产生的两个最根本和最重要的因素一样，他也将意境的诞生视作"静穆的观照"与"飞跃的生命"这"艺术的两元"结合的结果，而前者就是对阿波罗精神的引申，后者则是对狄奥尼索斯精神的改写。

而实际上，宗白华的意境表现的三层次的说法同样与尼采对悲剧的看法相关联。尼采的"悲剧的诞生"或"悲剧的完成"可以分为三个层次，也即"阿波罗＋狄奥尼索斯＝悲剧"。尼采认为日神精

1　宗白华：《中国艺术意境之诞生（增订稿）》，见《宗白华全集》第2卷，合肥：安徽教育出版社，1994年，第361页。

2　宗白华：《中国艺术意境之诞生（增订稿）》，见《宗白华全集》第2卷，合肥：安徽教育出版社，1994年，第362页。

神让人沉湎于世界的美的外观，酒神精神则让人透过世界的美的外观，深入生命的本源，探知世界的真相，但倘若完全放纵酒神的肆虐，那么人将会毁灭于酒神的暴力，所以悲剧还需要用日神的美的外观来克制酒神的迷狂，而悲剧也因这二者的完美的结合而完成。

> 一切存在的基础，世界的酒神根基，它们侵入人类个体意识中的成分，恰好能够被日神美化力量重新加以克服。所以，这两种艺术冲动，必定按照严格的相互比率，遵循永恒公正的法则，发挥它们的威力。酒神的暴力在何处如我们所体验的那样汹涌上涨，日神就必定为我们披上云彩降落到何处；下一代人必将看到它的蔚为壮观的美的效果。[1]

尼采还从欣赏角度出发，把悲剧的这种特征描述为观众“同时既要观看又想超越于观看之上”的一种要求：“悲剧神话具有日神艺术领域那种对于外观和静观的充分快感，同时它又否定这种快感，而从可见的外观世界的毁灭中获得更高的满足。”[2] 而悲剧即诞生于日神与酒神这两种艺术精神的融合。因此，尼采说，在欣赏悲剧时，这两个过程可以让人同时感觉到，它们既有明确的分别，但又并行不悖。也就是说，悲剧就是这两种艺术同时展开并最终合二为一的过程。

宗白华显然从尼采对悲剧的这个结构性和过程性的阐述受到启发，他也将意境的表现分为三个层次，即“静穆的观照＋飞跃的生

1　［德］尼采：《悲剧的诞生》，周国平译，北京：生活·读书·新知三联书店，1986 年，第 108 页。

2　［德］尼采：《悲剧的诞生》，周国平译，北京：生活·读书·新知三联书店，1986 年，第 104 页。

命＝意境”，但其骨架依然是尼采的“阿波罗＋狄奥尼索斯＝悲剧”，只不过把希腊的悲剧换成了中国的意境。当然，宗白华在此并未直接以尼采的话语进行说明，而是借清诗人冠九的《都转心庵词》序言里的禅意盎然的词句进行点染，以阐述意境的生成过程与“层深”：“澄观一心而腾绰万象，是意境创造的始基，鸟鸣珠箔，群花自落，是意境表现的圆成。”[1] 这里有三层：第一层是“澄观一心”，即运用阿波罗精神对事物的本质予以“静穆的观照”；第二层是“腾绰万象”，发扬狄奥尼索斯的精神对事物的“飞跃的生命”进行把握；由这两元的混成最终进入意境的“圆成”，即第三层深的妙不可言之“鸟鸣珠落，群花自落”的境界。

随后，宗白华明确地将“意境的表现”分为三个层次，即“直观感相的渲染”“生命活跃的传达”与“最高灵境的启示”（修订稿改为：“直观感相的模写”“活跃生命的传达”与“最高灵境的启示”，其实大同小异），但这只不过换了一种更为直白的表达方式而已。而这其中，第一境层就是通过阿波罗式的“静穆的观照”，对事物的“直观感相”进行静态的呈现；第二层境层为“生命活跃的传达”，就是如狄奥尼索斯式的对事物的“飞跃的生命”进行动态的体味；而“最高灵境的启示”，就是意境最终的完成与圆满，用他的话来说，就是“艺术的境界，既使心灵和宇宙净化，又使心灵和宇宙深化，使人在超脱的胸襟里体味到宇宙的深境”[2]。

宗白华又以清人蔡小石《拜石词》序对“读”画的感受来例证意境这三层境界既层层深入，又相互渗透的“情景”：

1　宗白华：《中国艺术意境之诞生》，见《宗白华全集》第 2 卷，合肥：安徽教育出版社，1994 年，第 331 页。

2　宗白华：《中国艺术意境之诞生》，见《宗白华全集》第 2 卷，合肥：安徽教育出版社，1994 年，第 337 页。

> 夫意以曲而善托，调以香而弥深。始读之则万萼春深，百色妖露，积雪缟地，余霞绮天，一境也。（这是直观感相的渲染。）再读之则烟涛澒洞，霜飙飞摇，骏马下坡，泳鳞出水，又一境也。（这是活跃生命的传达。）卒读之而皎皎明月，仙仙白云，鸿雁高翔，坠叶如雨，不知其何以冲然而澹，倏然而远去。（这是最高灵境的启示。）[1]

首“读”画时，可以看到画中呈现的是第一境层的静态的色相的观照；次“读”时，则可“看”到画中第二境层的动态的自然与生命的律动；再“读”时，则入于最终境层，浑然忘我之际，心灵与宇宙相偕，悠然而至于最高最深最远之“灵境”。而“灵境”之所以得以“圆成”即是由阿波罗的“静穆的观照”与狄奥尼索斯的“飞跃的生命”的互动而生成。

而宗白华认为，这所谓的“灵境”，就是盛唐大诗人的“诗境”，也是宋元大画家的“画境”。他更以“禅境”名之，但有意思的是，他对“禅境”的描述，依然不离阿波罗的静态的“观照”与狄奥尼索斯的动态的“飞跃”这“二元”精神的“动静合一”：

> 禅是动中的极静，也是静中的极动，寂而常照，照而常寂，动静不二，直探生命的本原。……静穆的观照和飞跃的生命构成艺术的两元，大概也是构成禅的心灵状态吧。[2]

---

1 宗白华：《中国艺术意境之诞生》，见《宗白华全集》第 2 卷，合肥：安徽教育出版社，1994 年，第 331 页。

2 宗白华：《中国艺术意境之诞生》，见《宗白华全集》第 2 卷，合肥：安徽教育出版社，1994 年，第 332 页。

显然，宗白华不仅对艺术意境的创造的构想受到尼采的阿波罗与狄奥尼索斯精神的影响，还试图用其解释与之类似的“禅境”，更将其推广为艺术构成的基本元素，这就是他的艺术精神的“二元”背后的尼采“动机”。

3. “意境的创造”：“空灵与充实”

宗白华谈“意境的创造”时特别强调“虚”与“实”的结合，认为“抟虚成实”是“创造意境的手法”，同时也因此形成了中国诗境、词境与中国画的共同的“有空间有荡漾”的“意境结构”。[1] 他还认为，欣赏者的“艺术心灵”同样也有这样的“由虚入实”的特点。但是，在宗白华的貌似集中国古典诗文之大成的以“虚”与“实”为名的诸多论述背后，却同样有着尼采的阿波罗的梦的造型能力与狄奥尼索斯的醉的音乐精神的强烈的影响。只不过他给它们戴上了“虚”与“实”的中国面具，同时将尼采的艺术的二元冲动日神与酒神化作“艺术的二元”，也即把“静穆的观照和飞跃的生命”转换为“空灵”与“充实”的“艺术精神的两元”，[2] 并进一步将其拓展为两种不同的且又彼此关联的美学风格。

不过，如果只看宗白华所使用的“空灵”与“充实”这两个词语，的确很容易让人将其与刘熙载《文概》中的“空灵”与“结实”联系起来：“文或结实，或空灵，虽各有所长，皆不免著于一偏。试观韩文，结实处何尝不空灵，空灵处何尝不结实?”宗白华对刘熙载了然于胸，他的“空灵”与“充实”很可能就是对刘熙载的“结实”

1　宗白华：《中国艺术意境之诞生》，见《宗白华全集》第 2 卷，合肥：安徽教育出版社，1994 年，第 334 页。

2　宗白华：《论文艺的空灵与充实》，见《宗白华全集》第 2 卷，合肥：安徽教育出版社，1994 年，第 345 页。

与“空灵”的化用。那么何为“结实”与“空灵”？叶朗曾从文艺形象出发对这两个概念作出了解释：艺术是现实反映，所以“结实”；艺术以“审美意象”反映现实，又应该“空灵”。[1] 但宗白华从艺术意境创造的角度对这两个概念进行了尼采化的改造和生发，赋予了不一样的涵义。

先谈宗白华的“虚”和“空灵”与阿波罗的关系。尼采认为阿波罗除了可以“静穆的观照”之外，还有“造型”能力，这就是梦的能力，而梦最大的特点就是可以生成恍恍惚惚若有若无的“虚空”，正是有了这个“虚空”的舞台，才会有影影绰绰的人物出入其间，以成所谓“梦境”。宗白华在谈到意境的创造时，把“虚”的创造放在了首位，认为“抟虚成实”是中国诗词、书法以及绘画的“造境”的手法，“虚”是“实”得以产生的前提，他特地引庄子的“虚室生白”和“唯道集虚”来说明：

> 庄子说：“虚室生白。”又说：“唯道集虚。”中国诗词文章里都着重这空中点染，抟虚成实的表现方法，使诗境、词境里面有空间，有荡漾，和中国画面具同样的意境结构。[2]

宗白华在此对“虚”作出了最为直接的解释，这所谓的“虚”就是“空间”，而“抟虚”就是“有空间”，或者说要生产出这个“空间”来。当然，这只是一片“虚空”，而正是有了这个“虚空”，“虚室”方能生“白”，“道”也才可“集”于此“虚”。所以，宗白华在谈论“虚”时，不仅有“空虚”的意思，还有“虚空”的意思，

1　叶朗：《中国美学史大纲》，上海：上海人民出版社，2005 年，第 556 页。

2　宗白华：《中国艺术意境之诞生》，见《宗白华全集》第 2 卷，合肥：安徽教育出版社，1994 年，第 334 页。

因为只有“空虚”才可有“虚空”产生。他谈“空灵动荡的书法意境”中的“空灵”，说高日甫论画歌里的“即其笔墨所未到，亦有灵气空中行”的“空中”，讲笪重光的“虚实相生，无画处皆成妙境”的“无画处”，以及言盛唐诗人诗中所表现的“空花水月的禅境”、北宋词人所表现的“空中荡漾，缅邈无际”，以及南宋词人的渲染的“波心荡冷月无声”“闲却半湖春色”等“空虚”的“境象”，还有他所推崇的唐人绝句所表达的“无字处皆其意”的高绝意境的“无字处”等，都是一种“虚空”，也都有“空间”之意。

而宗白华认为，这“虚空”既是“实”得以产生的条件，也是“艺术心灵”或“艺术人格”得以“诞生”的开始，更是“艺术空灵化”或艺术的“空灵美”得以产生的原因。而他所谓的“空灵”，不仅有“空诸一切，心无挂碍”的“能空”，也即“能虚”的作用，也有创造美的“文艺境界”的“形象”的特点，这同样与其受到尼采的阿波罗的造型能力的影响密不可分。

> 然而它（文艺境界）又需超凡入圣，独立于万象之表，凭它独创的形象，范铸一个世界，冰清玉洁，脱尽尘滓，这又是何等的空灵？[1]

所以，空灵既是一种美的“物象”的生产活动，也是一种美的特征。宗白华认为它可以通过艺术的“形式”所造成的“距离”来产生，如“舞台的帘幕，图画的框廓，雕像的石座，建筑的台阶、栏干，诗的节奏、韵脚，从窗户看山水、黑夜笼罩下的灯火街市、

1　宗白华：《论文艺的空灵与充实》，见《宗白华全集》第2卷，合肥：安徽教育出版社，1994年，第345页。

明月下的幽淡小景，都是在距离化，间隔化条件下诞生的美景”。[1]不过，更重要的是通过人的“艺术心灵”或者“艺术人格”的“心灵内部的距离化”来形成。这就要求人“精神的淡泊”，也即摒弃世务的羁绊，宗白华引欧阳修所言的“萧条淡泊，闲和严静”的艺术人格，还有陶渊明的“素心人”来予以说明。当然，宗白华在具体论述空灵的得来时，还应用了康德的形式观与叔本华的静观思想，但有着强烈的阿波罗色彩的“形象”是空灵之美的不可或缺的内核。

次谈宗白华的“实”和“充实”与狄奥尼索斯的关系。尼采认为狄奥尼索斯表现的醉意的人生，是生命的丰盛与蓬勃，更是这世界与宇宙的真相。而宗白华在谈“实”时，与庄子的“白”“道”并称，又以描述动态的“荡漾”“动荡”名之。

> 中国特有的艺术——书法，尤能传达这空灵动荡的意境。……这书法的妙境通于绘画，空灵中传出动荡，神明里透出幽深，超以象外，得其环中，是中国艺术的一切造境。[2]

这“动荡”，即是“实”，即是“道”，宗白华又将其称为“宇宙意识”与“生命情调”，也即“飞跃的生命”。人生因丰富而充实，意境也因“动荡”而“充实”。宗白华虽以孟子语“充实之谓美”赞之，但这“充实”，却是尼采的狄奥尼索斯的“醉”的富有音乐性的“豪情”：

1　宗白华：《论文艺的空灵与充实》，见《宗白华全集》第 2 卷，合肥：安徽教育出版社，1994 年，第 346 页。

2　宗白华：《中国艺术意境之诞生》，见《宗白华全集》第 2 卷，合肥：安徽教育出版社，1994 年，第 334 页。

> 尼采说艺术世界的构成由于两种精神：一是“梦”，梦的境界是无数的形象（如雕刻）；一是“醉”，醉的境界是无比的豪情（如音乐）。这豪情使我们体验到生命里最深的矛盾、广大的复杂的纠纷；“悲剧”是这壮阔而深邃的生活的具体表现。所以西洋文艺顶推重悲剧。悲剧是生命充实的艺术。西洋文艺爱气象宏大、内容丰满的作品。荷马、但丁、莎士比亚、塞万提斯、歌德、直到近代的雨果、巴尔扎克、斯丹达尔、托尔斯泰等，莫不启示一个悲壮而丰实的宇宙。[1]

狄奥尼索斯的“醉”就是“生命充实”的表现，这“充实”里有生命里的“最深的矛盾，广大复杂的纠纷”，这“醉”与“梦”结合，便构成了尼采推崇的“艺术世界”即“悲剧”。而宗白华把阿波罗的梦所体现的“静穆的观照”与狄奥尼索斯的“醉”的“充实”相结合，构成了自己独特的“意境世界”。他不仅以西洋作家为例说明这“充实”所蕴含的“悲壮而丰实的宇宙”，所表现出的人生与宇宙的“豪情”，也以为杜甫的诗歌体现了这“最为沉厚而有力”的“充实”。他还引清朝词人周济的词在空灵之后应求充实的主张，“求实，实则精力弥满”，词也因之方会感人至深，他更引喜欢的司空表圣之语来形容这种“充实”带给人的“壮硕的艺术精神”，“天风浪浪，海山苍苍，真力弥满，万象在旁”，尤其是“行神如空，行气如虹”句，精妙地概括了他所言的空灵与充实的状态。当然，他也借此对中国文艺作出了评价：

1　宗白华：《论文艺的空灵与充实》，见《宗白华全集》第2卷，合肥：安徽教育出版社，1994年，第348页。

> 可见中国文艺在空灵与充实两方都曾尽力，达到极高的成就。所以中国诗人尤爱把森然万象映射在太空的背景上，境界丰实空灵，像一座灿烂的星天！[1]

综上，宗白华的这个所谓的“空灵”与“充实”的评价标准受尼采的影响，他从阿波罗与狄奥尼索斯的角度来审视中国文艺，让人发现了“中国艺术境界”的“最高成就”和“艺术心灵”所能达到的“最高境界”，确如其所说的“我们在此借外人的镜子照自己面孔，也颇有趣味”。[2]

三、“文化之批评”：“以权力意志为基础”

宗白华不仅把尼采的超人学说作为自己鼓舞中国青年“奋斗”与“创造”的力量源泉，把阿波罗与狄奥尼索斯精神作为中国艺术意境诞生的“艺术的二元”，还将其思想作为自己进行“文化批评”的工具，对古今中外的文学艺术进行了广泛的批评。而这其中，他对尼采的权力意志说特别重视，也因此，权力意志成为其理解和批评艺术的准绳与利器。

1. 权力意志：“力和美的结晶”

首先，宗白华认为艺术来自艺术家对于权力意志的体验与表现。

1 宗白华：《论文艺的空灵与充实》，见《宗白华全集》第 2 卷，合肥：安徽教育出版社，1994 年，第 350 页。

2 宗白华：《自德见寄书》，见《宗白华全集》第 1 卷，合肥：安徽教育出版社，1994 年，第 320 页。

尼采的权力意志来自对叔本华的生命意志的改写，不仅将其视作生存的欲望，更将其视作一种生命扩张的力量，它既是旺盛的生命力的体现，也是对那种弥漫于宇宙与世间的无所不在的“力”的不懈的追求。宗白华将权力意志引入自己对艺术的理解之中并将其作为艺术所需要表现的“真理与价值”。

> 艺术家对于人生对于宇宙因有着最虔敬的“爱”与“敬”，从情感的体验发现真理与价值。……一则以庄严敬爱为基础，一则以权力意志为基础。[1]

在宗白华看来，“庄严敬爱”是艺术家对人生和宇宙所应采取的态度，因为只有这样，才能“领悟人生与宇宙的真境”；而这人生与宇宙的真理，就是权力意志。艺术的使命就是要把艺术家所“领悟”的人的权力意志表现出来。当然，艺术之所以为艺术，必须有一“形式的境界”，形成一个“超然自在的有机体”，以“不落尘网”，这样才能叫人“静观领略”，但这只是“艺术的有机体”对外呈现的“统一形式”，更重要的是，艺术成其为艺术，是要从其“内”体现出“力的回旋”，也即需要有“丰富复杂的生命表现”。[2]

而正是对艺术有了这样的认识，宗白华在对作家进行批评时，会将其作品中的人物是否体现出了权力意志作为批评的标准。如他对莎士比亚评价颇高，称“莎士比亚是最大的人心认识者”，[3] 其原

1　宗白华：《哲学与艺术》，见《宗白华全集》第 2 卷，合肥：安徽教育出版社，1994 年，第 61 页。

2　宗白华：《哲学与艺术》，见《宗白华全集》第 2 卷，合肥：安徽教育出版社，1994 年，第 62 页。

3　宗白华：《哲学与艺术》，见《宗白华全集》第 2 卷，合肥：安徽教育出版社，1994 年，第 61 页。

因就是“莎士比亚的剧本表现了文艺复兴时人们的生活矛盾与权力意志”。[1] 而宗白华更将尼采的权力意志拓展为与“气”相似的似乎更为中国化的“力”，将其作为衡量文艺是否完美的一个重要因素，如他谈论书法在各时代表现出的不同的生命情调时，就把“力”与“美”结合了起来：

> 中国古代乐教衰落，还幸喜有普遍于社会的写字艺术来表现各人的及时代的情调韵律，各种微妙的境界。汉代边疆小吏的木简，六朝隋唐普通人的写经，都有韵味，有表现，都是深厚朴实的艺术。我们窥见那是“力”和“美”的结晶，是充实的韵律生活的自然流露。那是一个力和美的时代。[2]

这其中，宗白华特别强调“力和美的结晶”是“充实的韵律生活”的体现，而把“力”和“充实”联系了起来，这让人想起他喜欢引用的孟子的“充实之谓美”，再次说明了他所谓的“充实”是一种“力”，而这“力”的根源就是尼采的权力意志。当然，宗白华认为具有“力和美”的艺术不仅仅局限在“写字艺术”之中，如他夸赞那些创造了敦煌艺术的艺术家之所以伟大，就是因为那个时代受到宗教的影响和新的艺术技术的刺激，“中国艺人摆脱了传统礼教之理智束缚，驰骋他们的幻想，发挥了他们的热力”，所以才得以在敦煌的洞窟里创造出灿烂磅礴的艺术，而从这些艺术作品里，“我们如

1 宗白华：《歌德之人生启示》，见《宗白华全集》第2卷，合肥：安徽教育出版社，1994年，第1页。

2 宗白华：《〈当代法国大诗人保儿·福尔〉编辑后语》，见《宗白华全集》第2卷，合肥：安徽教育出版社，1994年，第199页。

梦初觉，发现先民的伟大，活力，热力，想象力”。[1] 从宗白华的对敦煌艺术的“力”的批评里，可以看出，他所说的“力”既有艺术家本人的“热力”，也有其所表现的“先民”的“力”，还有今天的我们所“发现”或感受到的艺术作品里所表现出来的“力”。从中也可看出，宗白华在艺术批评中对“力”也即权力意志的重视与贯彻。

2. 日神与酒神：莎士比亚的“眼睛”与敦煌的“旋律”

其次，宗白华在艺术批评实践中，不仅从权力意志出发对艺术所表现出的“力”进行考量，同时他也从尼采的日神和酒神精神入手，从艺术的“二元”，即“静穆的观照与飞跃的生命”两个方面切入对艺术作出批评，这其中既涉及对艺术家的观测，也包括对艺术作品的特征的洞察。

前者如宗白华在对他所爱的莎士比亚予以批评时，就从莎士比亚的“眼睛”谈起，将其视作日神精神的化身：

> 我所爱于莎士比亚的，是爱他那高额广颡下面那双大的晶莹的太阳一般的眼睛，静穆地照彻这世界的人心，像上帝看见这世界的白昼，也看见这世界的黑夜。他看见人心里面地狱一般的黑暗，残忍，凶狠，愤怒，妒嫉，利欲，权欲，种种狂风似的疯狂的兽性。但他也看见火宅里的莲花，污泥里的百合，天使一般可爱的“人性的神性”。他这太阳似的眼睛照见成千成百的个性的轮廓阴影，每一个个性雕塑圆满，圆满得像一个世界。他创造了无数的性格，每一个性格像一朵花，自己从地下

1　宗白华：《略谈敦煌艺术的意义与价值》，见《宗白华全集》第 2 卷，合肥：安徽教育出版社，1994 年，第 418 页。

> 生长出来，顺着性格所造的必然的命运，走进罪恶，走进苦恼，走进死亡。他冷静得像一个上帝！[1]

在宗白华眼里，莎士比亚因为有着一双“太阳一般的眼睛”，就像阿波罗一样对世界作出了“静穆的观照”。他像上帝一样“冷静”，故能用自己那双独特的眼睛“照彻这世界的人心”，既可以看见人的“疯狂的兽性”，也可以看见在那“地狱一般的黑暗”的“人性”里的“神性”，而且因着阿波罗的梦一样的造型能力，得以塑造出无数个“性格”，“有血有肉”，或“雕塑圆满”的“个性”，“形态万千”，所以他的戏剧更接近于日神艺术。而他的剧作中的人物，如福斯塔夫、夏洛克也都因此而不朽。所以，宗白华甚至将莎士比亚称为“世界的眼睛”：“超然停留在这万千形象之上，把它们摩挲雕塑出来，轮廓清楚像强烈的日光，而态度幽冷却像一无情的月亮。”[2] 当然，他强调的还是莎士比亚所具有的阿波罗的造型与冷静的观照能力。

而宗白华对于敦煌艺术的批评，却是凸显了其所具有的狄奥尼索斯精神，他认为那些“富丽”的壁画有一种酒神的特质，融音乐舞蹈于一体，表现出了“生命的飞跃”，从而尽显生命的热烈与奔放。

> 这真是中国伟大的“艺术热情时代”！……线条，色彩，形象，无一不飞动奔放，虎虎有生气。“飞”是他们的精神理想，

---

1 宗白华：《我所爱于莎士比亚的》，见《宗白华全集》第 2 卷，合肥：安徽教育出版社，1994 年，第 176 页。

2 宗白华：《〈莎士比亚的商籁〉编辑后语》，见《宗白华全集》第 2 卷，合肥：安徽教育出版社，1994 年，第 249 页。

飞腾动荡是那时艺术境界的特征。[1]

除了这种整体风格上的“飞”的特征之外，宗白华还指出了敦煌人像的强烈的“音乐意味”，因为敦煌的人像“全是在飞腾的舞姿中”，而且，人像身上的服装也“飘荡飞举”，佛背的跳动的火焰与足下的“波浪似的莲座”，都形成了“一幅广大繁复的旋律”。这种对强烈的“上下飞腾的旋律境界”的表现，就是狄奥尼索斯的音乐精神的发扬。如尼采言，阿波罗与狄奥尼索斯释放的“艺术的强力”是不同的，“梦释放视觉，联想，诗意的强力，醉释放姿态，激情，歌咏，舞蹈的强力”。[2] 而敦煌的那些“飞动奔放”的画面正是从狄奥尼索斯的“醉态”中释放出了其“强力”或“权力”(Macht)。

同时，宗白华还只眼独具，特别提到敦煌壁画中的动物画，这些“奇禽异兽”透出了“世界生命的原始境界”，以及某些壁画如《释尊本生故事图录》“游观务农”里所透露的“特异的孩稚心灵的画境”，[3] 不仅让人想起了狄奥尼索斯所代表的原始的生命力，也让人想起了查拉图斯特拉所强调的超人的精神三变中的最后一环——“孩子”，因这既是超人从负重的骆驼到勇敢的狮子进化的终点，也是重新开始的起点。

而由此也可看出，宗白华无论是对莎士比亚的“太阳似的眼睛”的描述，还是对敦煌的壁画的动物画的原始性与孩子气的发现，尤其是绚烂多姿的人像的衣饰、舞姿等所形成的“旋律”的反复强调，

1　宗白华:《略谈敦煌艺术的意义与价值》，见《宗白华全集》第 2 卷，合肥：安徽教育出版社，1994 年，第 417 页。

2　[德] 尼采:《悲剧的诞生》，周国平译，北京：生活・读书・新知三联书店，1986 年，第 349 页。

3　宗白华:《略谈敦煌艺术的意义与价值》，见《宗白华全集》第 2 卷，合肥：安徽教育出版社，1994 年，第 418 页。

其实就是对尼采的日神和酒神精神思想的具体发挥与应用。

3. 重估一切价值："使我们的文化照耀世界"

再次，宗白华不仅利用尼采的思想来进行艺术的批评，还运用其来"重估一切价值"，不仅对艺术进行"重估"，还对人的人生态度进行"重估"，更对中国的文化进行"重估"，以求最终可以重建"中国文化的美丽精神"，进而可以光大我们的文化，"使我们的文化照耀世界"。[1]

他在《悲剧的与幽默的人生态度》（1934）中，指出了"悲剧"和"幽默"两种不同的人生态度。而前者是对"超越平凡人生的价值"的肯定，后者是在"平凡人生里肯定深一层的价值"，表面上，这两种态度似乎相距甚远，但本质上却是一样的，那就是"重新估定人生价值"，"给人生以'深度'的"。[2] 宗白华直接以尼采的狄奥尼索斯精神以及对权力意志的追求来作为悲剧的人生态度的"价值"："悲剧中的主角是宁愿毁灭生命以求'真'，求'美'，求'权力'，求'神圣'，求'自由'，求人类的上升，求最高的善。"而幽默的人生态度的背后，体现的则是阿波罗的精神对人生予以"照瞩"，"以广博的智慧照瞩宇宙间的复杂关系，以深挚的同情了解人生内部的矛盾冲突"[3]。

可见在宗白华心目中，悲剧和幽默这不同的人生态度后面，所体现的其实还是阿波罗或狄奥尼索斯的不同的精神。也因此，他还

---

1 宗白华：《〈学灯〉擎起时代的火炬》，见《宗白华全集》第 2 卷，合肥：安徽教育出版社，1994 年，第 169 页。

2 宗白华：《悲剧的与幽默的人生态度》，见《宗白华全集》第 2 卷，合肥：安徽教育出版社，1994 年，第 68 页。

3 宗白华：《悲剧的与幽默的人生态度》，见《宗白华全集》第 2 卷，合肥：安徽教育出版社，1994 年，第 67 页。

把尼采的思想发展到对现实生活中的人的评价上，就像他喜欢的魏晋时期对人物的品评一样，他也常常以尼采的思想来对一个人进行“重估”，他的学生谢随知就回忆了其这个习惯：

> 宗老师曾经不止一次引一句名言以概括比喻一个人的风格或文化精神，就是说 Appollo（太阳神）代表着清明的毫不含糊的理性，洞察一切的鉴别力量；Dionysius（酒神）代表着热烈的，陶醉的，奔放的诗的炽情。[1]

他对中国文化的批评中，始终有个不变的观点，那就是中国曾创造过伟大的文化，有着自身的独特的精神和崇高的价值。他的这个观点并非自说自话，而是有着自己的判断，这判断的一个重要的依据就是中国的文化里蕴含着尼采的日神与酒神精神，“尼采所理想的文化是阿波罗（美与智慧）与狄阿里索斯（生命的狂热）两种精神的结合。这种文化只有希腊和中国曾经有过”[2]。正是因为有了这两种精神的结合，才造成了汉唐的伟大和文化的伟大，也使得宗白华有一种高远的文化理想，那就是“使我们的文化照耀世界”：

> 我们的文化是精神的，同时是非常现实的；是刚毅的，同时是慈祥的；是有力的，同时是美的。汉代的书法，唐代的雕刻，表现了这个。[3]

1　邹士方：《宗白华评传》（下），北京：西苑出版社，2013 年，第 183 页。

2　宗白华：《〈学灯〉擎起时代的火炬》，见《宗白华全集》第 2 卷，合肥：安徽教育出版社，1994 年，第 169 页。

3　宗白华：《〈学灯〉擎起时代的火炬》，见《宗白华全集》第 2 卷，合肥：安徽教育出版社，1994 年，第 169 页。

宗白华的这个看法并非孤例，他的朋友郭沫若就持同样的看法，而且后者同样强调中国的文化与希腊文化的相似性。1923 年，郭沫若在致宗白华的信《论中德文化书》就认为，华夏文明与希腊文明最接近，两者的思想，是“同为入世的”，并且认为中国文明与希腊文明一样，虽静而动，动静结合，“希腊文明之静态，正如尼采所说：乃是一种动的 Dionysus 的精神祈求的一种静的 Apollo 式的表现。它的静态，正是活静而非死静”[1]。尽管郭沫若此文是对宗白华认为西方文化是“进取”的而东方文化是“静观”的观点的批评，不过，宗白华的观点其实与其大同小异，所以，他后来还以这样的观点来解释宋元时期的绘画的精神：

> 中国绘画里所表现的最深心灵究竟是什么？答曰，它既不是以世界为有限的圆满的现实而崇拜模仿，也不是向一无尽的世界作无尽的追求，烦闷苦恼，彷徨不安。它所表现的精神是一种“深沉静默地与这无限的自然、无限的太空浑然融化，体合为一”。它所启示的境界是静的，因为顺着自然法则运行的宇宙是虽动而静的，与自然精神合一的人生也是虽动而静的。它所描写的对象，山川、人物、花鸟、虫鱼，都充满着生命的动——气韵生动。[2]

当然，宗白华借助尼采的思想对中国文化进行“重估”后并非只发现优胜之处，他同时也发现了中国人在文化上的不足。相对而

1　郭沫若：《论中德文化书：致宗白华兄》，见《郭沫若全集》文学编第 15 卷，北京：人民文学出版社，1990 年，第 151 页。

2　宗白华：《介绍两本关于中国画学的书并论中国的绘画》，见《宗白华全集》第 2 卷，合肥：安徽教育出版社，1994 年，第 44 页。

言，他认为中国人喜欢日神的清明与优美而缺乏酒神的狂放与悲壮的精神。

> 尼采的诗云：世界最深，深过于白昼所想的。中国人太爱清楚，爱白昼，爱平凡，爱小趣味小抒情；不爱探索黑夜的深沉。所以有《语录》而少伟大的哲学传统（只有一部《易》!），有抒情诗而无壮丽的史诗。（史籍是白昼所记，史诗却是黑夜的产物，荷马是瞎子，瞽史方知天道）。[1]

而此处宗白华对中国人的批评，所采用的白昼黑夜的对比，来自《查拉图斯特拉如是说》卷三《另一跳舞曲》与卷四《醉歌》。白日虽然寓意着日神清明的理性，可黑夜才是酒神的深沉的本能，才是人和世界的本质，所以，查拉图斯特拉选择在深沉的午夜告诉人们永远回归的真理，他为此而歌颂黑夜这一神圣的时刻，“这世界是深沉，深沉过于白日之所思议”。[2] 宗白华对此是赞同的，而且，他认为国人不仅缺乏狄奥尼索斯的那种深沉的甚至是疯狂的精神与力量，又由于“太爱清楚”，即使是日神的精神，也不能完全发挥，这导致了中国人趣味的狭窄与肤浅，也因而缺乏“伟大的哲学传统”与“壮丽的史诗”。他指出诗人和艺术家固然可以在人世间采取“醒”与“醉”两种态度，但即使是像阿波罗那样清醒地像镜子似的映照着人间光明与黑暗，也要可以白日做梦，如古希腊的阿波罗雕像所传递的精神，“阿波罗神象在他极端清朗秀美的面庞上，仍流动着深沉的梦意在额眉眼角之间”，给人们留下一种“相思和期待”；

1　宗白华：《〈人与技术〉编辑后语》，见《宗白华全集》第2卷，合肥：安徽教育出版社，1994年，第188页。

2　[德] 尼采：《苏鲁支语录》，徐梵澄译，北京：商务印书馆，1992年，第332页。

与之同时，更要像狄奥尼索斯那样能醉，因为“由梦由醉诗人方能暂脱世俗，超俗凡近，深深地坠入这世界人生的一层变化迷离，奥妙惝恍的境地”[1]。

也因此，宗白华不仅批评中国人在文化上的清浅，他还以尼采本人为例，批评中国思想家的匮乏与精神的萎缩：

> 像尼采那样整个生命苦闷燃烧于思想探索之中，不让一个问题轻轻放过，不让一个久已不成问题的问题逃过他的分析，中国有没有？我们既缺少特立独行的思想家，自然也少有“荒谬绝伦”的创见。[2]

从这个感慨之中，可以看出宗白华对尼采的敬仰与热爱。他更把尼采看成哲学的化身，所以他很赞成这句话：“一个善哲学思索的人，在某种限度内是一个超人。”[3] 这个“超人”，自然是尼采的那个既勇于破坏又敢于创新的“超人”。

* * *

宗白华引入尼采的超人哲学呼唤青年从事奋斗与创造，以希腊悲剧诞生于日神与酒神的二元艺术冲动为根由，也以此提出中国艺术意境之诞生，并以其权力意志的思想为基础展开对中西文学艺术的批评，从而进一步深入到我们的文化中去，以“重估一切价值”，

1　宗白华：《略论文艺与象征》，见《宗白华全集》第2卷，合肥：安徽教育出版社，1994年，第407页。

2　宗白华：《〈论思想上的错误〉编辑后语》，见《宗白华全集》第2卷，合肥：安徽教育出版社，1994年，第225页。

3　宗白华：《〈平心物〉编辑后语》，见《宗白华全集》第2卷，合肥：安徽教育出版社，1994年，第263页。

无不令人耳目一新。同时，他也力争让尼采说“中国话”，尽可能地以中国诗论与画论的术语融会尼采的概念，以求“脱化”的不露痕迹，最终“创化”出一种中西融通的艺术批评术语与理论。而他的那些似乎是信笔写来谈诗论画的文章也颇有明清笔记小品的风格，无不阐幽发微，旨深意远，让人觉得既熟悉又陌生，既中国又世界，有一种挥之不去的迷人的色彩。

不过，宗白华虽对尼采思想不乏赞许，但这并不意味着他对尼采的思想照单全收，尽管他对尼采所推崇的权力意志十分欣赏，但还是明确进行了批评。如他在《西洋文化之理智精神》的编辑后语中就认为，现代世界之所以会出现国内的“阶级榨压”，国际间“残酷战争”，这与人类的情绪依然停留在“部落时代”有关，其背后则是权力意志的鼓动，这就是缺乏“智慧”的表现，智慧是理智与人类同情的结合，而“‘智慧’的根基是仁，不是权力意志”。[1] 不过，这并不妨碍他借助尼采的思想成功地透视中国艺术的奥秘之所在，并成功地建立了自己独具一格的美学体系。

1 宗白华：《〈西洋文化之理智精神〉编辑后语》，见《宗白华全集》第2卷，合肥：安徽教育出版社，1994年，第251页。

第四章　拿歌德的精神做人

——宗白华艺术人生观受到的德国影响

宗白华的“艺术人生观”既有来自哲学的沉思的一面，也有来自他对生活的诗意的感受的一面，可谓融合了思与诗、情与理。而与他对中国的绘画书法等具体艺术的看法大多形成于留德之后不同，早在1920年夏天去德国留学前，他就已经基本形成了自己的艺术人生观，其后又不断予以充实，最后终成一家之言。因深受康德的影响，他对艺术的“形式”问题比较关注，并且由之引申到生活中；因受席勒等人的影响，他对“美育”问题也比较关心并试图推而广之。他自称其研究艺术的目的就是“研究怎样使美术的感觉普遍到平民的社会生活和个人生活间”，[1] 并希望能用艺术来改善和提高人们的物质及精神生活，而这也正是他的艺术人生观的旨归。

当然，他对此一问题的思考也与其时他身为“少年中国学社”的成员有关，他一直提倡和鼓励“少年中国”的“少年”们过“奋斗”与“创造”的生活，以改良社会。而他所谓的“奋斗”是对“自心遗传恶习”和“社会黑暗势力”的抵制与搏斗，“创造”则是

1　宗白华:《美学与艺术略谈》，见《宗白华全集》第1卷，合肥:安徽教育出版社，1994年，第188页。

对“小己的新人格”和“中国新文化”的设计与建构。“这奋斗创造的最后鹄的，就是建立一个雄健文明的‘少年中国’。”[1] 显然，在这一“奋斗”和“创造”的生活中，文学艺术有着不可替代的作用。另外他的思考也与当时现实生活的压抑和青年生活的苦闷相关，更与中国所处的旧文化已死而新文化又未生的“文化恐慌状态”有关。正是在这些因素的综合作用下，他在此一时期连续写下了一系列关涉人生的文章，如他在《少年中国》第一卷第一期发表的头条文章就是《说人生观》(1919)，此外还有《青年烦闷的解救法》(1920)、《怎样使我们生活丰富》(1920) 与《新人生观问题的我见》(1920) 等，多方探讨艺术对人们的生活可能产生的积极影响。他在文中明确提出了“艺术的人生观”，试图把艺术当作生活救赎的手段来切实改变人生和美化生活。到德国留学后，他又对这个问题进行了思索，并在之后的岁月里对其进行了持续的深化与完善，最终得以建构了自己的比较系统的艺术人生观。

正因此，艺术人生观不仅成了宗白华美学思想生成中贯穿始终的重要线索，也成为其美学思想的重要组成部分。宗白华的学生刘小枫将其与也曾探讨过人生问题的朱光潜进行对比后，断定这就是他美学思想的根本：“作为美学家，宗白华的基本立场是探寻使人生的生活成为艺术品似的创造……但在宗白华那里，艺术问题首先是人生问题，艺术是一种人生观，‘艺术式的人生’才是有价值、有意义的人生。宗白华、朱光潜这两位现代中国的美学大师，早年都曾受叔本华、尼采哲学的影响，由于个人气质上的差异，在朱光潜的学术思考中虽也涉及一些人生课题，但在学术研究的基本取向上，

1　宗白华:《中国青年的奋斗生活与创造生活》，见《宗白华全集》第 1 卷，合肥：安徽教育出版社，1994 年，第 104 页。

人生的艺术化问题在宗白华那里，始终起着决定性的作用。”[1] 但是，要完整和深入地理解宗白华的艺术人生观并不容易，因为他本人虽然在一些文章中论述过自己的这个观点，但只是一些针对相关问题的散论和片断的意见。而且，他在思考的过程中，不仅借助了德国哲学家康德、叔本华、斯宾格勒的思想，还吸收了歌德和席勒等文学家的观点，此外，还受到了英国哲学家洛克、法国哲学家柏格森等人的影响。当然，这其中最重要的还是“德国思想”的影响。刘小枫则认为宗白华受到了二十世纪初的“日耳曼的生命哲学”的直接影响，甚至称其为“中国式”的“生命哲学家”，但对其具体关联却语焉不详。而且，宗白华在提出自己的艺术人生观的同时还对中国的文化进行了对照性的思考与批评，这就使得他的貌似简单的艺术人生观背后却有着异常复杂的思想脉络和丰富的文化意味。

所以，尽管之前已经有学者对宗白华的艺术人生观进行了较多的考察，也有人对其所受到的个别德国思想家与文学家如叔本华及歌德的影响作出了探讨，却并未将其系统地置于“德国思想”的背景下对其生成进行“透析”，所以，总有雾里看花之感。而若要进一步把握宗白华的艺术人生观，最重要的路径就是从他的不乏诗意的论述中“扫描”出其背后所化用的那些日耳曼的哲学家和文学家的观点，从而“以诗求思”，凸显其内在的纹理，或可较为贴切地把握其内质。故本章首先从宗白华“艺术人生观”所建基的两个根本概念即“生活”与“艺术”入手，分析其对“生活”即人生的认识与洛克的“白板说”之间的直接关系，同时揭示其对艺术的一般观点

1　刘小枫：《湖畔漫步者的身影》，见《这一代人的怕和爱》，北京：华夏出版社，2007年，第84页。

与康德的艺术表现说的密切关联，以说明其沟通“生活”与“艺术”的可能性前提；其次，对其艺术人生观的具体观点进行探视，以细致勾勒其从对生活赋予康德的形式化处理到对席勒的“美育”思想的深度融合的轨迹；再次，对其因受歌德启发所倡导的勇于投入生活，创建美的人格，进而将人生予以艺术化的举措作出探讨；最后，对他所期盼的艺术人生观所可能发挥的文化批评、社会融合以及对宇宙人生的真理的启示等作用作出省思。

一、生活与艺术：人生的“经验”和艺术的“创造”

对于“生活”的认知是宗白华提出艺术人生观的基础，但与对艺术的充满赞美的评价相比，他对生活的评价却比较平实，因为在他看来，艺术是人类精神的一种“创作”，而生活只是人生的一种“经验”而已。他这种看法看似简单，背后所蕴含的思想却并不简单，前者来自其对康德的艺术天才说的发挥，后者则来自对洛克的经验论的挪用与改造。

那么，究竟何为生活？宗白华认为，从“客观的”，也即从“生物学”来讲，生活是人这个“有机体”与其周围环境发生的关系，从“主观的”，也即从“心理学”看，生活则是一种“经验”，简言之，“生活就是我们对外经验和对内经验总全的名称”。[1] 而宗白华对生活所作的这个简略的概括其实就是洛克的观点。洛克反对笛卡尔的人的知识来源于“天赋观念”即先天获得的说法，认为人的心灵

1　宗白华：《怎样使我们生活丰富?》，见《宗白华全集》第1卷，合肥：安徽教育出版社，1994年，第191页。

是一张“白纸”：“我们可以假定人心如白纸似的，没有一切标记，没有一切观念”，[1] 人通过“经验”在上面留下了“几乎无限的花样”，由此形成了知识的基础，也即知识来源于“经验”。而宗白华早在1917年求学同济期间写就的第一篇哲学论文《萧彭浩哲学大意》中就对洛克的这个观点表示首肯：“诚如陆克（即洛克）有言，吾人初生脑筋，有同白纸，经验外物，留一印象，即生一观念，观念连络，乃成思想。思想所含，不外所受经验。”[2] 而洛克的观点也使得他对笛卡尔的“我思”即“真体”的思想产生了怀疑，进而成为他接受叔本华的将意志作为世界现象之“真体”的基础。其后，宗白华又在自己所写的《西洋哲学史》中再次介绍洛克的这个观点：“人心的最初状态，是一幅‘白纸’，它被一个‘言词’，即经验所塞满。一切的观念，只有通过经验才能获得。经验的起源是双重的，即是感觉和反省。换一句话，就是从外的对象得来的东西和内在的观察（反省）。外的知觉和内的知觉（反省），是替我们内部的暗室照明的两个窗户。”[3] 以此前后两文作为对照再来反观宗白华1920年在《怎样使我们生活丰富?》一文中对“究竟什么叫做生活”的论述，就比较明晰了。

> 我对于“生活”二字的认定的解释，就是“生活”等于人生经验的全体。生活即是经验，生活丰富即是经验丰富……我们怎样使生活丰富呢？我分析我们生活的内容为“对外的经验”，即是对于自然与社会的观察，了解，思维，记忆；与对内

1　［英］洛克：《人类理解论》（上），关文运译，北京：商务印书馆，1959年，第68页。

2　宗白华：《萧彭浩哲学大意》，见《宗白华全集》第1卷，合肥：安徽教育出版社，1994年，第6页。

3　宗白华：《西洋哲学史》，见《宗白华全集》第2卷，合肥：安徽教育出版社，1994年，第667页。

的经验，即是思想，情绪，意志，行为。[1]

宗白华对于“生活”的定义虽然有“客观”及“生物学”的方面的描述，可最为根本的还是他对其所做的“主观”或者是“心理学”的定义，而他在此文中也主要围绕后者展开。显然，宗白华所说的“生活”与洛克对“人心”的描述是相似的，同时，他把“人心”通过“经验”的充实视作“生活”经由“经验”而“丰富”，由此把洛克的认识论改成了生存说。所以，他认为“对外的经验”与“对内的经验”的综合就是“生活的内容”，而对这两种经验的“处置”，也就形成了我们生活的样式，以此为前提，根据“经验”来源的不同，我们也可有两类不同的处置生活的办法，即“对外”的“静观”和“对内”的“行为”。而为了获得“丰富”的“生活”，宗白华建议，我们在“对外”时，可以将“自然与社会”进行“多方面的玩味观察”，也就是说从艺术、人生、社会、科学、哲学等不同的角度来审视生活，这是偏于“静观”的；“对内”时，则要通过“行为”做一种“感情意志”的锻炼，这是“动”的，要人主动出击，投身于生活的洪流，在其中获得更为丰富的人生的体验。实际上，这也是宗白华希望我们可于康德所讲的知情意三方面有所作为，即勇敢地投身于作为认识的“思想学术”，作为情感即审美的“诗歌艺术”与作为实践的“事业行为”，从而锻铸出“最高的人格”：

我们情绪意志的表现是在“行为”中，我们只要积极地奋勇地行为，投身于生命的波浪，世界的潮流，一叶扁舟，莫知

1　宗白华：《怎样使我们生活丰富?》，见《宗白华全集》第1卷，合肥：安徽教育出版社，1994年，第191页。

所属，尝遍着各色情绪细微的弦音，经历着一切意志汹涌的变态。那时，我们的生活内容丰富无比。再在这个丰富的生命的泉中，从理性方面发挥出思想学术，从情绪方面发挥出诗歌，艺术，从意志方面发挥出事业行为，这不是我们最高的人格么？[1]

宗白华也借此由洛克对生活的“经验”联系到康德对艺术的“判断”，将生活即人生与艺术关联起来。与康德一样，宗白华对艺术的评价颇高，他不仅认为表达人们情感的艺术与求真的哲学、求实的科学、求善的宗教比肩而立，毫无愧色，还认为艺术是不可替代的，因为艺术具有别的人文学科所不可企及的“境界”，是人的一种“创造物”和自我的“表现”。而他对艺术是“创造物”和自我“表现”的看法同样主要来自康德的影响。对于艺术，宗白华始终强调其最重要的特点就在于它是人的一种自由的“创造”；同时，他还认为，艺术也是一种“表现”（Expression），既是人的“自己表现”，即自我表现，也是一种更根本的“自然的表现”。这也是艺术的目的不在于“实用”，却在于其所带来的“纯洁的精神的快乐”的原因。1920年，宗白华在《美与艺术略谈》里给出了对于艺术的一般性的理解：

艺术就是“人类底一种创造的技能，创造出一种具体的客观的感觉中的对象，这个对象能引起我们精神界的快乐，并有悠久的价值。”这是就客观方面言。若就主观方面——艺术家底

1 宗白华：《怎样使我们生活丰富?》，见《宗白华全集》第1卷，合肥：安徽教育出版社，1994年，第194页。

> 方面——说，艺术就是艺术家底理想情感底具体化，客观化，所谓自己表现（Self expression）。所以艺术的目的并不是在实用，乃是在纯洁的精神的快乐，艺术的起源并不是理性知识的构造，乃是一个民族精神或一个天才底自然冲动的创作。他处处表现民族性或个性。[1]

从这个对艺术的近似于定义的认知上，可以看出宗白华的观点很明显受到了康德的艺术形式主义和表现论的影响。首先，康德认为艺术是一种“创造”：“人们根本上所称为艺术作品的，总是理解为人的一个创造物，以便把它和自然作用的结果区别开来。”[2] 因为人的艺术创作是自由的，是“筑基于理性之上”以达成的，其所创作的“作品”与蜜蜂等靠本能构建蜂窝这样的“成品”不同，所以，“作为艺术只能意味着是一种创造者的作品”。[3] 而宗白华在此将艺术视作人类的“创造的技能”所创造出的某种对象，就是康德的艺术创造观点的体现。其次，康德认为艺术一方面具有无目的性，另一方面却有形式上的合目的性，因此可使人的情感愉快，也即艺术本来就是以“快感”为其“直接的企图”的。宗白华对此是认同的，他认为人类通过“自己表现”所创造的精神产品即艺术是没有实用性的，却可以让我们得到“纯洁的精神的快乐”。

再次，就是宗白华认为艺术就“主观方面”言是艺术家的“表现”的观点，也是受康德的艺术天才说的影响。康德认为艺术是天才的创造，而天才的天赋才能“本身是属于自然的”[4]，美的艺术创

1　宗白华：《美学与艺术略谈》，见《宗白华全集》第1卷，合肥：安徽教育出版社，1994年，第189页。

2　[德] 康德：《判断力批判》(上)，宗白华译，北京：商务印书馆，1993年，第149页。

3　[德] 康德：《判断力批判》(上)，宗白华译，北京：商务印书馆，1993年，第148页。

4　[德] 康德：《判断力批判》(上)，宗白华译，北京：商务印书馆，1993年，第152页。

造本质上是一种“概念”的“表现”，借助于其特有的“形式”，它既可以表现“自然的事物”，也可以表现“狂暴，疾病，战祸”等；[1] 并且，康德还认为，诗人可以通过“强有力”的“想象力”，把“不可见东西的观念”或者“经验界内固然有着事例的东西”予以“具体化”。[2] 而宗白华的观点与康德如出一辙，几乎就是对康德的艺术天才论的确定性的解释，他认为艺术不仅是艺术家的“自己表现”，可表现“民族性或个性”，艺术还是“人类最高精神底自然的表现”。[3] 因为艺术家创造艺术时虽然需要选用“自然的材料”来做“表现”或“象征”，但这个创造过程却是自由的，而艺术家把自己的“理想情感”予以“具体化，客观化”的过程，就是艺术家的一种“自己表现”或自我的表现。同时，作为本身即为“自然”的艺术家又在“自然冲动”的驱使下将选定的“自然的材料”加以“理想化，精神化”，则是一种“自然的表现”，两者的合二为一就是艺术的创造过程。所以，宗白华说艺术家创造艺术的这个过程本身就是“自然创造”的一部分，而艺术也因此成为“民族性或个性”的“自己表现”以及“人类最高精神”的“自然的表现”。

正是因为艺术不仅与艺术家即人的关系如此之密切，还是人的最高的精神表现，所以，宗白华非常推崇艺术与生活的融合与贯通。他认为，对于人而言，在其面对生活和艺术之时，当会产生两种可能的取向，一种是用艺术的态度来“静观”生活，另一种则是在生活的激荡下，直接从事艺术的创造，即“从情绪方面发挥出诗歌，艺术”。在此基础上，宗白华才得以提出了自己的“艺术的人生观”。

---

1 ［德］康德：《判断力批判》（上），宗白华译，北京：商务印书馆，1993 年，第 158 页。

2 ［德］康德：《判断力批判》（上），宗白华译，北京：商务印书馆，1993 年，第 161 页。

3 宗白华：《美学与艺术略谈》，见《宗白华全集》第 1 卷，合肥：安徽教育出版社，1994 年，第 190 页。

二、艺术人生观：从“唯美的眼光”到“美的教育”

不过，对于一般人来说，通过从事艺术的创造来由“内”而“外”地改善和提升自己的精神与现实的生活却多少有点不切实际。因为虽然人人都可欣赏艺术，但并不是人人都可以创造艺术，所以，宗白华最初提出自己的艺术人生观时，更多的还是从艺术对生活的静观着眼，也即把人生“艺术化”，这其中主要是康德的形式主义思想在支持，通过赋予生活以形式而使其艺术化。其后，他又接受了席勒的美育思想，试图从审美的“游戏”即“美的教育”入手，对人生予以“美化”。

至于如何把人生“艺术化”，宗白华很早就作出了思考。1920年，他在《青年烦闷的解救法》一文中首次谈到这个问题时就着力倡导通过“唯美的眼光”也即“艺术”的眼光来看待生活：

> 唯美的眼光，就是我们把世界上社会上各种现象，无论美的，丑的，可恶的，龌龊的，伟丽的自然生活，以及鄙俗的社会生活，都把他当作一种艺术品看待——艺术品中本有表写丑恶的现象的——因为我们观赏一个艺术品的时候，小己的哀乐烦闷都已停止了，心中就得着一种安慰，一种宁静，一种精神界的愉乐。我们若把社会上可恶的事件当作一个艺术品观，我们的厌恶心就淡了，我们对于一件烦闷的事件当作艺术的观察，我们的烦闷也就消了。……我们要持纯粹的唯美主义，在一切丑的现象中看出他的美来，在一切无秩序的现象中看出他的秩序

来，以减少我们厌恶烦恼的心思，排遣我们烦闷无聊的生活。[1]

所谓“唯美的眼光”，就是要把生活中的一切看成“艺术品”。因为当我们观察“艺术品”时，我们的“眼光”不再直接注目生活，而是透过“艺术品”这个有形无形的“形式”来观察生活，从而与生活拉开了距离，得以暂时让“小己”从生活中抽身而出，获得情绪上的“安慰”与“宁静”，并进而获得“一种精神界的愉乐”。这其实是宗白华对于康德有关美的形式主义思想的“生活化”，其关键即在于将艺术整体视作一种“形式”，而“人生生活”的艺术性或“美”就在于我们可以透过“艺术”这扇“形式”之“窗”去“观察”生活，同时又以其为“自然生活”和“社会生活”赋予艺术的“形式”，“使他优美，丰富，有条理，有意义”。[2] 所以，宗白华希望大家能够坚持“纯粹的唯美主义”，也即借助艺术的“形式”来“透视”生活，从丑中看出美，从“无秩序”中看出其所蕴含的“秩序”，以调节我们“心思”和“生活”的“烦恼”与“无聊”。

但宗白华的这些主张主要还是如何运用形式化的艺术的“唯美的眼光”来看待生活，以解决人生的“烦闷”，既没有解释我们何以要用“艺术”来解忧，也没有把这种主张从“人生观”的高度予以深化。可能正是出于对这个问题的进一步的思索，他不久就以《新人生观问题的我见》为名，正式提出“艺术的人生观”并对此作出了比较详尽的陈说：

1　宗白华：《青年烦闷的解救法》，见《宗白华全集》第 1 卷，合肥：安徽教育出版社，1994 年，第 179 页。

2　宗白华：《青年烦闷的解救法》，见《宗白华全集》第 1 卷，合肥：安徽教育出版社，1994 年，第 179 页。

什么叫艺术的人生观？艺术人生观就是从艺术的观察上推察人生生活是什么，人生行为当怎样。

我们知道，艺术创造的过程，是拿一件物质的对象，使它理想化，美化。我们生命创造的过程，也仿佛是由一种有机的构造的生命的原动力，贯注到物质中间，使他进成一个有系统的有组织的合理想的生物。我们生命创造的现象与艺术创造的现象，颇有相似的地方。我们要明白生命创造的过程，可以先去研究艺术创造的过程。艺术家心中有一种黑暗的、不可思议的艺术冲动，将这些艺术冲动凭借物质表现出来，就成了一个优美完备的合理想的艺术品。生命的现象也仿佛如此。生命的表现也是物质的形体化，理想化。生命的现象，好像一个艺术品的成功。不过，艺术品大半是固定的静止的，生命是活动的前进的。结果不同，而创造的过程则有些相似。[1]

可以看出，宗白华的“艺术的人生观”是明确地把“艺术”视作“人生”的样本的，其理由就是他认为“艺术创造的过程”与人的“生命创造的过程”是相似的，而最重要的相似之处，就是它们都是要将某种“物质”予以加工，将其“创造”为“理想化，美化”的东西或“合理想的生物”。当然，宗白华也知道这样的思考并没有科学的根据或者是不符合科学的，用他本人的话来说，这只是一种主观的“推想（Analogie）”，但是，他觉得这种“推想”对我们的人生不无启发，那就是可以让人以一种“艺术的人生态度”来考虑自己与生活的关系。“什么叫艺术的人生态度？这就是积极地把我们

1　宗白华：《新人生观问题的我见》，见《宗白华全集》第 1 卷，合肥：安徽教育出版社，1994 年，第 207 页。

人生的生活，当作一个高尚优美的艺术品似的创造，使他理想化，美化。"[1] 而这种"艺术的人生态度"就是宗白华的"艺术人生观"的核心精神，即把生活当作一个"协和，整饬，优美，一致"的"艺术品"来创造，或者说，是把整个的人生当作艺术创造的材料。"总之，艺术创造的目的是一个优美高尚的艺术品，我们人生的目的是一个优美高尚的艺术品似的人生。这是我个人所理想的艺术的人生观。"[2]

当然，宗白华的这种"理想的艺术的人生观"始终处于动态发展的过程之中，后来还受到了席勒的"人文思想"的影响。宗白华很推崇和歌德并肩的席勒，因为席勒既是诗人又几可入"德国哲学家之林"，诗思并茂，正是他所欣赏的理想人格。而这也与席勒的美学观受到康德的影响，让本就服膺康德的宗白华比较乐于接受有关。他认为，席勒以其"艺术家自身创造经验的体会"，注力于研究"艺术在人生与文化上的地位"，对于人生的艺术化很有帮助，所以，他很赞同席勒的美育思想。故 1935 年，他在《席勒的人文思想》文中对席勒的《人类美育论》（也译为《审美教育书简》，1795）中的关键思想进行了精辟的介绍，即近代以来，因为人们"抽象的分析的理性过分发展"与"人欲冲动的强度扩张，生活为各种'目的'所支配"，从而造成了"感官的情绪的"人格失去了"统一性"与"完整性"，更进而造成了生活的烦闷和人生的失衡与破碎。用席勒本人的话来说，就是在近代文明中，科学的条分缕析与国家的等级化与职业化的需要，使得人的和谐状态被打破：

1　宗白华：《新人生观问题的我见》，见《宗白华全集》第 1 卷，合肥：安徽教育出版社，1994 年，第 207 页。

2　宗白华：《新人生观问题的我见》，见《宗白华全集》第 1 卷，合肥：安徽教育出版社，1994 年，第 208 页。

> 现在，国家与教会，法律与道德习俗都分裂开来了；享受与劳动，手段与目的，努力与报酬都彼此脱节了。人永远被束缚在整体的一个孤零零的小碎片上，人自己也只好把自己造就成一个碎片。他耳朵里听到的永远只是他推动的那个齿轮发出的单调乏味的嘈杂声，他永远也不能发展他本质的和谐。他不是把人性印在他的天性上，而是仅仅变成他的职业和他的专门知识的标志。[1]

不过，席勒指出，这种“分裂”与“脱节”并非偶然，而是人与生俱来的服从“自然法则”的“感性冲动”和服从“形式法则”的“理性冲动”之间的矛盾所带来的必然的命运：“感性冲动要从它的主体中排斥一切自我活动和自由，形式冲动要从它的主体中排斥一切依附性和受动。但是，排斥自由是物质的必然，排斥受动是精神的必然。”[2] 而这种痛苦的分裂并非无药可救，席勒提醒尚有“游戏冲动”可以将两者弥合在一起，从而使人获得和谐与自由。宗白华对席勒的这个观点持赞赏态度，认为他据此提出的“美的教育”对自己的艺术人生观不无助力，也即通过恢复艺术中的“无所为而为”的“创造精神”，以非功利性或非目的性的“游戏冲动”即自由的美的艺术来缝合分裂的人生，恢复高贵的人的天性的完整性，从而造成“全人”与和谐的生活。

> 人生不复是殉于种种“目的”的劳作，乃是将种种“目的”

1　[德] 席勒：《审美教育书简》，冯至，范大灿译，上海：上海人民出版社，2003 年，第 48 页。

2　[德] 席勒：《审美教育书简》，冯至，范大灿译，上海：上海人民出版社，2003 年，第 114 页。

收归自心兴趣以内的“游戏”。……“美的教育”就是教人“将生活变成艺术”。生活须表现着“窈窕的姿态”（席勒有文论庄严与窈窕），在道德方面即是“从心所欲不逾矩”，行动与义理之自然合一，不假丝毫的勉强。在事功方面，即“无为而无不为”，以整个自由的人格心灵，应付一切个别琐碎的事件，对于每一件事给与适当的地位与意义。不为物役，不为心役，心物和谐底成于“美”。而“善”在其中了。[1]

宗白华对席勒的“美的教育”就是教人“将生活变成艺术”的观点显然是非常赞成的，因此他把之前所强调的那种用“唯美的眼光”去看人生的“静观”活动付诸“游戏化”的行动，“美”与“善”遂得统一，进而得以将自己的艺术人生观予以深化和“美化”。同时，他依然试图借艺术创造出新人格与新生活，最后创造出“少年中国”。这也就是他所希望的：“人人能实现这个生活理想，就能构成一个真自由真幸福的国家社会”。[2] 当然，他的这个主张也与席勒希望人们能够既摆脱“力的可怕的王国”也就是感性的物质的“王国”的束缚，同时也摆脱理性的“法则的神圣王国”对人的苛求，从而创建“游戏和假象的快乐王国”也即“审美王国”的理想相呼应。

在那里，指导行为的，不是对外来习俗的愚蠢的摹仿，而是自己的美的天性；在那里，人以勇敢的天真质朴和宁静的纯

1　宗白华：《席勒的人文思想》，见《宗白华全集》第2卷，合肥：安徽教育出版社，1994年，第114页。

2　宗白华：《席勒的人文思想》，见《宗白华全集》第2卷，合肥：安徽教育出版社，1994年，第115页。

洁无邪来对付极其错综复杂的关系，他既不必为了维护自己的自由就得伤害别人的自由，也不必为了显示优美就得抛弃自己的尊严。[1]

这当然是个“理想”的王国，席勒本人也认为这个审美的王国只能无限接近而不可能完全实现，但对宗白华来说，却是一个可资借鉴的途径和通过努力可以实现的目标。

三、人生的艺术化：“努力向前做一个人”以“极尽了人性”

宗白华确立艺术人生观，并不仅仅是为了思想上的自我砥砺，而是为了将现实人生艺术化，也就是把自己的人生“理想化，美化”为“艺术品”，从而建构出健全的“小己的新人格”，“创造”出中国的“新文化”。而他所提倡的具体的“创造”人生为艺术品的途径，依然与其对“生活”的理解不可分离，因为生活就是“经验”，是一个人“对外的经验”和“对内的经验”的总和，因而，“理想化，美化”生活的方式也就分为两种，即“对外的经验”的“理想化，美化”和“对内的经验”的“理想化，美化”。在宗白华看来，前者就是取康德的“形式之眼”以及叔本华式的“静观”，用“唯美的眼光”，把生活“看”作艺术品；后者则以歌德为模范，即他所说的“拿歌德的精神做人”，[2] 像歌德那样努力“行为”，积极投入生活，

1　[德] 席勒：《审美教育书简》，冯至，范大灿译，上海：上海人民出版社，2003 年，第 240 页。

2　宗白华：《我和诗》，见《宗白华全集》第 2 卷，合肥：安徽教育出版社，1994 年，第 151 页。

从而“极尽了人性”，最终把自己的人生乃至自己创作为一个艺术品，而这才是他的艺术人生观的重点所在。

宗白华主张的“对内的经验”的“理想化，美化”，需要人不仅仅是有对生活有“唯美”的“知”，把生活看成一个艺术品，还要积极的“行”，带着热情带着冲动尽可能地投入生活，在与生活直接的碰撞中，努力把自己的人生或把自己“创造”成一个艺术品，以臻知行合一的化境。他的这个观点既受法国哲学家柏格森的启发，更有歌德的影响。宗白华很早就对柏格森的思想有所研究，柏格森从自我经验到“绵延创化”的“心意”出发，推论出宇宙也都在不断的“绵延创化”之中，让宗白华从中感受到人和世界的一种本质的积极的创造的精神，所以，他很直白地说：“柏格森的创化论中深含着一种伟大的入世的精神，创造进化的意志，最适宜做我们中国青年的宇宙观。”[1] 但他的“创造”的“艺术人生观”主要还是受歌德的影响，具体而言，一是歌德创作的文学作品，二是歌德的人生。

对于歌德，宗白华一直情有独钟。他觉得歌德的文学作品具有深邃的思想魅力，是“时代精神”的代表，尤其是被称为“近代人的《圣经》”的《浮士德》，更是给人以深刻的启迪。宗白华还接受了斯宾格勒的观点，认为《浮士德》这部巨著反映了文艺复兴以后欧洲人的心灵状态，他们自失去希腊文化中的人与宇宙的和谐后，继之又在“上帝之死”后失去对基督教的信仰，精神虽然得到了自由和解放，但灵魂却陷入了孤苦无依与彷徨无助的境地，因而只能如浮士德一样，“欲在生活本身的努力中寻得人生的意义与价值”。[2]

1　宗白华：《读柏格森的“创化论”杂感》，见《宗白华全集》第 1 卷，合肥：安徽教育出版社，1994 年，第 79 页。

2　宗白华：《歌德之人生启示》，见《宗白华全集》第 2 卷，合肥：安徽教育出版社，1994 年，第 2 页。

因此，斯宾格勒将“浮士德文化”看作“近代文化”的象征，而宗白华也据此引申，指出浮士德的命运不仅是欧洲人的命运，也是所有“近代人”即现代人的必然命运。这也许是宗白华的艺术人生观无论是“静观”还是“行为”都不仅没有要人脱离人生反而让人投注人生的原因，因为“近代人”除了自己的人生，除了当下的生活，其实已经无路可走。

还有就是宗白华对歌德本人的非同一般的人生经历所带来的“经验”很重视。“歌德与其他世界文豪不同的地方，就是他不只是在他文艺作品里表现了人生，尤其在他的人格与生活中启示了人性的丰富与伟大。所以人称他的生活比他的创作更为重要，更有意义。他的生活是他最美丽最巍峨的艺术品。”[1] 歌德作为一个伟大的作家，其文艺作品感人至深，而他的人生的复杂性、丰富性以及所达到的高度，似乎只有虚构的艺术品才能塑造出。而宗白华早在 1920 年出国留学前担任《学灯》的编辑时，就曾与好友田汉还有郭沫若相约一起把歌德引入中国，而在之后的岁月里，他也始终不能忘情于歌德，他本人不仅翻译了歌德的一些诗歌，还写了若干介绍歌德的文章。1932 年，为纪念歌德逝世百年，宗白华又在《歌德人生之启示》一文中，饱含深情地谈了歌德的人生意义之所在。

歌德对人生的启示有几层意义，几个方面。就人类全体讲，他的人格与生活可谓极尽了人类的可能性。他同时是诗人，科学家，政治家，思想家，他也是近代泛神论信仰的一个伟大的代表。他表现了西方文明自强不息的精神，又同时具有东方乐

---

1 宗白华:《〈歌德评传〉序》，见《宗白华全集》第 2 卷，合肥: 安徽教育出版社，1994 年，第 42 页。

天知命宁静致远的智慧。德国哲学家息默尔（Simmel）说："歌德的人生所以给我们无穷兴奋与深沉的安慰的，就是他只是一个人，他只是极尽了人性，但却如此伟大，使我们对人类感到有希望，鼓动我们努力向前做一个人。"我们可以说歌德是世界一扇明窗，我们由他窥见了人生生命永恒幽邃奇丽广大的天空。[1]

宗白华此处对歌德的多面的"生活"与丰富"人格"进行了由衷的赞美，而最为关键的就是歌德本人和我们一样"只是一个人"，但他能达到如此地步的原因就是息默尔（即 Georg Simmel，今译齐美尔）所说的，"努力向前做一个人"。因为只有这样，才有可能在短暂的人生中"极尽了人性"，而这就是歌德的"伟大"之处，也是人的可能的伟大之处。因此，宗白华所希望的就是我们能把歌德当作"明窗"，从中一窥人生艺术化的秘密，进而理解自己的人生，以艺术化或美化自己的人生。歌德的人生的迷人之处也就在这里。当然，为歌德的人生痴迷的大有人在，宗白华特地引用了丹麦著名的文学批评家布朗德斯（Georg Brandes，今译勃兰兑斯）称赞歌德的人生的话："他的生平创造虽然那样伟大，而他人格的意义尤为重要，由于他给予人类以生活的模范。"[2] 此外，宗白华还翻译了德国学者比学斯基在《歌德论》中相关的评论文字，比学斯基称歌德是"人性中之至人"，也即他具有一种完全的"人性"，尝试了人生的各种可能。"而歌德的全人格大于诗人，他的生活比他的诗还更美好。……我们觉得，他的生活是一切创造中最富有意义，最动人，

1　宗白华：《歌德之人生启示》，见《宗白华全集》第2卷，合肥：安徽教育出版社，1994年，第2页。

2　宗白华：《〈歌德评传〉序》，见《宗白华全集》第2卷，合肥：安徽教育出版社，1994年，第41页。

最可惊异景仰的作品。”[1]

宗白华对歌德的充实的人生的景仰，还有一个非常重要的原因，那就是歌德的人生和艺术一样有着强烈的形式感，他的人生像艺术一样同样遵循形式的规范，这也是比学斯基认为歌德的生活“比他的诗还更美好”的原因。宗白华的学生刘纲纪曾对他的这个发现作出了精彩的评述：

> 宗白华对歌德思想的评述，还有一个值得注意的论断，那就是指出歌德“对流动不居的生命，与圆满和谐的形式，有同样强烈的感情”。歌德是生命的力量与不息的运动的热烈赞美者，但他又没有在生命问题上走入非理性主义的冲动，而深信自然是合规律，有理性的，因此生命的冲动也不应当是非理性的，需要取得一种与自然相统一的圆满和谐的形式。这一思想也显然能与中国哲学，美学相通，所以宗白华后来在论述他自己的美学思想时，曾指出“宇宙是无尽的生命，丰富的动力，但它同时也是严整的秩序，圆满的和谐”。“美是丰富的生命在和谐的形式中。”[2]

所以，宗白华认为，通过对歌德的人生的学习可以启示我们的人生，那就是要勇于面对和尝试各种生活，去丰富和深化我们的人性，建立和塑造我们的“人格”，同时又有形式的规范，从心所欲而不逾矩，也即在“圆满”与“和谐的形式”中尽力“丰富”自己的

1　［德］比学斯基：《歌德论》，宗白华译，见《宗白华全集》第 4 卷，合肥：安徽教育出版社，1994 年，第 33 页。

2　刘纲纪：《德国美学在中国的传播与影响》，见《刘纲纪文集》，武汉：武汉大学出版社，2009 年，第 299 页。

生命，从而把自己的生活乃至自己创造为一个艺术品。这就是他所说的“拿歌德的精神做人”的真正的意思。

四、艺术人生观的意义：“文化批评”，“同情”与“启示的价值”

宗白华之所以很早就提倡并不断建构和发展自己的艺术人生观，除了因为感于青年的时代的烦闷，本身就是年轻人的他愿意以自己的思考给予同代人一个生活的建议外，还有着更为深远的考虑。这就是他希望借此对影响国人人生态度的传统的中国文化进行“文化批评”，以对症下药，创造出新的文化和人生观；同时，他也希望发挥艺术的“同情”作用，在美化人生之外，又可使社会组织更好地融合在一起；而他最终的目的则是希望使人通过艺术得到“启示”，以达至与分享这世界的最高最深的真理。

首先，宗白华对艺术人生观的思考，不仅仅停留在对人生观的批评上，实际上还是一种更为宏观的“文化批评”。这也是他到德国留学后与其时所流行的斯宾格勒等人所致力的“文化批评”或“文化哲学”产生共鸣的原因，当然，这还是他之后以从事“文化批评”为职志的原因。所以，他希望艺术人生观能服务于中国人“精神生活”的改善，并进而服务于中国文化的更新。因为他看到了当时不仅青年对生活感到烦闷，就是“一般的平民”的生活也存在着很大的缺憾，那就是缺乏“精神生活”，缺乏对超出现实的“理想生活”的向往，而只是过着“一种机械的，物质的，肉的生活”。[1] 而这样

1 宗白华：《新人生观问题的我见》，见《宗白华全集》第 1 卷，合肥：安徽教育出版社，1994 年，第 204 页。

的状况如果持续下去，将会导致中国文化因缺乏现实的“需要”难以发展，所以，他才提出要发展“艺术的人生观”。而他的批评也不止于对现实的批评，同时也揭示了中国缺乏“精神生活”的文化上的深层原因。他认为中国因盛行孔孟、老庄的哲学，一般人无坚定明确的人生观，故深受其影响，致使大多数人都耽于“物质生活，肉的生活，没有精神生活的境地”。前者是孔孟不谈“天道”，回避思考“形而上”问题，让人以现实生活为人生的终极目的，不能超越现实所致；后者即老庄却又认为“凡事都有定数”，让人觉得面对现实的人生无能为力，于是不加“动作”，最后只能或“达观厌世”或“纵欲享乐”了却一生。[1] 也因此，宗白华尤其对那些受老庄影响的中国人的消极人生极为不满。

> 东方大陆的消极主义与无抵抗主义，放任主义本来是世界著名的，一班学者美其名曰放任主义与自然主义。其实放任主义就是没有奋斗的精神，自然主义就是没有创造的能力，中国人受了老庄哲学的影响（其实未必真懂老庄），没有丝毫进取的意志，这种心习不但违背世界潮流，并且反抗宇宙创造进化的公例，怎么适宜“少年中国”的少年？中国国民持放任主义，所以政治上变成军阀官僚的专制，共和真精神一点没有实现（言论自由都做不到），中国学者持自然主义，所以流入直觉空想，没有真心去研究科学，实际考察宇宙现象的。（欧洲近代哲学中的自然主义［Naturalism］正与此相反，他们因为崇拜自然，就去彻底研究自然的现象。）所以我希望中国人的放任主义

1 宗白华：《新人生观问题的我见》，见《宗白华全集》第1卷，合肥：安徽教育出版社，1994年，第205页。

> 快快变成奋斗主义，中国人的自然主义快快变成创造主义。[1]

这也是宗白华从哲学上来考量中国文化所存在的深层次的问题的结论。因为哲学是一个民族和文化的精神底色与灵魂所在，他认为孔孟等儒家哲学对现实是缺乏“超越性”的，老庄等道家哲学对现实的变态的反应也令人颓丧，其结果就是使国人在生活中既缺乏科学精神，也缺乏艺术精神。所以，宗白华才希望以“科学的人生观”提醒国人讲求真理的探索，不再拘泥于现实的“物质”与“肉”的拖累，同时用“艺术的人生观”来改善国人的“精神生活”面貌，积健为雄，不囿于眼前的现实的羁绊，而是尽可能打破可能的枷锁，像歌德那样“努力向前做一个人”，以极尽人生的各种可能性。

其次，宗白华认为艺术所具有独到的“同情”的功能对于“调和社会情感，坚固社会组织”有不可替代的作用，而艺术人生观的养成则同样离不开“同情”的发挥。因为有了“同情”，不仅可以美化人生，也有助于社会的凝聚与进化。宗白华的这一思想与叔本华的伦理学的影响有很大关系，后者认为，人的行为有“利己主义”，与危害他人的“邪恶”和“同情”三种原因，而只有“同情现象”值得推崇。

> 换句话说，不以一切隐秘不明的考虑为转移，直接分担另一人的患难痛苦，遂为努力阻滞或排除这些痛苦而给予同情支援；这是一切满足和一切幸福与快乐所依赖的最后手段。只有这种同情才是一切自发的公正和一切真诚的仁爱之真正基础。

1 宗白华：《中国青年的奋斗生活与创造生活》，见《宗白华全集》第1卷，合肥：安徽教育出版社，1994年，第95页。

只有发自于同情的行为才有其道德价值。[1]

对于叔本华所力倡的“同情”的“道德价值”，宗白华显然是认可的，他指出我们所生活的这个世界是个“物质的世界”“冷酷的世界”，但其却能“进化”“活动”和“创造”，是因为其有“光”和“热”，而我们的这个人生其实也是“机械”的、“自利”的，但其一样能活动的原因就在于其有“情”，有“同情”。并且，他还对“同情”的社会作用予以深化：“同情是社会结合的原始，同情是社会进化的轨道，同情是小己解放的第一步，同情是社会协作的原动力。我们为人生向上发展计，为社会幸福进化计，不可不谋人类‘同情心’的涵养与发展。”[2] 因为哲学家与科学家所求的是人的“思想见解”的一致，宗教家和伦理学家求的是人类“意志行为”的一致，但宗白华认为，这二者都因有“客观的标准”，故不难让人达成一致，而唯有人的“情绪感觉”千差万别，只能取自“直觉自决”，很难达成一致。为了使得社会可以更好地融合在一起，这就需要可以对人的感情起作用的艺术来让人“同感”了。而且，也只有艺术才能激发人的“同情”，使千人同泣、万人同乐，可以融合人们的“感觉情绪”或不同的“心琴”于“一曲音乐”之中，并扩展到对自然及宇宙的“同情”，把自己的人生的方方面面都予以美化，使自己生活在美的世界里，也使得社会得以维系，最后“创造”出“一个纯洁的高尚的美术世界”。

再次，宗白华认为，艺术对人生有着巨大的“启示”作用，而

1　[德] 叔本华：《伦理学的两个基本问题》，任立，孟庆时译，北京：商务印书馆，1996年，第234页。

2　宗白华：《艺术生活：艺术生活与同情》，见《宗白华全集》第1卷，合肥：安徽教育出版社，1994年，第317页。

艺术人生观的建立就是不断从艺术中获得人生“启示”的过程。因为，艺术持有“启示的价值”，可以“启示宇宙人生最深的意义与境界”。[1] 而艺术所具有的这种“启示”性，可以分成两个层面：一是可以增益人的“认识”，二是可以提高人的“境界”。因为艺术的创造是艺术家的“自己表现”，同时艺术自身的创造也是一种“自然表现”，这就给我们通过艺术“认识”自己和他人提供了可能。所以，宗白华说：“因为艺术的创造是人类有意识地实现他的美的理想，我们也就从艺术中认识各时代，各民族心目中之所谓美。”[2] 比如我们可以从古希腊的人体雕刻中看出他们对“宇宙”（Cosmos）的“和谐”的追求，也可以从哥特式建筑直刺苍穹的尖塔中看到近代人对于古希腊那个圆满和谐的“宇宙”的突破，同时将宇宙化作无穷无尽的空间与人的永不停息的行动等。而宗白华尤其对艺术的“境界”给予人的启示作用更为看重，因为他认为艺术的创造某种意义上就是“境界”的建构，“一个艺术品里形式的结构，如点、线之神秘的组织，色彩或音韵之奇妙的谐和，与生命情绪的表现交融组合成一个‘境界’”。[3] 而从这个“境界”里，我们可以看到宇宙的韵律、心灵的感动与精神的显扬，同时也触及人生的最深的真理与意义，从而获得自我“境界”的提示与升华。那么，我们又何以感受到这种艺术的“启示的价值”，或许，在此可以用宗白华对中国绘画的分析来说明一二：

1　宗白华：《略谈艺术的“价值结构”》，见《宗白华全集》第 2 卷，合肥：安徽教育出版社，1994 年，第 70 页。

2　宗白华：《介绍两本关于中国画学的书并论中国的绘画》，见《宗白华全集》第 2 卷，合肥：安徽教育出版社，1994 年，第 43 页。

3　宗白华：《哲学与艺术：希腊大哲学家的艺术理论》，见《宗白华全集》第 2 卷，合肥：安徽教育出版社，1994 年，第 59 页。

> 所以中国宋元山水画是最写实的作品，而同时是最空灵的精神表现，心灵与自然完全合一。花鸟画所表现的亦复如是。勃莱克的诗句，“一沙一世界，一花一天国”，真可以用来咏赞一幅精妙的宋人花鸟。一天的春色寄托在数点桃花，二三只水鸟启示着自然的无限生机。中国人不是像浮士德“追求”着“无限”，乃是在一丘一壑，一花一鸟中发现了无限，表现了无限，所以他的态度是悠然意远而又怡然自足的。他是超脱的，但又不是出世的。他的画是讲求空灵的，但又是极写实的。他以气韵生动为理想，但又要充满着静气。一言蔽之，他是最超越自然而又最切近自然，是世界最心灵化的艺术（德国艺术学者 O. Fischer 的批评），而同时是自然的本身。[1]

可想而知，当我们面对宋元时期那些伟大的山水和花鸟画，悠然神游其中时，人格会得到怎样的陶冶，精神又得到怎样的深化，对宇宙和人生又会有怎样的感动。结语宗白华说：“艺术的作用是能以感情动人，潜移默化培养社会民众的性格道德于不知不觉之中，深刻而普遍。尤以诗和乐能直接打动人心，陶冶人的性灵人格。”[2]而他本人在谈论艺术及美时的最大的特点即“以思寓诗”，他的文章那富有诗意的文字，与中西融通的思想浑然一体，水乳交融，本身也是精美的艺术品。所以，在阅读他的文章时，我们同样在不知不觉中也可得到艺术的陶冶与美的享受。这大概是宗白华用自己诗人的优美的文笔来提倡艺术人生观时所没有想到的。而对于宗白华所

1　宗白华：《介绍两本关于中国画学的书并论中国的绘画》，见《宗白华全集》第 2 卷，合肥：安徽教育出版社，1994 年，第 46 页。

2　宗白华：《艺术与中国社会》，见《宗白华全集》第 2 卷，合肥：安徽教育出版社，1994 年，第 410 页。

建构的艺术人生观在其美学思想中的地位和影响，他的学生林同华给予了很高但中肯的评价：

> 这是宗白华先生所积极倡导的艺术的人生观。这个人生观，也可以说是他“五四”时代将真、善、美统一于哲学的一种学术理想。他以后的学术活动，从歌德的研究，到康德美学的研究，到中西艺术的比较研究，到中国美学的研究，都是遵从这一理想的人生观的。[1]

当然，宗白华的艺术人生观之所以得以建立，他又之所以对艺术给予如此之高的评价，同时对艺术改变人生寄予如此之高的期望，显然与他所受到的“德国思想”的影响不可分割。

1　林同华：《宗白华美学思想研究》，沈阳：辽宁人民出版社，1987年，第74页。

第五章　领悟中国文化的最深的灵魂

——宗白华的空间意识与李格尔的艺术意志说

宗白华对中国艺术的“空间意识”的发明可以说是他的美学研究中最为标志性的贡献，他由此入手对中国书画及诗文进行观照，直至深入到宇宙观的研究，对中国人自成一体的时空意识与哲学思想作出了独到而深刻的描摹，终成一家之言。而他之所以能于中国诗画中观“空间”于人所未见，又可入其内察“意识”于人之所未明，既与他对康德的时空观了然于胸有关，也与其对叔本华的意志与表象的世界的娴熟认识相关。但宗白华之所以能把“空间意识”的研究贯彻于中国艺术之中，更重要的还是因为斯宾格勒和李格尔为其提供了直接的助力，前者的“文化形态学”中的空间象征物理论为其研究提示了角度和路径，后者的“艺术意志”思想为其研究指明了具体的方向和目标，才使得他得以通过对中国艺术的空间意识的考察把握其所反映的艺术意志，也即他所说的“中国艺术精神”，进而又从中透析出了中国人的文化精神与宇宙观。而后者才是宗白华研究的重点，用其本人的话来说，就是：“我的兴趣趋向于中华民族在艺术和哲学思想里所表现的特殊精神和个性，而想从分析空间时间意识来理解它。”[1]

1　宗白华：《中国古代时空意识的特点》，见《宗白华全集》第 2 卷，合肥：安徽教育出版社，1994 年，第 473 页。

因此，他所说的“空间意识”与康德所言的“用以罗列万象，整顿乾坤”的“直觉性的先验格式”有别，而与斯宾格勒对于空间的理解相近，“然而我们心理上的空间意识的构成，是靠着感官经验的媒介。我们从视觉、触觉、动觉、体觉，都可以获得空间意识”。[1]这种空间意识是“感官”通过艺术所表现的“空间感形”给予，故绘画、雕刻、建筑，乃至音乐、舞蹈等都因有不同的空间感形因此也产生了不同的“空间意识”。当然，宗白华对此并不讳言，1949年，他在堪称多年来研究中国艺术空间意识的集大成之文《中国诗画中所表现的空间意识》中，开篇就对斯宾格勒的空间象征物理论进行了介绍，并且称自己是借其“观点”来考察中国艺术。而斯宾格勒的这种方法是用取自“空间境界”的“象征物”来表现文化的特点，如埃及的“路”、希腊的“立体”、近代欧洲的“无尽的空间”等，同时，他亦指出，这些“象征”又“最具体”的在其艺术中表现出来：

> 现代德国哲学家斯播格耐（Oswald Spengler）（即斯宾格勒）在他的名著《西方之衰落》（即《西方的没落》）一部伟大的文化形态学里面曾经阐明每一种独立的文化都有他的基本象征物，具体地表象它的基本精神。在埃及是“路”，在希腊是“立体”，在近代欧洲文化是“无尽的空间”。这三种基本象征都是取之于空间境界，而他们最具体的表现是在艺术里面。埃及金字塔里的甬道，希腊的雕像，近代欧洲的最大油画家伦勃朗

1　宗白华：《中西画法所表现的空间意识》，见《宗白华全集》第 2 卷，合肥：安徽教育出版社，1994 年，第 142 页。

（Rembrandt）的风景，是我们领悟这三种文化的最深的灵魂之媒介。[1]

按照宗白华的这个说法，表现空间象征的艺术只是“文化最深的灵魂之媒介”，欲借此“媒介”来“领悟”各种“文化的最深的灵魂”，则必须把握不同文化中的艺术的空间象征的特点及其成因，而他认为：“这正可以拿奥国近代艺术学者芮格（即李格尔）所主张的‘艺术意志说’来解释。”[2] 不过，宗白华在该文中明确使用“艺术意志”这个名词之前，其实早已在相近的意义上使用过李格尔的这个概念，如他1932年在《介绍两本关于中国画学的书并论中国的绘画》中以“精神”名之，1934年于《论中西画法的渊源与基础》中又率先提出“中国艺术精神”这个代表性的说法，皆可看作异名同实的表述。

作为19世纪末20世纪初维也纳著名的艺术史家，李格尔强调艺术形式“风格”（Stil）的自律性及其在艺术发展中所起到的推动作用。他以对源自埃及的莲花纹及棕榈叶纹经希腊的卷须纹与莨苕纹的转化直至阿拉伯几何纹样风格的演化的历史的研究而著名，又以罗马晚期的工艺美术以及建筑绘画雕刻等艺术形式从古代的触觉到现代的视觉的知觉方式进步的研究影响巨大，而他在分析荷兰团体肖像画时对观者立场的重视也让人耳目一新。但这些研究均与他所提出的“艺术意志”（Kunstwollen）的概念相关联，他最早于

1　宗白华：《中国诗画中所表现的空间意识》，见《宗白华全集》第2卷，合肥：安徽教育出版社，1994年，第420页。原刊于《新中华》第12卷第10期，1949年5月16日出版，现文与原刊文有出入，引用为原刊文。

2　宗白华：《中国诗画中所表现的空间意识》，见《宗白华全集》第2卷，合肥：安徽教育出版社，1994年，第422页。

1893年在《风格问题》中使用这个术语，用其自己的话来说："我在《风格问题》中第一次提出了一种目的论的方法，将艺术作品视为一种明确的，有目的性的艺术意志（Kunstwollen）的产物。"[1] 后来他在《罗马晚期的工艺美术》(1901) 与《荷兰群体肖像绘画》(1902) 等著作中对这个概念予以广泛的应用。但李格尔并未给这个重要的概念以明确的定义，它除了有康德的形式主义、谢林的艺术家的有意识的来自大自然的"创造欲"（Schöpfertrieb）[2]，还有浓烈的黑格尔的世界精神的色彩，也有强烈的叔本华唯意志论的痕迹，又融合了他本人对于艺术史的洞见，故含义丰富，难以索解，也因此引发了他身后诸如潘诺夫斯基、贡布里希等艺术史家的讨论。简言之，艺术意志就是特定时代特定民族的艺术家从事视觉艺术创造的根本动力，它决定着艺术的母题、功能、材料、技术、形式等因素，因而也决定着艺术的风格；同时，它还是决定艺术发展的基本力量，不同的时代、不同的民族有不同的艺术意志，也因此产生了不同的艺术；而艺术意志并非无源之水，其又是由该时代该民族的世界观决定的，不同的世界观会产生不同的艺术意志，并因此形成不同的艺术及其风格。正如李格尔本人所言：

> 所有人类的意志都倾向于和周围环境形成令人满意的关系（就环境这个词最宽泛的意义而言，它从外部与内部和人类发生着关系）。创造性的艺术意志将人与客体的关系规定为我们以感官去感知它们的关系，这就是为何我们已经赋予了事物以形状

1 ［奥］李格尔：《罗马晚期的工艺美术》，陈平译，北京：北京大学出版社，2010年，第5页。

2 ［奥］阿洛伊斯·里格尔：《造型艺术的历史语法》，杨轩译，南京：译林出版社，2020年，第6页。

> 和色彩（恰如我们在诗歌中艺术意志使事物视觉化一样）。不过人并不只是一种仅仅以感官（被动地）来感知的生物，他也是一种怀有渴望之情的（主动的）生物。因此，人要将这世界表现为最符合他的内驱力的样子（这内驱力因民族，地域和时代不同而不同）。这意志的特点总是由可称之为特定时代的世界观（亦就这一术语最宽泛的意义而言）所规定的，它不仅仅存在于宗教，哲学，科学中，也存在于行政和法律中。在这些领域中，上述的一种或另一种表现形式往往占支配地位。[1]

李格尔的艺术意志理论因其所蕴含的革命性和丰富性，使其具有了强大的阐释力，所以其影响并未随着他去世而终结，反而在 20 世纪 20 年代前后德国的艺术史界产生很大影响。这从鲁迅当年翻译的日本学者板垣鹰穗于 1926 年所撰《近代美术史潮论》（北新书局印行，1929 年）中的相关论述就可见一斑。鲁迅在此书里将其译为“艺术意欲”，在开篇的《民族与艺术意欲》中，作者对“艺术意欲”进行了介绍，指出其“近期”已经成为“美术史论上的流行语”，而主要由“维纳系统的美术史家们”最早使用，“即有以此指示据文化史而划分的一时代的创造形式的人，也有用为一民族所固有的表现样式的意义的学者”。而这个概念的“祖师”就是“理克勒”（即李格尔），“在那可尊敬的研究《后期罗马的美术工艺》（*Spatromische Kunst-Industrie*）上，为说明一般美术史上的当时固有的历史底使命计，曾用了艺术意欲这一个概念，来阐明后期罗马时代所特有的造形底形式观”[2]。而从这些论述中，也可以看出，作者更多地把艺术意

1　［奥］李格尔：《罗马晚期的工艺美术》，陈平译，北京：北京大学出版社，2010 年，第 267 页。

2　［日］板垣鹰穗：《近代美术史潮论》，鲁迅译，上海：北新书局印行，1929 年，第 1 页。

志看作一个民族在特定时代的艺术的“形式观”。

宗白华自 1920 年留学德国学习哲学与艺术，对其时正流行的李格尔的艺术意志理论有相当了解，而同时他也对当时正受到热捧的斯宾格勒的文化空间象征理论颇感兴趣，这使他得以从 30 年代初起就着手进行的分析中国艺术的“空间意识”的工作不断深入，并逐渐将两者巧妙地结合起来，最终揭示了中国艺术的空间的奥秘。他的这个逐步深化的过程，从《介绍两本关于中国画学的书并论中国的绘画》(1932) 开始，到《论中西画法的渊源与基础》(1934) 深入，再到《中西画法所表现的空间意识》(1935) 形成基本观点，最后到《中国诗画中所表现的空间意识》(1949) 集大成，之后，他又以此为基础进一步拓展到对中国时空意识的研究，如《中国古代时空意识的特点》(20 世纪 50 年代初) 与《道家与古代时空意识》(1959) 等。可以说，探讨中国艺术的空间意识及其所体现出来的艺术意志等问题已经成为他思考中国艺术乃至文化与哲学精神的重心所在。而在这些文章中，他大都有意从艺术意志的角度出发，通过对中国诗画的空间意识与西洋空间意识的对比，着重对中国艺术家把握世界的“看法”、艺术作品的“空间境界”与欣赏者的“观照法”等所表现出的“中国艺术精神”予以细致的把握，同时也对其所蕴含的文化精神与宇宙观等进行深刻的分析，进而给出了他眼中的“中华民族在艺术和哲学思想里所表现的特殊精神和个性”。

一、艺术家的“看法”：“透视法”与“以大观小之法”

宗白华从李格尔的“艺术意志说”出发，对中国艺术与西洋艺术所表现的空间意识不同的原因进行了考察。他认为两者最明显的不同之处就是艺术家观察与表现世界的“看法”的差异，具体到西洋画和中国画而言，就是对于“透视法”所持的不同态度，前者以透视法为宗，后者则尊“以大观小之法”为旨。宗白华对此发现颇为看重，多年后还予以强调，“我一面注意到中国绘画上的空间表现和西洋希腊及文艺复兴绘画上所表现的透视法有显著的不同”，所以，“我想从这里探索中国艺术（绘画和诗）以及中国古代哲学思想里所表现的时空意识的特点”。[1]

而人们之前对于中西绘画表现方法不同的批评基本上持两种相反的态度，有人因中国绘画不以透视法作画而惊讶，认为不如西洋画真实可感，同样也有人认为西洋的透视画虽与所绘之物毫厘不爽，却徒有形似，难以把握绘画真义。但宗白华认为两者并无高下之分，因为前者并非不知道“透视”，只是持“以大观小法”为准，后者也并非从来就使用透视法作画，只是随着时代的发展逐渐奉“透视法”为圭臬。而双方“看法”的不同，则是中西艺术家所秉承的艺术意志不同所致：

> 中国画家并不是不晓得透视的看法，而是他的艺术意志不愿在画面上表现透视看法，只摄取一个角度，而采取了“以大观小”的看法，从全面节奏来决定各部分，组织各部分。中国画法六法上所说的“经营位置”，不是依据透视原理，而是“折高折远自有妙理”。全幅画面所表现的空间意识，是大自然的全面节奏与和谐。画家的眼睛不是从固定角度集中于一个透视的焦点，而是流动着飘瞥上下四方，一目千里，把握全境的阴阳

1　宗白华：《中国古代时空意识的特点》，见《宗白华全集》第 2 卷，合肥：安徽教育出版社，1994 年，第 473 页。

开阖，高下起伏的节奏。[1]

宗白华在此将中国画家的“看法”与西洋艺术家的“看法”即“透视法”（Perspective）或曰“远近法”进行了比较。后者的“看法”要求艺术家的眼睛从“固定角度”出发，集中于一个“焦点”对景物进行“透视”，表现在画面上就是只能看到“一个角度”的风景。当然，透视法在西洋也并非一蹴而就，宗白华对其发展历程作了简单的描述，它最早是由14世纪文艺复兴初期的尼德兰油画家扬·凡·艾克（Jan Van Eyck）尝试，15世纪的意大利的建筑家勃鲁纳莱西（Filippo Brunelleschi）运用，意大利建筑师阿尔伯蒂（Leon Battista Alberti）将其理论化，即按照固定的焦点以“近大远小”的几何方法按比例安排画面的物体，由此逐渐成为西洋绘画的标准“看法”。宗白华又借清代画家邹一桂在《小山画谱》中“西洋画”条的批评，将透视法总结为三种主要的画法：

> 西洋人善勾股法，故其绘画于阴阳远近，不差锱黍，所画人物、屋树，皆有日影。其所用颜色与笔，与中华绝异。布影由阔而狭，以三角量之。画宫室于墙壁，令人几欲走进。学者能参用一二，亦具醒法。但笔法全无，虽工亦匠，故不入画品。[2]

宗白华虽认为邹一桂言西洋画因无“笔法”而“不入画品”为

---

1 宗白华：《中国诗画中所表现的空间意识》，见《宗白华全集》第2卷，合肥：安徽教育出版社，1994年，第422页。

2 宗白华：《中西画法所表现的空间意识》，见《宗白华全集》第2卷，合肥：安徽教育出版社，1994年，第141页。

“成见”，但觉邹对西洋画所采用的透视法的特点把握却是准确的，即画家利用画面“物体”与“形线”的安排“衬出远近”的“几何学的透视画法”与物体的光的明暗显现“立体空间”和“远近距离”的“光影的透视法”，还有就是邹未提及的如英国画家杜耐（Turner，今译透纳）所使用的描绘“含着水分和尘埃”的空气以显出“远近距离”的“空气的透视法”。宗白华指出，这三种透视法虽有具体画法的不同，但本质上并无区别，“西洋画法上的透视法是在画面上依几何学的测算构造一个三进向的空间的幻景。一切视线集中于一个焦点（或消失点）”。[1] 如邹一桂所言，西洋画家以“勾股法”作画，宗白华以为西洋画家的这种“看法”其实就是“画家用科学及数学的眼光看世界”。[2] 而之所以他们会以这样的“眼光”而不是别样的“眼光”去看世界，宗白华认为这与西洋的艺术意志有关，因为西洋画源自希腊，希腊人发明了几何学与科学，所以，他们习以几何与科学来创造艺术，如希腊绘画移用了“整齐匀称”的建筑空间和雕像的形体于其中，而自“中古时代到文艺复兴，更是自觉地讲求艺术与科学的一致”，画家因此研究透视法与解剖学，甚至不惜“修正自然”，“以合于数理和谐的标准”，其后的画家虽将透视法予以各种发挥，也还是“偏于科学理智的态度”。[3] 因此可以说，西洋画家的“透视法”的“看法”，是一种追求艺术与科学相互“一致”的艺术意志使然。

与西洋画由于艺术意志的驱使逐渐发展出透视法并定于一尊不

1　宗白华：《中国诗画中所表现的空间意识》，见《宗白华全集》第2卷，合肥：安徽教育出版社，1994年，第432页。

2　宗白华：《中国诗画中所表现的空间意识》，见《宗白华全集》第2卷，合肥：安徽教育出版社，1994年，第420页。

3　宗白华：《中西画法所表现的空间意识》，见《宗白华全集》第2卷，合肥：安徽教育出版社，1994年，第145，146页。

同，宗白华以为中国艺术家们并非不知晓透视法，而是因为不同的艺术意志的作用，使得他们采取了回避透视法，选用和发展出另外的把握世界的“看法”，这就是宋代沈括所说的“以大观小之法”。宗白华指出中国画家对透视法不仅不陌生，其实早在公元5世纪即六朝时期中国最早的山水画家宗炳就已经在《画山水序》里予以揭示：“今张绡素以远映，则崐阆之形可围于方寸之内，竖划三寸，当千仞之高，横墨数尺，体百里之远。”但是，虽然中国人比西洋发现透视法早了约一千年，却回避使用，其原因就在于其艺术意志反对绘画的“写实和实用”的功能：

> 绘画是托不动的形象以显现那灵而变动（无所见）的心。绘画不是面对实景，画出一角的视野（目有所极故所见不周），而是以一管之笔，拟太虚之体。那无穷的空间和充塞这空间的生命（道），是绘画的真正对象和境界。所以要从这“目存所极故所见不周”的狭隘的视野和实景里解放出来，而放弃那“张绡素以远映”的透视法。[1]

因此，宗炳在《画山水序》要画家将自己“身所盘桓，目所绸缪”的形形色色尽收眼底，不要局限于借助焦点透视得来的一隅之见；而宋代沈括在《梦溪笔谈》中则批评画家李成以透视法处理山上的亭台楼阁，把建筑物的“飞檐”画成仰头从下往上看的样子，即“仰画飞檐”，称其如观真山，只可见“一重山”，而这种“掀屋角”的“看法”并非“成画”之法，他因此主张画家应取“以大观

1 宗白华：《中西画法所表现的空间意识》，见《宗白华全集》第2卷，合肥：安徽教育出版社，1994年，第147页。

小之法"，如人观假山，可"重重悉见"，这样才可以"成画"。宗白华认为沈括所坚持的不是那种固定的唯一的透视性视角，"而是用心灵的眼，笼罩全景，从全体来看部分"，这其实就是要求艺术家"服从艺术上的构图原理，而不是服从科学上算学的透视法原理"。[1]

宗白华又进一步指出，这种"以大观小之法"在中国的诗歌中早有表现，如杜甫的诗句"乾坤万里眼，时序百年心"即为一例。而其在绘画中的具体运用，就是宋代画家郭熙在《林泉高致》"山川训"中所言的"高远""深远"与"平远"的"三远法"。

> 山有三远：自山下而仰山巅，谓之高远。自山前而窥山后，谓之深远。自近山而望远山，谓之平远。高远之色清明，深远之色重晦，平远之色有明有晦。高远之势突兀，深远之意重叠，平远之意冲融而缥缥缈缈。其人物之在三远也，高远者明了，深远者细碎，平远者冲澹。明了者不短，细碎者不长，冲澹者不大。此三远也。[2]

这种"三远法"就是中国艺术家观察和表现山水的"看法"，显然与西洋的从固定角度透视景物的可称为"一远"的"看法"差异很大。宗白华认为，与西洋艺术家的透视法只需要画家从一个方向"看"来把握景物的"一远"不同，中国艺术家需要画家对同一个景物上下前后左右进行观摩，流连，"而中国'三远'之法，则对于同

1　宗白华：《中国诗画中所表现的空间意识》，见《宗白华全集》第 2 卷，合肥：安徽教育出版社，1994 年，第 421 页。

2　宗白华：《中国诗画中所表现的空间意识》，见《宗白华全集》第 2 卷，合肥：安徽教育出版社，1994 年，第 432 页。

此一片山景‘仰山巅，窥山后，望远山’”。[1] 最后将其所“见”景物多角度或者“多远”的表现于同一幅画面之内。正因为“三远法”突出体现了中国画家观照世界的方法，宗白华之前曾把“三远法”称为“中国透视法”，给予其很高评价：

> 中国画的透视法是提神太虚，从世外鸟瞰的立场观照全整的律动的大自然，他的空间立场是在时间中徘徊移动，游目周览，集合数层与多方的视点谱成一幅超象虚灵的诗情画境（产生了中国特有的手卷画）。所以它的境界偏向远景。“高远，深远，平远”，是构成中国透视法的“三远”。在这远景里看不见刻画显露的凹凸及光线阴影。浓丽的色彩也隐没于轻烟淡霭。一片明暗的节奏表象着全幅宇宙的絪缊气韵，正符合中国心灵蓬松潇洒的意境。故中国画的境界似乎主观而实为一片客观的全整宇宙，和中国哲学及其他精神方面一样。[2]

与中国画因采用“三远法”所产生的“客观”效果相比，宗白华认为西洋画的透视法所表现的更多的是画家的“主观立场”，这两者的不同即来自中西画家的不同的“看法”。而正是因为他深知艺术家对世界的“看法”是其创作的前提与开端，他才首先从中西艺术家的“看法”出发，具体考察了“以大观小之法”和“透视法”的差别。而此前，他的老友邓以蛰同样为国画不像西画那样有“体圆”，有“阴影”又有“立体三面”而辩解，也探讨了中国山水画的

1　宗白华：《中国诗画中所表现的空间意识》，见《宗白华全集》第2卷，合肥：安徽教育出版社，1994年，第432页。

2　宗白华：《论中西画法的渊源与基础》，见《宗白华全集》第2卷，合肥：安徽教育出版社，1994年，第110页。

“以大观小”之法，但他拒绝从透视角度对其进行分析。他曾言：“若要用颜色透视等法批评中国山水画，那却是张冠李戴了。”[1] 他将“以大观小”之“大”看作可以感知“生动与神”的“心”，把“小”看作描摹自然的“形”：“形有所限，斯为小。眼前自然，皆有其形，故自然为小也。以心观自然，故曰以大观小。”[2] 因此，他认为李成的“掀屋角”也好，郭熙的“三远法”也好，本质上并无区别，所见都不过是“眼界所限者”而已。他的这个“看法”当然有其合理之处，却未能解释国画的表现山水的视觉方法。

而宗白华从中西画家对“透视法”所持的不同的看法展开讨论，较为圆满地解决了这个问题。因为在他看来，中国艺术家的“以大观小之法”所追求的是多重的游动的视角，故用“三远法”以尽可能“全面”地把握和再现世界的丰富性，西洋艺术家的“透视法”所看重的是单一的固定视角，以尽可能“片面”地把握和再现世界的单纯性。而中西艺术家出现的这种观察世界以及再现世界的“看法”的差异，并非画家个人的选择，正是不同的艺术意志使然。也因此，这种“看法”的差异在中西艺术作品所表现的空间意识的特点上呈现得更为突出。

二、艺术的“空间境界”：“线纹”与“节奏化，音乐化”

宗白华从中西艺术家因受不同的艺术意志影响而产生的不同的观察世界的“看法”出发，又对中西艺术因此所表现出的不同的空

1　邓以蛰：《国画鲁言》，见《邓以蛰全集》，合肥：安徽教育出版社，1998年，第111页。

2　邓以蛰：《画理探微》，见《邓以蛰全集》，合肥：安徽教育出版社，1998年，第203页。

间意识进行了细致的比较，指出与西洋艺术表现出的几何及三角化的空间意识不同，中国诗画中所表现的是一种独特的节奏化或音乐化的空间意识，尤其是以线纹为基础的中国的书法与绘画的空间意识更为突出地体现出这个特点。而这既来自他对李格尔有关线纹的观点的发挥，也来自他对艺术家因“看法”的不同所表现出不同的空间意识的思考，因此这也使得他可以更为深刻地把握中西艺术的不同的“空间境界”。

> （中国人）用心灵的俯仰的眼睛来看空间万象，我们的诗和画中所表现的空间意识，不是像那代表希腊空间感觉的有轮廓的立体雕像，不是像那些表现埃及空间感的墓中的直线甬道，也不是那代表近代欧洲精神的伦勃朗的油画中渺茫无际追寻无着的深空，而是“俯仰自得”的节奏化的音乐化了的中国人的宇宙感。[1]

显然，宗白华在此谈到的希腊、埃及、近代欧洲的空间意识是来自斯宾格勒的观点，但与斯氏眼中的希腊的雕像、埃及的金字塔的墓道、伦勃朗的油画的“深空”所表现的这些几何化的空间意识不同，他从中国的诗画中看到的空间意识是一种富有节奏化或音乐化的空间意识，“这种空间意识是音乐性的（不是科学的算学的建筑性的）。它不是用几何，三角测算来的，而是由音乐舞蹈体验来的”。[2]而宗白华的这个观点，不仅来自与西洋艺术的比较，更来自他对中

1 宗白华：《中国诗画中所表现的空间意识》，见《宗白华全集》第 2 卷，合肥：安徽教育出版社，1994 年，第 423 页。

2 宗白华：《中国诗画中所表现的空间意识》，见《宗白华全集》第 2 卷，合肥：安徽教育出版社，1994 年，第 423 页。

国的诗画的空间意识的深入考察。这其中，他对于中国书画的线纹特征的认识尤为关键，而这也与李格尔对线条的观点不无联系。

李格尔认为线条的发明对艺术来说至关重要，“它是所有素描，绘画，甚至确切地说，所有限于二维的艺术的基本成分”。[1] 但艺术中所使用的线条并非实有，乃是来自对三维现实的抽象：“当人类第一次尝试在平展的表面上描画，雕刻或涂绘同样的动物时，他们自己再也不能复制三维的实体原型了；相反，他们必须自由地发明轮廓线或边缘线条，因为现实中并不存在轮廓线。只有经过了这种创造活动后，艺术才开始获得无穷无尽的具象再现的可能性。”[2] 与此相关，李格尔还指出，作为线性艺术的形式有其内在的要求，“当然，并非任何不规则的简单涂划都能声称是艺术形式，因为线性形状的制作要遵从对称与节奏这些基本的艺术法则”，[3] 而“对称与节奏”恰是形成音乐性的基础。宗白华同样强调艺术中的线纹并非实有，乃是对大自然的一种抽象，而且线纹可以以自身的“节奏”等因素产生音乐性，从他谈论西洋画的素描与“中国的素描”即线描和水墨的线纹特点中可以看出他与李格尔的共鸣：

> 抽象线纹，不存于物，不存于心，却能以它的匀整、流动、回环、屈折，表达万物的体积、形态与生命；更能凭借它的节奏、速度、刚柔、明暗，有如弦上的音、舞中的态，写出心情的灵境而探入物体的诗魂。所以中国画自始至终以线为主。张彦远的《历代名画记》上说：“无线者非画也。”这句话何其爽

1　[奥] 李格尔：《风格问题》，邵宏译，杭州：中国美术学院出版社，2016 年，第 29 页。
2　[奥] 李格尔：《风格问题》，邵宏译，杭州：中国美术学院出版社，2016 年，第 14 页。
3　[奥] 李格尔：《风格问题》，邵宏译，杭州：中国美术学院出版社，2016 年，第 14 页。

直且肯定！[1]

尽管宗白华认为“节奏”与“形式”是美和美术的特点，尤其是“节奏”，“而它所表现的是生命的内核，是生命内部最深的动，是至动而有条理的生命情调”。[2] 但正是有了这种对于线纹的李格尔式的认识，宗白华对以线纹为特质的中国画的空间意识的音乐性的判断才成为可能，他也因此把中国画的线纹的“自由组织”比作“仿佛音乐的制曲”。[3] 因为线纹的“流动”或“飞动”使得绘画形成节奏，产生“舞蹈的意味”：

> 中国的“形”字旁就是三根毛，以三根毛来代表形体上的线条。这也说明中国艺术的形象的组织是线纹。由于把形体化成为飞动的线条，着重于线条的流动，因此使得中国的绘画带有舞蹈的意味。这从汉代石刻画和敦煌壁画（飞天）可以看得很清楚。有的线条不一定是客观实在所有的线条，而是画家的构思、画家的意境中要求一种有节奏的联系。例如东汉石画像上一幅画，有两根流动的线条就是画家凭空加上的。这使得整个形象显得更美，同时更深一层的表现内容的内部节奏。这好比是舞台上的伴奏音乐。伴奏音乐烘托和强化舞蹈动作，使之成为艺术。用自然主义的眼光是不可能理解的。[4]

---

1 宗白华：《论素描》，见《宗白华全集》第2卷，合肥：安徽教育出版社，1994年，第116页。

2 宗白华：《论中西画法的渊源与基础》，见《宗白华全集》第2卷，合肥：安徽教育出版社，1994年，第98页。

3 宗白华：《论素描》，见《宗白华全集》第2卷，合肥：安徽教育出版社，1994年，第117页。

4 宗白华：《中国美学史中重要问题的初步探索》，见《宗白华全集》第3卷，合肥：安徽教育出版社，1994年，第463页。

与宗白华因为受李格尔影响对线纹的音乐性的强调不同的是，邓以蛰虽然同样强调线纹对国画的重要性，认为线纹是“表现的工具”和“艺术的工具”，而且“线画是中国固有的艺术”等[1]，但对其所产生的音乐性的特征“视而不见”或不以为意。此外，宗白华认为中国画的音乐性还与其两个特点有关：一是因“书画同源”，中国画“引书法入画”，书法“实为中国绘画的骨干”，故与书法相关；二是因诗人以书画当歌，“融诗心，诗境于画景”。[2] 所以，从前者来看，中国画的空间构造本质上就是“书法的空间创造”，如果要探讨中国画的空间意识，就得从研究书法的“空间表现力”入手，而“中国的书法本是一种类似音乐或舞蹈的节奏艺术”；[3] 而从后者来说，因为“中国乐教失传，诗人不能弦歌，乃将心灵的情韵表现于书法，画法。书法尤为代替音乐的抽象艺术”。[4] 这两者结合，使得中国画的空间意识的音乐性凸显了出来。当然，宗白华认为这同样与中国字的本身即由线条构成有关，因其有“形线之美”，自身即有音乐感。而且，不像西洋字由字母“拼成”，中国字的每个字都占据“齐一固定的空间”，本身就有空间感。这也与“用笔”也即写字时的笔法有关，如果运用得法，就会给人以生动的具有音乐感的空间意识：

中国字若写得好，用笔得法，就成功一个有生命有空间立

1　邓以蛰：《国画鲁言》，见《邓以蛰全集》，合肥：安徽教育出版社，1998 年，第 108 页。
2　宗白华：《论中西画法的渊源与基础》，见《宗白华全集》第 2 卷，合肥：安徽教育出版社，1994 年，第 101 页。
3　宗白华：《中西画法所表现的空间意识》，见《宗白华全集》第 2 卷，合肥：安徽教育出版社，1994 年，第 144 页。
4　宗白华：《论中西画法的渊源与基础》，见《宗白华全集》第 2 卷，合肥：安徽教育出版社，1994 年，第 102 页。

> 体味的艺术品。若字和字之间，行与行之间，能“偃仰顾盼，阴阳起伏，如树木之枝叶扶疏，而彼此相让；如流水之沦漪杂见，而先后相承”，这一幅字就是生命之流，一回舞蹈，一曲音乐。唐代张旭见公孙大娘舞剑，因悟草书；吴道子观裴将军舞剑而画法益进。书画都通于舞。它的空间感觉也同于舞蹈与音乐所引起的力线律动的空间感觉。书法中所谓气势，所谓结构，所谓力透纸背，都是表现这书法的空间意境。[1]

但是，最为根本的原因还是中国书法的基础即汉字以线条构成。当然，宗白华不仅觉得中国画的空间意识的节奏与音乐性来自其自身的书法化和线纹化，同时他还强调中国绘画的空间意识的音乐性与其所营造的空间也直接相关，因为不像西洋画创造的透视的“单向”的空间，一往无前，与立体的有形的雕刻建筑相通，中国画创造的则是以“心灵之眼”的多层观点所观照的“多面”的空间，层层叠叠，回环往复，故可与无形的音乐相谐振：

> 西洋画在一个近立方形的框里幻出一个锥形的透视空间，由近至远，层层推出，以至于目极难穷的远天，令人心往不返，驰情入幻，浮士德的追求无尽，何以异此？中国画则喜欢在一竖立方形的直幅里，令人抬头先见远山，然后由远至近，逐渐返于画家或观者所流连盘桓的水边林下。《易经》上说：“无往不复，天地际也。”中国人看山水不是心往不返，目极无穷，而是“返身而诚”，“万物皆备于我”。王安石有两句诗云：“一水

1 宗白华：《中西画法所表现的空间意识》，见《宗白华全集》第2卷，合肥：安徽教育出版社，1994年，第144页。

> 护田将绿绕，两山排闼送青来。”前一句写盘桓、流连、绸缪之情；下一句写由远至近，回返自心的空间感觉。[1]

而宗白华认为，西洋画与中国画之所以会“幻出”不同的空间，最直接的原因就是西洋画家与中国画家作画时所采用的把握世界的“看法”或视角不同。西洋画家是用透视法来把握和表现世界，故画面上是一个由近至远的“一远”的空间，中国画家则匠心独运，以三远法来把握和表现眼中的山水，“‘目所绸缪’的空间景不采取西洋透视看法集合于一个焦点，而采取数层观点以构成节奏化的空间”。[2] 故画面构建出一个既高又低，既前又后，既远又近的回环往复的“三远”的空间。当然，如宗白华所言，中国的诗歌也表示出了相同的空间意识，即对透视法的回避和对音乐性的追求，尤其是前者最为明显和突出。他引用苏东坡对王维的诗画的评价，“味摩诘之诗，诗中有画。观摩诘之画，画中有诗”，借以从王维的诗中探测他的“画境”，发现其诗歌的空间表现与中国山水画的空间表现相一致，如《辋川诗》“北垞湖水北，杂树映朱栏，逶迤南川水，明灭青林端”即为一例。宗白华对其所表现的空间意识进行了独特的视觉解读：

> 在西洋画上有画大树参天者，则树外人家及远山流水必在地平线上缩短缩小，合乎透视法。而此处南川水却明灭于青林之端，不向下而向上，不向远而向近。和青林朱栏构成一片平

1　宗白华：《中西画法所表现的空间意识》，见《宗白华全集》第2卷，合肥：安徽教育出版社，1994年，第148页。

2　宗白华：《中国诗画中所表现的空间意识》，见《宗白华全集》第2卷，合肥：安徽教育出版社，1994年，第431页。

> 面。而中国山水画家却取此同样的看法写之于画面。使西人诧中国画家不识透视法。然而这种看法是中国诗中的通例。[1]

从王维诗中所描绘的“树外人家”和“远山流水”的不远反近与不低反高，可以看出其与西洋画以透视法取景和空间表现不同，而与山水画家的取景和空间表现的视觉特点是一样的，那就是回避透视法。因此，中国诗人在表现空间时所采用的不是“远小近大”的焦点透视，反而是“远大近小”的“移远就近”之法。宗白华又举如李白的“檐飞宛溪水，窗落敬亭云”，杜甫的“白波吹粉壁，青嶂插雕梁”，王维的“山桥树梢行”，杜审言的“树梢玉堂悬”，杜牧的“碧松梢外挂青天”等诗句，以说明他们对世界有着相同的“看法”，而这不仅是中国诗人的“通例”，也是中国画家的“通例”。宗白华认为是画家从诗人那里学会了这种观照世界的方法，“晋唐诗人把这种观照法递给画家，中国画中空间境界的表现遂不得不与西洋大异其趣了”。[2] 随之而来就是中国的诗人和画家所创造的这种“观照法”也“递给”了“观者”，进而也使得中国艺术的欣赏者与西洋的艺术欣赏者的观照法也不得不“大异其趣”了。

三、欣赏者的“观照法”：“视线”与“俯仰自得”及“中国艺术精神”

宗白华在对中国艺术所表现的空间意识的特点进行阐发的同时，

---

1 宗白华：《中国诗画中所表现的空间意识》，见《宗白华全集》第 2 卷，合肥：安徽教育出版社，1994 年，第 425 页。

2 宗白华：《中国诗画中所表现的空间意识》，见《宗白华全集》第 2 卷，合肥：安徽教育出版社，1994 年，第 436 页。

也着重对观者欣赏艺术时的“视线”的流动进行了分析，以此来描述和概括中国艺术的观者的“观照法”。而这与李格尔对观者立场的重视如出一辙，李格尔认为艺术意志不仅决定了艺术家感知世界的方式，同时也决定了观者的立场和对艺术的知觉方式。宗白华同样认为与中国艺术家“观照”世界的方式相同，中国的艺术欣赏者“观照”艺术时也是采用的非透视的“看法”，这与西洋艺术家观照世界的“主观的透视看法”是不同的，“透视学是研究人站在一个固定地点看出去的主观境界，而中国画家，诗人宁采取‘俯仰自得，游心太玄’，‘目既往还，心亦吐纳’的看法，以达到‘澄怀味像’。(画家宗炳语) 这是全面的客观的看法”。[1] 也就是说，西洋艺术的欣赏因透视法的“局限”，所看到的只是艺术家的“主观境界”，而中国艺术的欣赏则因“俯仰自得”对世界进行观察，所看到的却是艺术家的“全面的客观的看法”。宗白华指出，这种差异的背后其实是西洋和中国的艺术欣赏者所受到的不同的艺术意志的驱使所致，前者是一种“追求无穷”的精神，后者则是一种“饮吸无穷”的精神，就是他所说的“中国艺术精神”。

李格尔认为艺术意志对观者观看艺术作品的方式有着决定性的影响。他认为人有两种知觉方式，即触觉与视觉。视觉只能感知事物的高与宽，即平面的两个维度，而触觉却可以感知“深度”，也即第三维，这就是空间的维度，艺术无非是通过这三维来再现个体的物质的客体。而艺术家对“深度”这一维度的“看法”和处理方式，不仅是视觉艺术发展的最重要的原因，也是观者观看艺术作品的知觉方式变化的契机。从艺术的发展来看，经历了三种知觉方式的变

1　宗白华：《中国诗画中所表现的空间意识》，见《宗白华全集》第 2 卷，合肥：安徽教育出版社，1994 年，第 436 页。

迁，这就是从古埃及的触觉式的近距离知觉方式到古希腊的“触觉—视觉”式的正常距离知觉方式，再到罗马晚期的视觉式的远距离知觉方式。首先，以埃及艺术为代表的古代艺术因为在“再现个体的物质客体方面”追求“最大限度的客观性”，故摒弃了深度，“在三个维度中，高与宽（轮廓，侧影）是平面或水平基底的维度，对于获得任何个别物体的概念来说是不可缺少的，因此它们在古代艺术中一开始就得到了承认。然而，纵深的维度似乎并不是像这样必不可少。此外，深度因为可能会使物质个体性变得含糊不清，所以古代艺术在可能的情况下就将它压制住了”。[1] 因此，古埃及的画像都是平面的，没有“深度”也没有透视，金字塔也只是呈现为一个三角形的不可入的平面。其次，就是以希腊艺术为代表的“触觉—视觉”式的正常距离观看：

> 要感知它们，眼睛必须从近距离观看（Nahsicht）移开一点：不要太远，以免看不出各部分的连续性触觉联系（远距离观看：Fernsicht），而是最好居于近距离与远距离观看的中间；我们可以称之为正常距离观看（Normalsicht）。这种知觉，是古代艺术第二阶段的特点，它是触觉—视觉的，从视觉的观点来说，称为正常距离观看则更为确切。它的最纯粹的表现是希腊人的古典艺术。[2]

这时希腊艺术已经注意到“深度”的重要性，所以有意运用

---

1 ［奥］李格尔：《罗马晚期的工艺美术》，陈平译，北京：北京大学出版社，2010 年，第 19 页。

2 ［奥］李格尔：《罗马晚期的工艺美术》，陈平译，北京：北京大学出版社，2010 年，第 21 页。

“阴影”等予以表现，如希腊的浮雕就从其身后的“基底”浮现了出来，并因有阴影的作用产生空间感，但仍未脱离基底的平面。再次就是罗马晚期的视觉式的远距离知觉方式，这时的艺术作品有了“纵深”，雕像彼此隔绝而加深阴影，并因此似乎从其“基底”的平面脱颖而出，有着很强的空间感，又因其重视整体效果，所以从远处看会更加明显。这就是李格尔所勾画的艺术的知觉方式从古代到近代的发展线索。

不过，宗白华并未借助于李格尔“触觉—视觉”的不同知觉方式来对中西艺术进行区分，也未以与其紧密联系的观者的观看距离的远近对中西艺术的观照法进行鉴别，相对于西洋的焦点透视的观看法，他通过对艺术的观者在欣赏艺术时的“视线”的分析，概括出观者的不同的观照方法。而中国艺术的观者的“视线”与中国艺术家在进行空间表现时所采用的那种回避主观的透视而重视客观的“看法”一致，这就是所谓的“俯仰自得”的观照法。

> 我们欣赏山水画，也是抬头先看见高远的山峰，然后层层向下，窥见深远的山谷，转向近景林下水边，最后横向平远的沙滩小岛。远山与近景构成一幅平面空间节奏，因为我们的视线从上至下的流转曲折，是节奏的动。空间在这里不是一个透视法的三进向的空间，以作为布置景物的虚空间架，而是它自己也参加进全幅的节奏，受全幅音乐支配着的波动。这正是抟虚成实，使虚的空间化为实的生命，于是我们欣赏的心灵，光被四表，格于上下。”神理流于两间，天地供其一目。”（王船山《论谢灵运诗》语）而万物之形在这新观点内遂各有其新的适当的位置与关系。这位置不是依据几何，三角的透视法所规定，

而是如沈括所说的“折高折远自有妙理”。[1]

宗白华以观者眼光谈欣赏中国山水画的“视线”是先上后下，先远再近，再既左又右，由此方能了解画家在画面上运用“三远”法表现出的“高远”“深远”与“平远”的空间意识。这与欣赏西洋画时观者不得不遵循画面透视的焦点即“一远”法而只能“一往无前”的空间意识是不同的。同时，因为观者立场的不同，所得到的空间意识自然也不同，中国画的观者随着“视线”的“流转曲折”，而获得“节奏的动”或音乐化的空间意识，西洋画的观者则随着“视线”的延伸消失于不可测的空无。

当然，宗白华认为，中国画的观者的这种“俯仰自得”的观照法不仅来自中国画家的观照法，更是来自中国诗人及其“观者”的“观照法”的影响，“诗人对宇宙的俯仰观照由来已久，例证不胜枚举”。[2] 他列举了从汉到唐的大诗人如苏武、曹操、王羲之、谢灵运、王之涣以及杜甫等人的“俯仰观照”的诗句，如苏武的“俯观江汉流，仰视浮云翔”，曹操的“俯视清水波，仰看明月光”，还有爱用“俯”来表现对世界的观照的杜甫的诗句“游目俯大江”“四顾俯层巅”等。而这其中，宗白华所引用的晋王羲之的《兰亭集序》中的几句话最为恰切地表达出了他对此的观点：“仰观宇宙之大，俯察品类之盛，所以游目骋怀，足以极视听之娱，信可乐也。”

在中西艺术的不同的观照法之后，是不同的艺术意志使然。但宗白华并未以艺术意志为名直接解读其不同的取向，而是先后以

1　宗白华：《中国诗画中所表现的空间意识》，见《宗白华全集》第2卷，合肥：安徽教育出版社，1994年，第435页。

2　宗白华：《中国诗画中所表现的空间意识》，见《宗白华全集》第2卷，合肥：安徽教育出版社，1994年，第436页。

“中国艺术精神”或“精神”名之，这让人想起黑格尔的“精神”(Geist) 及其在特殊的历史阶段所具体表现出的“民族精神”(Volkgeist)：“民族的宗教，民族的政体，民族的伦理，民族的立法，民族的风俗，甚至民族的科学，艺术和机械的技术，都具有民族精神的标记。”[1] 宗白华认为西洋的透视观照法与其“追求无穷”的“精神”相关，中国的“俯仰自得”的观照法则是一种“饮吸无穷”的“精神”：“这不是西洋精神的追求无穷，而是饮吸无穷于自我之中！孟子曰：‘万物皆备于我矣，反身而诚，乐莫大焉。’”[2] 正是这两种不同的“精神”或“艺术精神”，才使得西洋人与中国人对待空间的态度产生了差别：

> 中国人与西洋人同爱无尽空间（中国人爱称太虚太空无穷无涯），但此中有很大的精神意境上的不同。西洋人站在固定地点，由固定角度透视深空，他的视线失落于无穷，驰于无极。他对这无穷空间的态度是追寻的，控制的，冒险的，探索的。近代无线电、飞机都是表现这控制无限空间的欲望。而结果是彷徨不安，欲海难填。中国人对于这无尽空间的态度却是如古诗所说的：“高山仰止，景行行止，虽不能至，而心向往之。”人生在世，如泛扁舟，俯仰天地，容与中流，灵屿瑶岛，极目悠悠。[3]

在宗白华看来，西洋人和中国人虽然都喜欢“无尽的空间”，但

1　[德] 黑格尔：《历史哲学》，王造时译，上海：上海书店出版社，2001 年，第 64 页。

2　宗白华：《中国诗画中所表现的空间意识》，见《宗白华全集》第 2 卷，合肥：安徽教育出版社，1994 年，第 426 页。

3　宗白华：《中国诗画中所表现的空间意识》，见《宗白华全集》第 2 卷，合肥：安徽教育出版社，1994 年，第 437 页。

“精神意境”的不同导致了观照方式的不同，同时导致了视线的方向与路径的差别。西洋人以透视法尽力“控制”与“探索”世界的“深空”，以至于视线有去无回径直消失于“无尽空间”，中国人对这“无尽的空间”却并不尽力去“控制”和“探索”，而是止于对其“心向往之”，视线因之上下左右前后徘徊，有往有还，终于俯仰观照之间得其真意。宗白华以德国浪漫主义画家菲德烈希（Caspar David Friedrich，今译弗里德里希）的《海滨孤僧》为例来说明西洋的这种对于无限茫然的“无穷空间”的那种不可遏抑的“怅望”。而他同时也比较了中国画对于空间的处理方式，画面上很少是一片茫然的空间，而总是“在远空中必有数峰蕴藉，点缀空际，正如元人张秦娥诗云：‘秋水一抹碧，残霞几缕红，水穷云尽处，隐隐两三峰。’或以归雁晚鸦掩映斜阳。如陈国材诗云：‘红日晚天三四雁，碧波春水一双鸥。’”[1] 这里也可以拿傅抱石的《屈原图》（横幅）与弗里德里希的《海滨孤僧》做个对比，不像后者的画面是一个修道士背对观者面对海天一色的苍茫，傅抱石的《屈原图》虽然也是江天一色，波涛汹涌，但屈原是面对观者，画面虽然也展现了“无穷的空间”，观者看到的却是从身后浩渺的空间中返身而归的屈原，这幅画可以说非常深刻地说明了中国人的空间意识。诚如宗白华所言：“我们向往无穷的心，须能有所安顿，归返自我，成一回旋的节奏。”[2]

1 宗白华：《中国诗画中所表现的空间意识》，见《宗白华全集》第 2 卷，合肥：安徽教育出版社，1994 年，第 437 页。

2 宗白华：《中国诗画中所表现的空间意识》，见《宗白华全集》第 2 卷，合肥：安徽教育出版社，1994 年，第 437 页。

四、艺术意志后的“宇宙观”：“节奏”与“一阴一阳谓之道”

当然，宗白华并没有止于对中国诗画的观照法及空间意识的探讨，也没有止步于对其后的艺术意志或“精神境界”的揭示，而是以此为路径，更深入到了其所蕴藏的中国人的以“时空合一体”为实质的所谓“一阴一阳谓之道”的富于节奏感的音乐化的宇宙观。他认为两者可以相互生发，“而中国哲学如《易经》以‘动’说明宇宙人生（天行健，君子以自强不息），正与中国艺术精神相表里”。[1]不过，他由中国人的艺术意志或“艺术精神”深入到其空间意识所表现的宇宙观的做法与李格尔对艺术意志的看法同样不无关系，后者认为艺术意志只是作为受“世界观”或“宇宙观”（Weltanschauung）影响的不同地域上的不同民族在不同时代的“意志”在艺术中的表现，而这“意志”同样也表现在政治、宗教、哲学、文化等领域，具有同一性。正因为，“在现代社会的所有领域，如行政，宗教和学术中，人类的意志（Wollen）显而易见”，[2] 所以，可以从其艺术意志的表现中把握其后的总体的意志，这就是它的“世界观”，或者说“宇宙观”。而宗白华对于中国艺术的节奏认识及其宇宙观的节奏化的强调，也与李格尔对艺术节奏的看法密不可分。

李格尔对艺术意志与意志关系的看法，有着很强的叔本华的唯意志论的色彩，而他对世界观与艺术关系的描述，却有着黑格尔的影响，按照后者的看法，艺术是世界观或者“精神”或者“世界精

1　宗白华：《论中西画法的渊源与基础》，见《宗白华全集》第 2 卷，合肥：安徽教育出版社，1994 年，第 105 页。

2　[奥] 李格尔：《罗马晚期的工艺美术》，陈平译，北京：北京大学出版社，2010 年，第 7 页。

神”在具体的历史阶段所采取的“民族精神”的表现。而李格尔将世界观具体理解为“人类对于自身与物质之间关系的观念”，[1] 也就是说，世界观既是对人与人的关系的看法，也是对人与大自然的关系的看法，前者即“道德观”，后者就是“狭义的自然观”。他认为，艺术就是对二者的表达，“艺术创作是同大自然之间的创造竞技，旨在表达一种和谐性的世界观”。[2] 所以，要想深刻了解一个民族的艺术，则有必要了解其特定的世界观，二者是相辅相成的关系：

> 造型艺术与其他艺术一样，都是一种文化现象，究其根本而言，其发展所依赖的要素，总的来说正是引发人类一切文化发展的那种要素：源自世界观，作为人类对幸福之需求的表达。这种世界观在不同时代的不同族群处也各不相同；但是，人们如果希望在最本质的层面了解相关时代相关族群的艺术，就必须熟悉它。[3]

宗白华对于李格尔的这个观点显然是赞同的，他认为：“因为美与美术的源泉是人类最深心灵与他的环境世界接触相感时的波动。各个美术有它特殊的宇宙观与人生精神为最深基础。”[4] 因此，他在探讨艺术与宇宙观或世界观的关系时，很重视两者之间的关联与互

1 ［奥］阿洛伊斯·里格尔：《造型艺术的历史语法》，杨轩译，南京：译林出版社，2020年，第5页。
2 ［奥］阿洛伊斯·里格尔：《造型艺术的历史语法》，杨轩译，南京：译林出版社，2020年，第253页。
3 ［奥］阿洛伊斯·里格尔：《造型艺术的历史语法》，杨轩译，南京：译林出版社，2020年，第254页。
4 宗白华：《介绍两本关于中国画学的书并论中国的绘画》，见《宗白华全集》第2卷，合肥：安徽教育出版社，1994年，第43页。

动。如在分析希腊艺术时，宗白华则直接从希腊人的“宇宙观”入手，对其建筑和雕像所展现出来的相关的特点进行了概括：

> 希腊人发明几何学与科学，他们的宇宙观是一方面把握自然的现实，他方面重视宇宙形象里的数理和谐性。于是创造整齐匀称、静穆庄严的建筑，生动写实而高贵雅丽的雕像，以奉祀神明，象征神性。希腊绘画的景界也就是移写建筑空间和雕像形体于画面；人体必求其圆浑，背景多为建筑（见残留的希腊壁画和墓中人影像）。[1]

在探讨中国的宇宙观时，他又从中国诗画的观照法切入，借助其所表现出的艺术意志对其后的那个统一的意志或曰世界观进行了分析。他认为早在《周易》的《系辞》传里就有古圣先哲“仰则观象于天，俯则观法于地”的说法，这就是“俯仰往还，远近取与”的“中国哲人的观照法”，而中国诗画中表现的观照法与其是一致的。正是有了这个彼此相通的观照法，才有了共同的空间意识的表现：

> 中国诗人多爱从窗户庭阶，词人尤爱从帘，屏，栏干，镜以吐纳世界景物。我们有“天地为庐”的宇宙观。老子曰：“不出户，知天下。不窥牖。见天道。”庄子曰：“瞻彼阕者，虚室生白”。孔子曰：“谁能出不由户，何莫由斯道也?”中国这种移

1 宗白华：《中西画法所表现的空间意识》，见《宗白华全集》第2卷，合肥：安徽教育出版社，1994年，第145页。

> 远就近，由近知远的空间意识，已经成为我们宇宙观的特色了。[1]

这个哲人与诗人词人以及画家们所共享的“宇宙观”的特色就在于其“移远就近，由近知远”的空间意识，宗白华认为这种空间意识由人所居住的屋宇而来，当其与来自自然的节奏的时间意识结合后，就形成了中国的“时空合一体”的宇宙观：

> 中国人的宇宙概念本与庐舍有关。“宇”是屋宇，“宙”是由“宇”中出入往来。中国古代农人的农舍就是他的世界。他们从屋宇得到空间观念。从“日出而作，日入而息”（《击壤歌》），由宇中得到时间观念。空间，时间合成他的宇宙而安顿着他的生活。他的生活是从容的，是有节奏的。对于他空间与时间不能分割的。春夏秋冬配合着东西南北。这个意识表现在秦汉的哲学思想里。时间的节奏（一岁十二月二十四节）率领着空间方位（东南西北等）以构成我们的宇宙。所以我们的空间感觉随着我们的时间感觉而节奏化了、音乐化了！[2]

这个独特的宇宙观的最大特色，就是随着空间的时间化而产生了一种节奏化或音乐化的“空间感觉”或者空间意识。宗白华指出这就是中国画家和诗人们想在诗中和画里表现出来的“艺术境界”：

1　宗白华：《中国诗画中所表现的空间意识》，见《宗白华全集》第 2 卷，合肥：安徽教育出版社，1994 年，第 429 页。

2　宗白华：《中国诗画中所表现的空间意识》，见《宗白华全集》第 2 卷，合肥：安徽教育出版社，1994 年，第 431 页。

中国人的最根本的宇宙观是《周易传》上所说的“一阴一阳之为道”。我们画面的空间感也凭借一虚一实，一明一暗的流动节奏表达出来。虚（空间）同实（实物）联成一片波流，如决流之推波。明同暗也联成一片波动，如行云之推月。这确是中国山水画上空间境界的表现法。而王船山所论王维的诗法，更可证明中国诗与画中空间意识的一致。王船山《诗绎》里说：“右丞妙手能使在远者近，抟虚成实，则心自旁灵，形自当位。”[1]

但是宗白华对中国山水画的空间的“节奏”的强调，不仅仅来自中国人的宇宙观的“一阴一阳之为道”的启发，更与李格尔对视觉艺术所具有的“节奏”特质的强调直接相关。李格尔认为“节奏是视觉艺术中具有普遍意义的，更高级的表现手段”[2]，而罗马晚期艺术所采用的最重要的艺术媒介就是“节奏”：

节奏就是相同形相的连续重复，有了节奏，各部分与整体的联合对观者来说立即变得明显和可信了。在有若干个体要素的地方，正是节奏能够再次创造出高度的统一性。然而，只要节奏看上去对观者来说是明显的，它就必然属于平面。节奏来源于上下左右的相互并置，而非前后的相互重叠。在后一种情况下，个体形状与各个部分会相互重叠，由此而使它们自身离开观者的当下视知觉而向后退去。因此，艺术要在有节奏的布

1　宗白华：《中国诗画中所表现的空间意识》，见《宗白华全集》第 2 卷，合肥：安徽教育出版社，1994 年，第 434 页。

2　［奥］李格尔：《罗马晚期的工艺美术》，陈平译，北京：北京大学出版社，2010 年，第 263 页。

局中呈现出各个单元，就必须在平面上进行构图，并回避纵深空间。[1]

在李格尔看来，节奏有三个功能：一是可以使得画面的各个部分产生“高度的统一性”；二是使得画面“平面化”；三是使得构图“回避纵深空间”，也即回避透视性。而宗白华显然对李格尔对节奏的看法了然于胸，并以此来讨论中国绘画的空间意识。他在以艺术意志为由解释中国画家回避焦点透视的同时，也以画面的节奏构成方式讨论了观者的视线的游动路线。而他也一再强调中国画的“平面性”特征，如中国山水画家把山川树木亭台楼阁皆“写”之于“一片平面”，而不以透视法的远小近大法来处理等。这与李格尔把节奏归之于“平面”而非空间的看法是吻合的：“而节奏本身是属于平面的。古典艺术的构图是靠线条来统一，而现在则靠光影节奏，而光影节奏自然如线条一样，依然是在平面上而非是空间中发展起来的（它是不可入的）。”[2]

当然，李格尔对节奏的认识不仅仅停留在个别的“具象艺术”（Bildwerke）即绘画和雕刻作品中，他还以奥古斯丁对节奏的推崇来说明其对视觉艺术的普适性，为此他引用了别人对奥古斯丁的节奏观的评价，即在奥古斯丁看来，节奏就是美的原理：“因此奥古斯丁也认为绘画中的黑与白，阴影与光线之间的富有节奏感的分布，是艺术的主旨。”[3] 而宗白华不仅认为中国绘画的空间所表现出的“流

1 ［奥］李格尔：《罗马晚期的工艺美术》，陈平译，北京：北京大学出版社，2010 年，第 259 页。

2 ［奥］李格尔：《罗马晚期的工艺美术》，陈平译，北京：北京大学出版社，2010 年，第 41 页。

3 ［奥］李格尔：《罗马晚期的工艺美术》，陈平译，北京：北京大学出版社，2010 年，第 266 页。

动节奏”是来自“虚实”与“明暗”的对比，他还以为中国画之所以会摒弃“五色”或“彩色绚烂”以黑白的水墨为主，就是为了表现这种“节奏”，“而中国画家的‘艺术意志’却舍形而悦影，走上水墨的道路。这说明中国人的宇宙观是‘一阴一阳之谓道’，道是虚灵的，是出没太虚自成文理的节奏与和谐”。[1] 而中国的空间意识的象征也因此而生：

> 我们的空间意识的象征不是埃及的直线甬道，不是希腊的立体雕像，也不是欧洲近代人的无尽空间，而是潆洄委曲，绸缪往复，遥望着一个目标的行程（道）！我们的宇宙是时间率领着空间，因而成就了节奏化，音乐化了的“时空合一体”。这是“一阴一阳谓之道”。[2]

宗白华以为，这所谓的阴阳之“道”既是一种自然的节奏或者万物的节奏，还是宇宙的一种“一阴一阳，一虚一实的生命的节奏”。[3] 而这种宇宙观所表现出的节奏化的、音乐化的空间与西洋的几何空间是不同的，它不是“死的空间”，而是“虚灵的时空合一体”，充满了生命的律动；它也不是木石所构建的“顽空”，而是天地四时所生出的“真空”，这就是“创化万物的永恒运行着的道”。[4] 这也是中国人所信奉的宇宙观或世界观。邓以蛰同样也认为中国诗

1 宗白华：《中国诗画中所表现的空间意识》，见《宗白华全集》第 2 卷，合肥：安徽教育出版社，1994 年，第 440 页。

2 宗白华：《中国诗画中所表现的空间意识》，见《宗白华全集》第 2 卷，合肥：安徽教育出版社，1994 年，第 437 页。

3 宗白华：《中国诗画中所表现的空间意识》，见《宗白华全集》第 2 卷，合肥：安徽教育出版社，1994 年，第 438 页。

4 宗白华：《中国诗画中所表现的空间意识》，见《宗白华全集》第 2 卷，合肥：安徽教育出版社，1994 年，第 438 页。

画有其崇高的目的，“盖以为之探求宇宙玄理之事耳”：

> 又有一等价值，则为画之表现，此之所谓画乃离画家之画，其表现乃为笔墨之外，尤有一种宇宙本体之客观的实在存焉。此实在为何？即董广川所谓“天地生物特一气运化尔”之一气，所谓自然者是也。[1]

邓以蛰认为这个所表现的“自然”之“一气”就是“气韵生动之理”，他虽然也言及“韵”乃“此气运化秘移之节奏”，但仍将不可捉摸之“气”作为诗画之最高表现。相对而言，宗白华对由对中国诗画空间节奏的考察直入中国的宇宙观的阴阳虚实的生命节奏更为可感也更为深刻。

* * *

宗白华对中国艺术的空间意识的发现，有赖于斯宾格勒的空间象征理论，但更重要的是从李格尔的艺术意志理论的框架出发对其作出的具体的考察。他从西洋与中国艺术家观看世界的不同的方法、艺术表现的不同的空间特点、欣赏者的不同的观照法等方面进行对照，从而揭示出中国艺术家所秉持的“以大观小之法”和观者的“俯仰自得”观照法，还有艺术作品所表现出的“节奏化音乐化”的空间境界，从而充分揭示出了“中国艺术精神”的特质；同时，宗白华也深入揭示了与中国艺术所反映出的艺术意志密切相关的总的“意志”，即中国人的宇宙观，那就是“时空一体”的有着“生命节

1　邓以蛰：《画理探微》，见《邓以蛰全集》，合肥：安徽教育出版社，1998 年，第 225 页。

奏”的“阴阳之道”。借助宗白华对中国艺术空间意识的系统的分析，中国“文化的最深的灵魂”也得以让大家“领悟”。

宗白华对于中国艺术因以线纹为主而富于节奏与音乐性的观点，对艺术史家滕固产生了影响，后者在《唐代艺术的特征》(1935) 一文中接受了宗白华对线纹的认识：

> 有一天同宗白华先生观赏我所摄的西安大明宫遗址里出土的佛像雕刻，其流畅的衣纹贴附于肉体，肌肉凹凸显露，表现分外地妩媚和自然。宗先生以为，这种受西域技法影响的表现可帮助我们理解什么是“曹衣出水”；而所谓“吴带当风”，是以强劲飘洒的线势把捉生命姿态与骨气，仍是承继中国自己传统的作风。这话十分谨饬，附记于此，以当参证。[1]

所以，滕固也认为“中国绘画以动荡回旋的线描为构成美的形式之唯一要素”，并且也因此盛唐的艺术“处处切合音乐的节奏”。[2] 而宗白华对中国画家因受艺术意志影响有意回避透视法的观点也被滕固接受，他曾言虽于南北朝时就已有印度所传西方的“晕染凹凸阴影之法”，尽管有张僧繇等人学习，但因为“中国心理”而被“中国画风所排斥放弃”。[3] 滕固对他的这个判断十分赞赏：“宗白华撰《论中西画法之渊源与基础》，载《文艺论丛》第二期，至为透辟，读者欲详究此问题，可参阅此文。据历史的事实和遗存的作品而论，

1　滕固：《唐代艺术的特征》，见《滕固艺术文集》，上海：上海人民美术出版社，2003年，第205页。

2　滕固：《唐代艺术的特征》，见《滕固艺术文集》，上海：上海人民美术出版社，2003年，第200页。

3　宗白华：《论中西画法的渊源与基础》，见《宗白华全集》第2卷，合肥：安徽教育出版社，1994年，第102页。

外来技法确有增进中国画事倾重渲染之效，不过其间有限制的。这个限制的原由，也可求于宗君的文中。”[1] 而宗白华对于中国艺术的空间意识的观点，尤其受到画家傅抱石的赞赏。他在谈论中国画的“独特的空间认识和空间表现”时，认为宗白华在《中国诗画中所表现的空间意识》中阐述了中国人“用心灵的俯仰的眼睛来看空间万物”的那种“俯仰自得的节奏化了的中国人的宇宙感”，因此他建议，“中国画家应该确立这样独特的空间意识”。[2] 但现在有学者认为，相较于滕固的中国艺术史研究，宗白华的研究较为宏观，似未能对具体艺术进行分析，“从总体来说，宗白华的论述是属于普通美学的，非历史的”。[3] 而从宗白华本人的研究以及滕固、傅抱石对其相关研究的评价中，可以看出，这个结论不够坚实。

宗白华对于中西诗画有关透视的“看法”也对他中央大学的学生唐君毅产生了深刻的影响，后者在50年代初探讨“中国艺术精神”时，对他的中国艺术是供人心灵“藏，休，息，游”的观点进行了发挥，认为可以从中国的山水画中看出其“往来优游之艺术精神也”：

> 又中国画与西洋画之别，今人皆知在西洋画，重光色之明暗，重远近大小之不同。此乃假定观者有一定之观景。然在中国之画，则恒远近不分，阴影不辨。若不识有所谓观景者。西方画家，有一定之观景，由于其站立于一定之地位。宗白华先生，尝论中国画家之无一定之观景，由于其作画之时，即游心

1 滕固：《唐代艺术的特征》，见《滕固艺术文集》，上海：上海人民美术出版社，2003年，第206页。

2 傅抱石：《傅抱石谈中国画》，北京：中国青年出版社，2011年，第37页。

3 陈平：《李格尔与艺术科学》，杭州：中国美术学院出版社，2002年，第207页。

于物之中，随时易其观景。故其所作之画，亦必俟观者之心随画景逶迤，与之俱游，而后识其妙。故远近之物之大小，皆若相同而无阴影之存在也。[1]

唐君毅这里所说的“观景”即观察景物的视角，他援引宗白华所说的中国画家多视角即多“观景”与西洋画的固定视角或者单一焦点透视的观点，是为了证明中国艺术所追求的那种游目骋怀和心与物游的精神，可谓得其旨要。

不过，宗白华也意识到不同的宇宙观虽然可以经不同的艺术意志在艺术中体现出不同的空间特点，但是，两者因“宇宙立场”的不同“冲突”也势所难免：

西画，中画观照宇宙的立场与出发点根本不同。一是具体可捉摸的空间，由线条与光线表现（西洋油色的光彩使画境空灵生动。中国颜色单纯而无光，不及油画，乃另求方法，于是以水墨渲染为重）。一是浑茫的太空无边的宇宙，此中景物有明暗而无阴影。有人欲融合中、西画法于一张画面的，结果无不失败，因为没有注意这宇宙立场的不同。[2]

因此，尽管宗白华赞赏于中国艺术所表现的艺术意志，面对西洋人不同的艺术意志，他也没有更多的褒贬。但是，他对因受不同的意志所驱使而产生的中国和西洋两种不同的文化精神，却多有批评。他认同印度诗人泰戈尔对“中国文化的美丽精神”的观点，即

1　唐君毅：《中国文化之精神价值》，北京：九州出版社，2016年，第207页。

2　宗白华：《介绍两本关于中国画学的书并论中国的绘画》，见《宗白华全集》第2卷，合肥：安徽教育出版社，1994年，第45页。

中国人发现了“事物旋律的秘密”，而不是“科学权力的秘密”：

> 东西古代哲人都曾仰观俯察探求宇宙的秘密。但希腊及西洋近代哲人倾向于拿逻辑的推理、数学的演绎、物理学的考察去把握宇宙间质力推移的规律，一方面满足我们理智了解的需要，一方面导引西洋人，去控制物力，发明机械，利用厚生。西洋思想最后所获着的是科学权力的秘密。中国古代哲人却是拿“默而识之”的观照态度去体验宇宙间生生不已的节奏，泰戈尔所谓旋律的秘密。[1]

在这不同的发现后面所蕴含的就是不同的意志或宇宙观，宗白华指出在西洋致力于追寻“科学权力”的同时，中国却执着于将所发现的“宇宙旋律的秘密”运用到生活中去，把日用器皿这些“形下之器启示着形上之道（即生命的旋律）”，[2] 使生活艺术化。所以，不管是商周青铜器，还是汉代砖瓦，以及瓷器，都被赋予了“崇高的意义，优美的形式”，成为精美的艺术品，也由此产生了伟大的绘画艺术。但是，宗白华也指出，中国人却因此忽视了科学权力的力量，虽然发明了火药却用来制作美丽的烟花，发明了指南针却用来勘定风水，以寻求美的居住环境和凸显山水的旋律之美，最终导致在“生存竞争剧烈的时代”，国破家亡，“文化的美丽精神”难以保存。宗白华同样也批评西洋人因痴迷于科学权力而产生的问题：

1　宗白华：《中国文化的美丽精神往那里去?》，见《宗白华全集》第 2 卷，合肥：安徽教育出版社，1994 年，第 400 页。

2　宗白华：《中国文化的美丽精神往那里去?》，见《宗白华全集》第 2 卷，合肥：安徽教育出版社，1994 年，第 401 页。

> 近代西洋人把握科学权力的秘密，征服了自然，征服了科学落后的民族，但不肯体会人类全体共同生活的旋律美，不肯“参天地，赞化育”，提携全世界的生命，演奏壮丽的交响乐，感谢造化宣示给我们的创化机密，而以厮杀之声暴露人性的丑恶，西洋精神又要往哪里去？哪里去？这都是引起我们惆怅、深思的问题。[1]

应该说，当年宗白华所提出的“中国精神应该往哪里去”和“西洋精神又要往哪里去”的问题是深刻的，因为时至今日，这个问题仍然有着发人深省的力量。

1　宗白华：《中国文化的美丽精神往那里去?》，见《宗白华全集》第 2 卷，合肥：安徽教育出版社，1994 年，第 403 页。

第六章　缠绵悱恻，超旷空灵

——谈宗白华的意境的“深”与德国美学

1943 年，宗白华发表《中国艺术意境之诞生》，该文不仅被认为是宗白华最为系统地阐述“意境”这一审美范畴的文章，也是最为系统地阐述“中国艺术”的“意境”或者“中国”的“艺术意境”的文章。而这篇文章不仅宣告了“中国艺术意境之诞生”，也似乎正式宣告了宗白华作为“中国美学家”的诞生。尽管他在此前的很多文章里都已经探讨过意境问题，而且也对中国艺术的意境作出精到的描述和概括，但都未曾如此清晰和完整地予以阐述。因此，贺麟在 1945 年撰写的《当代中国哲学》中对当时的中国哲学各个方面的进展进行介绍时，特别提到宗白华的“艺术意境”的贡献：“中国人对于宗教或稍感隔膜，而对艺术则多素具敏感。近来对于美学有创见的尚颇不乏人。宗白华先生‘对于艺术的意境’的写照，不惟具哲理且富诗意。他尤善于创立新的深彻的艺术原理，以解释中国艺术之特有的美和胜长处。”[1] 如今看来，贺麟对宗白华的艺术意境理论的肯定确有先见之明，他同时也对朱光潜的工作进行了评价，但有意思的是他并未提及其在 1942 年出版的《诗论》中“诗的境界”

1　贺麟：《五十年来的中国哲学》，上海：上海人民出版社，2012 年，第 58 页。

一节对意境或境界的发挥，而只是对其1932年出版的《谈美》和1936年出版的《文艺心理学》作了点评："朱光潜先生的《谈美》是雅俗共赏，影响到中学生的审美观念的名著。他用新的审美经验及审美原理以发挥中国固有的美学原理。他的《文艺心理学》巨著，介绍、批评、折衷众说，颇见工力。而他采康德美学之长，而归趋于意大利哲学家克罗齐的美学，颇见择别融汇的能力。"[1] 这或许也可说明在贺麟看来，朱光潜对意境理论的推进并不如宗白华那么突出或关键，而这与后来人们更重视前者的意境说的贡献相反。不过，时至今日，宗白华对意境这个似乎已经成为中国美学重要范畴的贡献也被更多的人所认可，如罗钢就认为宗白华对意境的贡献具有特别的意义："在'意境'被建构为中国古代美学和诗学的'核心范畴'的过程中，宗白华的论述具有重要的历史意义。朱光潜的《诗论》讨论的是一般的诗歌原理，所以他并未刻意强调'意境'的中国属性。"[2] 他的这个看法是颇具代表性的。

其实，早在20年代，宗白华就已使用"境界"和"意境"来对文艺进行批评，如他在给郭沫若的信中就谈道："你诗中的境界是我心中的境界。我每读了一首诗，就得了一回安慰。因我心中常常也有这种同等的意境，只是因为平日多在'概念世界'中分析康德哲学，不常在'直觉世界'中感觉自然的神秘，所以虽偶然起了这种轻妙幽远的感觉，一时得不着名言将他表写出来。"[3] 但此时他正痴迷德国哲学而尚未像郭沫若一样投身文艺，所以对意境和境界也并无深入的阐发，只是随意使用这两个词而

1 贺麟：《五十年来的中国哲学》，上海：上海人民出版社，2012年，第58页。
2 罗钢：《意境说是德国美学的中国变体》，《南京大学学报》2011年第5期。
3 宗白华：《三叶集》，见《宗白华全集》第1卷，合肥：安徽教育出版社，1994年，第214页。

已。之后，他在德国留学期间开始转向文化批评、艺术理论和美学等方面的研究，同时，他也开始有意尝试创作了“流云”小诗。而作为诗人，他这才真切地感觉到了描述时空以造“境”的不易：“一切感觉皆易写，时空的感觉不易写。今借‘夜’‘晨’二境试写之。”[1] 他还在《题歌德像》诗中写道：“诗中的境，/仿佛似镜中的花，/镜花被戴了玻璃的清影，/诗境涵映了诗人的灵心。”[2] 而这首不起眼的小诗似乎也酝酿了他日后的“艺术意境”说。1925年夏，他留学归国，在教授课程时，开始把“意境”和“境界”有意识地引入其对美学及艺术理论的思考之中，如他指出在艺术创作里，“艺术家之目的，在用如何方法，使人最易感到明了其艺术物所代表之境界——即其自心中所有之境界”。[3] 其后，他又以意境或境界来批评歌德的诗歌以及中国的绘画等，如称歌德的诗将其“纷扰”的生活与世界“描绘成一幅境界清朗，意义深沉的图画”，又言其《海上的寂静》为“意境最静寂的一首诗”等，[4] 但只有到了1943年《中国艺术意境之诞生》和随后的增订稿的发表，他才把意境与更大范围的“中国艺术”联系在一起并进行了系统论述，从而建立了自己的意境理论。

正是在这篇文章中，宗白华将“意境”推崇为“中国文化史上最中心最有世界贡献的一方面”，认为可以借此“窥探中国心灵的幽

---

1 宗白华：《流云》，见《宗白华全集》第1卷，合肥：安徽教育出版社，1994年，第340页。

2 宗白华：《题歌德像》，见《宗白华全集》第1卷，合肥：安徽教育出版社，1994年，第342页。

3 宗白华：《美学》，见《宗白华全集》第1卷，合肥：安徽教育出版社，1994年，第440页。

4 宗白华：《歌德之人生启示》，见《宗白华全集》第2卷，合肥：安徽教育出版社，1994年，第16，23页。

情壮采”。[1] 但是，他的这两篇谈论意境的文章虽然读起来真力弥漫层见叠出却并不好理解，这既是因为他在文中征引了大量中国古代诗文及画论，虽颇具“诗情画意”，却无意中增加了理解的难度，但更关键的原因是他在这些貌似“中国化”的表述下面，巧妙地融汇了德国的美学思想，因而使得他的意境说给人以言有尽而意无穷之感。而且，境界也好，意境也好，并不是宗白华所独创的概念，之前王国维在《人间词话》等文里就曾给境界和意境注入新的精神来分析中国词曲之美，尽管宗白华所谈的境界以及“中国艺术意境”与其不无联系，却又有着不同的含义，这也增加了理解其意境说的难度。与王国维的境界相较，宗白华的意境的最大特征就是有着对意境之“深”的强调，或如其所言意境为“一个境界层深的创构”。[2] 王国维虽然也谈到意境的“深浅”并认为是衡量文学的标准，如其言“文学之工不工，亦视其意境之有无及其深浅也”[3]，却未给出“深浅”一个可以实际把握的含义，只是含糊言之。如罗钢所说，王国维与之前陈廷焯虽然都谈到意境之“深”，但都给人以雾里看花之感，“和陈廷焯一样，王国维的‘意境’同样只是一个‘虚’的概念，它的有无，深浅同样不能依据这个概念自身来判断”。[4] 这也使得宗白华的“意境说”与王国维的“境界说”区别开来，因此别具一格。

可宗白华所言的这意境的“层深”是什么？其“深”又从何而来？这是探讨宗白华的意境的关键所在。在我看来，这二者是结合

1　宗白华：《中国艺术意境之诞生（增订稿）》，见《宗白华全集》第 2 卷，合肥：安徽教育出版社，1994 年，第 356 页。

2　宗白华：《中国艺术意境之诞生（增订稿）》，见《宗白华全集》第 2 卷，合肥：安徽教育出版社，1994 年，第 362 页。

3　王国维：《人间词话》，徐调孚校注，北京：中华书局，2009 年，第 82 页。

4　罗钢：《意境说是德国美学的中国变体》，《南京大学学报》2011 年第 5 期。

在一起的，而宗白华从对意境的建构到对其“深度”的开掘，实与德国思想家的影响互为表里。因为他围绕意境所阐释的艺术品的“形式”的“层深”，作品中所呈现的宇宙的“深”，所反映的人生的“深”，及其最终所创造的意境的“层深”，也即对“时空的感觉”尤其“空间”的“深”的“创构”，几乎每个环节都借鉴和融汇了康德、叔本华、尼采与斯宾格勒等人的相关的理论。宗白华正是借助这些“德国理论”对意境的各种“层深”的创造性的阐发与建构，使得他超越前人及同侪，把意境从之前的平面的“审美情景”的发现推演为对意境的立体的“审美场景”的发明，从而有力地推动了王国维所奠基的境界说的发展与“深化”，形成了自己以空间性的“深”为本质特征的意境说。

一、“意境”与“境界”

宗白华的意境理论有来自中国传统意境说的一面，但其内在的“精神”主要来自对康德的美学思想的转化。这其中既包括意境作为艺术审美范畴的确立及其形式化的目标，也包括意境的形象化特征以及具体化的表现等方面，都可以看到康德的形式主义美学思想的影响。在谈论宗白华的“意境”的概念时，有必要先对“境界”这个术语作出探讨。这不仅是因为他在谈“意境”时，同时也会谈到“境界”，还有一个很重要的原因，那就是“境界”正是王国维从之前的诗话中“拈出”并引以为豪的概念，并且他也使用过“意境”这个术语。因此，需要了解两人对意境和境界的态度的差别，以及为何王国维舍“意境”而选“境界”，宗白华又为何舍“境界”用“意境”。

王国维1908年在《人间词话》中正式使用“境界”之前，已经于1907年的《人间词乙稿序》中多次使用“意境”，并且在此后于1912年的《宋元戏曲史》中重启“意境”而舍“境界”，对于二者是否同义，历来有不同的意见。如叶朗认为他是在相同的意义上使用的：“当王国维谈到艺术作品的时候，‘境界’和‘意境’基本上是一个概念。也就是说，当王国维谈到艺术作品的时候，他是把‘境界’和‘意境’当作同义词来使用的。”[1] 叶嘉莹则认为王氏使用“境界”与“意境”，用意实有不同，之所以用“境界”，有两个重要原因。一是“境界”原为佛家术语，而“唯有由眼耳鼻舌身意六根所具备六识功能而感知的色声香味触法等六种感受，才能称为‘境界’”。二是“境界”有边界，界域之意；王强调人对艺术之“感受”及所抵达之“界域”，故用境界，而意境却无此义。[2] 但叶嘉莹的判断只是臆测，并未给出实际证据。她也承认王国维并未给境界以明确界定，因前人多有运用，含义纷繁，且王应用时也不止一端，故容易使人产生“误会”和理解上的“混淆和困难”。[3] 而不管哪种意见，都说明了王国维对意境和境界两个术语并无明确的区分。

宗白华最初对“意境”和“境界”也并未作出明确区分，有时也混用，如之前在批评郭沫若诗歌时就对意境和境界予以混用，而且还将“意境”用于描述“思想”：“你的凤歌真雄丽，你的诗是以哲理做骨子，所以意味浓深。不像现在有许多新诗一读过后便索然无味了。所以白话诗尤其重在思想意境及真实的情绪，因为没有词藻来粉饰他。”[4] 但在《中国艺术意境之诞生》尤其是其增订版中，

1　叶朗：《中国美学史大纲》，上海：上海人民出版社，1985年，第612页。

2　叶嘉莹：《王国维及其文学批评》，北京：北京大学出版社，2008年，第180—183页。

3　叶嘉莹：《王国维及其文学批评》，北京：北京大学出版社，2008年，第185页。

4　宗白华：《三叶集》，见《宗白华全集》第1卷，合肥：安徽教育出版社，1994年，第227页。

他对这两个术语又进行了比较清晰的区分，他指出“境界”是作者在自己“心中”所形成的对人生及宇宙的认识的各种“境层”或“层次”，而“意境”则专指作者在艺术中所创造的“美”的“境界”。

> 什么是意境？人与世界接触，因关系的层次不同，可有五种境界：1. 为满足生理的物质的需要，而有功利境界；2. 因人群共存互爱的关系，而有伦理境界；3. 因人群组合互制的关系，而有政治境界；4. 因穷研物理，追求智慧，而有学术境界；5. 因欲返本归真，冥和天人，而有宗教境界。功利境界主于利，伦理境界主于爱，政治境界主于权，学术境界主于真，宗教境界主于神。但介乎后二者的中间，以宇宙人生的具体为对象，赏玩它的色相，秩序，节奏，和谐，借以窥见自我的最深心灵的反映；化实景而为虚境，创形象以为象征，使人类最高的心灵具体化，肉身化，这就是“艺术境界”。艺术境界主于美。[1]

从中可知，宗白华所言之境界为表“人与世界接触”之多元的“关系的层次”，意境仅为其中之一元。而作为“艺术境界”的“意境”，其介于“学术境界”即追求智慧的哲学的“真”与试图“冥和天人”的“宗教境界”的对于“神”的膜拜之间，属于美学的领域，而非知识与实践的领域。显然，宗白华对于境界的这种区分来自康德对于知情意的划分，求“真”的学术境界属于“知”；求“物质”的功利境界，求“爱”的伦理境界，求“权”的政治境界，求“神”的宗教境界，都可归属于“意”；而求“美”的“艺术境界”，则属

1 宗白华：《中国艺术意境之诞生（增订稿）》，见《宗白华全集》第2卷，合肥：安徽教育出版社，1994年，第358页。

于“情”。

正是以此为前提，宗白华给出了艺术境界即意境的定义，而这个定义更是融合了康德的形式主义的美学思想。康德认为美是非功利的或无利害关系的，是“无目的的合目的性”。因为其对象虽不涉及“目的”即具有“因果性”的“概念”，即是“无目的”的，却可符合人的“判断力”即“想象力”和“知性”的活动，让人主观上感到一种“合目的性”的情感的愉快，因此是“主观的合目的性”；同时，审美判断是一种“静观”，但其“静观”的对象既非事物的“概念”，也非事物的“存在”，而是事物的“形式”，因此也可说是非功利的，是一种“形式的合目的性”。宗白华首先认为艺术境界虽然“以人生宇宙的具体为对象”，但“赏玩”的却是其“色相，秩序，节奏，和谐”，而这就是康德所说的“形式”。其次，宗白华又言艺术境界是通过“化实景而为虚境，创形象以为象征”得来，也即意境的创生需要“为虚境”与“创形象”，“虚境”如“舞台”，“形象”如“演员”，二者融为一体即为意境，而“境中有象”或“象中有境”皆可以“形象”称之。这个观点同样也与康德认为艺术审美的对象为“表象”或“形象”的表现有关，“若果说一个对象是美的，以此来证明我有鉴赏力，关键是系于我自己心里从这个表象看出什么来，而不是系于这事物的存在”，[1] 而所谓审美，即是对这个“表象”或“形象”的“形式”或“样式”予以观照。而耐人寻味的是，后来宗白华在翻译的康德《判断力批判》中直接把“表象”（vorstellung）译为“意境”：“美的艺术是一种意境（vorstellung），它只对自身具有合目的性，并且，虽然没有目的，仍然促进着心灵

1　［德］康德：《判断力批判》（上），宗白华译，北京：商务印书馆，1964 年，第 41 页。

诸力的陶冶，以达到社会性的传达作用。”[1] 再次，宗白华认为意境可以“使人类最高的心灵具体化，肉身化”，而这与康德指出的天才或诗人的“具体化”事物的能力及由此而产生的艺术的“具体化”特点不无关系。如其所言，“诗人敢于把不可见的东西的观念，例如极乐世界，地狱世界，永恒界，创世等等来具体化；或把那些在经验界内固然有着事例的东西，如死，忌嫉及一切恶德，又如爱，荣誉等等，由一种想象力的媒介超过了经验的界限——这种想象力在努力达到最伟大东西里追迹着理性的前奏——在完全性里来具体化，这些东西在自然里是找不到范例的。本质上只是诗的艺术，在它里面审美诸观念的机能才可以全景地表示出来。但这一机能，单就它自身来看，本质上仅是（想象力的）一个才能。”[2] 由此可见，宗白华对意境的概念的建构与康德的美学理论是密不可分的。

当然，宗白华对意境的建构要更加具体和严密，他认为意境或艺术境界的发生包括艺术家的境界或者作者的意境、艺术品的意境、欣赏者的意境三个相辅相成的方面。先谈作者的意境，宗白华指出艺术品主要由“形式”与“内容”两种“原素”构成，“形式”即艺术的“音色”和“形体”等，“内容”则主要由作者意境为基础创造，是“情”（性情与情绪）与“景”（知的方面）两个方面的融合，而艺术境界的有无或意境的特点，就有赖于这个作者意境或“作者心中”的“境界”的有无，以及作者的“个性”。

> 每一艺术品所表现，皆作者心中所见的境界，兹名为作者的意境。盖无论何种艺术品，即如写生画，写实派小说等，虽

1 ［德］康德：《判断力批判》（上），宗白华译，北京：商务印书馆，1964年，第151页。
2 ［德］康德：《判断力批判》（上），宗白华译，北京：商务印书馆，1964年，第161页。

> 取客观态度，多少总有作家个性不知不觉的流露出来，断不会如照片等纯粹摄取客观的现象。[1]

作者的“心中所见的境界”与表现在“艺术品”中的“作者的意境”，既有联系也有区别。若无前者则无后者，而作者因为“个性”不同，或者“经历”与“禀赋”不同，所“见”之“境界”也会不同，表现在艺术品中的意境也会因之有所不同。而宗白华除了说明作品的意境的构成需以作者意境为内容的前提外，还强调其要有形式的结构，而这就是艺术品的意境，“艺术既为艺术家用一种形式表现其内容意境，故某种意境，即有某种表现之形式，由此形式，因可给与观者以作者意境与情绪，而作者对自己亦得较多明了”[2]。因此，宗白华认为艺术品的意境虽然创造了一种似真之“境”，即所谓的“化实景而为虚境”，但因其经过了“形式的表现”，故其与“普通实际”也即“自然现象”还是不同的，因此意境“亦绝非幻梦”，而是“另自成一种实际”，是一种“aesthetical reality”，即“审美的实际”，是一种“幻境”。[3] 同时，宗白华也指出作品意境的完全实现，还有赖于欣赏者的创造性的接受，由此创生了欣赏者意境。

> 艺术的欣赏乃积极的工作，非消极的领受，乃创造意境，以符合作者心中的意境。故欣赏者则须以能了解作者的意境为根本条件。欣赏者的心中所含藏意境范围愈宽，愈能了解各大

1　宗白华：《艺术学（讲演）》，见《宗白华全集》第1卷，合肥：安徽教育出版社，1994年，第544页。

2　宗白华：《艺术学（讲演）》，见《宗白华全集》第1卷，合肥：安徽教育出版社，1994年，第548页。

3　宗白华：《艺术学（讲演）》，见《宗白华全集》第1卷，合肥：安徽教育出版社，1994年，第544页。

作者之境界，则欣赏之程度特高，反之，如不能明了作者意境，则不得谓之欣赏。[1]

也就是说，欣赏者接受的是作者的个性及其在作品中所创造的意境，这种接受是创造性的，是对意境的再创造。而这种积极的“创造意境”的工作既需要对作者的意境有所了解，同时也需要自己具备一定的境界，这样才能更好地再生作品的意境，使得意境得以圆满实现。

由此可以看出，或因受过严格的德国哲学的训练，或是有意与王国维的境界说相区别，宗白华对于“意境”和“境界”这两个术语的定义与区分比前者要明晰得多。当然，王国维也不是完全没有意识到“意境”和“境界”这两个术语之间存在的差异，叶朗认为他在具体使用这两个术语时也还是有所“差别”：“‘意境’，只能用于艺术作品，而‘境界’则不仅用于艺术作品，也可以指艺术家描写的对象。也就是说，‘境界’不仅指艺术意象，有时也用来指外界和人心中的审美对象。”[2] 也即王国维除了将“境界”用于“审美范畴”之外，他还将其用于“非审美范畴”，如他的“古今之成大事业大学问者”所经历的三种境界指的是“人们修养，事业的阶段”等。[3] 不过，叶朗的这个看法虽然无误，王国维在将“意境”用于艺术而“境界”使用范围更大方面与宗白华对两者的使用相近，但王国维并未对这两个术语有意识地予以区别，并且在“境界”的使用上也没有明确其概念，而这正是宗白华与其不同之处或者超越其的

1　宗白华：《艺术学（讲演）》，见《宗白华全集》第1卷，合肥：安徽教育出版社，1994年，第551页。

2　叶朗：《中国美学史大纲》，上海：上海人民出版社，1985年，第613页。

3　叶朗：《中国美学史大纲》，上海：上海人民出版社，1985年，第620页。

地方。

当然，宗白华之所以舍境界取意境，还在于他对两者的理解及定义不同。朱光潜延用了王国维的“境界”的说法，同时接受了克罗齐的“直觉—表现”理论，认为“艺术就是情感表现于意象”，[1]因而把“诗的境界”视作情与景的“契合”或“融合”：“每个诗的境界都必有‘情趣’（Feeling）和‘意象’（Image）两个要素。‘情趣’简称‘情’，‘意象’即是‘景’。”[2] 他认为诗的境界的产生，就在于诗人“直觉”（Intuition）的“见”把“情”与“景”融合在一起，同时“表现”（Expression）为“美”。但是，宗白华很早就对克罗齐的“直觉—表现”理论进行了批评，他认为直觉若无“形式”的规范未必可以表现为“美”，“缺点在谓‘表现即是美’，实不可视为定论，因纯粹表现，有时不能算美，表现能入轨道，方可谓美也”。[3] 宗白华说的这个“轨道”就是“形式”，“美”的“表现”必须上“轨道”即有“形式”才有可能“实现”，故他在讨论意境的中介即艺术品时将艺术的形式即“形”置于“景”和“情”之前，这就和朱光潜的诗的境界区别开来。

二、艺术品的“层深”：“形”“景”“情”

宗白华认为对于意境的“深”来说，最为直接也是最为核心的就是“艺术品本身”的“层深”的建构。因为作者需要创造艺术品

1　朱光潜：《文艺心理学》，见《朱光潜全集》第1卷，合肥：安徽教育出版社，1987年，第354页。

2　朱光潜：《诗论》，见《朱光潜全集》第3卷，合肥：安徽教育出版社，1987年，第54页。

3　宗白华：《美学》，见《宗白华全集》第1卷，合肥：安徽教育出版社，1994年，第436页。

以表现自己“心中所见的境界”而成意境，欣赏者也需要通过艺术品来把握作者所造之意境并予以再造以深入其中，如果没有艺术品作为基础和桥梁，则作者意境无法表现，欣赏者意境也无法再造。而宗白华对艺术的“结构”及“价值结构”的揭示，就是强调艺术家对艺术品的“层深”的建构的重要性。他认为，艺术由“形”“景”“情”三个“层次”构成，并以此显示出三种“价值”，即“形式的价值”“抽象的价值”与“启示的价值”。其中最根本和最核心的“形式的价值”即“美的价值”的观点，则主要来自康德的美的形式的合目的性的要求。

首先，就是宗白华认为艺术品的“形”这个层次所表明的就是“形式价值”，作者的“生命的情绪”须与“形式”结合方可构成艺术的境界，而这个观点与康德的美学理论直接相关。与康德的看法一致，宗白华指出艺术与哲学或科学还有道德或宗教的不同之处即在于其具有独特的“形式”，“形式”是艺术之所以成为艺术的根本条件，艺术家也只有借“形式”才能将自己的“意境”和“情绪”或“生命情绪”表现于艺术品之中并传达给欣赏者，欣赏者也只能经由这一“形式”才能欣赏艺术的“意境”和“情绪”。因此在各种艺术品中，“形式”均无所不在，当其表现出“生命情绪”时，艺术的“境界”就由此而生。

> 一个艺术品里形式的结构，如点，线之神秘的组织，色彩或音韵之奇妙的谐和，与生命情绪的表现交融组合成一个“境界”。每一座巍峨崇高的建筑里是表现一个“境界”，每一曲悠扬清妙的音乐里也启示一个“境界”。虽然建筑与音乐是抽象的形或音的组合，不含有自然真景的描绘。但图画雕刻，诗歌，

小说，戏剧里的“境界”则往往寄托在景物的幻现里面。[1]

宗白华对于艺术就是“形式”与作者的“生命情绪的表现”的“交融”而成的“境界”或“意境”的这个说法，既与康德把“情绪”作为审美判断的独特领域的作法密不可分，也与其对“形式”的强调密不可分。宗白华在谈论康德美学时，就对其进行了精到的介绍：“康德美学的突出处和新颖点即是他第一次在哲学历史里严格地系统地为‘审美’划出一独自的领域，即人类心意里的一个特殊的状态，即情绪。这情绪表现为认识与意志之间的中介体，就像判断力在悟性和理性之间。”[2] 因此，他自己在谈论艺术时，也将“情绪”视为美的“独自的领域”，他认为艺术就是要将“情绪”或者他所言的“生命情绪”表现在“形式”之中，只有这样才能创造出艺术的境界或意境。这其中“形式”起着最为基本的至关重要的作用，因为若没有“形式”的加持，不能通过其“观物取象”，是无法“表现”出“生命情绪”的，艺术也就无从成为艺术。

当然，宗白华对艺术的“形式”的认知既来自作为诗人的切身的体验，如他在写旧体诗和新诗时所不得不处理的情感的表达和景物的拣选以及字词的组合与音律问题等，更根本的还是来自对康德的形式主义的接受。康德在“鉴赏判断的第三个契机”即“目的的关系”的考察中指出：“鉴赏判断除掉以一对象的（或它的表象样式的）合目的性的形式作为根据外没有别的。”[3] 也即审美判断的对象不是事物本身的客观合目的性，而是事物的“形式”的无目的的主

1　宗白华：《哲学与艺术：希腊大哲学家的艺术理论》，见《宗白华全集》第 2 卷，合肥：安徽教育出版社，1994 年，第 59 页。

2　宗白华：《康德美学原理评述》，见［德］康德《判断力批判》（上），北京：商务印书馆，1964 年，第 215 页。

3　［德］康德：《判断力批判》（上），宗白华译，北京：商务印书馆，1964 年，第 58 页。

观合目的性，概而言之，即美在“形式”，或用康德的话来说，就是“美是一对象的合目的性的形式，在它不具有一个目的的表象而在对象身上被知觉时”。[1] 宗白华对康德的形式主义的批评中也强调了这一点：“但在对于美的现象的关系中却不关注那实物的存在，对画上的果品并不要求它的实际存在，而只是玩味它的形象，它的色彩的调和，线条的优美，就是说，它的形式方面，它的形象。”[2] 也正因此，他把“形式”作为艺术之为艺术的最为根本的因素，同时把“形式的价值”即“美的价值”视为“主观的感受”。

> 艺术有“形式”的结构，如数量的比例（建筑），色彩的和谐（绘画），音律的节奏（音乐），使平凡的现实超入美境。但这“形式”里面也同时深深地启示了精神的意义，生命的境界，心灵的幽韵。[3]

宗白华认为“形”即“形式”是艺术的第一层也是最为基本的“结构”，但是“形式”之于艺术，在使得“平凡的现实超入美境”之后，还有第二个层次的“结构”，这就是艺术的“景”的层次。而“景”所揭示的是艺术的“抽象价值”，即“描摹物象以达造化之情”。宗白华所谓“景”即“物象”，包括“人生”与“宇宙”的“形象”，其客观面，则要有“真的价值”，也即“描摹物象”须符合实际；主观方面，则需要“物象”的“描摹”并非如镜子般不动声色的反映，而是要在其上寄寓“生命的价值（生命意趣之丰富与扩

1 ［德］康德：《判断力批判》（上），宗白华译，北京：商务印书馆，1964 年，第 74 页。

2 宗白华：《康德美学原理评述》，见［德］康德《判断力批判》（上），北京：商务印书馆，1964 年，第 217 页。

3 宗白华：《哲学与艺术：希腊大哲学家的艺术理论》，见《宗白华全集》第 2 卷，合肥：安徽教育出版社，1994 年，第 53 页。

大）”，即“达造化之情”时要有作者“生命”的感悟与体验：

文学，绘画，雕刻，都是描写人物情态形象，以寄托遥深的意境。希腊的雕刻，保存着希腊的人生姿态，莎士比亚的剧本，表现着文艺复兴的人心悲剧。艺术的描摹，不是机械地摄影，乃系以象征的方式，提示人生情景的普遍性。“一朵花中窥见天国，一粒沙中表象世界”。艺术家描写人生万物，都是这种象征式的。[1]

而这人生与宇宙的“景”只是艺术的第二层次的结构，其目的则是要“由美入真”，深入到宇宙与人生的真理之中。这就进入了宗白华所揭示的艺术的第三层“结构”，具有“启示的价值”的“情”所揭示的更深的层次，即“宇宙人生最深的意义与境界”，这就是“真”或“真实”。

我们在艺术的抽象中，可以体验着“人生的意义”“人心的定律”“自然物象最后最深的结构”，就同科学家发现物理的构造与力的定理一样。艺术的里面，不只是“美”，且饱含着“真”。[2]

并且，宗白华认为这第三“层深”的抵达，其实更有赖于形式的“作用”：

1　宗白华：《略谈艺术的“价值结构”》，见《宗白华全集》第 2 卷，合肥：安徽教育出版社，1994 年，第 72 页。

2　宗白华：《略谈艺术的“价值结构”》，见《宗白华全集》第 2 卷，合肥：安徽教育出版社，1994 年，第 72 页。

> 形式最后与最深的作用，就是它不只是化实相为空灵，引人精神飞跃，超入美境。而尤在它能进一步引人“由美入真”，深入生命节奏的核心。世界上唯有最抽象的艺术形式——如建筑，音乐，舞蹈姿态，中国书法，中国戏面谱，钟鼎彝器的形态与花纹——乃最能象征人类不可言状的心灵姿式与生命的律动。[1]

这“形式”所“深入”的“情”是一种“心灵的价值”，是“心灵深度的感动”，而作品因由“形”“景”“情”之层层递进，所揭示的价值也层层深入，从“形式的价值”到“抽象的价值”，再到“启示的价值”，作品之“深”也由此而生，这就是“艺术所启示的最深的境界”，或“宇宙人生最深的真实”。[2] 因而宗白华进一步指出艺术品的艺术意境的“创构”也由此层层深入，“因为艺术意境不是一个单层的平面的自然的再现，而是一个境界层深的创构。从直观感相的模写，活跃生命的传达，到最高灵境的启示，可有三层次”[3]。这三个层次逐层展开，即有一种深入的感觉。

> 一切艺术的境界，可以说不外是写实，传神，造境：从自然的抚摹，生命的传达，到意境的创造。艺术的根基在于对万物的酷爱，不但爱它们的形象，且从它们的形象中爱它们的灵

1 宗白华：《略谈艺术的“价值结构”》，见《宗白华全集》第2卷，合肥：安徽教育出版社，1994年，第71页。

2 宗白华：《略谈艺术的“价值结构”》，见《宗白华全集》第2卷，合肥：安徽教育出版社，1994年，第72页。

3 宗白华：《中国艺术意境之诞生（增订稿）》，见《宗白华全集》第2卷，合肥：安徽教育出版社，1994年，第362页。

魂。灵魂就寓在线条，寓在色调，寓在体积之中。[1]

艺术品的创造的第一层“境界”是用“形式”来“抚摹”自然即通过“写实”来创造出“景”，这是艺术之为艺术的基本要求；第二层“境界”，是通过“景”来把握宇宙的“真”并表达“生命”的情调及感悟；最后一层的“境界”则是创造出“意境”这个最深的“境界”，以“情”“景”交融而能“传神”为目标，从而表达出宇宙与人生的“普遍性”，也即“自然物象最后最深的结构”与“人心的定律”，而这正是艺术家的“最后最高的使命”。当然，这艺术境界的“层深”的实现，始终有赖于对于“形式”的运用，因为其所描摹的“万物”的“灵魂”就在“形式”中即“线条”“色调”和“体积”之中表现出来：

> 那么艺术意境之表现于作品，就是要透过秩序的网幕，使鸿蒙之理闪闪发光。这秩序的网幕是由各个艺术家的意匠组织线，点，光，色，形体，声音或文字成为有机谐和的艺术形式，以表出意境。[2]

宗白华所谓“秩序的网幕”就是艺术的“形式”，这个特别的表述是其从德国诗人诺瓦里斯（Novalis）的“混沌的眼，透过秩序的网幕，闪闪地发光”中引用而来，“鸿蒙之理”则来自石涛的画语，正是这“秩序的网幕”折射出了事物背后的“鸿蒙之理”，即宇宙或

1　宗白华：《中国艺术的写实精神》，见《宗白华全集》第 2 卷，合肥：安徽教育出版社，1994 年，第 323 页。

2　宗白华：《中国艺术意境之诞生（增订稿）》，见《宗白华全集》第 2 卷，合肥：安徽教育出版社，1994 年，第 366 页。

自然与人生的真理，才使得意境的“层深”得以实现。从这点来看，罗钢认为宗白华的“秩序的网幕”说来自卡西尔将艺术的象征形式比喻成“网”和把艺术品“直观结构”即“形式理性”视为“秩序”的说法影响，似有不确。[1] 此前，冯契也注意到了宗白华的意境的这个富有“层深”的特点，他强调了宗所谈论的意境不是“平面”的“创造”：“宗白华又认为，艺术意境不是单纯的写实，不是平面的再现自然，而是一个有层次的创造。他说：从直观感相的模写，活跃生命的传达，到最高灵境的启示，可以有三层次。”[2] 但他并未对这个问题予以深入展开，因此也只是停留在艺术品的创作层面对宗白华的意境的“层次”进行说明。也有学者将宗白华对“形式”的重视作为其意境论的本质特征，如罗钢就指出：“如果说王国维的‘意境’论是一种认识论的‘意境’论，朱光潜的‘意境’论是一种表现论的‘意境’论，宗白华的‘意境’论是一种形式论的意境论。”[3] 他的这个说法有一定的合理性，宗白华确实比朱光潜、王国维等更重视“形式”在意境的建构中的作用，但他对“形式”的重视只是其意境得以成立的基础，而非其本质的特征。

三、宇宙的“深”：“自然物象最后最深的结构”

宗白华的意境的“深”，是以作品“层次”的“深”为前提的，艺术通过“形”“景”“情”的结构，可以让人感受到其作品自身的“形式”的“层深”，但他同时还认为意境的“深”来自其所揭示的

1 罗钢：《意境说是德国美学的中国变体》，《南京大学学报》2011年第5期。
2 冯契：《智慧的探索》，上海：华东师范大学出版社，1997年，第299页。
3 罗钢：《意境说是德国美学的中国变体》，《南京大学学报》2011年第5期。

宇宙的“深”，即“描摹物象以达造化之情”。[1] 也即艺术可以通过“形”来建构“物象”以揭示出“造化”之“真”，从中让人得以领会“万物”的“深”。而宗白华所谓的宇宙的“深”指的就是“万物”的“深”，或者“自然物象最后最深的结构”。[2] 至于他的这种要求艺术对于宇宙的“深”的探寻和表现，则主要来自叔本华的意志哲学思想的影响，他也因此将叔本华的“世界”的“意志”的结构改为“自然”的结构，并从中引申和发现了中国的“自然物象最后最深的结构”，即宇宙间生生不息的节奏，以作为艺术表现的对象。

与对康德的接受主要是其美学思想不同，宗白华对于叔本华的接受，不仅是对其美学思想的接受，更多的是对其哲学思想的接受，具体而言就是对其唯意志论的思想接受。叔本华认为世界本质由“意志”构成，意志自有“生存”之“欲”，在其推动下，为追求“所欲”的满足，则客观化为各种“现象”或“表象”，由此成为“现象”之世界。这就是叔本华的《作为意志和表象的世界》所言的世界的“真理”：“我已成功地传达了一个明显而确切的真理，就是说我们生活存在于其中的世界，按其全部本质说，彻头彻尾是意志，同时又彻头彻尾是表象。”[3] 宗白华在文章中对叔本华的这个“真理”也有着“明显而确切”的描述：

> 今述其言曰：一切现象，后之意志，其体单简，其用则欲与不欲而已，所不同者，唯在所欲（按：不欲亦是意志，如欲

1　宗白华：《略谈艺术的“价值结构”》，见《宗白华全集》第2卷，合肥：安徽教育出版社，1994年，第72页。

2　宗白华：《略谈艺术的“价值结构”》，见《宗白华全集》第2卷，合肥：安徽教育出版社，1994年，第72页。

3　[德] 叔本华：《作为意志和表象的世界》，石冲白，杨一之校，北京：商务印书馆，1982年，第233页。

生，不欲死，只是一也）。……此意志者，由之混沌无机，进而为有机植物动物，渐次发现，由黑暗而趋光明，造神经质系，感觉万物，如是境界，忽然现前。[1]

正是因受到叔本华的唯意志论的影响，宗白华也赞同从宇宙到人生有一条清晰的“演进”的路线。而且，他同时也接受了叔本华的艺术观。叔本华认为作为“自在之物”的意志直接客观化为“理念”，然后再客观化为“个别事物”。因为理念是“自在之物的直接的，因而也是恰如其分的客体性”，是“表象的根本形式”，[2] 所以，艺术就是艺术家借助于自己的“世界眼”对其进行“观审”，从而摆脱意志的关系的纠缠，对个别事物背后的“理念”的“永恒的形式”的认识与表现。这一逻辑过程即“意志—理念—事物—艺术”，故叔本华指出：“艺术的唯一源泉就是对理念的认识，它唯一的目标就是传达这一认识。”[3] 但宗白华并未直接引用叔本华的艺术理论，而是将其所说的“理念”改造为“自然”，并同时将“自然”而非“意志”作为艺术的本源，即“自然（理念）—事物—艺术”。而艺术的使命，就在于对于“自然”的探索。

宇宙的构造和演进是从物质的自然界，穿过生物界，心理界抟扶摇而入于精神文化界。文化与自然似乎是对立的——文化烂熟时期人们高喊着返于自然——然而实际上自然与文化，

1 宗白华：《萧彭浩哲学大意》，见《宗白华全集》第1卷，合肥：安徽教育出版社，1994年，第7页。

2 ［德］叔本华：《作为意志和表象的世界》，石冲白，杨一之校，北京：商务印书馆，1982年，第245页。

3 ［德］叔本华：《作为意志和表象的世界》，石冲白，杨一之校，北京：商务印书馆，1982年，第252页。

是一整个的宇宙生命演进的历程。而且精神文化当永远以天真朴素的“自然”，做它坚实的基础。所以人类思想往往表现于“进于礼乐”和“返于自然”两个相反的趋向（孔子与老子）。然而健硕的向上的创造时代则必努力于自然与文化的调和，使人类创造的过程符合于自然的创造过程，使人类的文化成为人类的艺术（不仅是技术！）。[1]

也就是说，与叔本华的意志的展开从“无机”到“有机”相同，宗白华认为宇宙的“演进”的路线也是从“物质的自然界”（无机）到“生物界”“心理界”直至“精神文化界”（有机）的。而决定了“精神文化界”的源始的存在即“自然”，这“自然”包括了“精神文化界”所由来的“物质的自然界”和“生物界”及“心理界”，艺术若想求其“深”，就必然要“返于自然”，回到其本源，并将其作为“坚实的基础”。因此，宗白华认为艺术的创造应致力于与“自然与文化的调和”，使“文化”符合“自然的创造过程”，这就要求去把握宇宙的“真理”，即“自然物象最后最深的结构”，由此才可得到艺术的意境的“深”。他认为希腊的“古典的美”之所以“有力”，其原因即在于希腊人对于宇宙的“深”的把握与表现。

宇宙是无尽的生命，丰富的动力，但它同时也是严整的秩序，圆满的和谐。在这宁静和雅的天地中生活着的人们却在他们的心胸里汹涌着情感的风浪，意欲的波涛。但是人生若欲完

1　宗白华：《〈信足行〉编辑后语》，见《宗白华全集》第 2 卷，合肥：安徽教育出版社，1994 年，第 318 页。

> 成自己，止于完善，实现他的人格，则当以宇宙为模范，求生活中的秩序与和谐。和谐与秩序是宇宙的美，也是人生美的基础。……美是丰富的生命在和谐的形式中。美的人生是极强烈的情操在更强毅的善的意志统率之下。在和谐的秩序里面是极度的紧张，回旋着力量，满而不溢。希腊的雕像，希腊的建筑，希腊的诗歌以至希腊的人生与哲学不都是这样？这才是真正的有力的"古典的美"！[1]

在宗白华看来，希腊人对宇宙的认知影响到其艺术的表现，正因为希腊人认识到宇宙既有生命昂扬的一面，也有秩序与和谐的一面，故才会"以宇宙为模范"，不仅在生活中把澎湃的生命植入"秩序与和谐"之中，而且在艺术中，也务求把"丰富的生命"置于"和谐的形式中"，使得其建筑、雕像、诗歌等都表象出这个"和谐"的特点或者"古典的美"。

但是不同的民族与文化乃至不同的时代的人们都会对宇宙的"深"有着不同的认识和不同的理解，中国人的"宇宙观点"也自有其独特之处，在艺术中也因此有着不同的表现。宗白华认为这就是对自然的"节奏"的认识和表现，道家和儒家对此不谋而合，那就是要将这宇宙的"道"与艺术的"技"相统一，方可构建出至深的"意境"。他指出庄子对艺术境界的阐发之所以"精妙"，就是来自对道技合一的认知，"在他是'道'，这形而上原理，和'艺'，能够体合无间，'道'的生命进乎'技'，技的表现启示着'道'"，而这

1　宗白华：《哲学与艺术：希腊大哲学家的艺术理论》，见《宗白华全集》第 2 卷，合肥：安徽教育出版社，1994 年，第 58 页。

“道”的“生命”就是“节奏”，“音乐的节奏是它们的本体”。[1] 同样，儒家对于这宇宙的“音乐的节奏”也视为天地的根本和真正的实体，“所以儒家哲学也说：‘大乐与天地同和，大礼与天地同节。’《易经》云：‘天地氤氲，万物化醇。’这生生的节奏是中国艺术境界的最后源泉”[2]。而这“最后的源泉”也正是中国艺术境界的最“深”的“层深”，因此，宗白华深刻地认为，这种对宇宙间“生生的节奏”的认识，不仅是儒家所欲把握的天地之间的真理和道家的思想的来源，更是艺术家所要把握和表现的“天地境界”：

> 中国绘画里所表现的最深心灵究竟是什么？答曰，它既不是以世界为有限的圆满的现实而崇拜模仿，也不是向一无尽的世界作无尽的追求，烦闷苦恼，彷徨不安。它所表现的精神是一种“深沉静默地与这无限的自然，无限的太空浑然融化，体合为一”。它所启示的境界是静的，因为顺着自然法则运行的宇宙是虽动而静的，与自然精神合一的人生也是虽动而静的。它所描写的对象，山川，人物，花鸟，虫鱼，都充满着生命的动——气韵生动。但因为自然是顺法则的（老庄所谓“道”），画家是默契自然的，所以画幅中潜存着一层深深的静寂。就是尺幅里的花鸟，虫鱼，也都像是沉落遗忘于宇宙悠邈的太空中，意境旷邈幽深。至于山水画如倪云林的一丘一壑，简之又简，譬如为道，损之又损，所得着的是一片空明中金刚不灭的精萃。它表现着无限的寂静，也同时表示着是自然最深最后的结构。

1　宗白华：《中国艺术意境之诞生（增订稿）》，见《宗白华全集》第2卷，合肥：安徽教育出版社，1994年，第365页。

2　宗白华：《中国艺术意境之诞生（增订稿）》，见《宗白华全集》第2卷，合肥：安徽教育出版社，1994年，第365页。

> 有如柏拉图的观念，纵然天地毁灭，此山此水的观念是毁灭不动的。[1]

从这段话里，可以看出可宗白华对中国艺术所折射出来的宇宙观或宇宙的“深”的独特理解，这是他在与斯宾格勒《西方的没落》中所概括的希腊的宇宙观和近代欧洲的宇宙观相互比较中得出的。在他眼中，中国的宇宙观点或“最深的心灵”，既不是希腊的那种局限于对“有限的圆满的现实”的“崇拜模仿”，心有所属，也不是像近代欧洲人那样对“无尽的世界作无尽的追求”，心无所归，而是与“无限”的自然宇宙相“默契”，与自然宇宙的“虽动而静”的节律“体合为一”，所以中国的绘画无论山水还是花鸟都虽然有着“生命的动”即“气韵生动”，却又都有着一种“深深的静寂”，而这就是中国人所认识到的“自然物象最后最深的结构”，是宇宙的“深”。所以，宗白华认为，正是因为这些艺术表现了“自然最深最后的结构”，方才获得了一种“旷邈幽深”的“意境”，而这不仅是中国艺术境界的特点，也是中国哲学境界的特点，“中国哲学是就‘生命本身’体悟‘道’的节奏。‘道’具象于生活，礼乐制度。道尤表象于‘艺’。灿烂的艺赋予‘道’以形象和生命，‘道’给予‘艺’以深度和灵魂”[2]。因此，冯契认为宗白华的意境对于“道”或者“哲理”的重视也是其特色：

> 近代美学家宗白华喜欢讲艺中之道，认为唐代画家张璪讲

---

1 宗白华：《介绍两本关于中国画学的书并论中国的绘画》，见《宗白华全集》第 2 卷，合肥：安徽教育出版社，1994 年，第44 页。

2 宗白华：《中国艺术意境之诞生（增订稿）》，见《宗白华全集》第2 卷，合肥：安徽教育出版社，1994 年，第 367 页。

的“外师造化，中得心源”是意境创造的一个基本条件。他从造化和心源两者的统一来说明艺术意境中有它的道，因此艺术意境和哲理意境是统一的。他讲“道尤表象于艺，灿烂的‘艺’赋予‘道’以形象和生命，‘道’给予‘艺’以深度和灵魂。”宗白华的理论有一种泛神论色彩，这一点可以不管它。但他要求道表现于艺术，艺术形象的节奏旋律使道具象化，肉身化，于是真理在艺术家所创造的秩序的网膜中闪闪发光。艺术家通过外师造化，中得心源，能够既体现宇宙的意识，又表现自己内心的生命，这也就形象地体现了性和天道的统一。艺中有道，认为宇宙生命的节奏和自我内心的节奏统一。[1]

冯契虽然注意到宗白华的意境因为“哲理意境”统一于“艺术意境”而令其“深”，或者如宗白华言“道给予艺以深度和灵魂”，却并没有进一步指出宗白华的意境的深度还来自对人生之“深”的认识。对此，宗白华的学生刘纲纪有着比较清醒的认识，他认为宗白华谈“道”贯于“艺”，“道”虽然主要指的是“天地之道”，即“自然”之道，但其实并未完全摒弃“人道”，“其所以如此，又在于中国哲学所讲的‘道’，不论是天地之‘道’或‘人道’，它的最高境界既是道德的，同时又是审美的”。[2] 这可以说是持平之论，而刘纲纪在文中同时也认为“艺”与“道”的统一论“包含着中国艺术哲学的本体论”，其实就是对宗白华的这一思想的发挥。

1　冯契：《人的自由和真善美》，上海：华东师范大学出版社，1996 年，第 288 页。

2　刘纲纪：《“艺”与“道”的关系：中国艺术哲学的一个根本问题》，见《刘纲纪文集》，武汉：武汉大学出版社，2009 年，第 702 页。

四、人生的“深”：“悲剧给我们最深的启示”

宗白华在谈到意境的“深”时，除了说明其与宇宙的“深”不无关系之外，同时还强调其与人生的“深”更是有着直接的关系。他对宇宙的“深”的揭示，所强调的是艺术的“景”即客观的一面，艺术以“描摹物象以达造化之情”，从而呈现出“真的价值”；而他对人生之“深”的认识，是强调要重视艺术的主观的即“情”的一面，艺术须描写出“人生的仪态的万方”，以表现出“生命的价值”，也即要使人能感受到“生命意趣之丰富与扩大”。[1] 可实际上，宗白华所要求的人生的“深”，首先是对艺术家本人的要求，即“作者意境”的建构，只有艺术家自己认识到人生的“深”，才能“表现人心中最深的不可名的意境”；[2] 其次是艺术家所表现的“意境”的“深”主要来自对人生的悲剧性认识，这就是崇高。而宗白华对这两者的强调，前者可以见出叔本华的天才观的影响，后者更有尼采的狄奥尼索斯精神和康德的崇高的影响。

首先谈宗白华对作者意境的“深”的认识，这是作品意境的“深”得以实现的前提条件，他认为作者意境的“深”来自其自身的“精神生活”的“创造与修养”，而这种对于艺术家的要求很大程度上受到了叔本华关于艺术天才的观点的影响。宗白华认为艺术家的“精神生活”有三种性质，即“真实”“丰富”与“深透”。所谓“真

1 宗白华：《略谈艺术的“价值结构”》，见《宗白华全集》第2卷，合肥：安徽教育出版社，1994年，第69页。

2 宗白华：《中国艺术意境之诞生（增订稿）》，见《宗白华全集》第2卷，合肥：安徽教育出版社，1994年，第358页。

实”，即是要求诗人艺术家对自己作品中的“各种感觉思想”和“自然底各种现象”或者是“实在经历”的，或者是“直接体验”的；“丰富”是要求诗人艺术家要有“多方面的感觉情绪与观察”，并可以将其“扩充”为人类的“普遍性”的感觉思想，而如能将其表现于作品中，就可以给人以“深透”之感；而这其中最重要的还是要求诗人艺术家有着强烈的感受力和表达力：

> 什么叫深透？深透就是诗人对于人性中各种情绪感觉，不单是经历过，并且他经历的强度比普通人格外深浓透彻些。他感觉到人类最高的痛苦与最浓的快乐。然后他将这种感觉淋漓尽致地写了出来，自然能深切动人，入人肺腑。所以诗人底精神生活要深浓透彻。[1]

但是，宗白华同时也指出，这种感觉和表现人性的“深透”的能力并非“普通人”所有，即使是诗人也“颇不多见”，只有如莎士比亚和歌德这样的人才“庶几及此”，因而他们才成为“世界的诗人，人类的歌者”。[2] 他对于诗人和艺术家的看法与叔本华对于艺术天才的看法如出一辙。叔本华认为作为艺术创造者的天才的“性能”就在于其可以对对象进行“纯粹的观审”以把握事物的理念，因其所具有的强烈的超过“凡夫俗子”或“普通人”所需要的为“个人意志”服务所需要的“认识能力”，而成为“世界眼”，可以体察一

1　宗白华：《新文学底源泉》，见《宗白华全集》第1卷，合肥：安徽教育出版社，1994年，第173页。

2　宗白华：《新文学底源泉》，见《宗白华全集》第1卷，合肥：安徽教育出版社，1994年，第173页。

切，“成为（反映）世界本质的一面透明的镜子”；[1] 同时，因天才的认识能力也可以使其摆脱意志的控制，所以，“他就要流连于对生活本身的观察”；[2] 而且，天才所“观察”的不是受意志支配的事物的“关系”，而是其后的理念，因其可以把握事物在理念中所呈现的“真正本质”，故可以将从一个东西中所观察到的体验到的扩充为普遍性的东西，为此叔本华特地引用歌德的话来说明这点：“一个情况是这样，千百个情况也是这样。”[3] 从中也可看出，宗白华对于艺术家和诗人的“精神生活”或“修养”的强调，特别是对其所应具有的对人性的感觉情绪的“深透”的感受力的强调，其实与叔本华对于以创造艺术为使命的天才的性能的强调是一致的。同样，朱光潜也认为诗的境界因作者和欣赏者的不同而“深浅”不同，“每个人所见到的世界都是他自己所创造的。物的意蕴的深浅与人的性分情趣深浅成正比例，深人所见于物者亦深，浅人所见于物者亦浅”。[4] 他同时也指出这是“诗人”和“常人”的分别，但他不仅将其归因于人的“性格，情趣和经验”的差别，并且更看重“人力”即后天的努力，强调艺术家不仅“要有诗人的心灵”，还需“有匠人的手腕”，[5] 而不像宗白华更强调诗人所特有的“天才”的能力。

其次，宗白华认为人生的“深”或者作者意境的“深”，不仅来自艺术家对于宇宙与人生的“深”的认识，更来自艺术家对于人生

1 ［德］叔本华：《作为意志和表象的世界》，石冲白，杨一之校，北京：商务印书馆，1982年，第253页。

2 ［德］叔本华：《作为意志和表象的世界》，石冲白，杨一之校，北京：商务印书馆，1982年，第262页。

3 ［德］叔本华：《作为意志和表象的世界》，石冲白，杨一之校，北京：商务印书馆，1982年，第270页。

4 朱光潜：《诗论》，见《朱光潜全集》第3卷，合肥：安徽教育出版社，1987年，第55页。

5 朱光潜：《文艺心理学》，见《朱光潜全集》第1卷，合肥：安徽教育出版社，1987年，第418页。

的悲剧性认识及其对于壮美或崇高的欣赏。而他的这种看法虽有叔本华的悲剧观的影响，但更主要的还是受到了尼采的悲剧观的影响。宗白华指出艺术家对自己的人生体悟的“深”只是一个方面，“但艺术不只是艺术家的生活记录，且是艺术家对于宇宙人生的沉思默照，把握真际，启示真理。艺术‘真力弥满，万象在旁’，‘素处以默，妙机其微’”。[1] 因此，艺术家不仅要对更为广大的“宇宙”进行“深思”，更需要“默照”更为广阔的“人生”，体察那潜藏在人类生活深处的“人心的定律”，以“妙机其微”“启示真理”。所以，这“深”又因艺术家对宇宙与人生的认识的侧重点的不同而体现出不同的意境的“深”来，宗白华借对李白诗和杜甫诗的意境的比较具体说明了这两种不同的“深”。

> 意境有它的深度、高度、阔度。杜甫诗的高、大、深，俱不可及。“吐弃到人所不能吐弃为高，含茹到人所不能含茹为大，曲折到人所不能曲折为深。”（刘熙载《评杜诗语》）……李太白的诗也具有这高、深、大。但太白的情调较偏向于宇宙境象的大和高。……杜甫则“直取性情真”（杜诗句），他更能以深情掘发人性的深度，他具有但丁的沉着的热情和歌德的具体表现力。[2]

在宗白华看来，李杜二人的诗的意境虽都有着“深度、高度、阔度”，但有不同之处，一为“宇宙的深”，一为“人生的深”。这是

1　宗白华:《壬午重庆画展》，见《宗白华全集》第 2 卷，合肥：安徽教育出版社，1994 年，第 321 页。

2　宗白华:《中国艺术意境之诞生》，见《宗白华全集》第 2 卷，合肥：安徽教育出版社，1994 年，第 338 页。

因为李白的意境虽也“深”，但“偏向于宇宙境象的大和高”；杜甫的意境虽也有“高”与“大”，但更显其“深”，这“深”就在于他“更能以深情掘发人性的深度”。从这两者的比较中，也可见宗白华对于杜甫诗的意境的“深”更为欣赏。而宗白华之所以更欣赏杜甫的“深”，是来自其对人生的悲剧性的认识。这又与叔本华对人生的悲剧性认识和对悲剧艺术的看法相关。叔本华认为人生本质上就是一场在意志的驱动下的欲望的悲剧，悲剧就在于对其进行表现，也因此，悲剧可以说是“文艺的最高峰”：

> 文艺上这种最高成就以表出人生可怕的一面为目的，是在我们面前演出人类难以形容的痛苦，悲伤，演出邪恶的胜利，嘲笑着人的偶然性的统治，演出正直，无辜的人们不可挽救的缺陷；（而这一切之所以重要）是因为此中有重要的暗示在，即暗示着宇宙和人生的本来性质。这是意志和它自己的矛盾斗争。[1]

宗白华也认为艺术的目的就在于揭示出人生的悲剧真相，以认识“宇宙和人生的本来性质”。他认为人类社会长期以来在法律习惯礼教等的保障下和近代的自然科学的条理化下，人们过上了有秩序的“平凡安逸的生活”，走上了“平淡幻灭的路”，可为此也付出了巨大代价，那就是“使人们忘记了宇宙的神秘，生命的奇迹，心灵内部的诡幻与矛盾”，直至失去人生的真意。而诗人、艺术家、哲学家这些“不安分”的人，就是要揭示出人生的真相，而这又有两种

1　［德］叔本华：《作为意志和表象的世界》，石冲白，杨一之校，北京：商务印书馆，1982 年，第 350 页。

不同的态度，即对人生的悲剧性的认识和幽默态度，前者是“在人生喜剧里发现悲剧，在和谐的秩序里指出矛盾”，后者则是“以超脱的态度守着一种幽默”。[1] 艺术家的任务就是要把这种生活的“矛盾”表现出来，不管是用“幽默”的笔法，还是“悲剧”，都是可以给予人生以“深度”。

宗白华对于人生的这两种态度的评价显然是受尼采的酒神精神与日神精神的影响。尼采认为日神精神是对人生的静观，酒神精神则是对人生的超越，艺术即来自这两种“力量”或“本能”的对立与融合。因此，艺术的作用就是作为“救苦救难的仙子”，“把生存荒谬可怕的厌世思想转变为使人借以活下去的表象，这些表象就是崇高和滑稽，前者用艺术来制服可怕，后者用艺术来解脱对于荒谬的厌恶”。[2] 而这里的“崇高”（Erhabene）与酒神精神关联，“滑稽”（Komischc）与日神精神互为表里。宗白华曾指出将德人认为表示“含泪之笑”（Das Lächeln unter Träne）的“幽默”（Humor）译为“滑稽”（Comic）不妥，而将幽默视作“滑稽”的重要的类别，“Humor 虽有矛盾，但为静观的，超脱的”，[3] 这指的就是日神的静观。因此他所谓幽默的态度其实就是尼采的“滑稽”或日神精神的发挥，“以广博的智慧照瞩宇宙间的复杂关系，以深挚的同情了解人生内部的矛盾冲突。……于是以一种拈花微笑的态度同情一切；以一种超越的笑，了解的笑，含泪的笑，惘然的笑，包容一切以超脱一切，

1　宗白华：《悲剧的与幽默的人生态度》，见《宗白华全集》第 2 卷，合肥：安徽教育出版社，1994 年，第 66 页。

2　[德] 尼采：《悲剧的诞生》，周国平译，北京：生活 · 读书 · 新知三联书店，1986 年，第 29 页。

3　宗白华：《艺术学》，见《宗白华全集》第 1 卷，合肥：安徽教育出版社，1994 年，第 536 页。

使灰色黯淡的人生也罩上一层柔和的金光”[1]。而他的悲剧态度则是尼采的“崇高”或酒神精神的发扬，“肯定矛盾，殉于矛盾，以战胜矛盾，在虚空毁灭中寻求生命的意义，获得生命的价值，这是悲剧的人生态度”。[2] 也因此，他直接引尼采语指出悲剧和幽默予以评价，不管是前者对平凡人生的“超越”的肯定，还是后者是对“平凡人生”的“深一层”的肯定，都是“重新估定人生的价值”，让人发现生活的“矛盾”以体验到人生的“深度”。这也是尼采的审美形而上学，即基于人生的悲剧性质，只有用艺术来赋予人生以形而上的意义。

> 人生确实如此悲惨，这一点很难说明一种艺术形式的产生；相反，艺术不只是自然现实的模仿，而且是对自然现实的一种形而上的补充，是作为对自然现实的征服而置于其旁的。悲剧神话，只要它一般来说属于艺术，也就完全参与一般艺术这种形而上的美化目的。……只有作为一种审美现象，人生和世界才显得是有充足理由的。在这个意义上，悲剧神话恰好要使我们相信，甚至丑与不和谐也是意志在其永远洋溢的快乐中借以自娱的一种审美游戏。[3]

这也许是宗白华在幽默和悲剧两种人生态度中更赞成后者的原因，后者沉浸到生活之中，可以更深地体验到人生的悲剧性：

---

1 宗白华：《悲剧的与幽默的人生态度》，见《宗白华全集》第2卷，合肥：安徽教育出版社，1994年，第67页。

2 宗白华：《悲剧的与幽默的人生态度》，见《宗白华全集》第2卷，合肥：安徽教育出版社，1994年，第68页。

3 [德] 尼采：《悲剧的诞生》，周国平译，北京：生活·读书·新知三联书店，1986年，第105页。

> 但生活严肃的人，怀抱着理想，不愿自欺欺人，在人生里面体验到不可解救的矛盾，理想与事实的永久冲突。然而愈矛盾则体验愈深，生命的境界愈丰满浓郁，在生活悲壮的冲突里显露出人生与世界的“深度”。[1]

宗白华虽然赞成人生的悲剧态度，却并不完全赞成叔本华对人生悲剧性的看法。叔本华认为悲剧使得人们认识到世界的本质即意志，因而觉悟自己的努力与奋斗都毫无意义，于是主动放弃自己的生命意志，“这个作为意志的清静剂而起作用的认识就带来了清心寡欲，并且还不仅是带来了生命的放弃，直至带来了整个生命意志的放弃”。[2] 宗白华对于这个观点不以为然，他欣赏的是尼采的悲剧观，是酒神精神的昂扬斗志，是与生活的肉搏和奋斗，虽殒身而不恤，以凸显这种超越生命的价值，而这就是一种崇高。

> 大悲剧作家席勒（Schiller）说：“生命不是人生最高的价值。”这是悲剧给我们最深的启示。悲剧中的主角是宁愿毁灭生命以求“真”，求“美”，求“权力”，求“神圣”，求“自由”，求人类的上升，求最高的善。在悲剧中，我们发现了超越生命的价值底真实性，因为人类曾愿牺牲生命，血肉，及幸福，以证明它们的真实存在。果然，在这种牺牲中人类自己的价值升高了，在这种悲剧的毁灭中人生显露出“意义”了。[3]

1　宗白华：《悲剧的与幽默的人生态度》，见《宗白华全集》第 2 卷，合肥：安徽教育出版社，1994 年，第 66 页。

2　[德] 叔本华：《作为意志和表象的世界》，石冲白，杨一之校，北京：商务印书馆，1982 年，第 351 页。

3　宗白华：《悲剧的与幽默的人生态度》，见《宗白华全集》第 2 卷，合肥：安徽教育出版社，1994 年，第 67 页。

这也是宗白华欣赏悲剧的原因，因为悲剧更能揭示生活的“深沉冲突”，悲剧并不把人生的“安然”、生命的保全作为最高的价值，而是以生命的牺牲来证实生命所具有的更高的价值，这就是悲剧的崇高。亦如尼采所言：“每部真正的悲剧都用一种形而上的慰藉来解脱我们：不管现象如何变化，事物基础中的生命仍是坚不可摧和充满欢乐的。”[1] 宗白华在此把叔本华的“生命意志”的悲剧转化为尼采的“权力意志”的悲剧，所以更显其对于超越性的欣赏。因为，“求真，求美，求权力，求神圣，求自由，求人类的上升，求最高的善”，其实都是“权力意志”追求超越性使然。

因而宗白华对悲剧的“深”的欣赏其实就是对崇高的欣赏，这当然与康德的崇高有着直接的联系。他始终对杜甫的诗的意境的“深”寄寓深情，多年后，在谈到康德的崇高时就以杜甫为例：“‘会当凌绝顶，一览众山小’（杜甫《望岳诗》），美学研究到壮美（崇高），境界乃大，眼界始宽。研究到悲剧美，思路始广，体验乃深。”[2] 因此，也可以说，宗白华对于意境的“深”的欣赏，既是来自对宇宙的崇高的欣赏，更是来自对人生的悲剧的崇高的欣赏。冯契曾认为宗白华的艺术意境主要发扬的是王国维等人的“静观”的传统，其所欣赏的意境也是司空图和严羽的“超乎象外，得其环中”的那种近乎优美的“静”的意境，缺乏那种鲁迅说的近乎悲壮或崇高的“金刚怒目”的色彩：

宗白华的这种理论有其缺点，不足以说明艺术意境的多样

---

1 ［德］尼采：《悲剧的诞生》，周国平译，北京：生活·读书·新知三联书店，1986 年，第 28 页。

2 宗白华：《康德美学原理评述》，见［德］康德《判断力批判》（上），北京：商务印书馆，1964 年，第 222 页。

> 性，也会使人脱离人生和现实。在他的心目中，艺中之道，主要是庄子，禅宗的道，他所欣赏的意境主要是司空图，严羽所说的“超乎象外，得其环中”的那种意境。这种意境确实是艺术和哲理的统一，但是艺术表现道不止这种意境。鲁迅讲还有金刚怒目的意境，那是更重要的。金刚怒目的意境也是外师造化，中得心源，要求诗和艺术把握时代精神，反映现实生活的逻辑。事实上大作家都是如此，如杜甫的诗非常丰富多样，给人丰富多样的意境，构成了时代的巨幅画卷，替时代立言，所以被称为诗史。[1]

实际上，冯契的这个批评有不准确之处，宗白华的意境不仅追求“哲理”的“静观”之美，也同样欣赏“金刚怒目”的崇高，这从他对杜甫的嘉许就可以看出来。而且，从他对悲剧的欣赏及其与意境之“深”的关系的重视，也可以说明这一点。当然，冯契也未能重视宗白华对意境的空间意识的阐发，而这却是其“贯”道于艺的具体的表现。

五、意境的“深”：“永恒的灵的空间”

宗白华认为，宇宙的“深”与人生的“深”最终在艺术品中融合成意境的“深”，而这艺术最后的或者最核心的意境的“深”就是“空间”的“深”，因此，这空间的“深”也成为中国艺术意境所表现的最深的境界，也是中国思想所欲表现的最深的境界。宗白华的

1 冯契：《人的自由和真善美》，上海：华东师范大学出版社，1996 年，第 289 页。

意境的独特之处即在此，正是对意境的“空间”的强调，他将王国维的含有某种线性的“界限”的“境界”或者“平面”的“境界”予以“层深”的即立体化的建构，给予了“意境”以“空间”的“深度”。他对于意境的“空间”的“深”的发明与建构，既来自康德的先验时空观，给予意境以具体的“空间感觉”，更来自斯宾格勒的可借艺术的“空间”表现以“象征”文化精神的理论，从而赋予空间以“灵魂”，即给意境的空间以精神向度，而这两者的结合正是意境的空间之“深”的原因所在。

首先谈宗白华对于意境及其“空间”的发明。其实，早在他1943年写出《中国艺术意境之诞生》之前，就已经于1932年的《介绍两本关于中国画学的书并论中国的绘画》、1934年的《论中西画法的渊源与基础》、1935年的《中西画法所表现的空间意识》等文章中，将“空间”与中国画的“境界”即“画境”，以及与中国书法的“书境”相联系，只是当时他尚未明确将其与总的中国的艺术境界即“意境”理论直接关联。他虽然在1944年的《中国艺术意境之诞生（增订稿）》里以境界释意境，给出了意境比较明确的概念化的定义，却让人略觉抽象，而他在1943年的《中国艺术意境之诞生》的初版中对于意境的不乏诗意的描绘，可看出或“感受”到他所说的意境的特点，他认为意境就是主客观的融合，也即作为主体的艺术家与作为客体的对象的互渗而成的一个“有生命的结晶体”。

> 什么是意境？唐代大画家张璪论画有两句话：“外师造化，中得心源。”造化和心源的凝合，成了一个有生命的结晶体，鸢飞鱼跃，剔透玲珑，这就是“意境”，一切艺术的中心之中心。意境是造化与心源的合一。就粗浅方面说，就是客观的自然景象和主观的生命情调的交融渗化。（但在音乐和建筑里，人类都

创造非自然的景象，以表心中的最深的意境。）[1]

而这“造化”与“心源”的“凝合”，或者“客观的自然景象”与“主观的生命情调”的“交融渗化”的“结晶体”，不是一根“线”，也不是一个“面”，却是一个“体”，这就给人以“空间感”；同时，宗白华又借庄子《天地》篇中以“象罔”捉“玄珠”的作法，用恽南田的《题洁庵图》的那段批评画家唐洁庵的“画景”时写下的充满诗情画意的话来表示自己心中所感受到的艺术的“境界”，即画中所呈现出的“意境”。

谛视斯境，一草一树，一丘一壑，皆洁庵灵想所独辟，总非人间所有。其意象在六合之表，荣落在四时之外。

宗白华认为恽南田的这段话“真说尽艺术所启示的最深的境界”。[2] 这“最深的境界”，如“一个独特的宇宙”，其中草树蔓生，丘壑纵横，亦有“空间”的意思在内。当然，这种意境的“结晶体”的“空间”也好，“宇宙”的“空间”也好，都是通过情景的“交融渗化”实现的，“情和景交融互渗，因而发掘出最深的情，一层比一层更深的情，同时也透入了最深的景，一层比一层更透明的景”，[3] 这种“层深”感也给人一种“空间”的逐步深入的感觉。因此，宗白华将恽南田所言之唐洁庵的“画境”或“最深的境界”以“空间”

1　宗白华：《中国艺术意境之诞生》，见《宗白华全集》第 2 卷，合肥：安徽教育出版社，1994 年，第 327 页。

2　宗白华：《略谈艺术的“价值结构”》，见《宗白华全集》第 2 卷，合肥：安徽教育出版社，1994 年，第 72 页。

3　宗白华：《中国艺术意境之诞生》，见《宗白华全集》第 2 卷，合肥：安徽教育出版社，1994 年，第 327 页。

名之："这一种永恒的灵的空间，是中国画的造境。"[1] 换句话说，不仅中国画的意境有此特点，其余艺术的意境也都有这样的"永恒的灵的空间"。如宗白华所言，"画境是在一种灵的空间，就像一幅好字也表现一个灵的空间一样"，这即是讲书法艺术可以表现这种"灵的空间，而"书境同于画境，并且通于音的境界"，[2] 也就是说"灵的空间"同样可以表现于音乐中，更不要说"灵的空间"也可表现于或"通于"诗的境界了。因而，宗白华认为意境就是由具有空间性的"灵境"所构成，"艺术家以心灵映射万象，代山川而立言，他所表现的是主观的生命情调与客观的自然风景交融互渗，成就一个鸢飞鱼跃、活泼玲珑、渊然而深的灵境，这灵境就是构成艺术之所以为艺术的'意境'"。[3] 显然，这"灵境"就是"灵的空间"。

意境所具有的这种"永恒的灵的空间"或者"空间"的"深"正是宗白华的意境构成的秘密，也是他的意境与王国维等人的本质的不同之处。可以说，他所言的意境之"深"，就在于艺术所呈现的"灵的空间"的"深"。他对意境的"空间"的"深"的认识，首先与其把来自康德用以"罗列万象，整顿乾坤"的"直觉性的先验格式"的"空间意识"转化为心理上的具体的"空间感觉"有关。

> 然而我们心理上的空间意识的构成，是靠着感官经验的媒介。我们从视觉，触觉，动觉，体觉，都可以获得空间意识。视觉的艺术如西洋油画，给与我们一种光影构成的明暗闪动茫

1　宗白华：《中西画法所表现的空间意识》，见《宗白华全集》第 2 卷，合肥：安徽教育出版社，1994 年，第 145 页。

2　宗白华：《中西画法所表现的空间意识》，见《宗白华全集》第 2 卷，合肥：安徽教育出版社，1994 年，第 145 页。

3　宗白华：《中国艺术意境之诞生（增订稿）》，见《宗白华全集》第 2 卷，合肥：安徽教育出版社，1994 年，第 358 页。

> 昧深远的空间（伦勃朗的画是典范），雕刻艺术给与我们一种浑圆立体可以摩挲的坚实的空间感觉。（中国三代铜器，希腊雕刻及西洋古典主义绘画给与这种空间感。）建筑艺术由外面看也是一个大立体如雕刻，内部则是一种直横线组合的可留可步的空间，富于几何学透视法的感觉。有一位德国学者 Max Schneider 研究我们音乐的欣赏里也听到空间境界，层层远景。歌德说，建筑是冰冻住了的音乐。可见时间艺术的音乐和空间艺术的建筑还有暗通之点。至于舞蹈艺术在它回旋变化的动作里也随时显示起伏流动的空间形式。[1]

康德将时空作为“先验”的或“先天”的“直觉性”的或感性的直观方式，其中，时间是内在直观的方式，只可直观我们的“心”之内的事物，而空间是外在直观的方式，可直观“心”之外的事物，二者均为没有“感觉”融入的“纯粹”的“格式”，也即“超”于或者“先”于“经验”而非得自于“经验”。因此，从康德的先天时空观出发，空间其实并不涉及眼耳鼻舌身意等直接的具体的“感觉”，如其所言，“空间并非由外的经验引来之经验的概念”。[2] 但宗白华在此则将康德的超越经验的空间格式“降格”为可以直接通过“感官经验”的“媒介”予以把握的“空间”，变“先天”的空间格式为“后天”的空间意识或空间感觉，让人不仅可以“直观”艺术意境的空间之“深”、之“坚实”，还可以通过“概念”来阐发其之“可留可步”、之“层层远景”、之“起伏流动”的“空间感”。

其次，宗白华之所以对艺术意境的“空间意识”或“空间感觉”

1　宗白华：《中西画法所表现的空间意识》，见《宗白华全集》第 2 卷，合肥：安徽教育出版社，1994 年，第 142 页。

2　［德］康德：《纯粹理性批判》，蓝公武译，北京：商务印书馆，1960 年，第 51 页。

如此重视，更为关键性的影响还是来自斯宾格勒的启发，将中国艺术意境的空间之“深”归之于其所表现的文化的精神，从而赋予空间以“灵魂”。斯宾格勒首先将康德的时空观予以改造，把时空这两种直觉形式予以功能化的处理，仅将时间作为直觉形式，而将空间作为被前者直觉到的对象的“形式”：“如果康德更准确一些，他就不会说‘两种直觉形式’，而是会称时间是直觉的形式，而空间是被直觉物的形式；这样，他就可能会明白这两者的联系。”[1] 同时，他又吸收了歌德的思想，把“世界”看作“生命”的表现，及其所“生成”之物的“象征”，而根据他对康德的空间的修正，这种“象征”只能被直观为空间性的。

> 象征作为已实现之物，属于广延的领域。它们是既成的而非生成的（尽管它们可能代表着一种生成），因此它们严格地局限于和从属于空间的法则。世上只存在可感觉的空间性的象征。“形式”这个词本身就指明了广延的世界中的某个广延之物，——甚至音乐的内在形式也不例外，我们将看到这一点。[2]

因此，斯宾格勒认为可以借助艺术的“空间”的“象征”来把握不同的文化的特点。他将世界文化分为三种类型，即古典文化、西方文化即近代欧洲文化和阿拉伯文化，而这三种文化都有各自的“象征”，并且表现出了不同的“空间性”。如从建筑的空间表现来看，古典文化可以希腊神庙的空间来象征，其内殿的空间是狭小的，

1　[德] 斯宾格勒：《西方的没落》第 1 卷，吴琼译，上海：上海三联书店，2006 年，第 166 页。译文有改动。

2　[德] 斯宾格勒：《西方的没落》第 1 卷，吴琼译，上海：上海三联书店，2006 年，第 160 页。

几乎没有“内部”，因而是没有“深度”的；西方文化以哥特式教堂为代表，其空间有一种“动态的纵深”；阿拉伯文化则以其建筑的“覆盖式”的屋顶表现一种“洞穴式”的空间意识。[1] 宗白华也对斯宾格勒的这个思想作出了很好的概括：

> 现代德国哲学家斯宾格勒（O. Spengler）在他的名著《西方文化之衰落》里面曾经阐明每一种独立的文化都有他的基本象征物，具体地表象它的基本精神。在埃及是“路”，在希腊是“立体”，在近代欧洲文化是“无尽的空间”。这三种基本象征都是取之于空间境界，而他们最具体的表现是在艺术里面。埃及金字塔里的甬道，希腊的雕像，近代欧洲的最大油画家伦勃朗（Rembrandt）的风景，是我们领悟这三种文化的最深的灵魂之媒介。[2]

宗白华对斯宾格勒的通过空间尤其是艺术的“空间境界”的象征物以表现文化的精神的思想非常赞赏，当然，他也受到歌德的象征思想的影响，赞同其所说的“真理和神性一样，是永不肯让我们直接认知的。我们只能在反光，譬喻，象征里面观照它”。[3] 因此，宗白华对歌德《浮士德》中的诗句“一切消逝者，只是一象征”（Alles Vergängliche ist nur ein Gleichnis）非常欣赏，称赞其为“全书最后的智慧”。有意思的是，斯宾格勒也认为歌德的这句诗发人深

1　[德] 斯宾格勒：《西方的没落》第1卷，吴琼译，上海：上海三联书店，2006年，第176页。

2　宗白华：《中国诗画中所表现的空间意识》，见《宗白华全集》第2卷，合肥：安徽教育出版社，1994年，第420页。

3　宗白华：《中国艺术意境之诞生（增订稿）》，见《宗白华全集》第2卷，合肥：安徽教育出版社，1994年，第368页。

省并且多次引用，所以，宗白华认为艺术的“象征”对于理解文化的精神来说至关重要，“在这些如梦如幻流变无常的象征背后潜伏着生命与宇宙永久深沉的意义”。[1] 因而，他直接借用了斯宾格勒的这个方法来研究中国艺术所体现的具体可感的“空间意识”，以把握其中所表现的中国文化的精神，从而赋予中国艺术的“意境”的空间以“灵魂”，以“深”入其中。而罗钢认为宗白华的意境的建构主要来自卡西尔的“象征”哲学的启示，“如同在王国维身后站着叔本华，在朱光潜身后站着克罗齐，在宗白华身后，站立着一位20世纪德国著名美学家恩斯特·卡西尔。卡西尔早年属于新康德主义马堡学派，1923—1929年间，他先后出版了三卷本的《象征形式的哲学》，发展出一套独特的文化哲学体系，正是他的这一体系，构成了宗白华所谓‘中国艺术意境’的美学基础”[2]。这个观点有道理，但并不能涵盖宗白华的意境说的有关象征理论的来源的复杂性，因为宗白华早年在谈到审美方法的“同感论”（Einfühlung）时也曾介绍过费肖尔的“生命的象征论”：

> 尤以Friedrich Theodor Vischer（1807—1887，著《美学》六大本）为最著，其学说实出于Hegel，大倡表现生命的象征论，如油画，不过油布与颜色之配合而已，实用符号表其内容，代表其个人精神，背后乃有境界，此即所谓象征论也。如耶稣因救世人，死于十字架，耶徒一见十字架，则思及耶稣救人之精神。美之象征，与此不同，知其背后另有境界，另有事物表

1　宗白华：《歌德之人生启示》，见《宗白华全集》第2卷，合肥：安徽教育出版社，1994年，第14页。

2　罗钢：《意境说是德国美学的中国变体》，《南京大学学报》2011年第5期。

现。如见油画，决不先思油与布之如何，而直接见画中之境界。[1]

所以，宗白华对于艺术的生命象征的观点也可以说受到了费肖尔的影响。而他对于空间的象征的运用则直接来自斯宾格勒的思想，因此，宗白华在与斯宾格勒所描述的西方文化即浮士德文化的西洋画所表现的无尽的有去无回的空间进行比较后，认为中国画所要表现的是一种“无往不复”的“无穷的空间和充塞这空间的生命（道）”。

这（生命）和宇宙虚廓合而为一的生生之气，正是中国画的对象。而中国人对于这空间和生命的态度却不是正视的抗衡，紧张的对立，而是纵身大化，与物推移。中国诗中所常用的字眼如盘桓，周旋，徘徊，流连，哲学书如《易经》所常用的如往复，来回，周而复始，无往不复，正描出中国人的空间意识。……西洋画在一个近立方形的框里幻出一个锥形的透视空间，由近至远，层层推出，以至于目极难穷的远天，令人心往不返，驰情入幻，浮士德的追求无尽，何以异此？中国画则喜欢在一竖立方形的直幅里，令人抬头先见远山，然后由远至近，逐渐返于画家或观者所流连盘桓的水边林下。《易经》上说：“无往不复，天地际也。”中国人看山水不是心往不返，目极无穷，而是“返身而诚”，“万物皆备于我”。王安石有两句诗云：“一水护田将绿绕，两山排闼送青来。”前一句写盘桓，流连，绸缪之情；

1　宗白华：《美学》，见《宗白华全集》第1卷，合肥：安徽教育出版社，1994年，第440页。

下一句写由远至近，回返自心的空间感觉。[1]

正是中国诗画的空间意识中所表现出的这种融生命与空间而生的“道”即“生生之气”，让人产生“往复”及其“与物推移”的节奏感，同时也让人觉得中国艺术意境的空间之“深”的所在。实际上，这种“空间意识”或者“空间感觉”还不仅仅是中国的绘画和诗歌所表现出来的，也是中国的书法、音乐、舞蹈、建筑等艺术所表现出来的，更是中国人对宇宙的细致的洞察和对人生的入微的体察。而宗白华认为，艺术意境的这种空间意识所具有的最深的“宇宙观点和生命情调”，即所谓的“道”，在绘画中是通过“空白”表现出来的。

> 在这种点线交流的律动的形象里面，立体的，静的空间失去意义，它不复是位置物体的间架。画幅中飞动的物象与“空白”处处交融，结成全幅流动的虚灵的节奏。空白在中国画里不复是包举万象位置万物的轮廓，而是溶入万物内部，参加万象之动的虚灵的“道”。画幅中虚实明暗交融互映，构成飘渺浮动的细缊气韵，真如我们目睹的山川真景。此中有明暗，有凹凸，有宇宙空间的深远，但却没有立体的刻画痕；亦不似西洋油画如可走进的实景，乃是一片神游的意境。因为中国画法以抽象的笔墨把捉物象骨气，写出物的内部生命，则“立体体积”的“深度”之感也自然产生，正不必刻画雕凿，渲染凹凸，反

1　宗白华：《中西画法所表现的空间意识》，见《宗白华全集》第2卷，合肥：安徽教育出版社，1994年，第148页。

失真态，流于板滞。[1]

宗白华所说的这画幅中的“空白”并非真的只是画底的“空白”，其本质上是一种空间意识所呈现出的“空白”，让人从中可以体会到中国人独特的宇宙观，因此愈显其“深”。他认为中国人虽然感到“宇宙深处”就是一种“无形无色的虚空”，但是，这“虚空”却是“万物的源泉，万物的根本”，既是老庄的“道”“虚无”和“自然”，也是儒家的“天”，“所以，纸上的空白是中国画真正的画底”。当然，这个“空白”并不是意境的“真空”，“乃正是宇宙灵气往来，生命流动之处”。[2] 而这“空白”的空间意识才是意境的中心与重心，人们由此体验到宇宙的“深”与人生的“深”，并因此得以觉悟和领会意境的“深度”。

后来，宗白华更是直接把空间视作意境的本质，而意境的不同则来自空间意识的不同。如他认为老庄谈论“道”时虽然都曰“道”，但其所表现的“意境”是不一样的，而其最重要的区别就是空间的不同：

老庄谈道，意境不同，老子主张“致虚极，守静笃，万物并作，吾以观其复”。他在狭小的空间里静观物的“归根”，“复命”。他在三十辐所共的一个毂的小空间里，在一个抟土所成的开阖里观察到“道”。“道”就是在这小空间里的出入往复，归根复命。所以他主张守其黑，知其白，不出户，知天下。他认

1　宗白华：《论中西画法的渊源与基础》，见《宗白华全集》第 2 卷，合肥：安徽教育出版社，1994 年，第 101 页。

2　宗白华：《介绍两本关于中国画学的书并论中国的绘画》，见《宗白华全集》第 2 卷，合肥：安徽教育出版社，1994 年，第 45 页。

为“五色令人目盲，五音令人耳聋”，他对音乐不感兴趣。庄子却爱逍遥游。他要游于无穷，寓于无境。他的意境是广漠无边的大空间。在这大空间里作逍遥游是空间和时间的合一。而能够传达这个境界的正是他所描写的，在洞庭之野所展开的咸池之乐。所以，庄子爱好音乐，并且是弥漫着浪漫精神的音乐，这是战国时代楚文化的优秀传统，也是以后中国音乐文化里高度艺术性的源泉。[1]

也就是说，意境就是艺术的空间意识，其之所以不同不仅是因为其给出的空间感觉的不同，还因哲学家或者艺术家们所“观察”的“空间”的不同，也即其所体验到的空间的意识的不同。正如宗白华的学生林同华所总结的：“宗先生所说的意境，是一种艺术审美心理的空间。”[2] 当然，宗白华后来对意境的空间拓展并未超越其之前对于意境的空间意识的开拓，那就是赋予其空间以“灵魂”，使其成为“永恒的灵的空间”，以融合和表现出生命或人生的“深”与宇宙的“深”，因而更显其空间的“深”。

* * *

可以说，宗白华的意境说是王国维之后的意境的推进和深化。他对意境的推进，就是赋予了意境以“空间”格式，即在长宽之外，又赋予了其“深度”，而这“深”最深不可测，妙不可言，这“深”的“底”就是生命与虚无的交界处，有限的世界与无限的宇宙的交

---

1 宗白华：《中国古代的音乐寓言与音乐思想》，见《宗白华全集》第3卷，合肥：安徽教育出版社，1994年，第440页。

2 林同华：《哲人永恒，“散步”常新：忆宗师白华的教诲》，见《宗白华全集》第4卷，合肥：安徽教育出版社，1994年，第779页。

接点。而他之所以别具只眼，发现出中国艺术意境之“深”，就在于其借鉴了康德、叔本华、尼采，尤其是斯宾格勒的相关学说，才能参透“中国艺术意境”的奥秘，并大胆宣布其“诞生”。这奥秘就在于他不仅对艺术“境界层深的创构”了然于心，意识到作品的“深”，进而注意到作品所表现的宇宙的“深”与人生的“深”的悲剧性的崇高，还充分开拓出了中国艺术的独特的“空间意识”的“深”，因此才使得中国的艺术意境表现出层层“深”意。

> 中国画的透视法是提神太虚，从世外鸟瞰的立场观照全整的律动的大自然，他的空间立场是在时间中徘徊移动，游目周览，集合数层与多方的视点谱成一幅超象虚灵的诗情画境（产生了中国特有的手卷画）。所以它的境界偏向远景。“高远，深远，平远”，是构成中国透视法的“三远”。……一片明暗的节奏表象着全幅宇宙的絪缊的气韵，正符合中国心灵蓬松潇洒的意境。故中国画的境界似乎主观而实为一片客观的全整宇宙，和中国哲学及其他精神方面一样。“荒寒”“洒落”是心襟超脱的中国画家所认为最高的境界（元代大画家多为山林隐逸，画境最富于荒寒之趣），其体悟自然生命之深透，可称空前绝后，有如希腊人之启示人体的神境。[1]

而对“远”的“透视”其实是对“深”的“透视”和追求，但使境界“远”的要诀却是在“时间中徘徊移动”，“游目周览”，让“空间”变得更为悠长和深远。同时，这也让我们的生命变得更加悠

---

1 宗白华：《论中西画法的渊源与基础》，见《宗白华全集》第2卷，合肥：安徽教育出版社，1994年，第110—111页。

长和深远。

> 所以中国艺术意境的创成，既须得屈原的缠绵悱恻，又须得庄子的超旷空灵。缠绵悱恻，才能一往情深，深入万物的核心，所谓“得其环中”。超旷空灵，才能如镜中花，水中月，羚羊挂角，无迹可寻，所谓“超以象外”。色即是空，空即是色，色不异空，空不异色，这不但是盛唐人的诗境，也是宋元人的画境。[1]

正如宗白华所言，只有既“缠绵悱恻”又“超旷空灵”，才能让我们在中国艺术意境中既能体验时间与空间的深味，情真意切，感受生命的韵律，又能摆脱时间与空间的局限，游心太玄，与天地同怀。或许正因为他的意境说有着如此难以言喻的艺术色彩，令人“缠绵悱恻”又“超旷空灵”，才使得冯契对其爱恨交加：

> 宗白华讲艺中有道，意境内部有必然性，艺术通过秩序的网幕表现为生命的节奏，这些论点很有启发意义。然而他讲艺术理想，以泛神论为哲学基础，强调天人合一，宇宙的生命节奏与自我内心节奏合一，这种理论不足以说明艺术意境的多样性，也引导人脱离现实生活。[2]

但是，艺术的作用不就是如叔本华所说让人在瞬间摆脱意志的

1　宗白华：《中国艺术意境之诞生（增订稿）》，见《宗白华全集》第 2 卷，合肥：安徽教育出版社，1994 年，第 364 页。

2　冯契：《中国近代美学关于意境理论的探讨》，见《智慧的探索》，上海：华东师范大学出版社，1997 年，第 300 页。

纠缠，“引导人脱离现实生活”，进而而“迷失”自我吗？宗白华对中国艺术意境的构建又何尝不是希望人在进入他所描述的意境的艺术“迷宫”时陶然忘我呢？或许，还是用他的带有哲理又富有诗意的话来讲更为恰切，“艺术的境界，既使心灵和宇宙净化，又使心灵和宇宙深化，使人在超脱的胸襟里体味到宇宙的深境”[1]。而这既是中国艺术意境之“深”的动人之处，更是他所建构的中国艺术意境之“深”的迷人之处。

1　宗白华：《中国艺术意境之诞生》，见《宗白华全集》第 2 卷，合肥：安徽教育出版社，1994 年，第 337 页。

第七章　用深刻的艺术手段，写世界人生的真相

——宗白华的诗学观与文学观

宗白华虽被称为诗人，也薄有文名，其本人却并不认为自己是一个严格意义上的诗人，他自认为自己首先入手的是哲学而不是文学，即使他从内心来说，是很想致力于文学的。他早年曾对朋友田汉谈过自己在哲学和文学间的彷徨和未来对自己的期许："你是由文学渐渐的入于哲学，我恐怕要从哲学渐渐的结束在文学了。因为我已从哲学中觉得宇宙的真相最好是用艺术表现，不是纯粹的名言所能写出的，所以我认将来最真确的哲学就是一首'宇宙诗'，我将来的事业也就是尽力加入做这首诗的一部分罢了。"[1] 话虽如此，他却并没有在日后投身于文学艺术的创作，尽管他在留学德国期间诗兴大发写了一册《流云小诗》，可也不过是昙花一现，最终他还是更多地在哲学、美学及艺术学的领域里耕耘，并未以文学为志业，以诗人为人生的归宿。之所以会这样，他当时的解释有两个：一是自己的"心识"偏重于"理解"的一面，也就是说，他认为与哲人偏重于"理解"不同，作家和诗人的"心识"是偏于"感觉情绪"的，

1　宗白华：《三叶集》，见《宗白华全集》第1卷，合肥：安徽教育出版社，1994年，第225页。

而自己却是习于抽象和理智的思考，“感觉情绪”的力量稍弱；另一个原因则是由于自己缺乏“艺术的能力和训练”，不能把自己的“感觉情绪”表达出来，所以只好抱憾终身了。

从哲学和文学的不同的思想和表达方式来看，宗白华所说的这两个原因的确也有一定的道理。但正如他对郭沫若说的，虽然他自己没有“做诗”，但不等于心中“没有诗意，诗境”，[1] 更不等于他对文学没有看法。而实际上，他对文学的批评也更多的是从诗出发或者围绕诗展开的，如果没有对诗的理解，他就不会在 1919 年编辑《学灯》期间从自由来稿中发现郭沫若的新诗并大力发表了。所以，当他在 1941 年 11 月祝贺郭沫若的 50 岁生日时，忍不住动人地回忆了他们之间这段难忘的经历。

> 在文艺上摆脱二千年来传统形式的束缚，不顾讥笑责难，开始一个新的早晨，这需要气魄雄健，生力弥满，感觉新鲜的诗人人格！他的诗——当年在《学灯》上发表的许多诗——篇篇都是创造一个有力的新形式以表现出这有力的新时代，新的生活意识。编者当年也秉着这意识，每接到他的诗，视同珍宝一样地立即刊布于《学灯》，而获着当时一般青年的共鸣。[2]

从这段话里，可以比较集中地看出宗白华的诗歌观或文学观所包含的几个要素，首先就是对文艺的“形式”的重视。在他看来，不管郭沫若的诗是对“传统形式”的摆脱还是创造“一个有力的新

1 宗白华:《我和诗》，见《宗白华全集》第 2 卷，合肥：安徽教育出版社，1994 年，第 149 页。

2 宗白华:《欢欣的回忆和祝贺：贺郭沫若先生 50 生辰》，见《宗白华全集》第 2 卷，合肥：安徽教育出版社，1994 年，第 295 页。

形式”，都说明了对于文艺来说，“形式”是个很重要的问题。其次是对诗人或作家的“人格”的关注。诗人和作家是文艺作品的创造者，文艺作品的风格和情调与他们的“人格”息息相关，不能不予以关注。再就是对文艺的内容的要求，即文艺要能“表现出这有力的新时代，新的生活意识”。可以说，这三点构成了宗白华的文学的“意识”，使得他可以对郭沫若的诗歌作出评判，并因之“视同珍宝”。显然，如果要对宗白华的文学观进行探讨，从他提到的这三个方面来展开分析，是较为合适的。而且，因为宗白华最初的文学经验有很多来自诗歌，所以他在讨论文学时更多地是从自己对诗歌的看法展开，可以说，他的诗学观同时也是他的文学观。

一、“诗的冲动”：“形式对于大多数人是一秘密”

宗白华说自己是要从哲学“结束”到文学上的，而他对文艺的形式问题的重视也既有所受到的哲学的影响，也有文学上的具体的感受。也即是说，他对形式的认知，既有他“心识”的“理解”，也有他“心识”的“感觉情绪”。在哲学上的影响，主要来自康德对形式的强调。在文学上的感受，则来自他诗歌创作的具体经验。他很早就感觉到自己的“形式”能力的不足。在 1919 年他写给郭沫若的信里，就解释了自己为何不去“做”诗的原因。

> 因我从小就厌恶形式方面的艺术手段，明知形式的重要，但总不注意到他。所以我平日偶然有的“诗的冲动”，或你所说的 Inspiration，都同那结晶界中的自然意志一样，虽有那一刹那顷的向上冲动，想从无机入于有机，总还是被机械律所限制，

> 不能得着有机的“形式”（亚里士多德的 Form）化成活动自由的有机生命，做成一个“个体生流”的表现。我正是因为“写”不出，所以不愿去“做”他。[1]

这说明，宗白华最初对文艺的形式的意识是来自自己的创作经验，他自己也知道在把握文艺的形式上能力有所不逮，因此他坦承自己是因为“写”不出诗，即无法把自己的“诗的冲动”和“Inspiration”（灵感）形式化，变成“有机生命”般的诗，所以，他才不去“做”诗的。这种对文学创作的形式能力的欠缺感，这种因此而产生的“厌恶”情绪，即使在过了很多年后他也难以释怀：“我也正是因为不愿受诗的形式的推敲的束缚，所以说不必定要做诗。”[2] 也正是因为有这样的切实的对形式的感受，使得他对文艺的形式问题非常敏感，也非常重视，在进行文学批评时，也很注重从形式出发来对作品展开具体的审视。如他批评郭沫若的诗，就是从诗的形式上来说的：

> 不过我觉得你的诗，意境都无可议，就是形式方面还要注意。你诗形式的美同康白情的正相反，他有些诗，形式构造方面嫌过复杂，使人读了有点麻烦（《疑问》一篇还好，没有此病）。你的诗又嫌简单固定了点，还欠点流动曲折，所以我盼望你考察一下，研究一下。[3]

1　宗白华：《三叶集》，见《宗白华全集》第 1 卷，合肥：安徽教育出版社，1994 年，第 225 页。

2　宗白华：《我和诗》，见《宗白华全集》第 2 卷，合肥：安徽教育出版社，1994 年，第 149 页。

3　宗白华：《三叶集》，见《宗白华全集》第 1 卷，合肥：安徽教育出版社，1994 年，第 227 页。

宗白华之所以欣赏郭沫若的诗歌，很大的一个原因就是郭沫若所具有的强大的“赋形”即形式化的能力，尽管他觉得郭沫若的诗的“形式的美”还不够丰富，有点“简单固定”，可这只是他对郭沫若的诗的更高期望而已。因为即使郭沫若的诗“欠点流动曲折”，其所具有的形式能力却是毋庸置疑的，这或许就是诗人作家和批评家理论家的区别。宗白华对此感悟颇深，故把艺术家有无“形式化的（或创作的）动机”放在很重要的地位，否则，即使有“特殊的经历”“表现的冲动”，也“不能称之为艺术家”。[1] 所以，作为艺术家既要有“无限制”的“情感表现的动机”，但更关键的是要有“有限制”的形式化的“创造的动机”。为了强调这两者尤其是后者的重要性，宗白华还特地引用尼采的酒神和日神精神来证明自己的这个观点：

> 昔尼采尝谓 Dionysus（醉神）即陶醉的精神之意，艺术表现亦即此神也。Apollo 为梦神，生命的动作，消沉为清幽的，即形式的精神也。尼氏意谓艺术家必有醉的精神，当情感流露出时，再将此神纳于梦神中，使相调和，则成为有价值的艺术。盖醉神为艺术之真精神，然患无寄托，失之陋。梦神为艺术之形态，然患在抄写，失之板。[2]

狄奥尼索斯这个“醉神”就是情感的表现神，而阿波罗这个“梦神”则是“形式的精神”，若无阿波罗的形式，狄奥尼索斯的“表现”就会陷于粗陋，不成其为艺术，当然，反之亦然。但是在现

1　宗白华：《美学》，见《宗白华全集》第1卷，合肥：安徽教育出版社，1994年，第459页。
2　宗白华：《美学》，见《宗白华全集》第1卷，合肥：安徽教育出版社，1994年，第460页。

实生活中，醉神常有，而梦神则不常有，所以，形式化的“创造的动机”就显得尤为可贵了。因此，宗白华对文学的形式非常重视，在分析和研究文学时，也特别注意从形式入手来进行讨论。如他在谈到诗时，就明确地将其分为“形式”与“意境”两个部分：

> 我想诗的内容可分为两部分，就是“形”同“质”。诗的定义可以说是：“用一种美的文字——音律的绘画的文字——表写人的情绪中的意境。”这能表写的，适当的文字就是诗的“形”，那所表写的“意境”就是诗的“质”。换一句话说：诗的“形”就是诗中的音节和词句的构造；诗的“质”就是诗人的感想情绪。[1]

诗的形式即可以“表写”或赋予“感想情绪”的“适当的文字”，就是“诗中的音节和词句的构造”。所以，“适当的文字”得有音乐感，即有节奏，有音律的协调，同时还要含有“图画”，可以构建出一个“空间”来，这样才会有“美”的产生。宗白华认为与别的艺术不同，“诗为时空两间的”。[2] 而他对于诗以文字创造的形式的描述，实际上是康德对于艺术形式的观点的变形。康德认为我们的审美判断只与对象的形式有关，在此基础上，宗白华认为对艺术来说形式有两个具体的功能：一是间隔的作用，二是构图作用。前者可以通过赋予艺术以形式，对诗来说就是把日常生活所使用的普通的文字变成“音律的绘画的文字”，使其脱离与实际的联系而成为纯粹的审美的对象；后者的构图作用或“空间构形”，可以使得艺术构

1　宗白华：《新诗略谈》，见《宗白华全集》第1卷，合肥：安徽教育出版社，1994年，第168页。

2　宗白华：《美学》，见《宗白华全集》第1卷，合肥：安徽教育出版社，1994年，第461页。

建出一个自足的空间，让人浮想联翩，深入所谓的“意境”，从而得以体味人生与宇宙的真味。而宗白华认为诗中文字的音乐作用是时间的，绘画作用则为空间的，两者结合，就是康德所言的人的直觉世界的先验格式即时空意识的具体化，因而可以“表现出空间、时间中极复杂繁富的‘美’”。[1]

所以，宗白华认为无论是艺术还是文学，最为根本的在于其具有“形式”，“形式”是文学之为文学及艺术之为艺术的最大的也是最关键的奥秘所在。而正因此，他对德国艺术学家刘兹纳尔(Lutzler)的《艺术认识之形式》一书中“常人欣赏的艺术的形式”的观点非常赞同。

> 在艺术欣赏过程中，常人在形式方面是“不反省地”，“无批评地”，这就是说他在欣赏时，不了解不注意一件艺术品之为艺术的特殊性。他偏向于艺术所表现的内容，境界与故事，生命的事迹，而不甚了解那创造的表现的“形式”。歌德说过：“内容人人看得见，涵义只有有心人得之，形式对于大多数人是一秘密。”[2]

所谓“常人”及一般的艺术欣赏者，其实也包括那些对“形式”同样“不甚了解”的批评家，甚至还包括一些对形式不是很自觉的艺术家和文学家。这也就是为何歌德会说出“形式对于大多数人是一秘密”。而这一“秘密”就是文学与艺术的质的规定性——“形式”。

1　宗白华：《新诗略谈》，见《宗白华全集》第1卷，合肥：安徽教育出版社，1994年，第169页。

2　宗白华：《常人欣赏的文艺形式》，见《宗白华全集》第2卷，合肥：安徽教育出版社，1994年，第315页。

二、“诗人人格”：“自然和哲理”与“真实，丰富，深透”

因为有了对于文学的“形式”的“秘密”的切实的“理解”和“感觉情绪”，所以宗白华认为诗人拥有“形式”的能力是至关重要的，这也是其成为诗人的最根本的因素。他在谈到莎士比亚的艺术的时候，就深刻地谈到了这一点。

> 他的写作的题材故事，既不是像近代作家取于自己的生活（歌德《浮士德》），或自己的生活环境和社会问题，又不是单凭自己的想象构造情节内容，乃是几乎全部取材于他的前辈的剧本或小说而加以重新的改造。然而，艺术的价值并不在于题材内容，而在他如何写出，莎氏的天才有点石成金的手段。[1]

关于莎士比亚的戏剧“题材”大都是取材于已有的剧本和小说的问题，曾引发不少人对他的文学能力的怀疑，有人认为他只是“翻新”了别人的作品而已，并没有什么了不起的地方，宗白华却认为他这其实是“点石成金”。而莎士比亚之所以能够让前人陈旧的题材在自己手里焕发出新的生命，就在于其对旧有题材的“重新的改造”，也就是宗白华所说的重新的“写出”。而“如何写出”所指的就是诗人对“题材”所做的形式化的处理，所以，宗白华才强调说，艺术的价值不在于“题材内容”而在其“如何写出”。也就是说，对

1　宗白华：《莎士比亚的艺术》，见《宗白华全集》第2卷，合肥：安徽教育出版社，1994年，第157页。

于艺术来讲，形式的价值才是艺术的基本的价值，甚至是根本的价值。因为没有形式的创造，艺术将无法成其为艺术，诗是无法成为诗的。

在此前提下，宗白华又提倡诗人丰富自己的知识与生命，养成一副“诗人人格”。他很早就把自己的这个期望告诉给郭沫若，比较具体地谈到了对“诗人人格”的理解：

> 沫若，你有 Lyrical 的天才，我很愿你一方面多与自然和哲理接近，养成完满高尚的“诗人人格”，一方面多研究古昔天才诗中的自然音节，自然形式，以完满“诗的构造”，则中国新文化中有了真诗人了。[1]

宗白华在此除了念念不忘诗人对“诗的构造”即“形式”的学习与锻炼外，还提出了“真诗人”的“诗人人格”的“养成”，宗白华认为这种“养成”的途径就是对“自然和哲理”的“接近”，其实，他所追求的就是诗人对“直觉世界”的自然与“概念世界”的哲学的结合。自然神秘具体而蕴含着宇宙的节律与真理，哲学清明抽象而富有人类的心灵与智慧，诗人若能融合为一，既能参天地之化育，也能考人类社会之文明，“人格”将因之“完满高尚”，诗作也会因此而光芒万丈。当然，宗白华之所以这样认为，与他本人对于自然和哲理的看法是分不开的。首先是他对自然的肯定。这既来自他的亲身的体验，也受到叔本华的思想、歌德的诗歌以及罗丹的艺术的影响。

1　宗白华：《三叶集》，见《宗白华全集》第 1 卷，合肥：安徽教育出版社，1994 年，第 214 页。

> 我自己自幼的人生观和自然观是相信创造的活力是我们生命的根源，也是自然内在的真实。你看那自然何等调和，何等完满，何等神秘不可思议！你看那自然中何处不是生命，何处不是活动，何处不是优美光明！这大自然的全体不就是一个理性的数学，情绪的音乐，意志的波澜么？一言蔽之，我感得这宇宙的图画是个大优美精神的表现。[1]

因此，他认为“美的真泉仍在自然”，自然是一切的美的“源泉”，一切艺术的“范本”，艺术的目的就在于把自然予以“普遍化，永久化”，将其用形式“扣留”和“描摹”下来。所以，他主张诗人的“宇宙观”要有“泛神论”（Pantheismus）的“必要”。其次，就是宗白华对“哲理”的重视。这同样与宗白华的经历有一定的关系，因为他本人先学习哲学后入文学，故对二者的区别与胜擅了如指掌。他曾讲，哲学所关涉的是民族的灵魂，是理性的“概括”的，而文学关心的是个别的人生，是情感的“深透”，所以他很希望诗人能做到理与情的融合。宗白华喜欢郭沫若的诗就是因为他的作品里所透露出的良好的哲学的素养：“你的凤歌真雄丽，你的诗是以哲理作骨子，所以意味浓深。不像现在有许多新诗一读过后便索然无味了。所以白话诗尤其重在思想意境及真实的情绪，因为没有词藻来粉饰他。”[2] 当然，宗白华并不希望“理过其辞”，过度的“哲理”会伤害诗的意境。他喜欢冰心的诗的原因就在于“思致”与“情感”两者的“调和”：

1　宗白华：《看了罗丹雕刻以后》，见《宗白华全集》第 1 卷，合肥：安徽教育出版社，1994 年，第 309 页。

2　宗白华：《三叶集》，见《宗白华全集》第 1 卷，合肥：安徽教育出版社，1994 年，第 227 页。

> 我尤爱冰心女士的浪漫谈和诗，她的意境清远，思致幽深，能将哲理化入诗境，人格表现于艺术。她的《繁星》七十首，真给了我许多的愉快和安慰。不过，我还祝她能永久保持着思致与情感的调和，不要哲理胜于诗意，回想多于直感。[1]

而“诗人人格”的“养成”则是为了扩充和深化“文人诗家”的“精神生活”，宗白华期望他们的精神生活应该做到“真实”“丰富”且“深透”。只有这样，“诗家文人”才能在自己的作品里表现出“真实底精神”与“丰富的色彩”进而产生“深透的作用”，才能创造出中国当时所需要的“新文学”，才能“用深刻的艺术手段，写世界人生的真相”。[2] 他还给出了改造中国的“空泛，笼统，因袭，虚伪”的“旧文学”的具体的“药方”，那就是一方面需要弘扬“科学的精神”，另一方面要创造“新精神生活的内容”，这内容就是诗人自己的精神生活的“真实”“丰富”“深透”。因为宗白华认为，文学本质上就是一种“精神生活”。

> 我以为文学底实际，本是人类精神生活中流露喷射出的一种艺术工具，用以反映人类精神生命中真实的活动状态。简单言之，文学自体就是人类精神生命中一段的实现，用以表写世界人生全部的精神生命。所以诗人底文艺，当以诗人个性中真实的精神生命为出发点，以宇宙全部的精神生命为总对象。文学的实现，就是一个精神生活的实现。文学的内容，就是以一

1　宗白华：《致柯一岑书》，见《宗白华全集》第 1 卷，合肥：安徽教育出版社，1994 年，第 416 页。

2　宗白华：《新文学底源泉》，见《宗白华全集》第 1 卷，合肥：安徽教育出版社，1994 年，第 172 页。

> 种精神生活为内容。这种“为文学底质的精神生活”底创造与修养，乃是文人诗家最初最大的责任。[1]

显然，文学这种“精神生活”具有特殊性，首先其本身就是“表写”人类的“精神生活”或“精神生命”的“艺术工具”；其次，它也是诗人自身“个性”中的“精神生命”或“精神生活”的“实现”。所以，“文人诗家”必须拥有与众不同的品质，即必须为文学能够“表写”出更高的“精神生活”而“创造与修养”自己的“精神生活”，并且必须把这个工作视为“最初最大的责任”。尽可能地先让自己对于生活的各种“感觉思想”务求“真实”；然后能由一己之悲欢拓展至全人类的“普遍的人性”，做到“丰富”；再就是对人性的各种情绪不仅经历过，而且感受的“强度”更为“透彻”并能予以表现出来，这就是“深透”。如果这几点都能做到，就可以成为宗白华所推崇的莎士比亚与歌德那样的“世界的诗人，人类底歌者”。

三、“诗和现实”：“表现出这有力的新时代，新的意识”

宗白华对于诗或文学的“形式”的重视，对“诗家文人”的“人格”与“精神生活”的“修养”的期望，最终还是要落实到作品所“表写”的内容上。用他称赞郭沫若的诗的话来说，就是要“诗家文人”能够“创造一个有力的新形式以表现出这有力的新时代，新的生活意识”。因此，他才会赞美郭沫若的诗“象征”了“‘五四’

1　宗白华：《新文学底源泉》，见《宗白华全集》第1卷，合肥：安徽教育出版社，1994年，第172页。

时代的青春，朝气，希望，生活力”，[1] 他也会真诚地为诗人汪静之的大胆的爱情诗集《蕙的风》受到非议而辩护，而鼓与呼。

> 在这个老气深沉，悲哀弥漫，压在数千年重担负下的中国社会里，竟然有个二十岁的天真的青年，放情高唱少年天真的情感，没有丝毫的假饰，没有丝毫的顾忌，颂扬光明，颂扬恋爱，颂扬快乐，使我这个数千里外的旅客，也鼓舞起来，高唱起来，感谢他给我的快乐。[2]

此时，宗白华正身在德国，可因为被汪静之的诗所“流露喷射”的“纯洁天真，活泼乐生的少年气象”感动，与胡适等人几乎同时写下了鼓励的文章。从中也可看出，宗白华对诗或文学于人生及社会现实所产生的作用的重视。他认为文学的变化与时代的变化息息相关，时代的变动必然会导致文学的变动。“文学是时代的背景。新时代必有新文学。社会生活变动了，思想潮流迁易了，文学的形式与内容必将表现新式的色彩，以代表时代的精神。”[3] 因此，随着时代的变迁，如果原来的文艺“缺乏真实底精神，生命底活气”，就会堕入“形式主义”（Formalism）的牢笼而“形存质亡”。同时，反过来，他也认为文学需要对时代、对社会生活、对人生有引导的作用。

> 我向来主张文学非从第一流的天才下手不可。我近来看了

1　宗白华：《欢欣的回忆和祝贺：贺郭沫若先生 50 生辰》，见《宗白华全集》第 2 卷，合肥：安徽教育出版社，1994 年，第 294 页。

2　宗白华：《〈蕙的风〉之赞扬者》，见《宗白华全集》第 1 卷，合肥：安徽教育出版社，1994 年，第 431 页。

3　宗白华：《新文学底源泉》，见《宗白华全集》第 1 卷，合肥：安徽教育出版社，1994 年，第 171 页。

> 些萧伯纳的剧，实在不发生什么特别的意味。从前，我读《浮士德》，使我的人生观一大变；我看莎士比亚，使我的人生观察变深刻；我读梅特林，也能使我心中感到一个新颖的神秘的世界。从前的文学天才，总给我们一个“世界”，一个“社会”，一个“人生”，现代的戏曲家如萧伯纳之类，只给了我一点有趣的“社会的批评”，“人生的批评”，我觉得不是什么伟大可佩的现象。近代的文豪除了俄国几大家以外，还是Strindberg一生的奋斗，颇引起我的同情。[1]

这也说明宗白华对文学所持的积极的态度，他希望文学能像“第一流的天才”歌德和莎士比亚的作品那样切实改变人生，而不是像萧伯纳那样只是一点“批评”。因此，他在对于诗和现实的关系上，主张诗应该比现实“更高”，或者说，诗应该比现实“光明”，因为不这样，诗就无法引导现实的人生。

> 我爱光，我爱美，我爱力，我爱海，我爱人间的温暖，我爱群众里千万心灵一致紧张而有力的热情。我不是诗人，我却主张诗人是人类底光明的预言者，人类光明的鼓励者和指导者，人类的光和爱和热的鼓吹者。高尔基说过：“诗不是属于现实部分的事实，而是属于那比现实更高部分的事实。”那比现实更高的仍是现实，只是一个较光明的现实罢了。歌德也说：“应该拿现实提举到和诗一般地高。”这也就是我对于诗和现实的见解。[2]

1　宗白华：《致舜生寿昌书》，见《宗白华全集》第1卷，合肥：安徽教育出版社，1994年，第422页。

2　宗白华：《我和诗》，见《宗白华全集》第2卷，合肥：安徽教育出版社，1994年，第155页。

因为宗白华秉承了这一观念，所以他自己在作诗时和批评诗时的态度也多为乐观的。“我自己受了时代的悲观不浅，现在深自振作。我愿意在诗中多作‘深刻化’，而不作‘悲观化’。宁愿作‘骂人之诗’，不作‘悲怨之曲’。纯洁真挚的恋爱诗我尤愿多多提倡。”[1]他对于汪静之的爱情诗的支持，就是出于这样的念头。更进一步，他还希望文学起到移风易俗的作用，把文学看作“民族生命力”的养料，因此，他对诗或文学有“乐观”的精神。

> 我觉得中国民族现代所需要的是“复兴”，不是颓废。是“建设”，不是“悲观”。向来一个民族将兴时代的文学，大半是乐观的，向前的。有惠特曼雄放无前的伟大乐观，所以也有了美洲人少年勇进的建设气象。……所以我极私心祈祷中国有许多乐观雄丽的诗歌出来，引我们泥涂中可怜的民族入于一种愉快舒畅的精神界。从这愉快乐观的精神界里，才能养成向前的勇气和建设的能力呢！[2]

这也可说是他的“乐观的文学”观，他认为文学固然要表现“时代的精神”，更要用“乐观”的作品去引导人们走出现实的沮丧的泥潭，进而养成康健的“向前的勇气和建设的能力”，以改变我们这个贫弱的萎靡不振的国家。因为宗白华认为国家的自信来自民族的自信，而民族的自信本质上就是“民族精神”的自信，这需要用

1　宗白华：《恋爱诗的问题》，见《宗白华全集》第1卷，合肥：安徽教育出版社，1994年，第418页。

2　宗白华：《恋爱诗的问题》，见《宗白华全集》第1卷，合肥：安徽教育出版社，1994年，第417页。

文学来养成，来“熏陶”。

> 然而这种民族的“自信力”——民族精神——的表现与发扬，却端赖于文学的熏陶，我国古时即有闻歌咏以觇国风的故事。因为文学是民族的表征，是一切社会活动留在纸上的影子；无论诗歌，小说，音乐，绘画，雕刻，都可以左右民族思想的。它能激发民族精神，也能使民族精神趋于消沉。就我国的文学史来看：在汉唐的诗歌里都有一种悲壮的胡笳意味和出塞从军的壮志，而事实上证明汉唐的民族势力极强。晚唐诗人耽于小己的享乐和酒色的沉醉，所为歌咏，流入靡靡之音，而晚唐终于受外来民族契丹的欺侮。……由此看来，文学能转移民族的习性，它的重要，可想而知了。[1]

正因为宗白华对文学的现实作用评价甚高，非常看重文学对“民族精神”及民族文化的潜移默化的影响，所以，他也对文学给予了很高的期望。

> 我觉得中国社会上“憎力”太多，“爱力”太少。没有爱力的社会没有魂灵，没有血肉而只是机械的。……我愿多有同心人起来多作乐观的，光明的，颂爱的诗歌，替我们的民族性里造一种深厚的情感底基础。我觉得这个“爱力”的基础比什么都重要。……我始终是个唯心论者。我相信在人生和历史上，人的精神倾向，有绝大的势力。悲观底文学哲学可以造成时代

1　宗白华：《唐人诗歌中所表现的民族精神》，见《宗白华全集》第 2 卷，合肥：安徽教育出版社，1994 年，第 122 页。

> 的颓废。文学底责任不只是做时代的表现者，尤重在做时代的“指导者”。[1]

宗白华对文学所抱的理想化的想象，其实就是对当时的中国的作家们抱有更高的期待，他希望他们不仅成为“时代的表现者”，还要成为“时代的指导者”，这显然对作家也提出了更高的要求，这也是为什么他希望诗人能够养成高超的人格，同时也要有丰富深沉的精神生活。

* * *

当然，宗白华对于诗歌或文学的期望并不止于对于人生的启迪和社会现实的改善，这既与他本人对文学的认识有关，也与他所处的时代让人失望的痛苦的现实有关，这很容易让人得出他的文学观纯粹是一种功利主义文学观的简单结论。但其实，他对文学貌似实用的看法也有超越现实的一面。他通过对德国诗人席勒的评价表达了自己的这个想法。

> 席勒的个性又适为一主观的理想主义的诗人，精研康德哲学，潜研美学理论，经验短少而思想丰富，处处与歌德的生活，兴趣，事业正相反。两人的接近与了解几乎是不可能的事，合作更是谈不上。然而，1794 年间，席勒自己已由长期哲学的研究及对于文化艺术问题的思考反省，深深地了悟艺术创造的意义目的及艺术家的道路与使命。他认为艺术创作是一切文化创

1　宗白华：《乐观的文学》，见《宗白华全集》第 1 卷，合肥：安徽教育出版社，1994 年，第 419 页。

造最基本最纯粹的形式。它是不受一切功利目的羁绊，最自由最真实的人生表现。它替人生的内容制造清明伟大的风格与形式，领导着人生走向最充实最完美最自由的生活形态。所以，艺术与艺术家应该认识及负起文化上最高的责任与最中心的地位。[1]

我以为这段话，可以更深刻、更准确地概括出宗白华的诗学观。

1　宗白华：《歌德，席勒订交时两封讨论艺术家使命的信》，见《宗白华全集》第 2 卷，合肥：安徽教育出版社，1994 年，第 39 页。

第八章　开高轩以临山，列绮窗而瞰江

——宗白华的建筑观与斯宾格勒的影响

宗白华对建筑特别是中国的建筑艺术一直情有独钟，他自 1925 年底从德国留学归来任教东南大学起，就在其开设的“艺术学”课程（1926—1928 年）中的“艺术内容”一章涉及建筑艺术。他简明扼要地讲述了他对建筑的见解：“Architecture，建筑纯为实用，音乐则脱离实用，此二者之不同处也。建筑一方为实用，一方又表示民族之精神，时代之文化。”[1] 除了指出建筑的实用功能外，他还强调了建筑所具有的非实用性，即与民族精神和时代文化的密切关系，这也是建筑的艺术性的内涵。而他之所以把音乐和建筑放在一起讨论，是因为当时西方学者大都认为音乐和建筑都是有“形式”或“印象”（Impression）无“内容”（Expression）的艺术，也即两者皆可给人以“印象”却不能给人以有所“表现”的艺术感受。但宗白华并不完全赞同这个看法，他认为这只是因为音乐与建筑的“内容”的“表现”不是“直接”的而已，如看到红色的“印象”就觉愉快的“情调”的“表现”，见到青色则“悲惨”等，而是

1　宗白华：《艺术学》，见《宗白华全集》第 1 卷，合肥：安徽教育出版社，1994 年，第 521 页。

“间接”的“表现”，这种“表现”虽不如图画那么清晰可见，却也并非毫无“内容”，它给人的是一种模糊的“情调”的“表现”，如乐声响起，一样可以使人悲喜交加，喜乐莫名。另外，宗白华将二者并举，则是因为他很看重音乐与建筑之间所具有的内在的密切的关系。

之后，宗白华对建筑的关注并未停止，他在集中精力研究中西绘画及中国的艺术意境时，对与其有关的中国的建筑的艺术特点也进行了精到的批评，不过这些批评都点到即止，吉光片羽，没有独立成文。1957 年，他在《美学散步（一）》中探讨了诗和画的关系后，计划接下来对音乐和建筑进行讨论：“我的第二散步，大约关于音乐与建筑，尚在准备中，未知何日动笔。因康德美学急待翻译也。”[1] 但康德美学翻译完后，他却并未“动笔”。1960—1961 年，他又写了《建筑美学札记》[2]，其中大多为中国建筑及艺术方面的资料的摘抄，似准备撰文专论中国的建筑；此外，《中国美学思想专题研究笔记》中也有中国建筑方面的材料，但他还是一直没有“动笔”。直到 1963 年，他在北大开设中国美学史的讲座，讲稿后被整理为《中国美学史中重要问题的初步探索》，其中第五部分为“中国园林建筑艺术所表现的美学思想”，似可以看作是他“动笔”对中国建筑所作的专门的论述。

宗白华之所以拖了这么长时间来准备自己关于建筑方面的文章，一个很重要的原因就是他觉得自己关于建筑，尤其是中国建筑的评价，已经在之前的文章或收集的材料中表达过了，没有必要再行多

1 宗白华：《复刘纲纪函》，见《宗白华全集》第 3 卷，合肥：安徽教育出版社，1994 年，第 296 页。

2 宗白华：《建筑美学札记》，见《宗白华全集》第 3 卷，合肥：安徽教育出版社，1994 年，第 376 页。

言。事实上，若综合他此前散见的对建筑艺术的众多的论述，他的“建筑美学”的确也已自成体系。当然，作为一个“文化批评家”和美学家，他对建筑的研究更多是从其所表现出的“美术上文化上”来考察的：“建筑艺术为造型艺术中量之最大者，亦即为造型艺术之母体。在美术史上，建筑与人类的关系，极为密切，然颇难欣赏，不易全部明了其命意及建筑精神，然建筑在美术上文化上及民族性，民族生活，又与人与宇宙之关系，由建筑上亦可表出，如 Gothic 建筑能表现超现实的，文艺复兴时建筑表示谐和之状。”[1] 所以，他对建筑的研究，虽从“美术上文化上”出发，但多落脚在其所“表出”的“民族性”及“人和宇宙之关系上”。

不过，宗白华虽言建筑艺术与人的关系很“密切”，但他亦深知，建筑同时也“颇难欣赏，不易去全部明了其命意及建筑精神”。这既由建筑的“内容”之“表达”的“间接”引起，也由建筑所牵涉的“关系”太多导致，这就需要在研究建筑时采用合适的方法。而宗白华研究建筑的方法，更多来自他在德国留学时所受到的“文化哲学家”斯宾格勒的影响。他在讲建筑可以“表出”其“与人与宇宙之关系”时，说到“如 Gothic 建筑能表现超现实的，文艺复兴时建筑表示谐和之状”，就是斯宾格勒《西方的没落》中的观点。有鉴于此，本章就试图从斯宾格勒考察空间与建筑关系时的思想方法出发来审视宗白华对建筑特别是对中国建筑艺术所做的研究，从而可以更好地认识和把握中国建筑艺术的精神。所以，本章也可说是对宗白华如何用“斯宾格勒的眼光看建筑”的一种审视。

1　宗白华：《艺术学（讲演）》，见《宗白华全集》第1卷，合肥：安徽教育出版社，1994年，第578页。

一、“空间”的“情绪”：从康德到斯宾格勒

宗白华最初在谈到建筑时很喜欢以斯宾格勒谈论建筑的言论为参照，或直接引用他的观点来佐证自己的批评，而他也的确对斯宾格勒从空间问题入手来探讨历史上的建筑的方法了然于胸。

> 德人 Spengeler 著 Der Untergang des Abendlandes 一书，系一文化哲学书，大意谓欧洲空间的情绪，大与希腊不同，欧洲人的空间，系无尽的，宏大的，渺茫的，而希腊则安逸的，美满的，静默的，其态度大不相同。文艺复兴时之建筑，多立体而安适，欧洲近世建筑，多耸立而孤峙，亦可窥见一斑也。[1]

但斯宾格勒在 1918 年出版的《西方的没落》中虽是从“空间”出发来考察希腊、埃及、阿拉伯、欧洲文艺复兴时期和近代的建筑形制及其特点，却并不是为了研究建筑本身的“文化”，而是为了说明从中“表出”的古典的“阿波罗精神”和西方近代以来出现的“浮士德精神”之间的异同及其所发生的流变。而宗白华感兴趣的不仅是斯宾格勒在这一“空间”的考古学中挖掘和建构出的世界历史精神的发展轨迹，还有他在探讨这一问题时把“空间”与文化及精神联系起来的做法，这其中最为核心的就是斯宾格勒有关“空间”的看法。

1　宗白华：《艺术学》，见《宗白华全集》第 1 卷，合肥：安徽教育出版社，1994 年，第 523 页。

对于“空间”这一概念，宗白华并不陌生。因为之前他在对康德的研究中，就对康德把空间及时间的这两种观念作为人认识世界的先验的格式的看法了然于心。他在《康德空间唯心说》对康德的这个观点作出了清晰的界说：“空时观念，乃吾人心识分别功能，用于取兹外象。外相生心，必借于空间时间之形式，乃能现见。”[1] 这是他能够在1920年留德后接触到其时在文化界大热的斯宾格勒的学说后即很感兴趣的原因，也是他日后能够迅速把握并运用斯宾格勒的研究方法来分析中国的书画艺术的原因——斯宾格勒的“空间”理论正是在借鉴康德的“空间唯心说”的基础上形成的。但与康德的“空时因果先天之说”不同的是，斯宾格勒并没有把空间与时间看成两种把握世界的方式，他把空间和时间视作把握世界的同一方式的不同的侧面：“如果康德更准确一些，他就不会说‘两种知觉形式’，而是会称时间是知觉的形式，而空间是被感知物的形式；这样，他就可能会明白这两者的联系。”[2] 也就是说，“空间”是在“时间”中所“知觉”到的东西的“形式”，两者并不可分。更重要的是，康德只是把空间和时间看作“纯粹”的知识获得的方式，即人“纯粹”的认知世界的方式来看待，而斯宾格勒则把与“时间”密不可分的“空间”和认识的“外象”以及由此引起的“情绪”还有从中折射出的“民族之精神，时代之文化”联系了起来。宗白华将其称为“空间的情绪”，即空间所给人的“情调”，而这其实是一种“生命的情绪”。

1　宗白华：《康德空间唯心说》，见《宗白华全集》第1卷，合肥：安徽教育出版社，1994年，第16页。

2　［德］斯宾格勒：《西方的没落》第1卷，吴琼译，上海：上海三联书店，2006年，第166页。

> 人生处处不能离开空间，但一空间有一空间的环境，使你生命情绪大不同，如立于高山之望远，与立于海滨之望远，景况大不相同，故空间的情绪，可生出心理的差别也。建筑即利用此不同环境而加以创造。文艺复兴时代之建筑，即承认现实世界加以美化者，继续希腊之风格而来。[1]

和斯宾格勒一样，宗白华在此不仅把空间看成"取兹外象"的方式，同时也将其看成心中可见的"外相"，所以，只要有人生，则空间无往而不在。建筑是人造的空间，也可以说是人造的"情调"，更是刻意以"印象"的"形式"来"表现"其"内容"，故所引起的"生命的情绪"当更为显著和浓烈，从中也更容易看出其精神及文化。是故，宗白华指出："人民直接的人生观，多以宗教为归宿，而宗教之表现，又以建筑为寄托，故人生之愉快或悲哀，感觉之伟大或渺小，态度之肯定或否定，胥于此观。"[2] 建筑的表现内容主要为"空间的造形"(Room formation)和"装饰"(Decoration)。建筑内外空间的措置、体量的大小、光线的明暗、外观及色泽、雕刻与花纹，均是有意味的"形式"，可以给人以不同的"印象"，并启以不同的"内容"，使人产生不同的"感想"。宗白华引斯宾格勒的观点以证之，如埃及把神像放在建筑空间的末端，让人感觉到自己的渺小，受压迫，而希腊的神像是放在前门的，又让人感到光明与愉快。再如哥特教堂多用灰色，表现出世的情怀，文艺复兴的教堂则用"五采及堇色"，以传达对现实的眷顾。

1　宗白华：《艺术学》，见《宗白华全集》第 1 卷，合肥：安徽教育出版社，1994 年，第 522 页。

2　宗白华：《艺术学》，见《宗白华全集》第 1 卷，合肥：安徽教育出版社，1994 年，第 523 页。

二、“空间”的“象征”：“自然”“风水”与“山水”

可以说，正是出于对斯宾格勒的对“空间”与建筑关系的独特的认识的认同，宗白华在研究中国建筑艺术时才大胆借助了他的方法，即从“空间”与“生命情绪”之间的关联来研究建筑的艺术特点，并由此归纳出其所表达的文化及精神。但这首先需要对众多的中国建筑类型作出取舍，从中找出最能反映和代表中国人“生命情绪”的建筑样式来进行深入的探索。宗白华认为，这需要以斯宾格勒在《西方的没落》中进行文化探究时所采用的“象征”（Symbol）的方法来展开。

> 现代德国哲学家斯宾格勒（O. Spengler）在他的名著《西方文化之衰落》里面曾经阐明每一种独立的文化都有他的基本象征物，具体地表象它的基本精神。在埃及是“路”，在希腊是“立体”，在近代欧洲文化是“无尽的空间”。这三种基本象征都是取之于空间境界，而他们最具体的表现是在艺术里面。埃及金字塔里的甬道，希腊的雕像，近代欧洲的最大油画家伦勃朗（Rembrandt）的风景，是我们领悟这三种文化的最深的灵魂之媒介。[1]

斯宾格勒所谓的文化的“基本的象征物”或“象征”，是一种

---

1 宗白华：《中国诗画中所表现的空间意识》，见《宗白华全集》第2卷，合肥：安徽教育出版社，1994年，第420页。

“可感觉到的符号”，它的范围也是广泛的，几乎无所不包，囊括了我们生活的这个世界的方方面面。

> 象征是可感觉到的符号，是某一确定意义终极的，不可分的，尤其是不请自来的印象。一个象征，即是现实的一种特征，对于感觉敏锐的人来说，这特征具有一种直接的和本质上确定的意义，它是用理性过程所无法沟通的。多立克风格，早期阿拉伯风格或早期罗马风格的装饰的细部；村舍和家庭，交往，服装和礼仪等的形式；一个人的步态和风度；人和动物的沟通方式及共同体形式；另外还有自然及其树木，牧场，羊群，云彩，星空，月光和雷雨，植物的花朵和败叶，距离近和远等到全部的无声语言——所有这一切，都是宇宙给予我们的象征性的印象，我们可以觉察到这种语言，并且在我们反思的时刻，完全能听到这种语言。反过来，那从一般人性中产生出来的家族，阶级，部落，最后还有文化，并将其如此集合在一起的，正是一种同源的理解的意识。[1]

所以，“象征”也可以说是无所不在。而“象征”最为重要的功能就是能够“表象”出人们的各种意识，斯宾格勒引用了歌德的诗句来对这点予以概括：“因此，说到纯粹的人的大宇宙，我们可以运用那句经常被引用的话，将其作为接下来的所有一切的格言：‘一切无常事物，无非譬喻一场。’”[2] 宗白华对他的这个观点是赞同的，

1　[德] 斯宾格勒：《西方的没落》第 1 卷，吴琼译，上海：上海三联书店，2006 年，第 158 页。

2　[德] 斯宾格勒：《西方的没落》第 1 卷，吴琼译，上海：上海三联书店，2006 年，第 162 页。

他曾同样引用歌德的这句诗来谈自己对“象征”的理解：“山水，花鸟和草木不也是能寄托深刻的政治意识吗？歌德的《浮士德》末尾总结性的两句诗说：‘一切的消逝者，都是一象征。’”[1] 但是斯宾格勒认为，象征作为既成事物，只能是空间性的，“世上只存在可感觉的空间性的象征”。[2] 所以，他在《西方的没落》中所取的各种文化的“象征”均是属于“空间境界”中的事物，如埃及的“路”、希腊的“立体”和欧洲的“无尽的空间”等，而这三种事物又分别通过典型的艺术具体表现了出来，如金字塔的甬道、希腊的雕像、伦勃朗的风景画等，它们也因此成了我们理解这三种不同的文化的“媒介”。

宗白华以此考察中国诗画中的空间意识，认为其所表现的“空间意识”是与这三种文化不同的，“（中国绘画）全幅画面所表现的空间意识，是大自然的全面节奏与和谐。画家的眼睛不是从固定角度集中于一个透视的焦点，而是流动着飘瞥上下四方，一目千里，把握全境的阴阳开阖，高下起伏的节奏”。[3] 而这种“节奏化了的自然”，就是中国诗画的“空间境界”。宗白华认为除了诗歌外，这种“基本精神”还突出表现在山水画里。换句话说，宗白华认为中国文化的“基本象征物”就是“大自然”或者“节奏化的了自然”，这种“自然”当然已经不是普普通通的自然了，而是经过加工的“人化”的自然，是中国人特有的“节奏化了的自然”。

当然，宗白华在此对“自然”的发现，不能说与斯宾格勒全然

1 宗白华：《关于山水诗画的点滴感想》，见《宗白华全集》第3卷，合肥：安徽教育出版社，1994年，第374页。

2 ［德］斯宾格勒：《西方的没落》第1卷，吴琼译，上海：上海三联书店，2006年，第160页。

3 宗白华：《中国诗画中所表现的空间意识》，见《宗白华全集》第2卷，合肥：安徽教育出版社，1994年，第422页。

无关，因为斯宾格勒曾指出，对自然的处理是不同的艺术家即不同的文化的“函数”(function)，“每个艺术家都是通过线条和音调来处理‘自然’，每个物理学家——希腊的，阿拉伯的或德国的——都是把‘自然’分解成终极的要素，他们何以不用同样的方法来发现同样的东西？因为他们各自有自己的自然，尽管每个人都相信他所拥有的自然同别的所有人的自然是一样的——这种天真，实际上正是他的世界观和他的自我的救星。可自然是一种整个地充满最个人性的内涵的所有物。自然是某一特殊文化的函数。”[1] 宗白华认为中国人的“节奏化了的自然”的“文化的函数”在各种艺术里都有具体的表现，且集中表现在书法、绘画与诗歌里。但诗书画在中国的文化传统中，素来被认为是一体的，所以宗白华更强调这三者作为一个整体的艺术对中国文化的“空间意识”的表现。当然，中国建筑作为综合艺术，同样也不可避免地表现出了中国的“文化的最深的灵魂”。

> 一切艺术综合于建筑，绘画雕刻原本建筑之一部，而礼乐诗歌剧舞之表演亦与建筑背景协调成为一片美的生活。所以每一文化的强盛时代，莫不有伟大建筑计划以容纳和表现这丰富的生命。综合建筑成为都市，都市计划之完美，实为文化高明之象征。西洋学者常赞叹北平为世界最美的都市之一。从北平略可窥见中国都市计划的意向。中国建筑最讲求自然背景的调适。风水之说在迷信的外形下，具含着一种“大自然的美学”。

1 ［德］斯宾格勒:《西方的没落》第 1 卷，吴琼译，上海：上海三联书店，2006 年，第 163 页。

北平的都市计划，实曾着眼于数百里路以内的山河形势。[1]

宗白华在此从宏观上谈到了中国建筑的最为突出的特征，那就是“最讲求自然背景的调适”，即建筑与自然的和谐，所以，即使如北京这么巨大的都市，也“着眼于数百里路以内的山河形势”。这就是中国文化“基本精神”对“大自然”的追求与“表象”，而以此眼光审视有着“迷信的外形”的“风水之说”，则可有不同的理解，那就是“风水”其实一种“大自然的美学”。因为“风水”中直接含有建筑对“山水”的处理法则。

> 我们当然不能改变山水，创造山水，但能体验到山水的风格。伟大的建筑家能因山就水，度其形势，创造适合的建筑物，表达出山水的风格，以人为的建筑结构显示出山水的精神灵魂，有画龙点睛之妙。这种微妙直觉的理论化与迷信化就成为“风水”之说。艺术家以一建筑结构控制自然于一秩序和谐条理之中，犹如科学家的控制自然于一逻辑体系之下。[2]

“风水”的“因山就水，度其形势”是为了让建筑“表达出山水的风格”，从而“显示出山水的精神灵魂”，使得我们能体验到“山水的风格”。而“山水的精神与灵魂”需要用“人为的建筑结构”将其捕捉表象出来，即以建筑的“秩序”“和谐”与“条理”来把握自然的内在的秘密，令人可见可感，这就是“节奏化了的自然”。因

1 宗白华：《〈我国都市计划溯源〉编辑后语》，见《宗白华全集》第2卷，合肥：安徽教育出版社，1994年，第258页。

2 宗白华：《技术与艺术》，见《宗白华全集》第2卷，合肥：安徽教育出版社，1994年，第185页。

此，宗白华认为：“音乐和建筑的秩序结构，尤能直接地启示宇宙真体的内部和谐与节奏，所以一切艺术趋向音乐的状态，建筑的意匠人。”[1] 因而，不能把中国的“风水”予以简单化的理解，更不能以所谓的科学为标准而斥之为“迷信”，因为，“风水”同时也意味着对建筑与大自然的关系的独特的理解和安排，这其中反映的是“中国文化的美丽精神”。

> 我们发明指南针，并不曾向海上取霸权，却让风水先生勘定我们庙堂，居宅及坟墓的地位和方向，使我们生活中顶重要的“住”，能够选择优美适当的自然环境，“居之安而资之深”。我们到郊外，看那山环水抱的亭台楼阁，如入图画。中国建筑能与自然背景取得最完美的调协，而且用高耸天际的层楼飞檐及环拱柱廊，栏杆台阶的虚实节奏，昭示出这一片山水里潜流的旋律。[2]

这就是中国文化的“空间境界”在建筑里的表现，它是一种不折不扣的“大自然的美学”。而经过“风水”所安排的中国的建筑与“山水”的“最完美的调谐”，其实是对“空间”予以“自然化”处理，它所体现的就是“大自然的全面节奏与和谐”，这也是中国的文化空间的“生命情绪”。

1　宗白华：《中国艺术意境之诞生》，见《宗白华全集》第 2 卷，合肥：安徽教育出版社，1994 年，第 333 页。

2　宗白华：《中国文化的美丽精神往那里去?》，见《宗白华全集》第 2 卷，合肥：安徽教育出版社，1994 年，第 402 页。

三、“空间”的“虚与实”：“可望”之美与“窗棂花”

宗白华认为在中国建筑里，园林是最可以表达中国的“空间境界”的建筑艺术。因为中国的园林艺术尤其注重与自然的协调与沟通，紧紧把大自然放在最重要的地位，“他们总要通过建筑物，通过门窗，接触外面的大自然”。[1] 宗白华认为中国古代诗文中对园林的这个特点的描述已屡见不鲜，如左思《蜀都赋》中言“开高轩以临山，列绮窗而瞰江”等，所以，中国的园林的空间布置可以说是把大自然放在中心的，不管是现实中的颐和园、留园、拙政园，还是《红楼梦》里的大观园，都很重“借景”等手法，其目的之一就是能够“接触外面的大自然”，还有一个目的就是丰富空间的层次及美感。

> 无论是借景，对景，还是隔景，分景，都是通过布置空间，组织空间，创造空间，扩大空间的种种手法，丰富美的感受，创造了艺术意境。中国园林艺术在这方面有特殊的表现，它是理解中国民族美感特点的一项重要的领域。概括说来，当如沈复所说的：“大中见小，小中见大，虚中有实，实中有虚，或藏或露，或浅或深，不仅在周回曲折四字也。”（《浮生六记》）这也是中国一般艺术的特征。[2]

---

1 宗白华：《中国美学史中重要问题的初步探索》，见《宗白华全集》第 3 卷，合肥：安徽教育出版社，1994 年，第 478 页。

2 宗白华：《中国美学史中重要问题的初步探索》，见《宗白华全集》第 3 卷，合肥：安徽教育出版社，1994 年，第 479 页。

在这种对空间的自然化的处理和丰富中，中国的园林产生了空间的“大”与“小”、“虚”与“实”的对比与转化，这是中国园林艺术的“特殊的表现”，也是特有的“中国民族美感”。而宗白华指出，这种“美感”实质上就是一种“可望”之美。

> 宋代的郭熙论山水画，说“山水有可行者，有可望者，有可游者，有可居者。”（《林泉高致》）可行，可望，可游，可居，这也是园林艺术的基本思想。园林中也有建筑，要能够居人，使人获得休息。但它不只是为了居人，它还必须可游，可行，可望。“望”最重要。一切美术都是“望”，都是欣赏。不但“游”可以发生“望”的作用（颐和园的长廊不但领导我们游，而且领导我们“望”），就是“住”，也同样要望。窗子不单为了透空气，也是为了能够望出去，望到一个新的境界，使我们获得美的感受。[1]

正是出于对“可望”之美的追求，使中国的园林里的亭台楼阁走廊窗子都以通透“可望”为目标，给人以“可望”之美，当然，这其中最重要的就是窗户。有意思的是，斯宾格勒在讨论建筑时，也很喜欢以窗户来分析不同建筑所折射出的文化意义，他曾把哥特式建筑的窗户作为体现近代欧洲文化中的浮士德精神的最重要的建筑构件：“作为建筑的窗户，是浮士德心灵所特有的，是这一心灵的深度经验最重要的象征。在它那里，可以感觉到一种想从内部向无

1　宗白华：《中国美学史中重要问题的初步探索》，见《宗白华全集》第3卷，合肥：安徽教育出版社，1994年，第477页。

限升腾的意志。”[1] 宗白华也对中国建筑中的窗子的运用特别关注。他曾参考时为同济大学教师的陈从周的《中国建筑概论》中的相关内容，对中国建筑独有的窗棂的样式进行了比较细致的探讨。

> 窗菱（棂）花是中国建筑构件装饰特出的成就之一。它最初可能是木板门窗上雕刻透空花纹。……由于长期以来使用纸作为透视面积以及雕空花的启示，匠师们费尽心机创造出无数便于糊纸的窗格图案。（如早有玻璃，不会有这样多的，钢窗更少图案）砖造漏窗在南方住宅花园中是很重要的装饰构件。它与木造菱花窗，以材料性质不同而获得另一风格，完全空敞的窗洞和门洞，则做成各种不同的形状，如扇形、圆形、瓶形和秋叶形等，它们以本色的形象取得装饰作用，仅仅在边线上做出凸起或暗色的线脚，使它自己的轮廓鲜明，有很多空窗是和室外环境配合的。好像窗洞是一画框，而外面的风景（在框内由于隔离和集中作用），成为悬挂在室内墙上的一幅画，使得室内布置与室外风景巧妙联系起来。[2]

宗白华认为，当我们透过窗户观察风景时，我们看到的不仅仅是一幅幅“画”或有限的“风景”，而是“虚中有实，实中有虚”的变奏，更可看到四时的交替，辽阔无涯的汪洋大海，如计成《园冶》所言：“轩楹高爽，窗户邻虚，纳千顷之汪洋，收四时之烂漫。”看到的是杜甫透过窗户所看到的“千秋之雪，万里之船，也就是从一

1 ［德］斯宾格勒：《西方的没落》第 1 卷，吴琼译，上海：上海三联书店，2006 年，第 161 页。

2 宗白华：《中国美学思想专题研究笔记》，见《宗白华全集》第 3 卷，合肥：安徽教育出版社，1994 年，第 518 页。

门一窗体会到无限的空间，时间”[1]，这就是是大自然的旋律，是无言的天地之大美与宇宙的生生不息的深闳的情怀。

在《西方的没落》中，斯宾格勒也敏感地注意到中国建筑的最大特点就是其对“Landscape”即“风景”或“山水”的重视，这是一种与别的文化中的建筑不同的特点，因为其表达了一种对自然的亲切的感情。

> 在别的任何地方，风景（landscape）都没有成为如此真实的建筑材料。……寺院不是一个自足的建筑，而是一种布局（lay-out），在其中，众多的山水花木和石头都处于明确的形式和布置之中，正如众多的门墙桥屋一样重要。这种文化是唯一的，在这种文化里，造园艺术是一种伟大的宗教般的艺术。有很多园林是特殊的佛教宗派的反映。这是一种风景的营造术，而且只有这种园林用它们的平面的广延和把屋顶作为实际的表现性的元素予以强调，才解释了这些建筑的营造术。[2]

斯宾格勒认为寺院也好，花园也好，都着意于“风景”的营造。为此中国的建筑通过“借景”（Espouses），设置“影壁”，布置“迷宫般的路径”等，来追随“作为生命之途的道”。显然，他的这些看法与宗白华的看法有异曲同工之妙。但作为一个生活在异域文化中的外国人，他对中国建筑的认识没有宗白华贴切，也是可以理解的。

1　宗白华：《中国美学史中重要问题的初步探索》，见《宗白华全集》第3卷，合肥：安徽教育出版社，1994年，第478页。

2　Oswald Spengler, *The Decline of the West* (volume Ⅰ, Form and Actuality), translated by Charles Francis Atkinson, New York City: Alfred A. Knopf, 1926, p. 190.

四、“空间”的“形而上学”：“气韵”“离卦”与“贲卦”

宗白华通过“空间”考察中国园林，既是为了求其“一般的艺术特征”，以从中发现中国文化的“空间的境界”，同时也是为了从中考究“中国民族美感特点”，以提炼其“形而上学”的美学思想。他曾经表示过对德国学者的仰慕：“德国学者治学的精神有它的特点：一方面他们都富于哲学的精神，治任何学问都钻研到最后的形而上学的问题，眼光阔大而深远，不怕堕入晦涩艰奥。另一方面却极端精细周密，不放松细微末节，他们缺乏英国人的风度潇洒，也不及法国人的一清如水。”[1] 这其实也是宗白华的“夫子自道”，他在讨论中国艺术及中国的建筑时也都秉有一种“哲学的精神”，并且也是总想“钻研到最后的形而上学的问题”。这使得他在研究中国的艺术时，不仅看到他人所不能看到的东西，而且还能看到比他人看到的更“深”的东西。他从中国的书法、绘画与戏剧中发现了一个共同的特点，那就是“它们里面都是贯穿着舞蹈精神（也就是音乐精神），由舞蹈动作显示着虚灵的空间”。

> 中国艺术上这种善于运用舞蹈形式，辩证地结合着虚和实，这种独特的创造手法也贯穿在各种艺术里面。大而至于建筑，小而至于印章，都是运用虚实相生的审美原则来处理，而表现出飞舞生动的气韵。《诗经》里的《斯干》那首诗里赞美周宣王

1 宗白华：《跋〈文艺史学与文艺科学〉》，见《宗白华全集》第2卷，合肥：安徽教育出版社，1994年，第472页。

的宫室时就是拿舞的姿式来形容这建筑，说它“如跂斯翼，如矢斯棘，如鸟斯革，如翚斯飞”。[1]

这种因“舞蹈精神”也即音乐精神而生发出的“虚实相生”的审美的艺术创造手法，在园林中的表现有两个方面，首先是前文提到的由门窗及亭台楼阁所创造的“可望”之美，“中国园林以亭(空)、廊（虚)、台（虚)、阁（虚)、池水、桥洞为‘隔而透空’之工具，以形成中国的有节奏的空间感，造成无数不同空间之流动的时间中的综合，如听一交响乐之起伏节奏，主题变化”[2]。其次，就主要体现在此处所说的周宣王的宫室所具有的“舞的姿式”上，而其所传达出的就是一种“飞动之美”。

在汉代，不但舞蹈，杂技等艺术十分发达，就是绘画，雕刻，也无一不呈现一种飞舞的状态。图案画常常用云彩，雷纹和翻腾的龙构成，雕刻也常常是雄壮的动物，还要加上两个能飞的翅膀。充分反映了汉民族在当时前进的活力。这种飞动之美，也成为中国古代建筑艺术的一个重要特点。[3]

这种周宣王时即有的“飞动之美”不仅表现在中国建筑的外形如“飞檐”和如鸟翼一般起翘的屋顶上，还有建筑内外装饰的图案上，云彩、雷纹、龙等在中国的文化里都是可以与“飞动”联系起

1 宗白华：《中国艺术表现里的虚和实》，见《宗白华全集》第3卷，合肥：安徽教育出版社，1994年，第390页。

2 宗白华：《中国美学思想专题研究笔记》，见《宗白华全集》第3卷，合肥：安徽教育出版社，1994年，第524页。

3 宗白华：《中国美学史中重要问题的初步探索》，见《宗白华全集》第3卷，合肥：安徽教育出版社，1994年，第475页。

来的事物，而这种“飞动”背后就是一种“气韵”，这是大化流行的音乐，是天地万物和谐共生的气息与韵律。

宗白华对于“气韵”的发现与把握，可谓是对中国建筑的“形而上学”的沉思，但他并未止止步于此，他更从《易经》的卦象中寻找出和建筑有关的离卦（☲）和贲卦（䷕），特别是离卦，并以此为据勾画了自己对于中国建筑艺术的形而上的思索。

> 离也者，明也。“明”古字，一边是月，一边是窗。月亮照到窗子上，是为明。这是富有诗意的创造。而离卦本身形状雕空透明，也同窗子有关。这说明离卦的美学和古代建筑艺术思想有关。人与外界既有隔又有通，这是中国古代建筑艺术的基本思想。有隔有通，这就依赖着雕空的窗门。这就是离卦包含的一个意义。有隔有通，也就是实中有虚。这不同于埃及金字塔及希腊神庙等的团块造型。中国人要求明亮，要求与外面广大世界相交通，如山西晋祠，一座大殿完全是透空的。《汉书》记载武帝建元元年有学者名公玉带，上皇帝时明堂图，谓明堂中有一殿，四面无壁，水环宫垣，古语“堂皇”，“皇”即四面无墙的房子。这说明离卦的美学乃是虚实相生的美学，乃是内外通透的美学。[1]

“离”即“明”，即有月照窗，有“雕镂”之美，雕镂的窗门之镂空、透明，又可使空间内外交流，实中有虚，虚实渗透，变化，呼吸，如有“气韵”使然。因此，可以说，“离卦的美学”就是中国

---

1 宗白华：《中国美学史中重要问题的初步探索》，见《宗白华全集》第3卷，合肥：安徽教育出版社，1994年，第461页。

建筑的美学思想的最富有诗意也是最形象的概括，而离卦所蕴含的意思远不止这些，它更意味着一种“附丽”“附著”之美。

> 《周易正义》曰：“离，丽也，丽谓附著者也，言各得其所附著处，故谓之离也。”（丽也）以镂雕的图案花纹，各得其所附著之处（物体），即谓之丽。中国的建筑之美，亦即镂刻之美。（非希腊之圆雕）以木刻栋梁、柱廊、榱桷、飞檐、阑干为美。而此中国建筑美却以大自然之山水为其所附着体。故中国建筑在山川中为山水之附着物，与山水融合，如雕镂之附于物体一样。其自身虽为雕镂式的柱廊绮窗飞檐之美，似与山水不同，却能浑然融合，成为一体。不似希腊庙宇独立于自然环境中，相抗立，中古大教堂则矗立于城市鳞鳞万户之上，整个城市建筑群与大自然相对立，而控制之，如封建主之控制四周农奴，佃户。以李思训的《九成宫图》与雅典万神殿相对比。[1]

“离”即“丽”，即“附著”。“雕镂”之美“附著”于木结构的中国建筑之上，而中国建筑又以“附着”在大自然的山水之中，与山水“浑然融合，成为一体”，这正是离卦之美，也正是对中国建筑的“空间的境界”的概括。宗白华对贲卦的释读，也从一个侧面体现了他对中国建筑何以以园林之美为最高境界的美的概括。

> 《易经》杂卦说：“贲，无色也。”这里包含了一个重要的美学思想，就是认为要质地本身放光，才是真正的美。所谓“刚

1　宗白华：《中国美学思想专题研究笔记》，见《宗白华全集》第 3 卷，合肥：安徽教育出版社，1994 年，第 519 页。

> 健，笃实，辉光”就是这个意思。这种思想在中国美学史上影响很大，像六朝人的四六骈文，诗中的对句，园林中的对联，讲究华丽词藻的雕饰，固是一种美，但向来被认为不是艺术的最高境界。汉刘向《说苑》：孔子卦得贲，意不平，子张问，孔子曰，“贲，非正色也，是以叹之”，“吾闻之，丹漆不文，白玉不雕，宝珠不饰。何也？质有余者，不受饰也”。最高的美，应该是本色的美，就是白贲。刘熙载《艺概》说：“白贲占于贲之上爻，乃知品居极上之文，只是本色。”所以中国人的建筑，在正屋之旁，要有自然可爱的园林；中国人的画，要从金碧山水，发展到水墨山水；中国人作诗作文，要讲究“绚烂之极，归于平淡”。所有这一切，都是为了追求一种较高的艺术境界，即白贲的境界。白贲，从欣赏美到超脱美，所以是一种扬弃的境界。[1]

也就是说，宗白华认为贲卦所揭示的“白贲”之美才是中国艺术境界之“最高的美”。这种“本色的美”表象在建筑上，却非金碧辉煌的宫殿，而是“自然可爱的园林”。

五、“空间”的“方向”：“死亡”与生命的情绪

宗白华对建筑及中国建筑艺术的批评，因为借鉴了斯宾格勒的思想方法而别开生面。他从斯宾格勒提示的“空间”出发观察中国建筑艺术，从中发现其“生命情绪”，以求呈现出国人的“民族美

1 宗白华：《中国美学史中重要问题的初步探索》，见《宗白华全集》第3卷，合肥：安徽教育出版社，1994年，第460页。

感”，所得不可为不“深”。但他其实并没有完全接受斯宾格勒对“空间”的解释与定义，而是有选择地把斯宾格勒的“空间”予以改造并加以利用。其中最关键的就是宗白华摒弃了斯宾格勒的“空间”所散发出的“死亡”的气息，把人在面对“空间”时所产生的“死亡”恐惧转化为与自然宇宙的合一。而从这个转化之中，可以看出宗白华作为中国人的思想的特点。

斯宾格勒认为，“空间”与死亡有一种很深刻的内在联系。因为“空间”实际上产生于人对死亡的“恐惧”和“沉思”。人之所以成为人，就是因为有死亡。

> 当人第一次成其为人，并体认到他在宇宙中无比的孤独感时，世界恐惧就第一次将自身揭示为实质上是人面对死亡，面对光的世界的极限，面对僵硬的空间产生的恐惧。在这里，高级的思维也作为对死亡的沉思而出现了。每一种宗教，每一种科学研究，每一种哲学，都是从这种恐惧中产生出来的。每个伟大的象征主义都把它的形式语言附着在对死者的祀拜上，附着在安顿死者的形式上和死者的墓地的装饰上。埃及风格开始于法老的陵墓，古典风格开始于棺椁，阿拉伯风格开始于陵寝和石棺，西方风格开始于借僧侣之手每天重现耶稣牺牲，受难的大教堂。从这一原始恐惧中，还涌现了各种类型的历史感受，古典的历史感受在于它对生命丰盈的现在的留恋，阿拉伯式的历史感受在于它的赢得新生，战胜死亡的洗礼仪式，浮士德式的历史感受则在于它的使人配得上领受耶稣的圣体并因此获得不朽的忏悔。[1]

1　[德] 斯宾格勒:《西方的没落》第 1 卷，吴琼译，上海：上海三联书店，2006 年，第 161 页。

也即是讲，“空间”犹如宗教、科学与哲学一样，都是源自人对自身将会死亡的“恐惧”，只不过其“沉思”的形式是以“空间”这种“象征主义”的手法来表象的，而最初的“空间”其实起源于亡人的“墓地的装饰”，所以，“空间意识”本质上是一种对死亡的意识。埃及的“空间”产生于法老的陵墓，希腊的古典的“空间”、阿拉伯的“空间”同样也产生于棺椁与陵寝，因为这些不同的“象征”死亡的“空间”，他们又产生了不同的对待死亡的“感受”即“情绪”。斯宾格勒对“空间”的研究实际上是从死亡出发来探讨其所“象征”的人的态度的，这就是“空间的秘密”之所在。因此，可以从人们在意识到死亡之后对于最终指向死亡的“方向”（direction）的“表现”（expression），来考察其的“空间”意识。他认为中国的建筑同样起自对死去祖先的墓地的营造。

> 而伴随着心灵的觉醒，方向（direction）也开始得到生动的表现（expression）——古典的表现在于稳固地依附于近在此时（the near-present）的事物，而排除了遥远的和未来的事物；浮士德式的表现在于方向能量（direction-energy）仅仅是盯着最遥远的地平线，中国人的表现，在于自由地忽左忽右地徘徊着（wandering）走向终究要去的目标，埃及人的表现在于一旦进入那条道路就义无反顾地走了下去。[1]

在斯宾格勒看来，不同的人朝向死亡时态度是不同的，希腊人、浮士德式的近代欧洲人和埃及人朝向死亡的方式各不相同，中国人

1 Oswald Spengler, *The Decline of the West* (volume Ⅰ, Form and Actuality), translated by Charles Francis Atkinson, New York City: Alfred A. Knopf, 1926, p. 174.

朝向死亡的方式是一种“wandering”，即“徘徊”或“踌躇”，以此来回避和拖延与死亡的照面。这就是斯宾格勒发现的中国的建筑的空间注重“风景”的编排故竭力使道路迂回曲折有如迷宫的原因。而宗白华在探讨中国的建筑的空间及别的艺术的空间时，却有意回避了空间的死亡属性以及带给人的各种与死亡有关的感受，仅以“情绪”或“生命的情绪”来予以“去死亡化”的描摹，把空间与人之间的紧张的死亡关系处理成了富有韵律的人与自然和宇宙之间相互观照“互摄互映”的与天地同一的乐观关系。结语，宗白华曾引用王船山赞诗家语“以追光蹑影之笔，写通天尽人之怀”来表达出“中国艺术的最后理想和最高的成就”，而中国的建筑又何尝不是如此?

> 中国人爱在山水中设置空亭一所。戴醇士说：“群山郁苍，群木荟蔚，空亭翼然，吐纳云气。”一座空亭竟成为山川灵气动荡吐纳的交点和山川精神聚集的处所。倪云林每画山水，多置空亭，他有“亭下不逢人，夕阳澹秋影”的名句。张宣题倪画《溪亭山色图》诗云：“石滑岩前雨，泉香树杪风，江山无限景，都聚一亭中。”[1]

宗白华这段文字里所描述的可“吐纳云气”的“空亭”就是中国建筑艺术精神的优美的象征。宗白华曾批评中国文化缺乏形而上学的追寻，讳言死亡，因此缺乏对死亡的沉思和考究，但他本人同样有这样的问题。或者，这也正说明了他虽然思想上深受德国等欧

---

1 宗白华：《中国艺术意境之诞生》，见《宗白华全集》第 2 卷，合肥：安徽教育出版社，1994 年，第 336 页。

洲文化的影响，但情感上还是个中国人。不过，虽然宗白华在对中国建筑空间的批评中有形无形地受到了斯宾格勒的影响，但并不影响宗白华对中国建筑艺术的独到的理解。因为，他对中国建筑艺术之美的感受显然比斯宾格勒更深，也更中国，这与斯宾格勒的看法并不矛盾，他始终认为，只有身处某种文化之中才能更准确和深入地理解这一种文化，而身处另外一种文化的人对别的文化的理解，无论如何深刻，也都始终是隔靴搔痒。这也许是宗白华对中国建筑之美的批评即使是片言只语，也让我们深感会心的原因。

第九章　努力创造我们的技术

——宗白华对斯宾格勒技术观的批评

在中国现代学者中，宗白华是为数不多的曾对技术问题进行过比较深入的思考的人。技术有着与人类一样古老的历史，“技”字与手有关，篆文为手握杆子，《说文解字》释为“巧也”，意为手借助工具巧妙用力。而英文技术“technic”之希腊字义也有“手”的“巧妙”运用之意。通过技术的发明与运用人的手的功能也得到延伸和扩大，最终不仅改变了外在的自然，同时也改变了内在的自然，而这正是人之为人的一个重要的因素。所以，对技术的探讨从某个角度来说，就是对人的探讨，对不同时代的技术的思考就是对不同时代的人的思考。

早在20世纪30年代前后，宗白华借助于对斯宾格勒的技术思想的介绍和理解，就对“技术”（technics）尤其是近代以来以蒸汽机为代表的“机器技术”（machine-technics）进行了较为深入的思考。他对技术在人类社会发展中的积极作用及其所带来的负面影响都进行了探讨，其中有些思考至今仍不失其价值。不过，他对技术的思考并不仅仅局限于技术本身，而是把技术放在与哲学和艺术的相互关系中进行考察，从中来把握技术的实质。因为他认为技术与哲学一样，都是人类古已有之的东西，而且，最早运用古代技术的那些神巫或魔术师就是“哲学的前身”或“古代知识智慧的保藏者”，他们是“智慧与技术集于一身”的人物，而“近代科学研究的开始，仍系由中古时代的魔术师，炼金术士为前驱”。[1] 也就是说，最早技术与哲学互为彼此，对技术的最初的运用产生了哲学，之后的科学同样由此萌芽并贯穿了技术与哲学的精神。宗白华认为，与技术和哲学同时出现的，还有艺术。“人类既知用智力控制宇宙，把握世界，知道用适当的方法，达生活的目的，发明工具，创出人的技术。而思索宇宙全体的哲学思想与欣赏自然整个图画的艺术心灵也就同时产生。”[2] 所以，宗白华在思考技术的同时，也一直在对与其伴生的哲学和艺术以及三者之间互动的关系进行着思考。

宗白华因为学术研究兴趣和路径的关系，最初对技术的思考是和艺术紧紧联系在一起的，其后才由“艺术的技术”拓展到近代社会的机器技术乃至人类生命的技术的思考。从他思考的问题的焦点或者所凭借的手段来看，他主要还是受到康德和斯宾格勒等人的思想的影响和启发。具体而言，可以约略把他对技术的思考分为三个层面：首先是他对于作为艺术的技术的思考，其次是他对机器的技术的思考，最后是他对技术与艺术及哲学等问题的综合的思考。但需要强调的是，他对这三者的思考并非界限分明，这么区分只是为了论述的方便。

1　宗白华：《近代技术的精神价值》，见《宗白华全集》第 2 卷，合肥：安徽教育出版社，1994 年，第 165 页。

2　宗白华：《技术与艺术：在复旦大学文史地学会上的演讲》，见《宗白华全集》第 2 卷，合肥：安徽教育出版社，1994 年，第 182 页。

一、艺术的技术：具体的创造的技术

宗白华对技术的意识源自与艺术的接触，他早年的古典诗歌的写作使他意识到艺术中的技术因素，如字词的安排、格律与韵脚的选择等，或许正是有此经验，他开始进行艺术学及美学的研究后，更是对艺术中的技术问题予以持续的关注，最为突出的表现就是他对艺术的“形式”问题的探讨。

1. 艺术家的技术：“将生命表现于形式之中”

因为深受康德的形式主义美学观的影响，宗白华对艺术的“形式”问题的思考更多的来自对其相关思想的发挥。如他认为，艺术之所以成为艺术，就在于其具备一种“形式”的要素，每种不同的艺术都拥有其不同的“形式”，艺术家创造某种艺术其实就是在创造某种“形式”以进行“心灵表现”。

> 艺术有“形式”的结构，如数量的比例（建筑）、色彩的和谐（绘画）、音律的节奏（音乐），使平凡的现实超入美境。但这“形式”里面也同时深深地启示了精神的意义、生命的境界、心灵的幽韵。
>
> 艺术家往往倾向于以“形式”为艺术的基本，因为他们的使命是将生命表现于形式之中。而哲学家则往往静观领略艺术品里心灵的启示，以精神与生命的表现为艺术的价值。[1]

1　宗白华：《哲学与艺术：希腊大哲学家的艺术理论》，见《宗白华全集》第 2 卷，合肥：安徽教育出版社，1994 年，第 53 页。

艺术家之所以是艺术家，就是因为他们有能力使物质“形式化”或者说拥有一种“形式化”的能力，所以，宗白华说，艺术家是个“小造物主”。艺术的创造就是“形式化”的过程，是一种“造型”。在这个过程中，艺术家必须拥有一定的“形式化”的“技术”。因为，艺术家要“将生命”表现在其中，同时，还要描写“自然景物”，离开技术将无法赋予材料以“形式”。这就是郑板桥所谓的变“眼中之竹”为“胸中之竹”，再到“手中之竹”，最后成为“纸上之竹”的艺术创造过程，其中每一个环节都需要技术的运用。这与只需通过“静观”来领略艺术品的哲学家是不同的。因此，宗白华指出，艺术家最初就是“手工艺者”或“职业的劳动者”，其实就是个靠“手”或“手艺”吃饭的工匠。工匠就是有技术的人，如希腊艺术家所崇拜的火神赫菲斯托斯（Hephaestus）就是一个工匠，他不仅是建筑师，还是铁匠与武器师等。所以，宗白华之所以津津乐道于希腊的雕塑家米龙（Myron）雕刻的牛栩栩如生、宙克西斯（Zeuxis）画的葡萄引飞鸟来啄食、中国画家曹不兴为孙权所画屏风上之苍蝇引孙权拂拭等，实际上都是为了强调了艺术家的技术涵养：“这种写幻如真的技术是当时艺术所推重。”[1] 因此，也可以说，如果那些艺术家没有“写幻如真”的“技术”，就不会有这些栩栩如生的艺术。正是因为持有这种观点，宗白华把技术放在艺术创造的最为重要的地位，甚至是首要的地位。

而艺术的创造首先就需具体的创造的技术。所以，如果要创造艺术则同时也需要研究与其有关的技术。无论是人体的雕塑、神庙与教堂的建筑、绘画的光影与明暗、文学的语言的运用、音乐的旋

1 宗白华：《哲学与艺术：希腊大哲学家的艺术理论》，见《宗白华全集》第 2 卷，合肥：安徽教育出版社，1994 年，第 60 页。

律，都需要艺术家掌握必要的技术才能创作出来。只有“具体的创造的技术”方能给予未经雕琢的自然的东西以“形式”，使其带有人的“生命”的意味与情调，从而成为艺术，所以，没有技术就没有艺术，技术是艺术的基础。若无技术，一块没有生命的石头不可能变成一个人体，一堆杂乱的声音不可能变成一曲乐音。其余如建筑、绘画、文学等，也都是如此。

2. 从技术评艺术："求目与手之准确精炼"

因此，宗白华自己在探讨艺术时，就对艺术的“具体的创造的技术”很重视，他在研究艺术理论和批评艺术时，更是有意从技术的角度入手来思考问题。他很欣赏谢赫的绘画“六法”，也把“六法”作为评价中国绘画的最高标准，其中一个很重要的原因就是，他认为“六法”中，除了第一法“气韵生动”外，从第二法到第六法，即“骨法用笔”“应物象形”“随类赋彩”“经营位置”“传移模写”，基本上都是绘画的“技术”：

> 此六法中之应物象形与随类赋彩，即是临摹自然，刻画造化中之真形态。经营位置，是布置万象于尺幅之中，使自然之境界成艺术之境界。骨法用笔，则是中国绘画工具之特点。笔与墨之运用，神妙无穷：可以写轮廓，可以供渲染，有干湿笔轻重虚实巧拙繁简之分，而宇宙间万种形象，山水云烟，人物花鸟，皆幻现于笔底。且笔之运用，存于一心，通于腕指，为人格个性直接表现之枢纽。[1]

1　宗白华：《徐悲鸿与中国绘画》，见《宗白华全集》第 2 卷，合肥：安徽教育出版社，1994 年，第 49 页。

宗白华认为只有待此“五法”精熟，才能达到中国绘画最高境界之“气韵生动”。由此可见，艺术与技术须臾不可离，艺术几乎完全是建立在技术的基础上的。西洋画同样如此。他在谈到中西画在透视上出现的根本差别时，也特地强调自己对技术的重视：“曾于《图书评论》第二期（即《介绍两本关于中国画学的书并论中国的绘画》一文）从宇宙观及技术工具之观点比较略论及之。”[1] 但实际上宗白华只是从宇宙观上论述了中西绘画之不同的追求，他在此文中推荐的是郑午昌《中国画学全史》和黄懃园的《山水画法类丛》，而后者则以山水画的“技术”即画法为主要内容的。“本书则专谈画法，而不及画评，画史”[2]，宗白华特地介绍了全书的主要内容，即上篇的“局势”“笔墨”“景象”与“杂论”等，下篇的“画山，画石，皴染，画树，画云，画人等”画法。可见他对中国绘画中的技术的重视。

所以，宗白华在评论他的老友和中央大学同事徐悲鸿的画作时，对他技术的训练尤为关注，特谈其学艺刻苦：“且认定一切艺术当以造化为师；故观照万物，临摹自然，求目与手之准确精炼。（在柏林动物园中追摹狮之生活形态，素描以千计。）”“徐君以二十年素描写生之努力，于西画写实之艺术已深入堂奥。”[3] 从中确实可以看出宗白华对徐悲鸿的“求目与手之准确精炼”的欣赏，对其素描摹狮子近千幅的叹服。显然，他不仅重视艺术的“画理”也重视技术的“画法”。在谈到悲鸿学生孙多慈的素描时，也特地通过素描谈到了

1 宗白华：《徐悲鸿与中国绘画》，见《宗白华全集》第 2 卷，合肥：安徽教育出版社，1994 年，第 51 页。

2 宗白华：《介绍两本关于中国画学的书并论中国的绘画》，见《宗白华全集》第 2 卷，合肥：安徽教育出版社，1994 年，第 47 页。

3 宗白华：《徐悲鸿与中国绘画》，见《宗白华全集》第 2 卷，合肥：安徽教育出版社，1994 年，第 51 页。

绘画的技术性："西洋画素描与中国画的白描及水墨法，摆脱了彩色的纷华灿烂，轻装简从，直接把握物的轮廓，物的动态，物的灵魂。画家的眼，手，心与造物面对面肉搏。物象在此启示它的真形，画家在此流露他的手法与个性。"[1] 再如，谈孙多慈在南京马戏场速写狮子："线纹优秀，表出狮的体积与气魄，真气逼人而有像外之味。""表示作者观察敏锐，笔法坚稳，清新之气，扑人眉宇。"[2] 宗白华不管是谈徐悲鸿时提到的"求目与手之准确精练"，谈孙多慈时提到的"画家的眼，手，心与造物面对面肉搏"，都表现了他对艺术的技术的重视与推崇。

当然，宗白华不只是在谈论绘画时关切技术，谈论其他艺术门类时也总是喜欢从技术着眼。如他谈到莎士比亚的戏剧对人物"性格的描写"时，就指出莎翁这个天才"有点石成金的手段"，即有"与前人不同的独自的技术，以描出角色的内心心里的行为的动机"，因此，他从四个方面探讨了莎翁塑造一个人物的"性格"的"与前人不同的独自的技术"，有"全部的行动"，"不经意的微小的动作或道白"，"性格的对映"，"由别人的口中描出"等。而且，他更是深刻地指出："艺术的价值并不在于题材内容，而在他如何写出。"[3] 这个"如何写出"所瞩目的就是如何将戏剧中的人物予以不同的"形式化"，其内里的关键还是一个技术问题。

1 宗白华：《论素描：〈孙多慈素描集〉序》，见《宗白华全集》第 2 卷，合肥：安徽教育出版社，1994 年，第 116 页。

2 宗白华：《论素描：〈孙多慈素描集〉序》，见《宗白华全集》第 2 卷，合肥：安徽教育出版社，1994 年，第 118 页。

3 宗白华：《莎士比亚的艺术》，见《宗白华全集》第 2 卷，合肥：安徽教育出版社，1994 年，第 157 页。

二、机器的技术：全生命的战略

尽管宗白华早期对技术的思考主要集中在艺术的技术上，即使得艺术“形式化”的“技术”上，但已充分显示了他对技术问题的重视。而宗白华对技术的更为广泛的思考更多还是受到了斯宾格勒的启发，他在谈到斯宾格勒的巨著《西方的没落》时，就指出其对技术的关注：“斯宾格勒又从那陪伴人类发展的技术来诊断这文明的生理阶段。”[1] 但更为直接的影响还是斯宾格勒的《人与技术》（*Der Mensch und die Technik*）这本书。斯氏的这本小书德文版出版于1931年，英文版于次年出版，中文版由董兆孚据该英文版翻译于1937年由商务印书馆出版，该书是斯宾格勒对《西方的没落》的有关技术思想的集中化和深化，特别是对第二卷第十四章《经济生活的形式世界》的“机器”一节的观点和内容的深化。而宗白华详细阅读和思考《人与技术》的时间估计在1938年上半年，因为他除了在1938年7月10日的《新民族》第1卷第20期上发表《近代技术的精神价值》一文予以介绍外，1938年7月24日，他又在《学灯》上发表了《技术与艺术：在复旦大学文史地学会上的演讲》，再次阐发了斯宾格勒这本书的思想。此外，1938年8月7日、14日，他又在《学灯》第10、11期两期连续推出《人与技术》的译者董兆孚所翻译的《人与技术》的文章，并且在编后语里对斯宾格勒的这本书进行推荐。他不无溢美地夸赞说：“斯宾格勒在《人与技术》这小书

1　宗白华：《〈文艺倾向性〉等编辑后语》，见《宗白华全集》第2卷，合肥：安徽教育出版社，1994年，第187页。

中精思创见，层出不穷，使我们在那平凡的‘技术世界’发现层层远景，意趣无穷。哲学家引导我们触到世界底深一层。”[1] 由此也可看出，他对斯宾格勒这本小书的重视和欣赏。

宗白华之所以对斯宾格勒的思想如此重视，一是他本来就对斯宾格勒的研究历史的方法及风格佩服不已，“德国哲学家斯宾格勒也是拿艺术史家和诗人的眼睛浏览这全部人类史里几个庞大的生物，文化的生态”，因此，“斯宾格勒的《西方之衰落》是一历史的生态学，博大精深，征引繁富”。[2] 宗白华在之前的艺术研究里已经从其著作中受益匪浅。二是与宗白华对生活的直接的体验有关。1921 年，他在柏林留学时，曾写下了《生命之窗的内外》这首诗，其中的一些诗句表达了他对现代生活的观察和体悟，如“生活的节奏，机器的节奏，/推动着社会的车轮，宇宙的旋律”[3]。从诗中可以看出，他对近代社会以机器为特征的生活深有感触，这是因为不仅“生活的节奏”为“机器的节奏”所控制或者就是后者的节奏，而且机器已经是推动社会发展的“车轮”，甚至已成为“宇宙的旋律”。而斯宾格勒的《人与技术》的最后一章《机器文化的兴衰》，就是探讨近代社会的机器技术的，这自然引起了宗白华的共鸣。

1. 技术的本质:“全生命的战略”

宗白华借助斯宾格勒的《人与技术》，对何为技术以及技术的本质重新进行了思考，从而也突破了之前仅仅把技术等同于艺术的

---

1 宗白华:《〈人与技术〉编辑后语》，见《宗白华全集》第 2 卷，合肥：安徽教育出版社，1994 年，第 188 页。

2 宗白华:《〈文艺倾向性〉等编辑后语》，见《宗白华全集》第 2 卷，合肥：安徽教育出版社，1994 年，第 187 页。

3 宗白华:《我和诗》，见《宗白华全集》第 2 卷，合肥：安徽教育出版社，1994 年，第 154 页。

“形式化”的局限，同时，也把技术放到了一个更为宏阔的范围里进行了更为深入的思考。在引出斯宾格勒对技术的认识之前，他先给予了自己的理解，“然而那化知识以成事业，运用自然的因果机构，来实现我们生活目的的一种手续，叫做什么？这就是通常所谓的‘技术（Technics）’”，[1] 也即技术是人将“知”变成“行”的手段。如果以这样的眼光来看技术，可以说，在人类的所有行动中都存在着技术和技术的作用。而这正是斯宾格勒对技术的理解，宗白华在《近代技术的精神价值》中几乎逐字逐句地引用和翻译了他的说法，而这篇文章也基本上是他转述并翻译《技术与人》的相关文字：

> 我们要了解技术的意义，不应该从机器技术出发，更不可堕入那魅惑的思想，以为制造机器和工具是技术的目的。事实上技术是最古老的东西。它并不是历史的特殊的现象，而是一种非常普遍的现象。它伸张到人类以外的动物，可说一切的动物。动物的生存形式所别于植物的是他能在空间自由活动，对于包围他的自然能有相当的自主自决，而因此反抗自然以伸张自己，给与自己的生存一种意义，内容和超越。只有从心灵方面才能启发技术的意义。[2]

显然，斯宾格勒首先批评了那种把技术混淆为工具的最为直接同时也是最为肤浅的看法，他并不认为技术就是机器或工具的制造，

1　宗白华：《近代技术的精神价值》，见《宗白华全集》第 2 卷，合肥：安徽教育出版社，1994 年，第 161 页。

2　宗白华：《近代技术的精神价值》，见《宗白华全集》第 2 卷，合肥：安徽教育出版社，1994 年，第 162 页。另可参考董兆孚译《人与技术》，北京：商务印书馆，1937 年，第 7 页。

而是把技术提到了作为“猛兽”或“猎食动物”（the animal of prey）的人的生存的高度来看待，把技术看成动物为了生存而“反抗自然”与征服“自然”的“斗争”（struggle）的“狡计”（dodges）或“战略”（tactics）。而这个所谓的“自然”，不仅包括外在的“自然”，也包括动物自身。因为工具有时并非技术所必需，很多技术并没有工具的辅助但一样存在，如狮子用“技术”捕捉一头鹿等，所以，斯宾格勒认为，理解技术不能从工具的制造来理解，关键在于工具的“运用”，“不在武器而在战略”，简言之，“技术即是全生命的战略，它是战斗过程中的内在形式，它同生命本体同一意义”[1]。在此，斯宾格勒把技术提高到了“生命本体”的高度，甚至认为技术就是生命本身。因为没有技术，动物将无法生存，而只要生存，动物就无时无刻不处在“运用”技术的过程中，也即需要时时刻刻做出这种“有目的的动作”，才能从与“自然”的战争中侥幸存活。正因此，技术获得了独立的地位，它不从属于经济，也不从属于政治或战争，它与生命同步并一致。近代的发明家和机器即来源于古代动物“进攻自然”与“征服自然”时对技术的运用，也即源自某种“战略”的需要。“每一种机器皆效力而为某一种过程，而由关于此种过程之思想取得其存在。所有吾人之一切运输工具，皆由‘推’，‘划’，‘驾驶’与‘飞行’等观念发展而来，而非自一‘车’或一‘舟’之概念发展而来。”[2]

宗白华对斯宾格勒的技术观基本上是认可的，但他更看重技术对人的发展起到的作用以及人对技术的运用。所以，他指出：“大抵禽兽的技术利用本身上的武器，人类则创造身外的器械来满足生存

1　宗白华：《近代技术的精神价值》，见《宗白华全集》第2卷，合肥：安徽教育出版社，1994年，第162页。

2　［德］斯潘格来：《人与技术》，董兆孚译，北京：商务印书馆，1937年，第9页。

的需要。故人的技术高于一切动物。”[1] 宗白华对人的技术的关切，一方面是出于他对艺术的关切，另一方面则是因为他对自己所生活的人的技术的顶峰，即机器时代的关切。他更把技术视作一个民族文化的物质基础。

> 一切生活部门都有技术方面，想脱离苦海求出世间法的宗教家，当他修行证果的时候，也要有程序，步骤，技术，何况物质生活方面的事件？技术直接处理和活动的范围是物质界。它的成绩是物质文明，经济建筑在生产技术的上面，社会和政治又建筑在经济上面。然经济生产有待于社会的合作和组织，社会的推动和指导有待于政治力量，政治支配着社会，调整着经济，能主动，不必尽为被动的。这因果作用是相互的。政与教又是并肩而行，领导着全体的物质生活和精神生活。[2]

宗白华在把技术普泛化的同时，也把技术放在了社会发展的核心位置，因此，他比斯宾格勒更加重视技术的作用。但他也注意强调政治与宗教对技术的协调作用。这是和斯宾格勒有区别的，相较而言，斯氏更强调技术对政治宗教的决定作用。

2. 机器技术："使空间接近，使时间缩短"

与斯宾格勒相比，宗白华对近代以来的技术的表征即机器的出现更为重视，而且，他更为看重机器时代的到来。“斯宾格勒说技术

1　宗白华：《技术与艺术：在复旦大学文史地学会上的演讲》，见《宗白华全集》第 2 卷，合肥：安徽教育出版社，1994 年，第 181 页。

2　宗白华：《论文艺的空灵与充实》，见《宗白华全集》第 2 卷，合肥：安徽教育出版社，1994 年，第 343—344 页。

是一普遍的生命的事实，这是不错的。但是近代的所谓技术（Technics）一词，则往往狭义地指那根基于近代的自然科学‘发明机器和机器的运用’。”[1] 而近代技术的产生，是以 1765 年瓦特蒸汽机为开始的，就此，人们迎来了一个新的时代，即“机器技术”（machine-technics）的时代或“机器技术世界”。

> 从此科学与技术的进步，日新月异，理论与运用互相刺激，理论的发展潜含了新应用的探试，新应用的成功又引起新问题新理论的探讨。科学，发明，应用，如环之无端，形成一线。使机械的物理的世界，服役于人生的文化的目的。康德所割分的“因果世界”和“目的世界”在近代机器技术世界里携手，构成第三世界。这个世界里面是数学，是物理，是自然力和自然律，但又是人的目的，人的构造，人的希望，人的幻想。它一面是“自然的机械”，完全受制于自然因果，但另一面又是“人为的创造”，完全服役于人生目的。它既不是完全的自然物质，因为它经过了人的意匠。然而又够不上纯精神文化的表现，如文学艺术，哲学道德。它是新奇的，古人所未尝梦想到的幻异世界，然却是完全植根于最踏实的经验科学和最实际的人生需用。[2]

看得出来，宗白华对“机器技术”所带来的“机器技术世界”是欣赏的。因为机器是人利用自然的“因果”的技术服务于人生的

1　宗白华：《近代技术的精神价值》，见《宗白华全集》第 2 卷，合肥：安徽教育出版社，1994 年，第 163 页。

2　宗白华：《近代技术的精神价值》，见《宗白华全集》第 2 卷，合肥：安徽教育出版社，1994 年，第 164 页。

主观的“目的”，解决了康德提出的自然的“因果世界”与人的“目的世界”分裂的难题，把“自然”与“自由”完美地统一到了一起而构成了“第三世界”，即“机器技术世界”。这个机器技术的世界是“新奇”的，是一个古人所不曾得见也没有“梦想”过的“幻异世界”，同时，也让现代人为之神迷为之震惊的崭新的世界。

宗白华自己就为之沉醉，他不仅把机器视为“现代的罗曼蒂克”，更以诗人的笔调讴歌眼中的机器：“每一架机器自成一个圆满的存在，那样的巧妙，那样的生动，却又那样地实际。”而宗白华的感慨也非空穴来风，机器技术确实使世界的面貌在这百多年的时间里发生了前所未有的巨变，这种巨变不仅仅因为发明了火车、轮船、汽车、飞机等交通工具，而且改变了人安置世界的最根本的时空格式，“使空间接近，时间缩短”。[1] 机器的出现不仅是改变了地球的面貌，造就了无数的工厂和都市，还从根本上影响了人们的思想、文化、经济、政治，以至于彻底改变了人们的生存方式。当然，这一影响好坏都有。宗白华首先探讨了机器技术给近代社会带来的灾难，其中最大的灾难就是帝国主义对殖民地的争夺和彼此的争战，而这的确也部分成为现实，第二次世界大战的爆发、日本对中国的侵略等，就昭示了这样一种以机器技术为特征的近代文明的“沉沦毁灭”，此后很有可能“剩下的是一片原始荒丘，文明以后的野蛮”。[2] 不过，宗白华对这样一种悲观绝望的看法并不完全赞成。虽然瓦特发明蒸汽机就像打开了潘多拉的盒子一样给人带来了各种灾难和痛苦，可也带来了人类进步的希望。因此，宗白华也谈到了机器技术

1　宗白华：《近代技术的精神价值》，见《宗白华全集》第 2 卷，合肥：安徽教育出版社，1994 年，第 164 页。

2　宗白华：《近代技术的精神价值》，见《宗白华全集》第 2 卷，合肥：安徽教育出版社，1994 年，第 164 页。

给人带来的有益的一面。

> 近代技术的发展使人类愈过愈趋于密切的联系，严格的组织，生活合理化，行动纪律化。全世界必然地因技术关系成为严密的合作的大组织。全世界统一在一个技术政治之下，是未来的理想的人类社会。[1]

显然，宗白华对近代技术即机器技术所带来的前景是持乐观态度的。因为他既看到了机器技术给人带来的不利的影响，更看到了人所发明的机器技术的独到的价值，那就是机器技术并非一种单向的机械装置，它“不是完全的自然物质”，经过了“人的意匠”，它也含有了精神的成分，所以，它反过来也会对人进行“陶冶”。因此，宗白华对机器技术的这个特性情有独钟，“（机器技术）在助成人类理想的实现上技术固有了它的文化价值，然而它本身也具有它的精神价值，近代技术也陶冶了一种近代的人生精神和态度”。[2] 正是这种“陶冶”，使得人有可能以一种前所未有的样式来生存，形成新的人类文化，诸如“严格的组织，生活的合理化，行动的纪律化”等基本上都是机器技术对人的要求。他更觉得全世界可能因此“统一在一个技术政治之下”，并且因此产生出一个“理想的人类社会”。尽管这一想法现在看来有些过于浪漫了，但的确也可以看出宗白华对机器技术的欣赏，这是与斯宾格勒对机器技术所持的悲观态度不一样的地方。斯宾格勒认为近代机器技术的发明彻底改变了世界的

1　宗白华：《近代技术的精神价值》，见《宗白华全集》第 2 卷，合肥：安徽教育出版社，1994 年，第 165 页。

2　宗白华：《近代技术的精神价值》，见《宗白华全集》第 2 卷，合肥：安徽教育出版社，1994 年，第 167 页。

样式，同时也使得人开始以机器为中心考虑人与人及人与世界之间的关系。

> 由于城市之发达，一切技术成为中等社会人之技术。一般高矗派僧侣（Gothic monkes）之继承者为已受教化之俗世发明家，即老练之机器牧师（expert priest of the machine）。最后，由于理性主义之兴起，技术之信仰几成为一唯物论的宗教。技术永久不朽一如神父，技术拯救人类一如神子（译者按指基督），技术启迪吾人一如神灵。技术之崇拜者为自拉美脱理（Lamettrie）之列宁之近代俗人。[1]

对机器技术的崇拜所改变的不仅是人的地位以及人与神的关系，更重要的是它也使得人类社会发生了可怕的变化，随着机器技术的扩张以及对人类生活的渗透，在不知不觉中，“一精神的荒原，一无高亦无深之平板蒙昧之混一，遂以发生而日趋扩大”。[2] 所以，斯宾格勒认为以机器技术文明为特征的西方社会已经不可避免地走向了“没落”，这个悲剧已经展开，而且不可改变。

> 但正因那个原故，浮士德型的人已然变成了他的创造的奴隶。他的数和他的生活安排，已经被机器推上一条既不能站住不动又不能倒退的道路。农民，手工业者，甚至商人，与机器为了自己发展而培养出来和锻炼成功的三类大人物，即厂主，工程师和工厂工人相比，突然显得不重要了。从手工业——即，

1 ［德］斯潘格来：《人与技术》，董兆孚译，北京：商务印书馆，1937年，第63页。
2 ［德］斯潘格来：《人与技术》，董兆孚译，北京：商务印书馆，1937年，第66页。

> 加工经济——的一个很小的分枝上，已经长出了（只有在这一文化中）一棵大树——即，机器工业的经济，它的影子掩盖所有其他各种职业。它强迫厂主和工人同样地服从。二者都成为机器的奴隶，而非其主人，因之，这时它就初次发挥了它的凶恶和神秘的威力。[1]

机器支配了人，不管是工厂主还是工人，他们所“服从”的最高的法则就是机器的法则，他们也因之成为“机器的奴隶”，机器从而支配了世界，改变了世界。人也因此变成了机器的一部分，完全丧失了生命的意义。但是宗白华的态度却与其相反，他直言：“但斯宾格勒的思想又太被黑夜的悲观所笼罩了。他的一双夜枭的巨眼，只看见这大城市衰败的末运；他虽崇拜歌德，却没有完全接受浮士德生活悲剧的结论，那就是拿‘智慧’和‘行动’来改造世界，建成一个新世界！”[2] 不过，宗白华对机器技术寄予厚望还有一个原因，那就是他把技术看成一种中性的东西，其所产生的利弊并不在于自身，而在于使用它的人。

> 技术本是一种能力，是一种价值，它是人类聪明的伟大发现，科学树上生出的佳果。运用得当，是一切文化事业成功的因素，人类幸福可能的基础；运用不得当，在野蛮人的手中自然可以摧毁一切人类文化。所以为福为祸，应用的当不当，这个责任不该由技术来负，而是应该由哲学来负的。[3]

1　[德] 斯宾格勒：《西方的没落》，齐世荣等译，北京：商务印书馆，1963 年，第 772 页。

2　宗白华：《〈人与技术〉编辑后语》，见《宗白华全集》第 2 卷，合肥：安徽教育出版社，1994 年，第 188 页。

3　宗白华：《近代技术的精神价值》，见《宗白华全集》第 2 卷，合肥：安徽教育出版社，1994 年，第 165 页。

从宗白华的这个观点可以看出，他并不是孤立地看待技术的。而是把技术与哲学联系到了一起，进行综合的更为深入的考量。这也使得评价宗白华的技术思想，不能只考虑他对技术的思考，同时，也要考虑他对技术与哲学间的乃至与艺术间的关系等的思考。这样才可以更为全面和深入地把握他的技术观。

三、技术，哲学与艺术：给予技术以精神的意义

宗白华关注并强调技术与哲学艺术之间的关系，与最初他由艺术进入对技术问题的思考有关，更与他后来又由机器技术所产生的巨大影响而思考哲学科学问题有关。

1. 技术与哲学:"哲学对技术的领导"

宗白华认为哲学与技术密不可分，两者的历史同样古老，从某种意义上最初的哲学家如巫师等，同时也是技术的"运用者"，而关切"智慧"的哲学也可看成是对某种"技术"的认识与使用。但尽管哲学和技术有着同样悠久的历史，甚至有着同样的源头即科学，可它们之间还是有着不同的功用的。因为技术虽然有一定的"精神价值"，却并不是"纯精神文化"，和完全属于人的精神的哲学还是有着本质的差别，这就决定了技术本身对于人来说只能是从属的、次要的。所以，宗白华才会把驾驭技术的使命交给哲学，因为"哲学确定人生的价值和理想，技术使它们实现"[1]。技术的问题说到底

1　宗白华：《近代技术的精神价值》，见《宗白华全集》第2卷，合肥：安徽教育出版社，1994年，第167页。

还是哲学问题，或者说是人的问题。

> 近代技术的发展虽引起了产业革命后的严重的社会问题和国际斗争，然而也同时必然地加紧了人类互助合作的关系，组织力的增进是它的社会价值。人类渐渐地联系在一技术合作的网里。一种统一的“人类文化”已逐渐的展开。然而无数的阴霾尚遮掩这旭日的上升。只有在正确的哲学领导下才能引上那坦荡的大道。[1]

哲学把握的是一个民族的心灵与精神，而技术的运用实与其所指向的“价值和理想”息息相关，所以宗白华才把哲学对技术的“领导”作用看得这么重要，而他同时还强调了这哲学须是“正确的哲学”，这样才能对技术予以合理的指导和运用。

2. 技术与艺术:“发明家是现代的诗人”

宗白华认为在哲学与技术产生的同时，也产生了艺术，而最初的艺术也可以说是一种技术。因为艺术那时是与技术（工艺）密不可分且融合在一起的，如古代的有着“工细的花纹”且“形式亦非常优美”的玉器铜器，都既是实用的器皿，同时也是礼器。可艺术不仅仅是技术，“它的地位是介乎哲学（人生智慧，宇宙观）与宗教（人生目的，理想，信仰）之间的东西。它不仅对宇宙有一种了解——在理智的方面。同时另一方面，它还对于宇宙发生信仰——在

1　宗白华:《近代技术的精神价值》，见《宗白华全集》第 2 卷，合肥: 安徽教育出版社，1994 年，第 167 页。

情感方面”[1]。所以，艺术是偏于心灵的，而技术是实用的、偏于物质的。但两者又有共通之处，那就是它们都是“不自然的”，建筑、绘画等艺术其实也都是“人造的”，是不自然的，技术也是人创造的，同样是不自然的。宗白华认为，这种不自然的状态，特别是在机器技术的时代到来后，变得更加剧烈了，在之前由神所创造的那个纯为大自然的世界又创造了一个“非自然的世界”，“自机器发明以后，整个的地球，都为技术所支配，这是人造的宇宙，一个非自然的世界”。[2] 这个机器技术的世界同样也被人认为是“人为的，粗俗的”，但是宗白华指出，这只是表面的现象，万变不离其宗，艺术并未因此而改变自己的非自然的属性。

但是，非自然的艺术和技术却在人类文化中起着“中轴”作用，起到文化生活中心的作用，因为它们都有着“再造出自然”的能力。

> 艺术家以一建筑结构控制自然于一秩序和谐条理之中，犹如科学家的控制自然于一逻辑体系之下。建筑能表现出山水的灵魂，音乐却能以同样抽象的节奏韵律表达出人的灵魂。所以“非自然”的技术，艺术，音乐，均可以再造出自然。技术在人类文化体系中为下层的建筑，艺术则为上层的建筑。由控制物质生活的技术到表现精神生活的艺术，一则是介于科学与经济之间，一则是介于人生智慧——哲学——与人生理想——宗教之间，上下层联系构成了人类文化整体的中轴。我们要给予技术以精神的意义，这就是给与美感，如我们古代的工艺——玉

1 宗白华：《技术与艺术：在复旦大学文史地学会上的演讲》，见《宗白华全集》第 2 卷，合肥：安徽教育出版社，1994 年，第 184 页。

2 宗白华：《技术与艺术：在复旦大学文史地学会上的演讲》，见《宗白华全集》第 2 卷，合肥：安徽教育出版社，1994 年，第 184 页。

器和铜器。[1]

从“控制物质生活的技术”到“表现精神生活的艺术”，展现了人从征服外部的世界到关注自己内在的世界的历程，同时也展现了人的生活的不可分离的两个方面。这也使得技术与艺术的沟通成为可能，乃至成为发展的方向。因此宗白华才主张“给予技术以精神的意义”，或“给予美感”。为此，他特地援引历史上那些集艺术家与技术的发明家为例来说明这一点，比如文艺复兴巨匠达文西就既是伟大的艺术家，也是“典型的发明家”。而且，宗白华把发明家推许为艺术家和“现代的诗人”，因为发明家从事技术的创造和诗人从事艺术的创造可谓异曲同工，“发明家是近代机械化了的社会与人生里仍需保持活跃的想象力和心灵的冒险的人物。艺术的天才在这时代里一个新的活动领域。虽然发明不能替代纯艺术的精神表现与创造”[2]。而艺术家在机器技术的世界里的活动，既可以带给技术以新的发展，同时也可以赋予技术以“美感”。因为，“他们的技术不只是服役于人生（像工艺）而是表现着人生，流露着情感个性和人格的”[3]。

宗白华的这一思想一直没有改变过。20 世纪 80 年代，他曾主张“开拓美学新领域”的“技术美学”，认为“（技术美学）这是一门很有前途，大有可为的实用性美学”，指出“技术也可以是美的”，[4] 就

1　宗白华：《技术与艺术：在复旦大学文史地学会上的演讲》，见《宗白华全集》第 2 卷，合肥：安徽教育出版社，1994 年，第 185 页。

2　宗白华：《近代技术的精神价值》，见《宗白华全集》第 2 卷，合肥：安徽教育出版社，1994 年，第 166 页。

3　宗白华：《论文艺的空灵与充实》，见《宗白华全集》第 2 卷，合肥：安徽教育出版社，1994 年，第 344 页。

4　宗白华：《谈技术美学》，见《宗白华全集》第 3 卷，合肥：安徽教育出版社，1994 年，第 620 页。

是其对此一时期赋予技术以“美感”的思考的延续。

* * *

在宗白华对技术的思考中，对于艺术技术的思考相对来说比较单纯，大多停留在学术范围之内，而他对于近代以来的机器技术的思考却夹杂很多时代的烙印。因为时值抗日战争，大半河山沦于敌手，他本人随中央大学流亡至重庆，国破家亡，没齿难忘，所以，他在对于机器技术的思考中，常带有对现实境况的考量。而他认为，当时中国之所以落后于世界并被日本欺凌，就是因没有能够掌握机器技术。

> 自瓦特发明蒸汽机以后，这短短的百余年中，因为机器的发明，技术的猛进，遂使人类文化上，精神上，全受到机器的支配，影响于一切的思想，文学，社会，政治，都发生一种巨大的变动和改革。中国近百年来国际地位的低落，也是受了西洋技术之威胁。就现时的抗战来论，因我们的技术的落后，吃了无数的苦痛。明白这一点，我们应该急起直追，迎头赶上去，努力创造我们的技术。[1]

机器技术对近代世界的强力改变也正是斯宾格勒所强调的要点，他认为20世纪以来世界的历史就是由机器技术决定的，英德法美诸列强之所以能够控制世界，就是因为拥有机器技术，而机器技术也即蒸汽机为主推动力的技术又依赖于煤的生产，因此德国才依靠占

1 宗白华：《技术与艺术：在复旦大学文史地学会上的演讲》，见《宗白华全集》第2卷，合肥：安徽教育出版社，1994年，第182页。

有煤产地而一跃为强国。故斯宾格勒说："'政治'，'战争'与'经济'之深切关系，现已展现（几乎三位一体）军力之等级依赖于工业之强度。各国倘其工业贫弱，则一切皆贫弱；因此即不能维持其军队或进行战争；因此政治即衰弱无力，因此，其所有工人（无论领袖或被领导者）皆被典质于其敌国之经济政策中。"[1] 而正是出于对斯宾格勒的认同，以及对因机器技术的落后所导致的国家沦落的痛切的体验，宗白华把机器技术的进步不仅看作改变国家实力和命运的救星，也将其看作改变国民性的重要的手段。

> 我们中国还缺乏近代技术，更缺乏那技术的精神陶冶。我们一方面需要那缜密，精细，负责，踏实，富有组织力和服务的精神。我们也需要那根基科学的发明能力和创造的精神（至于近代技术在抗战中的经济价值和军事价值，人人皆知兹不论及）。[2]

在宗白华看来，现代的国家是以机器技术为基础建立起来的，现代的国民也必须经过机器技术的"精神陶冶"，才能转化为真正的现代的国民。他认为机器技术对人的"陶冶"是全方位的，其中关系最大的是发明家、工程师和机器工人。发明家可创造新的技术，可引领社会进步；工程师主要负责计划和组织，思考缜密，做事踏实和负责，其精神可供"政治人员"学习；机器工人具有"遵守岗位，服务全体"的道德，这恰是现代国家每一个公民的道德。总之，宗白华认为，机器技术不仅可以改变一个国家的外在面貌，还可以改变国民的灵魂，使其成为现代的国民。因此，他才对机器技术寄

1　［德］斯潘格来：《人与技术》，董兆孚译，北京：商务印书馆，1937 年，第 68 页。

2　宗白华：《近代技术的精神价值》，见《宗白华全集》第 2 卷，合肥：安徽教育出版社，1994 年，第 168 页。

予了厚望和乐观的理想。

> 中国民族很早发现了宇宙旋律及生命节奏的秘密，以和平的音乐的心境爱护现实，美化现实，因而轻视了科学工艺征服自然的权力。这使我们不能解救贫弱的地位，在生存竞争剧烈的时代，受人侵略，受人侮辱，文化的美丽精神也不能长保了，灵魂里粗野了，卑鄙了，怯懦了，我们也现实得不近情理了。[1]

时间转瞬即逝。在一个多甲子后的今天的中国，“科学工艺征服自然的权力”无疑已经被我们重视到了无以复加的地步，我们也已经不再受人“侵略”和“侮辱”，可我们仍在寻找“中国文化的美丽精神”，这其中是否真的与技术有关呢？

1 宗白华：《中国文化的美丽精神往那里去?》，见《宗白华全集》第 2 卷，合肥：安徽教育出版社，1994 年，第 403 页。

第十章　中国心灵

——宗白华的“文化心灵”说与德国思想

大约从20世纪30年代初起，已经沉寂多年的宗白华再次像其1920年出国之前那段时间一样活跃了起来。自从1925年他留德回国任教以后，因忙于教学及撰写讲稿，故著述不多，进入了相对静默的时期。但随着1932年的到来，随着他热爱的歌德的百年祭的到来，沉寂已久的他又重新出现在学术界和文化界。他不仅撰写了歌德研究的系列文章，如《歌德之人生启示》(1932)、《歌德的〈少年维特之烦恼〉》(1932)等，还开始撰写艺术批评尤其是有关中国绘画的文章，如《介绍两本关于中国画学的书并论中国的绘画》(1932)及介绍自己的老友徐悲鸿画艺的《徐悲鸿与中国绘画》(1932)等。在这些文章中，他开始频繁使用“心灵”“文化心灵”“艺术心灵”乃至“中国心灵”“中国文化心灵”等词语来批评文学和艺术，这似乎也意味着或者预示着他的“文化心灵”或“艺术心灵”之诞生。

在《歌德之人生启示》中，宗白华指出与宗教家对人生侧重于“预言”和“说教”，哲学家侧重于“解释”与“说明”不同，“诗人文豪是表现的启示的。荷马的长歌启示了希腊艺术文明幻美的人生与理想。但丁的神曲启示了中古基督教文化心灵的生活与信仰。莎士比亚的剧本表现了文艺复兴时人们的生活矛盾与权力意志”。[1] 这其中，他就提到了但丁的《神曲》里所“启示”的当时人们的“文化心灵”。在《介绍两本关于中国画学的书并论中国的绘画》中，他指出中国不仅绘画艺术光照千秋，其画学也与之同光，“中国有数千年绘画艺术光荣的历史，同时也有自公元第五世纪以来精深的画学。……其中的精思妙论不仅是将来世界美学极重要的材料，也是了解中国文化心灵最重要的源泉”[2]。这也是他第一次提出“中国文化心灵”的说法。在此之前，他虽然也使用过“心灵”这个词，但只是局限于其本义，并未将其作为一个文化批评的术语来使用，此后，“心灵”则获得了更深的含义，具有了“文化”的属性，或者说，成为他批评文艺的一个术语。

宗白华之所以可以把普通的“心灵”转化为“文化心灵”，并对“中国文化心灵”或“中国心灵”进行探讨，与德国美学思想的影响密切相关。他对于“心灵”与情绪的看法来自德国的文学史家及文艺理论家比学斯基、龚多夫等人对歌德的研究，对于“心灵”与时代精神及趣味的观点受赫尔德与温克尔曼等人的影响，他对于“中国心灵”的“虽动而静”的精神的描述主要受叔本华的美学理论和温克尔曼对希腊精神的概括的启发，对“中国心灵”的“空灵”与“充实”的丰富是对尼采的酒神精神与日神精神的转化，对于“中国心灵”的空间表现的认识受斯宾格勒等人的影响。正是在他们的美学思想的影响下，宗白华对“中国文化心灵”进行了探索和“发明”，并建构出了生生不息的富有韵律的“中国心灵”。

1　宗白华：《歌德之人生启示》，见《宗白华全集》第2卷，合肥：安徽教育出版社，1994年，第1页。

2　宗白华：《介绍两本关于中国画学的书并论中国的绘画》，见《宗白华全集》第2卷，合肥：安徽教育出版社，1994年，第46页。

一、“文化心灵”的由来：生命的“情绪”或“情调”

在宗白华看来，所谓“心灵”或“文化心灵”，就是与时代精神相关的人的生命的“情绪”或“情调”，而艺术就在于表现这种生命的情调或者情绪，“因为美与艺术的源泉是人类最深心灵与他的环境世界接触相感时的波动。各个美术有它特殊的宇宙观与人生情绪为最深基础”[1]。而他所说的“心灵”（Seele）更多地指的是一种“文化心灵”。在德语中，Seele不仅有“心灵”，也有“灵魂”和“情感”的意思，文化心灵或艺术心灵则更侧重于文学或艺术中的人的心灵所折射出的时代的精神和情绪，是一种审美的情绪或者美学的趣味，而不是现实生活中的个人的情绪。他的文化心灵说的形成，可以从其最初对歌德的批评中显示出来。这其中既有文学史家比学斯基、文学史家及诗人龚多夫等人对于艺术家的心灵与情绪的关系的重视的影响，还有赫尔德对于艺术与时代精神及审美趣味的关系的看法的影响。

首先，是心灵与人的生命“情绪”或“情调”的关系。宗白华所使用的“情绪”或“情调”这个词同样来自对德语“Stimmung”的翻译，因为这个词既有“情绪”的意思，也有音乐里的“调音”的意思，还有“情调”的意思，所以他基本上在同样意义上使用“情绪”和“情调”这两个词。宗白华认为文化心灵与生活在一定时代的生命的情绪有关，或者就是一种生命的情绪。而生命情绪产生

1　宗白华：《介绍两本关于中国画学的书并论中国的绘画》，见《宗白华全集》第2卷，合肥：安徽教育出版社，1994年，第43页。

于人生与世界的接触，艺术就在于表现这种生命的情绪。宗白华在《歌德之人生启示》中批评歌德的诗时就提到了他的“心灵”与“情绪”的关系：“然而这个心灵与世界浑然合一的情绪是流动的，飘渺的，绚缦的，音乐的；因为世界是动，人心也是动，诗是这动与动接触会和时的交响曲。”[1] 也就是说，歌德的诗所表现的就是这“人心”与“世界”接触后的“情绪”。以此为准，宗白华在《歌德的〈少年维特之烦恼〉》中介绍歌德的少年维特时，特地谈到他所具有的“纯洁无垢的心灵”，并且给予其很高的评价：“全书是写一个青年内心生活的发展，自然界的种种都是这内心的反映，所以这本书写的是一幅一幅心灵的图画，情绪的音乐。”[2] 这部小说既是“心灵的图画”也是“情绪的音乐”，其实也是心灵的情绪化的表现。而宗白华对于歌德及其《少年维特之烦恼》的批评，主要来自比学斯基和龚道夫的影响。在他 1932 年翻译的比学斯基的《歌德论》中，后者多次提到歌德的“心灵”禀赋的伟大和“高度发展”，[3] 他在《席勒和歌德的三封通信》中也提到歌德心灵的丰富。而龚多夫在歌德研究中的特点就在于专注于其“心灵”的研究，宗白华曾作跋语，李长之所翻译的德国文艺理论家玛尔霍兹的《文艺史学与文艺科学》(*Literaturgeschichte und Literaturwissenschaft*) 中曾对龚多夫的这个研究方法予以揭示：“勃特拉穆 (Bertram，1848) 的《尼采传》，在方法上，是接近于龚道耳夫的《歌德传》的，甚而可以说一模一样。在一种很明显的阵线之下反对所谓‘十九世纪的一种淳朴的历史的实

1　宗白华：《歌德之人生启示》，见《宗白华全集》第 2 卷，合肥：安徽教育出版社，1994 年，第 17 页。

2　宗白华：《歌德的〈少年维特之烦恼〉》，见《宗白华全集》第 2 卷，合肥：安徽教育出版社，1994 年，第 32 页。

3　宗白华：《歌德论》，见《宗白华全集》第 4 卷，合肥：安徽教育出版社，1994 年，第 30 页。

在主义’，在导言里，曾有这样的说明：‘历史的终极目的是在一种心灵科学（Seelenwissenschaft）与心灵知识（Seelenküodung/seelenkunde），绝不能认为与把任何过去的事物重建起来相等，也不能只以为接近一件过去的事情之真相就满足。’”[1] 从这个批评可以看出龚多夫对于“心灵”的重视，也显示了宗白华所受到的影响。

其次，就是心灵与时代精神及其审美趣味的关系。宗白华认为文化心灵所表现的生命的情绪与时代的精神和美学趣味密切相关，甚至这种情绪就是时代精神的外化或者审美趣味的内在的特质，而他的这个观点受到了赫尔德的影响。有学者认为是黑格尔的时代精神说对宗白华的文化心灵说产生了影响，认为“正是得益于黑格尔‘时代精神’观念等的感召，宗白华等中国现代学者自觉地返身探究蕴藏于中国文化与艺术中的独特而又深厚的‘中国艺术精神’”。[2] 但这个观点或许并不准确，黑格尔的时代精神固然人尽皆知，但宗白华几乎没有对时代精神的阐述，所以，直接的影响可能还是来自早于黑格尔的赫尔德。因为宗白华在谈到美学的“同感论”时，有意识地介绍了赫尔德对艺术与时代精神的看法：

> 同感论发源甚久。德人 Johan Gottfried Von Herder（1744—1803，德诗人兼哲学家）常倡之，此时，外表形式美说颇盛，彼故倡此说以辟之。彼谓美非仅由外间形式，实表现内部之精神，如建筑物，非仅代表堆积之石物，实为一时代精神之表现，由无机合成为有机。艺术品既为有机，吾人身体乃亦凑合若干

1 ［德］玛尔霍兹：《文艺史学与文艺科学》，李长之译，见《李长之文集》第九卷，石家庄：河北教育出版社，2006 年，第 248 页，其中“心灵知识”Seelenküodung 或为 seelenkunde。

2 王一川：《德国“文化心灵”论在中国：以宗白华“中国艺术精神”论为个案》，《北京大学学报》（哲学社会科学版）2016 年第 2 期。

> 有机而达为一贯者，与艺术品无大异，故对艺术品常赋与一种同感也。西洋各时代之建筑，俱足以表现各时代之思想，宗教，政治科学等等，人生之态度变迁，其建筑物必大不同，有平正者，有矗立者，有缥缈欲离世者，皆可代表时代之精神也。[1]

在赫尔德看来，美是对于时代精神的表现，而这种时代精神的内容其实就是人所赋予艺术品的一种思想情感等的综合，因此反过来，也可以从艺术中觉察到其所表现的时代的精神特点。赫尔德的这个观点主要在其《没落的审美趣味在不同民族那里繁荣的原因》(1773) 中得到展现，他在此文里探讨了希腊、罗马和文艺复兴和路易十四的法国审美趣味变化的规律，指出审美趣味的产生和衰落与时代的变化、民族的变化、政治体制、天才的出现、地方风俗等密切相关。他认为希腊的史诗，如荷马史诗，希腊的戏剧，如埃斯库罗斯、索福克勒斯、欧里庇得斯等的，希腊的哲学，如亚里士多德等的，还有希腊的雄辩术（修辞术），希腊的城邦的理论等，都来自时代的滋养。“良好的审美趣味在希腊人那里，在他们最美好的时代中就像他们自身，包括他们的文化教养，气候，生命行动和心情那样，是一种自然的产生。这种审美趣味像它的时代和它的地点的一切一样自由地存在过，从最简朴的天赋出发运用时代的方法达到时代的目的；一旦与这种美好的时代联系分开了，甚至希腊的审美趣味之类的结果也就消失了。”[2] 这也是为何之后的罗马、文艺复兴和路易十四时代各有其不同的美学趣味或者情感，而赫尔德的这个观

1 宗白华：《美学》，见《宗白华全集》第1卷，合肥：安徽教育出版社，1994年，第439页。
2 ［德］赫尔德著：《赫尔德美学文选》，张玉能译，上海：同济大学出版社，2007年，第109页。

点应对宗白华的影响较黑格尔更大，因为他在谈到赫尔德之后，只是对黑格尔说了一句“继 Herder 之后，Hegel 亦称大家”就一跃而过，开始谈论受其影响的美学家费肖尔的“表现生命的象征论”。[1]

当然，对于时代精神和心灵的关系，宗白华更是直接从德国“文艺科学派”如温克尔曼等学者的研究路径及目标受到启发：

> 近代德国艺术史的研究者和著作非常发达，闳篇巨制，层出不穷。然而因学者的性格和观点不同，在注重考证，搜罗史家一派以外，突起一种所谓“文艺科学派”，着意阐发文艺史上风格的递变和这递变中间的规律，由此而窥见文化的时代精神，最后探索到人类心灵里几种最基本的倾向性，如古典主义与浪漫主义型，理想主义与写实主义型，文艺复兴与巴镂刻形式等等。唯物史观一派则由社会经济的阶级性，摹绘各阶层的意识形态，更以此窥探各派文艺的底蕴。文艺变成“生命情调”和“意识形态”的标示，映影。[2]

正是基于以上背景，宗白华建立了自己的文化心灵的概念，所谓文化心灵，既是一种生命的情绪或生命情调在艺术中的表现，也是一种时代的精神和审美趣味的形式化。之后，他就以此为前提，对中国艺术及文化进行考察，从而寻求和建立“中国文化心灵”或“中国艺术心灵”，也即“中国心灵”。

1　宗白华：《美学》，见《宗白华全集》第 1 卷，合肥：安徽教育出版社，1994 年，第 440 页。

2　宗白华：《〈文艺倾向性〉等编辑后语》，见《宗白华全集》第 2 卷，合肥：安徽教育出版社，1994 年，第 186 页。

二、“中国心灵”：“虽动而静”的精神

宗白华认为，与自然美和人生美不同，艺术美是人们对于自己的美的理想的有意识的创造，所以，更可以从中认识到其所表现出的民族和时代的文化心灵的特点。对于中国艺术来说，他认为绘画是“中国艺术的中心”，通过对中国绘画的研究，则可以看出中国艺术心灵或中国心灵的特点。在他看来，中国绘画和画学所表现出来的中国心灵是一种“虽动而静”的尤其以“静寂”为特点的精神。而他对于中国心灵的“静”以及“虽动而静”的发现，既与叔本华的美学理论相关，更与温克尔曼对美的特征的推崇有关。

对于中国心灵的“静寂”特点的“发现”，应该说是宗白华的一个得意之笔，但这个发现背后，与其用叔本华的“眼睛”看中国画有关，更与他用温克尔曼的“眼睛”来看中国艺术不无关系。当然，这是副隐形的“眼镜”。宗白华并没有直接从温克尔曼出发对中国绘画进行考察，而是从与古代希腊人的心灵和文艺复兴以后近代西洋人的心灵的对比中展开的，而他对这两种心灵的考察，又是从其宇宙观、人生观和艺术的表现中来归纳其特点。他认为希腊心灵把世界看成一个 Cosmos，即一个和谐圆满有秩序的宇宙，其人生观是追求和谐与秩序，所以以人体的雕塑为艺术特色，以和谐宁静为其美的追求；而近代心灵则把宇宙看作无限的空间和运动，人生则是在这个无尽的世界中努力不懈，哥特教堂、伦勃朗的画像，还有歌德的浮士德就是表现这种心灵的艺术，所呈现出的“心灵的符号”是一个动荡不安的向着宇宙或世界作无尽的努力和追求。中国心灵则与此两种心灵不同：

> 中国画里所表现的最深心灵究竟是什么？答曰，它既不是以世界为有限的圆满的现实而崇拜模仿，也不是向一无尽的世界作无尽的追求，烦闷苦恼，彷徨不安。它所表现的精神是一种“深沉静默地与这无限的自然，无限的太空浑然融化，体合为一”。它所启示的境界是静的，因为顺着自然法则运行的宇宙是虽动而静的，与自然精神合一的人生也是虽动而静的。它所描写的对象，山川，人物，花鸟，虫鱼，都充满着生命的动——气韵生动。但因为自然是顺法则的（老，庄所谓“道”），画家是默契自然的，所以画幅中潜存着一层深深的静寂。就是尺幅里的花鸟，虫鱼，也都像是沉落遗忘于宇宙悠渺的太空中，意境旷邈幽深。至于山水画如倪云林的一丘一壑，简之又简，譬如为道，损之又损，所得着的是一片空明中金刚不灭的精萃。它表现着无限的寂静，也同时表示着自然最深最后的结构。犹如柏拉图的观念，纵然天地毁灭，此山此水的观念是毁灭不动的。[1]

在宗白华看来，中国心灵所反映的宇宙观认为世界是“虽动而静”的，而人生则是对这种“虽动而静”的“自然法则”的“体合为一”，艺术所表现的也是这种以“动”为“静”的精神，其追求的也是一种“静寂”的境界。但是，宗白华对中国绘画所折射出的“最深心灵”的描述，尤其是他对于“静”的强调，却与中国绘画所追求的“气韵生动”，也即他所说的“生命的动”相矛盾。之所以产生这个矛盾，之所以他会以“深沉静默”“境界的静”“深深的静寂”“无限的寂静”作为中国画的“最深最后”的“启示”或者评价的标

1　宗白华：《介绍两本关于中国画学的书并论中国的绘画》，见《宗白华全集》第 2 卷，合肥：安徽教育出版社，1994 年，第 44 页。

准，既与叔本华的美学理论对优美的理解相关，实际上更与其所受到的温克尔曼的美学思想的影响有关。

宗白华对中国绘画的静的境界的描述，显然与叔本华对荷兰静物画所带给人的优美感的描述相关。叔本华认为艺术是对意志的最恰切的客观化的理念的表现，而审美包括两个要素，首先是主体将自身作为摆脱了意志的欲求的束缚的纯粹认识的主体，其次是审美的对象不是对个别事物的认识而是在对其所具有的“事物全类的常住形式的认识”，也即将其作为“柏拉图的理念的认识”。[1] 叔本华将建基于这两种成分之上的美感分成优美和壮美，壮美主要是对主体的意志的欲求的认识，优美则主要来自对对象所蕴含的理念的认识。而他认为荷兰的静物写生就是优美感的典型例子，其最重要的特质就是“精神的恬静”：

> 内在的情调，认识对欲求的优势，都能够在任何环境下唤起这种心境。那些杰出的荷兰人给我们指出了这一点。他们把这样的纯客观的直观集注于最不显耀的一些对象上而在静物写生中为他们的客观性和精神的恬静立下了永久的纪念碑。审美的观众看到这种纪念碑，是不能无动于中的，因为它把艺术家那种宁静的、沉默的、脱去意志的胸襟活现于观审者之前。[2]

可见，宗白华对中国画的“静”的境界的发现并非无源之水，而是直接来自叔本华对荷兰静物画所描摹的自然景物所表现出的

1　[德] 叔本华：《作为意志和表象的世界》，石冲白译，北京：商务印书馆，1982 年，第 273 页。

2　[德] 叔本华：《作为意志和表象的世界》，石冲白译，北京：商务印书馆，1982 年，第 275 页。

"静"及其与柏拉图理念的关系给出的批评。当然，对宗白华更为本质的影响还是温克尔曼。

作为艺术科学的创始人，温克尔曼的《关于在绘画和雕刻艺术里模仿希腊作品的一些意见》《古代艺术史》等著作影响巨大。宗白华对其研究艺术的方法和美学的观点非常推崇，他不仅以温克尔曼为标准来对中国唐朝的画家和绘画理论家张彦远进行对比阐发，还翻译了他的一些文章的精华段落，如《论雕刻》等。他称赞张彦远的《历代名画记》的地位相当于温克尔曼的《古代艺术史》(*Geschichte der Kunst des Altertums*)，而且在结构上也彼此相似：

> 以结构论，我觉得也像 Winckelmann，那部不朽的名著 *Geschichte der Kunst des Altertums*，那部书也是分两部分，第一部分称为艺术之本质的研究，第二部分才是狭义的史，这便同是先有体系的论述，后有史了。不但如此，我们知道 Winkelmann 在 *Geschichte der Kunst des Altertums* 里，是于希腊的雕刻上发现了希腊精神，作了后来古典主义者的理想目标的，张彦远也是在《历代名画记》中，于中国人绘画上发现了中国所独有的文化教养与文化姿态，使中国的文人学者乃获得了一种明显的文化传统，而川流不息地发挥光大下去。[1]

宗白华在此对温克尔曼的从希腊雕刻发现"希腊精神"以及张彦远从绘画上发现中国的"文化教养和文化姿态"的方法进行了总结："像 Winckelmann 之由雕刻而确定了希腊文化的轮廓一样，张彦

1 宗白华：《张彦远及其〈历代名画记〉》，见《宗白华全集》第 2 卷，合肥：安徽教育出版社，1994 年，第 453 页。

远由绘画而树立了中国传统文化之最优美的范畴。”[1] 其实，这也是他对自己从中国绘画中“发现”了中国心灵的方法的总结。当然，这其中最重要的就是他对温克尔曼关于希腊艺术的美的特征的赞赏。温克尔曼认为：“希腊艺术杰作的一般特征是一种高贵的单纯和一种静穆的伟大，既在姿态上，也在表情里。”[2] 而且，他认为，这种“静穆”之美最适合于表现“心灵”，因此，他常以“静穆”或宁静来评价艺术之美。像拉奥孔虽然忍受极端的痛苦，但其脸上和肌肉上和姿态上却保持了一种“静穆”之美。

> 身体的站相愈静穆，它就更适合于表现心灵的真实性格：在一切过份脱离静穆站相的姿态里，心灵不处在它的最自在的，而是在一种被迫的强勉的状态里。在强烈的情操里，心灵是较易被人认识和指出的，但伟大和高贵却是在统一的，静穆的站相里。……但是在这个静穆形象里，又必须把这个心灵所特有的，和别的任何人不同的特征标出来，以便使他既静穆，同时又生动有力，既沉寂，却不是漠不关心或打瞌睡。[3]

也即是说，在温克尔曼看来，艺术最高的美就是静穆之美，因为这静穆的姿态最可表示“心灵的真实性格”，同时，这静穆却并不是一种完全的静，而是静中有动，或者说“生动有力”。温克尔曼还以大海的“静寂”与“汹涌”来形容这种静穆之美：“就像海的深处

---

1 宗白华：《张彦远及其〈历代名画记〉》，见《宗白华全集》第2卷，合肥：安徽教育出版社，1994年，第471页。

2 宗白华：《温克尔曼美学论文选译：论希腊雕刻》，见《宗白华全集》第4卷，合肥：安徽教育出版社，1994年，第198页。

3 宗白华：《温克尔曼美学论文选译：论希腊雕刻》，见《宗白华全集》第4卷，合肥：安徽教育出版社，1994年，第198页。

永远停留在静寂里，不管它的表面多么狂涛汹涌，在希腊人的造像里那表情展示一个伟大的沉静的灵魂，尽管是处在一切激情里。”而从宗白华对温克尔曼的这些有关静穆之美的观点的“翻译”里，或许可以看到与其对于中国绘画的“虽动而静”，以及所表现的中国的“最深心灵”的“深深的静寂”之感的强烈的关联。当然，正如温克尔曼赋予希腊艺术的特征为“高贵的单纯”和“静穆的伟大”并不符合现实一样，宗白华的对中国绘画的“静的境界”的“发现”也并不完全符合现实，也因此并未充分表现出中国心灵的特质。

三、中国艺术心灵：“空灵”又“充实”的特征

宗白华30年代虽然借助于温克尔曼的静穆之美对中国绘画所表现出的中国心灵的“虽动而静”或者“静寂”的特征进行了“发现”，但是并不能完全解释中国心灵的这种动静结合的特征。直到40年代初，他在对“中国艺术意境”的建构中，在“静默的观照”中又引入“飞跃的生命”，构成了“艺术的二元”，从而丰富了中国心灵，使其既“空灵”，又“充实”，成为“一个活跃的，至动而有韵律的心灵”，[1] 并借此传达出了其“宇宙情调”。宗白华之所以把中国心灵的“虽动而静”以“静”为主的精神调整为虚实结合，“静默的观照”与“飞跃的生命”相互生发的“二元”的艺术精神，则主要来自尼采的酒神精神与日神精神的调协的启发和转化。

在《论文艺的空灵与充实》(1943) 中，宗白华提出艺术精神的

1　宗白华：《中国艺术意境之诞生》，见《宗白华全集》第2卷，合肥：安徽教育出版社，1994年，第338页。

“两元”为“空灵”和“充实”。空灵使得“艺术心灵”得以诞生，充实使得艺术心灵得以表现“宇宙情调”。而这所谓的空灵与充实就来自他对尼采的阿波罗的梦的精神和狄奥尼索斯的醉的精神的引申：

> 尼采说艺术世界的构成由于两种精神：一是“梦”，梦的境界是无数的形象（如雕刻）；一是“醉”，醉的境界是无比的豪情（如音乐）。这豪情使我们体验到生命里最深的矛盾，广大复杂的纠纷；“悲剧”是这壮阔而深邃的生活的具体表现。[1]

宗白华将空灵视作阿波罗的“静观”，这是一种“静默”观照，如梦一般对“万象”予以“静照”，而将充实看成狄奥尼索斯的狂歌酣舞，这是一种音乐性的发扬，如醉一样与宇宙沟通。他认为中国的艺术心灵在这两方面都达到了“极高的成就”，“这是艺术心灵所能达到的最高境界！由能空，能舍，而后能深，能实，然后宇宙生命中一切理一切事，无不把它的最深意义灿然呈露于前。‘真力弥满’，则‘万象在旁’，‘群赖虽参差，适我无非新’（王羲之诗）”[2]。而由此两种艺术精神出发，宗白华又将其转化为中国艺术心灵的两种表现，即“静穆的观照”与“飞跃的生命”。

> 禅是动中的极静，也是静中的极动，寂而常照，照而常寂，动静不二，直探生命的本原。禅是中国人性接触佛教大乘义后体认到自己心灵的深处，而灿烂地发挥到哲学境界与艺术境界。

1　宗白华：《论文艺的空灵与充实》，见《宗白华全集》第 2 卷，合肥：安徽教育出版社，1994 年，第 348 页。

2　宗白华：《论文艺的空灵与充实》，见《宗白华全集》第 2 卷，合肥：安徽教育出版社，1994 年，第 350 页。

> 静穆的观照和飞跃的生命构成艺术的两元，大概也是构成“禅”的心灵状态罢！[1]

但是，宗白华并未直接以尼采的酒神精神和日神精神来命名这种艺术的二元性，而是以中国更熟悉的禅宗的“动静不二”的精神来对这二元性进行解释，所以给人错觉，以为他的艺术动静结合的二元性出自禅宗的启发，其实并非如此。如果说他对于中国绘画艺术“虽动而静”并且以“静”为高的看法来自温克尔曼对于希腊雕刻艺术的描述的话，他对于艺术的二元性精神的看法则直接来自尼采的艺术二元性即酒神和日神的互动的观点，而他所引用的禅宗的“动静不二”的精神只不过为了说明艺术的二元性，使得尼采的说法更让人理解而已。而这也是他把尼采的酒神精神和日神精神分别转化为“飞跃的生命”和“静穆的观照”的原因。此前，郭沫若曾与宗白华交流过尼采的这种静中有动、动静结合的观点：“希腊文明之静态，正如尼采所说：乃是一种动的 Dionysus（酒神）的精神祈求的一种静的 Apollo（太阳神）式的表现。它的静态，正是活静而非死静。”[2] 而他的这个观点与宗白华的观点可以说是英雄所见略同。

宗白华认为这种艺术的二元性其实来自人的心灵，也正是中国艺术的中心的“艺术意境”得以产生的原因，“艺术意境的诞生，归根结底，在于人的性灵中”。[3] 当然，也是中国心灵创造的方法。

---

1 宗白华：《中国艺术意境之诞生》，见《宗白华全集》第 2 卷，合肥：安徽教育出版社，1994 年，第 332 页。

2 郭沫若：《论中德文化书：致宗白华兄》，见《宗白华全集》第 1 卷，合肥：安徽教育出版社，1994 年，第 327 页。

3 宗白华：《中国艺术意境之诞生》，见《宗白华全集》第 2 卷，合肥：安徽教育出版社，1994 年，第 329 页。

> 这种微妙境界的实现，端赖艺术家平素的精神涵养，天机的培植，在活泼泼的心灵飞跃而又凝神寂照的体验中突然地成就。元代大画家黄子久“终日只在荒山乱石、丛木深篠中坐，意态忽忽，人不测其为何。又每往泖中通海处看急流轰浪，虽风雨骤至，水怪悲诧而不顾。”宋画家米友仁自题其《云山得意图》卷说：“老境于世海中，一毛发事泊然无着染。每静室僧趺，忘怀万虑，与碧虚寥廓同其流。”黄子久以狄阿理索斯（Dionysius）的热情深入宇宙的动象，米友仁却以阿波罗（Apollo）式的宁静涵映世界的广大精微，代表着艺术生活上两种最高精神形式。在这种心境中完成的艺术境界自然能空灵动荡而又深沉幽渺。[1]

不同的艺术家或以阿波罗精神“凝神寂照”，静观世界，或以狄奥尼索斯的精神“心灵飞跃”，与宇宙的跃动同调，因此创造了或“空灵”或“动荡”的艺术境界。宗白华曾借助对吕斯伯的人格的批评对其画进行批评，对作为艺术家的“深心人”的这种心灵的两元性到其表现在意境中的动静相谐的二元性进行了深入的阐发：

> 画中静境最不易到。静不是死亡，反而倒是甚深微妙的潜隐的无数的动，在艺术家超脱广大的心襟里显呈了动中有和谐有韵律，因此虽动却显得极静。这个静里，不但潜隐着飞动，更是表示着意境的幽深。唯有深心人才能刊落纷华，直造深境幽境。陶渊明，王摩诘，孟浩然，韦苏州这些第一流大诗人的

1　宗白华：《中国艺术意境之诞生（增订稿）》，见《宗白华全集》第2卷，合肥：安徽教育出版社，1994年，第361页。

> 诗，都是能写出这最深的静境的。不能体味这个静境，可以说就不能深入中国古代艺术的堂奥！[1]

正是因为艺术家的“心襟”里有动静结合的韵律，这画中的“静境”方才既有静穆的观照，也有飞跃的生命。而“静”中的“飞动”既是艺术家的心中的韵律，也是艺术意境之所以“幽深”，而成为“深境幽境”的原因。“静穆的观照”体现于艺术的静寂的境界，是空灵，是优美，而“飞跃的生命”则体现在艺术的音乐性或节奏中，是充实，是壮美。当然，这也是对于“宇宙情调”的反映，“空寂中生气流行，鸢飞鱼跃，是中国人艺术心灵与宇宙意象‘两镜相入’互摄互映的华严境界”。[2] 宗白华认为中国的艺术所表现的这种空灵与充实及动静结合的富于音乐的节奏正是中国心灵的特征，“李、杜境界的高、深、大，王维的静远空灵，都植根于一个活跃的、至动而有韵律的心灵。承继这心灵，是我们深衷的喜悦”。[3]

四、“中国心灵”的“眼睛”：诗画的“空间表现”

除了中国绘画及诗歌所表现出的中国艺术心灵的“空灵与充实”外，宗白华对中国心灵的发现与建构还有一个非常重要的途径，那就是对于中国诗歌与绘画的空间意识进行考察，从中发现中国心灵

1　宗白华：《凤凰山读画记》，见《宗白华全集》第 2 卷，合肥：安徽教育出版社，1994 年，第 377 页。

2　宗白华：《中国艺术意境之诞生（增订稿）》，见《宗白华全集》第 2 卷，合肥：安徽教育出版社，1994 年，第 372 页。

3　宗白华：《中国艺术意境之诞生（增订稿）》，见《宗白华全集》第 2 卷，合肥：安徽教育出版社，1994 年，第 374 页。

的“眼睛”及其“空间表现”的特点。而他对于绘画可象征中国文化的观点，以及可以通过考察其空间意识以领悟其“文化的最深的灵魂”或文化心灵的方法，主要来源于斯宾格勒的相关思想。因为对于从艺术中探讨文化心灵及精神的做法，比学斯基、龚多夫、赫尔德等人已经有言在先，而对于空间情绪的研究，宗白华在柏林大学的老师德索也在其《美学与一般艺术学》中谈到不同的建筑空间可以给人以不同的情绪，他为此还引用了柏格森对城市建筑风格的“情感”，后者对建筑多为“直线，正方形和立方体”产生反感，因此在曼哈顿，竟然觉得自己“凝固了，冻僵了”，乃至不会在其街道上谈恋爱，所以，他认为建筑艺术能否实现其目的，“关键问题在于空间构成及其对空间情感的影响”[1]。但是，将文艺的空间意识作为文化心灵的表现确是斯宾格勒的创造。

因此，可以说，是斯宾格勒的通过探讨文化象征物的空间意识来表现其文化的“精神”或“灵魂”，也即“心灵”的方法，启发了宗白华研究中国心灵的具体途径。斯宾格勒在《西方的没落》中认为外部世界以及可见的历史都是心灵的表现或象征：

> 这些历史学家有谁知道，在微积分和路易十四时期的政治的朝代原则之间，在古典的城邦和欧几里得几何之间，在西方油画的空间透视和以铁路、电话、远程武器进行的空间征服之间，在对位音乐和信用经济之间，原本有着深刻的一致性呢？不过，从这一形态学的观点看，即便平凡单调的政治事实，也具有一种象征的，甚至形而上的性质：埃及的行政制度、古典

1 ［德］德索：《美学与一般艺术学》，朱雯霏译，北京：中国文联出版社，2019 年，第 333 页。

> 的钱币、解析几何、支票、苏伊士运河、中国的印刷术、普鲁士的军队以及罗马人的道路工程，是可以一致地加以理解和认识的——在此之前，这恐怕是不可能的。[1]

斯宾格勒以此为基础，认为这其中空间的象征意义最可表现出文化的特质，所以，他对不同文化进行及其“心灵”（Seele）的象征物所表现出的空间意识进行论述，从中探讨出其“文化心灵”（die Seele einer Kultur）。他据此将文化心灵分为古典文化的“阿波罗心灵”、西方文化的“浮士德心灵”、阿拉伯的“魔术心灵”等，而他也在讨论中谈到了中国文化的某些特质。所以，从某种意义上来说，宗白华对中国文化心灵或中国心灵的论述，是对于斯宾格勒的文化心灵说的拓展。

> 现代德国哲学家斯宾格勒（O. Spengler）在他的名著《西方文化之衰落》里面曾经阐明每一种独立的文化都有他的基本象征物，具体地表象它的基本精神。在埃及是“路”，在希腊是“立体”，在近代欧洲文化是“无尽的空间”。这三种基本象征都是取之于空间境界，而他们最具体的表现是在艺术里面。埃及金字塔里的甬道，希腊的雕像，近代欧洲的最大油画家伦勃朗（Rembrandt）的风景，是我们领悟这三种文化的最深的灵魂之媒介。我们若用这个观点来考察中国艺术，尤其是画与诗中所表现的空间意识，再拿来同别种文化作比较，是一极有趣味的事。我不揣浅陋作了以下的尝试。[2]

1　[德] 斯宾格勒:《西方的没落》(第1卷)，吴琼译，上海：上海三联书店，2006年，第6页。

2　宗白华：《中国诗画中所表现的空间意识》，见《宗白华全集》第2卷，合肥：安徽教育出版社，1994年，第420页。

与斯宾格勒考察西方文化即近代的欧洲文化的心灵时选取了歌德的《浮士德》和伦勃朗的画作的空间意识一样，宗白华考察中国心灵时选择了中国诗画中的空间意识。而且，他又进一步将中国诗画中的空间表现与艺术家观察世界的“眼光”结合了起来，从而构建了中国心灵的“眼睛”。

对于中国心灵的眼睛的发现，宗白华是通过西洋画与中国的诗画的不同的空间表现来分析的，他发现在这两者不同的空间表现背后，有着两种不同的“眼光”：西洋的画家是以“科学及数学的眼光”，即用透视法来看世界；中国画家是以“心灵的眼”，即用宋代博物学家沈括所言之“以大观小”法来俯察天地。

> 沈括以为画家画山水，并非如常人站在平地上在一个固定的地点，仰首看山；而是用心灵的眼，笼罩全景，从全体来看部分，“以大观小”。把全部景界组织成一幅气韵生动、有节奏有和谐的艺术画面，不是机械的照相。这画面上的空间组织，是受着画中全部节奏及表情所支配。“其间折高折远，自有妙理”。这就是说须服从艺术上的构图原理，而不是服从科学上算学的透视法原理。[1]

西洋的“科学及数学的眼光”与中国的“心灵的眼”的不同，所“看”到的世界也不尽相同，前者是固定的视角，所看到的只是“部分”的风景，后者的视角则是仰观俯察，周游环视，“流动着飘瞥上下四方，一目千里，把握全境的阴阳开阖，高下起伏的节奏”，故可看到“全景”，因此，所产生的空间意识也不一样。

---

1 宗白华：《中国诗画中所表现的空间意识》，见《宗白华全集》第 2 卷，合肥：安徽教育出版社，1994 年，第 421 页。

> 中国诗人、画家确是用“俯仰自得”的精神来欣赏宇宙，而跃入大自然的节奏里去“游心太玄”。晋代大诗人陶渊明也有诗云：“俯仰终宇宙，不乐复何如！”用心灵的俯仰的眼睛来看空间万象，我们的诗和画中所表现的空间意识，不是像那代表希腊空间感觉的有轮廓的立体雕像，不是像那表现埃及空间感的墓中的直线甬道，也不是那代表近代欧洲精神的伦勃朗的油画中渺茫无际追寻无着的深空，而是“俯仰自得”的节奏化的音乐化了的中国人的宇宙感。《易经》上说：“无往不复，天地际也。”这正是中国人的空间意识！这种空间意识是音乐性的（不是科学的算学的建筑性的）。它不是用几何、三角测算来的，而是由音乐舞蹈体验来的。[1]

宗白华在此对比了斯宾格勒所指出的不同文化的空间意识，如希腊的人体的雕像、埃及的笔直的墓道、近代欧洲的没有尽头的深空，指出中国艺术家则因使用“俯仰自得”的“心灵的眼睛”对天地游观，故产生了一种“节奏化的音乐化了的”空间意识。而对于中国人的这种富有节奏感的音乐性的空间意识，斯宾格勒也曾予以揭示：“这就是中国人的文化，及其具有强烈的方向原则的‘道’。但是，与埃及人以一种无可挽回的必然性踏上通往预定的人生终点之路相反，中国人是徜徉（wanders）于他的世界。”[2] 而宗白华显然从斯宾格勒对于中国空间意识的批评中也受到了启发，并因此对中国的心灵进行了刻画：

> 我们向往无穷的心，须能有所安顿，归返自我，成一回旋

1 宗白华：《中国诗画中所表现的空间意识》，见《宗白华全集》第 2 卷，合肥：安徽教育出版社，1994 年，第 423 页。

2 ［德］斯宾格勒：《西方的没落》（第 1 卷），吴琼译，上海：上海三联书店，2006 年，第 182 页。

> 的节奏。我们的空间意识的象征不是埃及的直线甬道，不是希腊的立体雕像，也不是欧洲近代人的无尽空间，而是潆洄委曲，绸缪往复，遥望着一个目标的行程（道）！我们的宇宙是时间率领着空间，因而成就了节奏化，音乐化了的“时空合一体”。这是“一阴一阳之谓道”。[1]

宗白华从中国诗画所表现的空间意识里反映出的与西方的透视法不同的观照法里，从中国的“心灵的眼睛”或“以大观小法”所描画出的中国心灵，是一种遨游于天地之际且无往不复的节奏感、音乐感，并因此与宇宙之道、阴阳之道相通，虚实结合，和谐共生。

* * *

宗白华借助于德国哲学家和文艺科学家对于文化心灵的相关论述，对中国的文化心灵或中国心灵予以发现或者发明，是对中国文化精神研究的新的贡献。同时，他也意在将自己所建构的中国心灵放在世界之中，与世界心灵相提并论，以从这种比较中获得其不朽的伟大的价值。

从二十世纪以来的中国现代美学所走过历程来看，宗白华的努力并非孤例。从王国维始，中国的美学家就有向世界证明中国艺术自有其与世界艺术共通价值的努力和情结。王国维以叔本华思想阐发《红楼梦》，并将其与欧洲近世文学的“第一者”歌德的《浮士德》相较，以宝玉之命运类比浮士德，并将其定义为“彻头彻尾之悲剧”及“悲剧中之悲剧”，进而使得我国的“美术”可屹立于世界

1 宗白华：《中国诗画中所表现的空间意识》，见《宗白华全集》第 2 卷，合肥：安徽教育出版社，1994 年，第 437 页。

“美术”之林。[1] 邓以蛰认为“中国画注重自然，西洋画注重人生”，并以此为中国绘画的独立价值作辩护。[2] 朱光潜以克罗齐的理论将王国维所说的“境界”释为“情趣”与“意象”的融合，对中国诗词的境界予以生发，以求沟通中西诗学理论。还有与宗白华为中央大学同事的方东美，将中国人的“生命情调”与希腊人和近代欧洲人相比较，认为“希腊人与近代西洋人之宇宙，科学之理境也；中国人之宇宙，艺术之意境也”，[3] 并据此指出因为各个“民族心性”的不同，科学之理境与中国之意境并无高下之分。至于宗白华和方东美的学生唐君毅，虽然也将中西方文艺精神进行比较，并承认西方文艺精神之“伟大”，但却批评其同时亦让人觉得自身之“渺小”，高不可攀，相反，中国艺术的精神则注重“通物我之情”，以求“游心于物之中”，故“中国文学艺术之境界，较西方有更进一层处”。应该说，正是他们的努力，才使得中国现代的艺术和美学在世界占有一席之地。

不过，与这些师友相较，宗白华努力建构中国心灵的目的既有向世人证明其可与以近代欧洲心灵为代表的世界心灵相媲美的价值，同时也有完成他所认为的中国宋元的绘画艺术可与希腊的雕塑，德国的音乐鼎足而三的判断。正因此，他需要用世界的通行的“语言”来对中国的艺术进行阐释，而德国思想家和美学家的理论话语可谓是他所生活的那个时代的“世界语”，所以，他所做的工作，就是尽量“让中国艺术说德国话”，从而让世界得以理解我们的伟大的艺术

1　王国维：《〈红楼梦〉评论》，见《王国维文学论著三种》，北京：商务印书馆，2010 年，第 11，14 页。

2　邓以蛰：《观林风眠的绘画展览会因论及中西画的区别》，见《邓以蛰全集》，合肥：安徽教育出版社，1998 年，第 93 页。

3　方东美：《生命情调与美感》，见《中国现代学术经典：方东美卷》，石家庄：河北教育出版社，1996 年，第 223 页。

及其所蕴含的丰富的心灵。而之所以宗白华可以较为系统且较为细致的“教中国艺术说德国话”，则是因为其独特的与德国思想密不可分的学术成长经历及深刻认识使然，而这也使得他在众多同行之中脱颖而出，自成一家之言。

所以，他首先通过介绍比学斯基、龚多夫等对歌德的研究和赫尔德等人的观点，引入了“文化心灵”的概念；然后，他化用了温克尔曼对希腊艺术的批评勾画出了中国心灵所具有的“虽动而静的”精神；接着，他又从尼采的酒神精神和日神精神的角度，对中国心灵的既空灵又充实的二元性特征予以生发；最后，他又借鉴斯宾格勒对世界文化心灵的空间象征的判断，对中国文化的空间意识进行剖析，从而还原了中国心灵的“眼睛”所看到的宇宙的情调和对富有节奏和韵律的形而上的道的追求。因此，宗白华对中国心灵的阐发，不仅给古老的中国文化开辟了新的境界，也给美丽的中国文化精神注入了新的活力。

但是，如果没有这些德国思想家和文艺家的影响，宗白华对于中国心灵的发明可能就会付之阙如。对此，他深有感触，因此他曾给好友李长之所翻译的德国文艺科学家玛尔霍兹《文艺史学与文艺科学》作的“跋”里，盛赞德国的文艺科学。而李长之在这本书的序言里说的一段话也让人颇受启发：“‘一种新语法的获得，是一种新世界观的获得。’假若语法如故，又何从获得新世界观呢？语言就是一种世界观的化身，就是一种精神的结构，假若想丰富我们民族的精神内容，假若想改善我们民族的思想方式，翻译在这方面有很大的助力。”[1] 宗白华将文化心灵的概念引入中国的文化研究中并予以生发，可以说也是获得了一种“新世界观”，不仅丰富了我们民

1　李长之：《文艺史学与文艺科学》，见《李长之文集》第 9 卷，石家庄：河北教育出版社，第 130 页。

族的“精神内容”，同时也改善了我们“民族的思想方式”。

当然，宗白华未对中国心灵一味赞美，他同时也与世界心灵比照，不仅从中找出其特质，也从中考察出其不足之处。这其中，他认为中国心灵最为缺乏的就是西洋的悲剧意识：

> 但西洋文艺自希腊以来所富有的“悲剧精神”，在中国艺术里，却得不到充分的发挥，且往往被拒绝和闪躲。人性由剧烈的内心矛盾才能掘发出的深度，往往被浓挚的和谐愿望所淹没。固然，中国人心灵里并不缺乏他雍穆和平大海似的幽深，然而，由心灵的冒险，不怕悲剧，以窥探宇宙人生的危岩雪岭，发而为莎士比亚的悲剧，贝多芬的乐曲，这却是西洋人生波澜壮阔的造诣！[1]

而这正是宗白华研究中国心灵的目的，通过不同文化心灵的比较，以人的心灵为镜，既可以知道我们的心灵的辉煌，也可以看到其孱弱之处，并因而给人以丰富中国心灵的希望和可能。

1　宗白华：《艺术与中国社会》，见《宗白华全集》第2卷，合肥：安徽教育出版社，1994年，第414页。

第十一章　其美有如音乐

——宗白华的音乐批评思想

在宗白华的美学思想中，对音乐的看法或者运用音乐的法则来对艺术进行批评是其艺术批评的核心方法之一，也是其美学思想的重要特点。因为他不仅热爱音乐，还将音乐作为衡量所有艺术及美的重要标准。他称英国文艺理论家佩特的“一切的艺术都是趋向于音乐的状态”是“最堪玩味的名言”，[1] 而这句话更是他在进行艺术批评时念念不忘的座右铭。更重要的是，他在对中国艺术的批评中，不管是对书法、绘画、舞蹈还是建筑，都引入了音乐性的批评，并且将其所具有的音乐性作为最高的艺术境界予以揭示和表扬。所以，从某种意义上来说，这种音乐性的批评不仅是他的艺术批评的独特之处，也是他对中国艺术精神的别具只眼的发现和建构。他还因此认为“中国文化的美丽精神”就是中华民族将自己所发现的“宇宙旋律及生命节奏的秘密”，用于建构礼乐的生活，同时表现于艺术之中，“以和平的音乐的心境爱护现实，美化现实”。[2] 可以说，音乐性

1　宗白华：《论中西画法的渊源与基础》，见《宗白华全集》第 2 卷，合肥：安徽教育出版社，1994 年，第 98 页。

2　宗白华：《中国文化的美丽精神往那里去》，见《宗白华全集》第 2 卷，合肥：安徽教育出版社，1994 年，第 402 页。

的批评是宗白华艺术批评的真正的“秘密”或“法宝”。

宗白华之所以对音乐如此重视并且将其作为艺术批评的至高法则，其中很重要的原因就是他1920年赴德留学之后的生活体验。因为他出国前很少在文章中谈到具体的音乐，却在到了德国后对其生活中弥漫的浓烈的音乐气氛印象深刻：“我在德国两年来印象最深的，不是学术，不是政治，不是战后经济状况，而是德国的音乐。……德国音乐本来深刻而伟大。Beethoven之雄浑，Mozart之俊逸，Wagner之壮丽，Grieg之清扬，都给我以无限的共鸣。尤其以Mozart的神笛，如同飞泉洒林端，萧逸出尘，表现了我深心中的意境。”[1] 宗白华对德国音乐的热爱也由此而生，同时这也让他之前对叔本华和尼采等哲学家关于音乐的思想的认知变得更加深刻。与之同时，他接触了瓦格纳等音乐家和费希纳等美学家有关音乐方面的论述，也在不同程度上加深了对于相关音乐理论的理解，从而给他此后运用自己对音乐的深度的认识来对艺术进行批评奠定了基础。

当然，宗白华将自己对于音乐的喜爱转化为对艺术的批评，并非一蹴而就，而是有一个逐渐展开的过程。首先，他在1925年夏回国后专注于美学及艺术学的研究及教学，在理论上将音乐作为艺术形式的构成要素；之后，他在30年代初转向对中国书画的批评，开始将音乐的表现作为其中的重要因素；40年代初，他又提出中国艺术意境说，将音乐性尤其是舞蹈作为最高的境界。最后，他在50年代，又专门对中国古代的音乐思想进行了较为系统的研究。这一切共同构成了他的音乐思想。

1　宗白华：《致柯一岑书》，见《宗白华全集》第1卷，合肥：安徽教育出版社，1994年，第414页。

一、艺术的“形式的结构”：“节奏”与“音乐”

宗白华对音乐的理论上的认识最早见于其 1925 年回国任教后为相关课程撰写的讲稿中，他在系统探讨美学及艺术学的过程中，涉及对音乐的特点及其与其他艺术的关系的认知，其中最为重要的就是他在这些讨论中将音乐的节奏与艺术形式相关联。虽然他对音乐精神的整体理解上受歌德、尼采、叔本华等人的影响，但是对具体的音乐的艺术特征的把握和转化却主要与他在柏林大学留学时的老师德索的艺术理论的影响有关。

首先，宗白华认为作为审美对象的音乐的特征来自其节奏与和谐。这个观点主要来自德索的理论，后者认为审美对象因为有其一般性的特征，才得以让人产生美的印象，而音乐主要靠节奏予以表现。德索指出审美对象的特性就是可以让人“愉悦”的相互关联的“因素”：“审美对象最为规律的特性包括一种呈现出直观必然性并引起愉悦的各因素间的相互作用，这些因素属于同一秩序序列并同时被认识到。涉及品质时，这种联结关系就称为和谐；涉及数量与尺度时，便称为匀称。声音之间，颜色之间均可产生和谐。”[1] 审美对象的这种“最为规律的特性”共有三种，除了“和谐”与“匀称”外，还有就是和音乐直接相关的节奏：“节奏与节拍是富有审美价值的过程中所具备的两个客观特征。”[2] 此外，还有“大小和程度”，

1 ［德］德索：《美学与一般艺术学》，朱雯霏译，北京：中国文联出版社，2019 年，第 97 页。

2 ［德］德索：《美学与一般艺术学》，朱雯霏译，北京：中国文联出版社，2019 年，第 109 页。

“在一件艺术品中，所有的特性都少不了大小和程度，而大小和强度在任何情况下又是与性质联系在一起的”。[1] 但宗白华并没有照搬德索的说法，而是对他的这个看法进行了概括，将作为审美对象的艺术的特征概括为“形式”上的“复杂一致”：“艺术上基本形式之美，即在所谓复杂一致也。”[2] 他进而指出，所谓的“复杂”（Mannigfaltigkeit）与“一致”（Übereinstimmung），就是多样性的统一。因此，宗白华把德索的审美对象的三种特性“和谐与匀称”“节奏与节拍”和“大小与程度”转化为“复杂一致”的三种“美”的基本形式，即 Eurhythmic ，节奏的协调；Proportionality，大小的相称；Harmony，配合的和谐。在这三种美的形式中，他对音乐的节奏与和谐尤其重视，认为其不仅突出表现在音乐中，也表现在绘画、建筑等艺术之中：“Rhythm，本为音乐上的节奏，但斯审美对于大作品，如图画，不仅为空间的问题，亦带有时间性质，如中国之手卷画，即觉其波浪起伏，另有节奏也。”[3]

其次，宗白华认为节奏是最重要的艺术形式之一，节奏不仅是艺术的形式，也是生命和宇宙的形式。宗白华根据德索对艺术特性的概括把艺术的形式分为音乐的“节奏”、建筑的“比例”与绘画的“和谐”三种主要类型，虽然这三种“形式”均启示出“精神”“生命”和“心灵”的奥秘，但是他认为，音乐则是更为本质的一种“形式”：“但音乐不只是数的形式的构造，也同时深深地表现了人类心灵最深最秘处的情调与律动。音乐对于人心的和谐，行为的节奏，

1 ［德］德索：《美学与一般艺术学》，朱雯霏译，北京：中国文联出版社，2019 年，第 118 页。

2 宗白华：《艺术学》，见《宗白华全集》第 1 卷，合肥：安徽教育出版社，1994 年，第 515 页。

3 宗白华：《艺术学》，见《宗白华全集》第 1 卷，合肥：安徽教育出版社，1994 年，第 518 页。

极有影响。……但我们看来，音乐是形式的和谐，也是心灵的律动，一镜的两面是不能分开的。心灵必须表现于形式之中，而形式必须是心灵的节奏，就同大宇宙的秩序定律与生命之流动演进不相违背，而同为一体一样。”[1] 宗白华不仅对音乐的节奏推崇备至，更将其与人的心灵的律动乃至宇宙的“秩序定律”相联系，这与希腊哲学对其的影响有关。他谈到希腊哲学家如毕达哥拉斯等以艺术家的观点来探索宇宙的秘密，把所发现的音乐的法则扩展到宇宙的法则，从而将艺术与宇宙关联起来。

> 毕达哥拉斯以数为宇宙的原理。当他发现音之高度与弦之长度成为整齐的比例时，他将何等地惊奇感动，觉着宇宙的秘密已在面前呈露：一面是数的永久定律，一面即是至美和谐的音乐。弦上的节奏即是那横贯全部宇宙之和谐的象征！……艺术家是探乎于宇宙的秘密的！[2]

或许，正是因为对于毕达哥拉斯的这种将“宇宙的原理”或“数的永久的定律”与“至美和谐的音乐”相联系和贯通的思想的赞叹，宗白华后来在批评中国艺术时，产生了“以道贯艺”或者“道艺合一”的想法，而不是很多人所认为的受庄子的“庖丁解牛”等篇中所表示的“道”“技”合一或“道”“艺”合一的思想的直接的影响。当然，宗白华对于作为审美对象和艺术形式的音乐的节奏与和谐的重视，深深地影响到了其对于中国艺术的批评的方法及评价。

1　宗白华：《哲学与艺术：希腊大哲学家的艺术理论》，见《宗白华全集》第 2 卷，合肥：安徽教育出版社，1994 年，第 54 页。

2　宗白华：《哲学与艺术：希腊大哲学家的艺术理论》，见《宗白华全集》第 2 卷，合肥：安徽教育出版社，1994 年，第 54 页。

二、中国艺术的“音的境界”：“绘画”与“书法”

宗白华既因为在德国受到音乐的至深的影响，又接受了德索对于音乐的节奏与和谐在艺术形式中的根本作用的观点，所以，在他之后转向中国艺术批评时，着意研究绘画、书法的音乐性的表现及其特点，而他对艺术的音乐性的“赋值”，也使得人们对中国绘画和书法的认识进入“音乐境界”。因此，他同时还给予谢赫的“六法”之第一法“气韵生动”以音乐性的解释，将其所表现出的音乐性的节奏看作中国绘画的最高境界。

首先，宗白华对于中国艺术的音乐性的批评，或者将音乐性作为考察绘画与书法等艺术的重要的形式因素，既与德索的审美对象的特性理论有关，更与其对德国音乐在艺术中的“泛化”或“深化”的认识有关。他在德国留学期间，很快就发现了德国文化中音乐影响的无所不在，文学、哲学、绘画、雕刻等别的艺术都可见到音乐的特质的表现。

> 德国全部的精神文化差不多可以说是音乐化了的。他的文学名著如 G. Keller 等等的杰作，都是一曲一曲人生欢乐的悲歌。叔本华的世界观化入 Wagner 的诗剧，尼采的人生观谱成 R. Strauss 的《超人曲》，哲学也音乐化了，画家如 Bocklin，Schwintters，Thoma 等等，都谱音乐入山川人物之中。雕刻家 Max Klinger 的最大杰作，是音乐家 Beethoven 的石像。我常说，

法国的文化是图画式的，德国的文化是音乐式的。[1]

宗白华对德国音乐的这种认识不仅仅为其独有，与他同在德国留学的好友王光祈对此也印象颇深，王光祈认为自18世纪，随着巴赫、亨德尔、贝多芬及施特劳斯的出现，德国开始“执欧洲音乐界之牛耳”，且被世人认为是“听的民族”。[2] 但是，与其后专业从事音乐研究的王光祈主要专注于音乐在其自身领域的研究有别，宗白华对德国的文化的“音乐化”的精神的深入的体验与认识，不仅使得他对于音乐本身的价值和意义异常重视，还有一个更重要的启发，就是音乐在艺术中的各种“化入”，这也使得他开始以音乐性的表现来评价文化的价值，或者用音乐的“眼睛”来审视艺术的意义。对他来说，这就是艺术所表现出的“生命的节奏”：“世界上唯有最生动的艺术形式——如音乐，舞蹈姿态、建筑、书法、中国戏面谱、钟鼎彝器的形态与花纹——乃最能表达人类不可言，不可状之心灵姿式与生命的律动。”[3] 而这“生命的节奏”不仅是音乐的节奏，也是宇宙间生生不息的节奏。

其次，宗白华基于对于艺术的音乐性的认识，在对中国艺术尤其是对中国绘画与书法予以批评时，有意识强调其音乐性的表现。尽管他认为建筑、音乐、舞蹈“乃最能表现吾人深心的情调与律动”，但是因为中国的建筑土木结构难以保存，雕刻又不够发达，封建的礼乐生活也已经消失，所以集中在以“笔墨”为基础的书法和

1　宗白华：《致柯一岑书》，见《宗白华全集》第1卷，合肥：安徽教育出版社，1994年，第415页。

2　王光祈：《德国人之音乐生活》，见《王光祈文集》音乐卷（中），成都：巴蜀书社，2009年，第527页。

3　宗白华：《论中西画法的渊源与基础》，见《宗白华全集》第2卷，合肥：安徽教育出版社，1994年，第99页。

绘画上。宗白华对于中国绘画的音乐性的批评，侧重于其“形线”所产生的美：“中国画是一种建筑的形线美，音乐的节奏美，舞蹈的姿态美。”[1] 而形线的流动与飞转给人以音乐的节奏感和类似舞蹈的形象美，其实，舞蹈本身也是音乐的节奏的形象化，“中国画，真像一种舞蹈，画家解衣磅礴，任意挥洒，他的精神与着重点在全幅的节奏生命而不沾滞于个体形相的刻画。画家用笔墨的浓淡，点线的交错，明暗虚实的互映，形体气势的开合，谱成一幅如音乐如舞蹈的图案”。[2] 宗白华认为正是中国画的“形线”及由其“跳跃宛转”构成的“花纹线条”的“交织”与“融合”，使得中国画产生了有如“交响曲”一样的美。因此，与西洋绘画以“色调”表现个人心灵及世界的“色彩的音乐”不同，中国画是“点线的音乐”。但宗白华指出两者各有所长，他特地引用佩特的名言以说明：“虽然‘一切的艺术都是趋向音乐’，而华堂弦响与明月箫声，其韵调有别。”[3]

对于书法的音乐性，宗白华更是给予不同凡响的评价，他认为书法不仅表现出了音乐性，甚至其本身就是音乐。“故中国书法为中国特有之高级艺术：以抽象之笔墨表现极具体之人格风度及个性情感，而其美有如音乐。”[4] 他认为书法与画法一样，都可表现生命的节奏和心灵的情韵，尤其是对于中国画来说，其与书法联系紧密，不可分离。而中国画有两个特点，第一就是“引书法入画”，因为画中的各种点线皴法都来自书法；第二是“融诗心，诗境于画景”，各

1　宗白华：《论中西画法的渊源与基础》，见《宗白华全集》第 2 卷，合肥：安徽教育出版社，1994 年，第 100 页。
2　宗白华：《论中西画法的渊源与基础》，见《宗白华全集》第 2 卷，合肥：安徽教育出版社，1994 年，第 100 页。
3　宗白华：《论中西画法的渊源与基础》，见《宗白华全集》第 2 卷，合肥：安徽教育出版社，1994 年，第 108 页。
4　宗白华：《徐悲鸿与中国绘画》，见《宗白华全集》第 2 卷，合肥：安徽教育出版社，1994 年，第 49 页。

种线纹跳动飞舞表现了心灵的节奏。之所以如此，乃是因为“中国乐教失传，诗人不能弦歌，乃将心灵的情韵表现于书法，画法。书法尤为代替音乐的抽象艺术”[1]。因此，宗白华不仅对书法的音乐性给予很高的评价，甚至还把书法作为音乐的替代品来看待。书法之所以在中国人的生活中至关重要，除了是日常的写字工具外，还有就是其享有音乐的特性，或者说它就是一种特殊的中国音乐，既可以“演奏”也可以“观看”，触手可及又触目“惊”心，从而与人们的生活不可分离。也因此，宗白华在评价好友胡小石的《中国书学史·绪论》时，将书法作为中国的“中心艺术”来看待：“中国书法是一种艺术，能表现人格，创造意境，和其他艺术一样，尤接近于音乐底，舞蹈底，建筑底抽象美（和绘画，雕塑底具象美相对）。中国乐教衰落，建筑单调，书法成了表现各时代精神的中心艺术。”[2]

因此，宗白华将音乐作为书法和“也是写字”的绘画的共通之处，“书境同与画境，并且通于音的境界”。[3] 不过，他将书法视为音乐或者与音乐相通的观点，他的朋友李长之却并不完全认同。李长之对书法也有很高的评价，认为“中国的一切艺术，几乎都以纯粹形式美的书法为目标。所谓纯粹形式美就是不问内容只问形式，但在形式中已显示了内在的意义”。[4] 但是，他并没有认为书法是音乐的化身，中国艺术以书法为目标，只是以其书写的“纯粹形式美”为目标，并非以其所表现的音乐的节奏为目标，如“天地玄黄”这

1 宗白华：《论中西画法的渊源与基础》，见《宗白华全集》第2卷，合肥：安徽教育出版社，1994年，第102页。

2 宗白华：《〈中国书学史·绪论〉编辑后语》，见《宗白华全集》第2卷，合肥：安徽教育出版社，1994年，第204页。

3 宗白华：《中西画法所表现的空间意识》，见《宗白华全集》第2卷，合肥：安徽教育出版社，1994年，第145页。

4 李长之：《论中国人的美感特质》，见《李长之文集》第3卷，石家庄：河北教育出版社，2006年，第330页。

四个平淡的字，由赵子昂或颜真卿写，就会有着不同的意义和美感，而其美观也并非由所表现的音乐的境界获得。相反，他认为西洋艺术倒是以音乐为目标，所以，“如果西洋的一切艺术，都憧憬于音乐的话，则中国的一切艺术，都憧憬于书法”[1]。当然，宗白华对于书法音乐性的评价并非孤立无援，朱光潜就有着和他相似的见解，并且表述得更为明确：“再举我们中国的书法为例。其实中国书法就美来说，最近于音乐，可以说是有形的音乐。”[2] 这显然是英雄所见略同了。

宗白华更将谢赫的“六法”之首的“气韵生动”予以音乐性的解释，他曾引入西方美术史家对气韵生动的解释作为其现代释义，认为气韵生动就是“生命的律动”，[3] 或者说是“生命的节奏”以及“有节奏的生命”。[4] 他还强调气韵生动不仅是中国绘画的“主题”，也是其目标。而且，他始终将气韵生动作为绘画的美的方向和批评的标准：“气韵生动，这是绘画创作追求的最高目标，最高的境界，也是绘画批评的主要标准。”[5] 宗白华将气韵生动理解为“生命的律动”或“生命的节奏”，只是为了更为具体地把握其在绘画中的表现，这就是由中国画特有的线纹的流动、笔墨的浓淡的变化等所形成的节奏。所以，气韵生动的核心就是其音乐性的“节奏”：

1　李长之：《论中国人的美感特质》，见《李长之文集》第3卷，石家庄：河北教育出版社，2006年，第330页。

2　朱光潜：《怎样理解艺术形式的相对独立性》，见《朱光潜全集》第10卷，合肥：安徽教育出版社，1987年，第332页。

3　宗白华：《论中西画法的渊源与基础》，见《宗白华全集》第2卷，合肥：安徽教育出版社，1994年，第103页。

4　宗白华：《论中西画法的渊源与基础》，见《宗白华全集》第2卷，合肥：安徽教育出版社，1994年，第109页。

5　宗白华：《中国美学史中重要问题的初步探索》，见《宗白华全集》第3卷，合肥：安徽教育出版社，1994年，第465页。

> 气韵，就是宇宙中鼓动万物的“气”的节奏与和谐。绘画有气韵，就能给欣赏者一种音乐感。……明代画家徐渭的《驴背吟诗图》，使人产生一种驴蹄行进的节奏感，似乎听见了驴蹄的的答答的声音，这是画家微妙的音乐感觉的传达。其实不单绘画如此，中国的建筑、园林、雕塑中都潜伏着音乐感——即所谓“韵”。西方有的美学家说：一切的艺术都趋向于音乐。这话是有部分的真理的。[1]

因此，宗白华通过对于气韵生动的音乐化的处理，给予了中国绘画的最高境界即音乐的境界以深度。同时，他也将这种音乐的境界光大到中国的建筑、园林与雕塑中。当然，更不用说本来就是绘画的基础的书法的所具有的音乐性了。汪裕雄等学者认为宗白华对中国艺术的音乐境界的批评来自对秦汉人“律历融通”发展出的“律历哲学”，由此“为传统美学思想探求出宇宙论的依据，发现我们先人的艺术心灵深处，原本振响着浩茫深邃的宇宙音乐”，[2] 这显然与宗白华受国外音乐理论的影响相悖。相对而言，胡继华的观点较为中肯，他认为宗白华引入了德国“生命哲学”对气韵生动命题予以改造，“发挥出‘生命之节奏’，‘生生而条理’，‘至动又和谐’的形上哲理——此乃中国艺术所呈现出来的中国文化精神”。[3] 但他更多地从生命哲学的现代性影响对其阐述，而并未强调宗白华的这一改造中所蕴含的音乐特质。

---

1 宗白华：《中国美学史中重要问题的初步探索》，见《宗白华全集》第 3 卷，合肥：安徽教育出版社，1994 年，第 465 页。

2 汪裕雄，桑农：《艺境无涯：宗白华美学思想臆解》，合肥：安徽教育出版社，2002 年，第 55 页。

3 胡继华：《宗白华：文化幽怀与审美象征》，北京：文津出版社，2005 年，第 126 页。

三、中国"艺术境界的典型"："舞"与"道"

宗白华不管是谈论中国的绘画还是书法，在指出其音乐性的表现时，都将接近于舞蹈作为其最重要的特点。他认为虽然舞蹈与音乐有共通的地方，但前者为听的艺术，后者为视听合一的艺术，所以从某种意义上说，也更具综合性。而他对于舞蹈的推崇，除舞蹈本身即具有音乐性之外，也与尼采的酒神精神的影响有关，因为酒神精神即音乐与舞蹈之神。所以，他将舞蹈作为中国艺术之最高境界。同时，他又将舞蹈作为贯"道"之代表艺术，以此建立了自己的"道"与"舞"统一的境界，也即"道"贯于"艺"或"道艺合一"的思想，最终揭示出了中国文化将形而上的宇宙的"道"即生生不息的旋律贯穿于生活及艺术的富有音乐节奏之美的精神。

首先，宗白华在批评绘画和书法的音乐性时，都将其与舞蹈相通作为一个重要的特征。他尤其关注艺术家的身体的姿态，从艺术家创作的角度出发，对其创作时心意与身体的"姿态"或者"用笔"的"姿态"予以舞蹈化的描述，而不仅画家作画时身体与舞蹈相似，书家写字时身体也与舞蹈相通。所以，宗白华不仅以雷简夫闻江声潮涌波涛翻滚而写之于笔下，如"通于音乐的美"，更以书家观舞作书等来指出其与舞蹈的共通之处："唐代草书宗匠张旭见公孙大娘剑器舞，始得低昂回翔之状，书家解衣磅礴，运笔如飞，何尝不是一种舞蹈?"[1] 当然，"运笔如飞"表面上来自身体姿态的舞蹈，实际上

1　宗白华：《〈中国书学史·绪论〉编辑后语》，见《宗白华全集》第2卷，合肥：安徽教育出版社，1994年，第203页。

是来自生命的节奏，最后则表现于绘画和书法之中，从而呈现出生命的节奏与韵律。而这正是宗白华推崇舞蹈的原因。

其次，宗白华将舞蹈作为中国艺术意境的最高表现，与尼采的酒神精神有关。他认为在艺术家创造意境之时，既需要“活泼泼的心灵飞跃”，也需要“凝神寂照的体验”。而这两种艺术生活的不同的“最高精神形式”，就是酒神精神与日神精神，他特地以中国画家黄子久与米友仁二人“体验生活”的不同的方式予以说明：“黄子久以狄阿理索斯（Dionysius）的热情深入宇宙的动象，米友仁却以阿波罗（Apollo）式的宁静涵映世界的广大精微，代表着艺术生活上两种最高精神形式。”[1] 宗白华认为正是这两种不同“心境”，使得艺术呈现出一种“空灵动荡而又深沉幽渺”的境界，也即用日神的静照来涵映酒神的生命的律动。朱光潜曾对此有着非常恰切的解释，认为尼采的酒神即为叔本华的“意志”（will），歌舞即是其艺术表现，日神则为“意象”（idea），造形艺术入图画与雕刻为其艺术表现，而希腊悲剧则是静观的阿波罗的意象与狂歌曼舞的酒神的结合。“这两种精神本是绝对相反相冲突的，而希腊人的智慧却成就了打破这冲突的奇迹。他们转移阿波罗的明镜来照临狄俄倪索斯的痛苦挣扎，于是意志外射于意象，痛苦赋形为庄严优美，结果乃有希腊悲剧的诞生。悲剧是希腊人‘由形象得解脱’的一条路径。”[2] 宗白华同样认为艺术意境的构建如同希腊悲剧，由酒神与日神相结合而成，并且，具有音乐性的酒神精神的舞蹈则是其“典型”：

因为这意境是艺术家的独创，是从他最深的“心源”和

1 宗白华：《中国艺术意境之诞生（增订稿）》，见《宗白华全集》第2卷，合肥：安徽教育出版社，1994年，第361页。

2 朱光潜：《诗论》，见《朱光潜全集》第3卷，合肥：安徽教育出版社，1987年，第63页。

> “造化”接触时突然的领悟和震动中诞生的。所以艺术家要能拿特创的“秩序、网幕”来把住那真理的闪光。音乐和建筑的秩序结构，尤能直接地启示宇宙真体的内部和谐与节奏，所以一切艺术趋向音乐的状态、建筑的意匠。然而，尤其是“舞”，这最高度的韵律、节奏、秩序、理性，同时是最高度的生命、旋动、力、热情，它不仅是一切艺术表现的究竟状态，且是宇宙创化过程的象征。……在这时只有“舞”，这最紧密的律法和最热烈的旋动，能使这深不可测的玄冥的境界具象化、肉身化。[1]

因此，宗白华直言，“‘舞’，是中国一切艺术境界的典型。中国的书法、画法都趋向飞舞。庄严的建筑也有飞檐表现着舞姿。……天地是舞，是诗（诗者天地之心），是音乐（大乐与天地同和）”[2]。而他对于中国艺术的“舞”的特质的强调，就是对于音乐性的强调，因为舞蹈的精神就是音乐的精神的具身化或者可视化。

再次，就是宗白华从舞蹈出发，通过对庄子的“庖丁解牛”的解读，指出其由“道”进于“技”，而“技”又合“舞”，最终则为道艺合一，原因为二者本质上为一以贯之的音乐的精神，即宇宙之生生不息的节奏所表现出的形而上的“道”，与表现出这种节奏的艺的契合无间。“道的生命和艺的生命，游刃于虚，莫不中音，合于桑林之舞，乃中经首之会。音乐的节奏是它们的本体。”[3] 这也使得他得以将“道”贯于“艺”，建构出道艺合一的理论。但是，宗白华的

1　宗白华：《中国艺术意境之诞生（增订稿）》，见《宗白华全集》第2卷，合肥：安徽教育出版社，1994年，第366页。

2　宗白华：《中国艺术意境之诞生（增订稿）》，见《宗白华全集》第2卷，合肥：安徽教育出版社，1994年，第369页。

3　宗白华：《中国艺术意境之诞生（增订稿）》，见《宗白华全集》第2卷，合肥：安徽教育出版社，1994年，第365页。

这个看法的产生并非来自庄子于“庖丁解牛”等寓言故事中所体现出的道艺合一的观点，他在此只不过是用“庖丁解牛”来阐明自己的这个看法而已。他坦承是荷尔德林的诗句“谁沉冥到 /那无涯际的深，/将热爱着，/这最生动的生”给予他直接的启悟：

> 他这话使我们突然省悟中国哲学境界和艺术境界的特点。中国哲学是就“生命本身”体悟“道”的节奏。“道”具象于生活、礼乐制度。道尤表象于“艺”。灿烂的“艺”赋予“道”以形象和生命，“道”给予“艺”以深度和灵魂。[1]

这就是宗白华的贯道于艺或道艺合一的由来，这种观点的诞生既有希腊哲学家如毕达哥拉斯等人把艺术的发现推广到宇宙的做法的影响，也与尼采的酒神精神所表现的舞蹈艺术给予其的启发有关。汤拥华虽然也认为宗白华把舞作为中国艺术意境的典型并且将其拓展和深化为“哲学境界与艺术境界”的化身是个创举，但认为其未能像尼采那样做到尽善尽美：“宗白华看到了舞在言说艺术本体时的价值，但是他找不到很好的方式，可以像尼采解说古希腊悲剧那样解说舞与中国意境的关系。”[2] 他的这个观点不尽合理，实际上，宗白华强调的是舞所具有的内在的节奏及其具身化，这与他对中国意境的节奏的强调正相一致。因此，他才从庖丁解牛的“舞”引申出艺道贯一的思想并进而推广为“道器合一”，把宇宙之“道”即生生不息的节奏，贯穿于礼乐文化以及日用之器皿，同时表现在艺术之

1　宗白华：《中国艺术意境之诞生（增订稿）》，见《宗白华全集》第 2 卷，合肥：安徽教育出版社，1994 年，第 367 页。

2　汤拥华：《宗白华与“中国美学”的困境》，北京：北京大学出版社，2010 年，第 175 页。

中，从而将整个中国的文化笼罩在音乐的节奏之中，“使我们一岁中的生活融化在音乐的节奏中，从容不迫而感到内部有意义有价值，充实而美”，而这就是他所说的“中国文化的美丽精神”，也是“宇宙的旋律”和“生命的节奏”的秘密。[1]

四、对中国音乐的批评：“不能发扬人的灵魂”

正是宗白华在德国所受到的音乐的深刻影响，使得他不仅在艺术批评中把音乐性作为一个非常重要的标准，还非常重视音乐在生活中以及文化中的作用。他也因此对中国的音乐在生活及精神文化中所起到的作用进行了批评。其中既有他对中国音乐现状的不满，也有对中国音乐传统的衰颓的悲伤，还有对中国曾有的传统的礼乐文化的赞叹，以及对中国文化精神的缺憾的惋惜。

首先，就是宗白华对中国音乐现状的不满。他在 1920 年赴德留学前很少关注音乐问题，但德国生活中弥漫的浓烈的音乐气氛与国内的音乐现状形成了强烈的反差。随着他对于德国音乐的深入的了解，他对中国现代音乐的不足认识也更为深刻。他以为音乐是民族精神的表现，而中国的音乐现状却让人体味到了一种“消极”的情绪，只是一种神经的“刺激”，不能像德国音乐一样“发扬人的灵魂”：

> 中国现代社会上的音乐，听了都使人消极生悲感，能刺激人的神经而不能发扬人的灵魂，真所谓亡国之音哀以思，以这

1 宗白华：《中国文化的美丽精神往那里去?》，见《宗白华全集》第 2 卷，合肥：安徽教育出版社，1994 年，第 401 页。

> 种音乐表现这种民族精神，中国现在文化的地位可想而知了。中国旧文化中向来崇重音乐，以乐为教，则中国古乐之发达可知，然而，现在社会上音乐品格如此低下，真不是好现象。所以，我想中国的新文化中极需要几多谱乐家呢。[1]

因此，宗白华出于对中国社会的音乐现状的不满，而音乐又对人的精神生活有着深入的影响，为改善民族精神，他开始力主更新和加强中国的音乐艺术。而他的好友王光祈虽然也有着与之相似的看法，却更多地为中国音乐的特点进行辩护。他从西洋人和国人的"习性"与"民族本性"的不同出发，认为与西洋人因"习性豪阔""性喜战斗"，音乐又与宗教密切相关，所以其音乐有"壮观优美"的"城市文化"，"激昂雄健"的"战争文化"和"宗教国民"的"宗教音乐"的特点；与之相较，中国人因"恬淡多情""生性温厚"，音乐与宗教关系不大，故音乐有"清逸缠绵"的"山林文化"，"柔蔼祥和"的"和平文化"与"哲学民族"的"陶养性灵"的特征。[2] 这是与宗白华不同的地方。因此，抗日战争期间，宗白华主编《学灯》时特地编发介绍德国音乐家的文章，以激励和深化人们的精神："现代中国人需要悲壮热烈牺牲的生活，但也需要伟大深沉的生活，音乐对于人生的深沉化有关系，我预备发表几篇音乐家的故事。"[3] 而在这些音乐家中，有肖邦、巴赫等。后来，在介绍巴赫时，宗白华尤其感慨其音乐在哥特式教堂里演奏时给予人的神圣与充实，

---

1 宗白华：《致柯一岑书》，见《宗白华全集》第1卷，合肥：安徽教育出版社，1994年，第415页。

2 王光祈：《德国人之音乐生活》，见《王光祈文集》音乐卷（中），成都：巴蜀书社，2009年，第550页。

3 宗白华：《〈论艺术〉等编辑后语》，见《宗白华全集》第2卷，合肥：安徽教育出版社，1994年，第209页。

以及对生命的“深沉化”：

> 哥谛式大教堂，塔峰双插入云，教堂里穹庐百丈，一切线条齐往上升，朦胧隐约，如人夜行大森林仰望星宇。这时从神龛前乐座里演奏巴哈的神曲，音响旋律沿着柱林的线丛望上升，望上升，升到穹宇的顶点，“光被四表，格于上下”，整个世界化成一个信仰的赞歌。生命充实，圆满，勇敢，乐观。一个伟大的肯定，一个庄严的生命负责。中国现代生活里不需要这个了吗？[1]

宗白华对中国音乐现状不满，并不意味着对中国音乐传统不满，他在谈到中国音乐的传统时，既为其曾经有过的辉煌而激动，也为其突然的衰颓感到悲伤和困惑。抗战时期，他在与朋友华西大学哲学教授郭本道闲谈时，对其从文艺角度谈到中西民族特性的不同的观点非常赞同。郭认为中国的民族性近于“诗”，是“内向”的，是“悒郁多愁”的；西洋民族则是“向外发扬”的，是“雄壮欢乐”的。宗白华则将中国的诗性与音乐性沟通，强调其同样是一种音乐性，只是与西洋的音乐性不同而已。

> 所以中国的“音乐”也近于“诗”，倾向个人的独奏。月下吹箫，是音乐的抒情小品。西洋的诗却近于音乐，欢喜长篇大奏，繁弦促节，沉郁顿挫，以交响乐为理想。西洋诗长篇抒情

1　宗白华：《〈战时敌我财力供应的比较〉编辑后语》，见《宗白华全集》第 2 卷，合肥：安徽教育出版社，1994 年，第 221 页。

> 叙事之作最多，而西洋民众合唱的兴致和能力也最普遍。[1]

但是，让人惋惜的是，到了宋代以后，随着诗的消失，即使是“月下吹箫”的音乐“小品”也消失了，因此宗白华很希望中国可以恢复唐朝时那种“诗歌音乐兴趣普遍”的状态。不仅重新恢复为“诗的民族”，也重新成为“音乐的民族”。当然，他不仅希望中国的音乐传统可以复兴，同时也希望可以吸收西洋音乐之所长，如同他对中国绘画的批评，希望变“明月箫声”般的“点线的音乐”为西洋绘画的“华堂弦响”般的“色彩的音乐”。[2]

不过，宗白华认为中国音乐虽然宋以后不彰，但其精神传统却并未消失，那就是把“宇宙生生不已的节奏”，即天地的创造与时间的运行的伟大且“和谐”的“节奏”与“旋律”，贯彻到生活中去，使其礼乐化，并将其运用到日用的器具之上，以造成艺术之美。

> 中国人在天地的动静，四时的节律，昼夜的来复，生长老死的绵延，感到宇宙是生生而具条理的。这“生生而条理”就是天地运行的大道，就是一切现象的体和用。孔子在川上曰：“逝者如斯夫，不舍昼夜!”最能表出中国人这种“观吾生，观其生”（易观卜辞）的风度和境界，具体地贯注到社会实际生活里，使生活端庄流丽，成就了诗书礼乐的文化。但这境界，这“形而上的道”，也同时要能贯彻到形而下的器。器是人类生活的日用工具。人类能仰观俯察，构成宇宙观，会通形象物理，

1 宗白华：《〈谈朗诵诗〉等编辑后语》，见《宗白华全集》第 2 卷，合肥：安徽教育出版社，1994 年，第 212 页。

2 宗白华：《论中西画法的渊源与基础》，见《宗白华全集》第 2 卷，合肥：安徽教育出版社，1994 年，第 108 页。

> 才能创作器皿，以为人生之用。器是离不开人生的，而人也成了离不开器皿工具的生物。而人类社会生活的高峰，礼和乐的生活，乃寄托和表现于礼器乐器。[1]

这就是宗白华所说的“道器合一”，即将“形上之道”与“形下之器”贯通。而这“道”就是一种音乐的节奏，“宇宙的旋律”。他认为，正是有了对于这种天地之道的体认和生活的贯通，亦道艺得以合一，艺术因此而发扬，才让我们的生活充满了音乐的节奏，精神融化在音乐的旋律里，因此获得如孟子所言之“充实之美”。

但是，宗白华认为这种独具特色的中国音乐精神也有弊端，虽然中国找到了“事物旋律的秘密”，使得自己的生活充满了音乐的节奏，但未能像古希腊和西洋近代的人一样，努力用逻辑、数学和物理去“把握宇宙间质力推移的规律”，也即找到“科学权力的秘密”，这导致了近代以来备受欺凌，成为西洋用“科学权力”武装起来的“霸权”的“牺牲品”，美丽的文化不能保存，本来就已衰落的音乐也彻底丧失了。

> 中国民族很早发现了宇宙旋律及生命节奏的秘密，以和平的音乐的心境爱护现实，美化现实，因而轻视了科学工艺征服自然的权力。这使我们不能解救贫弱的地位，在生存竞争剧烈的时代，受人侵略，受人欺侮，文化的美丽精神也不能长保了，灵魂里粗野了，卑鄙了，怯懦了，我们也现实得不近情理了。我们丧尽了生活里旋律的美（盲动而无秩序），音乐的境界（人

1　宗白华:《艺术与中国社会》，见《宗白华全集》第2卷，合肥:安徽教育出版社，1994年，第411页。

> 与人之间充满了猜忌，斗争）。一个最尊重乐教，最了解音乐价值的民族没有了音乐。这就是说没有了国魂，没有了构成生命意义，文化意义的高等价值。中国精神应该往哪里去？[1]

因而，宗白华一方面对中国音乐精神的丧失感到忧伤，另一方面又因为音乐是“国魂”，是与“生命的意义”和“文化意义”相关的“高等价值”而对其表同情之感。

* * *

宗白华因为受到德国音乐及德国哲学家的音乐理论的影响，将音乐及其节奏作为艺术的形式结构的重要因素，并以此为据，在对中国艺术进行批评时将音乐或者音乐性作为一个重要的标准，因此，无论是他对中国书画的音乐境界的发现，还是对中国艺术境界的典型的表现的舞蹈的推崇，以及对中国音乐及文化的批评，都别开生面。但这只是他对音乐的借用，或者以音乐为批评的方法，并不是他对音乐的专门研究。直到 20 世纪 60 年代初，他才在《中国古代的音乐寓言与音乐思想》等文中对中国古代的音乐美学进行了研究。但在这些观点中，他除了在谈到自己的音乐思想时引入了唯物主义的立场使其观点更为丰富之外，并无大的变化。

不过，这变化也并非不重要，那就是宗白华在解释中国音乐精神的发生和衍变时减弱了之前所具有的宇宙论的神秘化色彩，而更多从唯物主义角度来解释。他依然认为中国的音乐的精神就在于其是对于自然节律的感知与广泛应用：“中国人早就把律，度，量，衡

1　宗白华：《中国文化的美丽精神往那里去?》，见《宗白华全集》第 2 卷，合肥：安徽教育出版社，1994 年，第 403 页。

结合，从时间性的音律来规定空间性的度量，又从音律来测量气候，把音律和时间中的历集合起来。”[1] 在谈到中国的这种音乐观念的产生原因时，他也更多地从当时的自然环境和劳动条件出发作出解释。

> 希腊半岛上城邦人民的意识更着重城市生活里的秩序与组织，中国的广大平原的农业社会却以天地四时为主要环境，人们的生产劳动是和天地四时的节奏相适应。古人说曾说，“同动谓之静”，这就是说，流动中有秩序，音乐里有建筑，动中有静。希腊从梭龙到柏拉图都曾替城邦立法，着重在齐同划一，中国哲学家却认为“乐者天地之和，礼者天地之序”，“大乐与天地同和，大礼与天地同节”（《乐记》）。更倾向着“和而不同”，气象宏廓，这就是更倾向于“乐”的和谐与节奏。[2]

当然，宗白华对音乐的重视也依然没有发生改变。他认为“哲学的智慧”就是音乐的智慧与数理的智慧的结合，数学和音乐就是西方和中国古代哲学的“灵魂”，所以，如同对于西洋哲学来说，必须理解数学和几何学，对于中国哲学来说，必须理解中国的音乐。但是，他认为无论是中国的哲学还是西洋的哲学，都未能处理好音乐和数理的关系问题，导致各自的发展都不尽如人意：

> 中国在哲学发展里曾经丧失了数学智慧与音乐智慧的结合，堕入庸俗。西方在毕达哥拉斯以后割裂了数学智慧与音乐智慧。

1　宗白华：《中国古代的音乐寓言与音乐思想》，见《宗白华全集》第3卷，合肥：安徽教育出版社，1994年，第427页。

2　宗白华：《中国古代的音乐寓言与音乐思想》，见《宗白华全集》第3卷，合肥：安徽教育出版社，1994年，第433页。

> 数学孕育了自然科学，音乐独立发展为近代交响乐与歌剧，资产阶级的文化显得支离破碎。社会主义将为中国创造数学智慧与音乐智慧的新综合，替人类建立幸福丰饶的生活和真正的文化。[1]

宗白华的希望不可谓不美好，只是在今天似乎不管是西方还是中国，都还未实现，只能期待未来的某个时刻了。

1 宗白华：《中国古代的音乐寓言与音乐思想》，见《宗白华全集》第3卷，合肥：安徽教育出版社，1994年，第433页。

第十二章　生命的律动

——宗白华的气韵生动理论

自南朝画家谢赫在《古画品录》中提出“六法”，其第一法即“气韵生动”后成为中国绘画及艺术的中心问题，千百年来，聚讼纷纭，莫衷一是。宗白华自留德回国，就专注于研究艺术学及中国绘画理论，自然不能回避对于气韵生动这个关键问题的思考。当然，他对于谢赫的评价也非常之高：“中国有数千年绘画艺术光荣的历史，同时也有自公元第五世纪以来精深的画学。谢赫的《六法论》综合前人的理论，奠定了后来的基础。”[1] 他更认为谢赫的《古画品录》对艺术的贡献超越了其绘画的贡献：“这是因为它奠定了一直支配了一千五百年的中国绘画的传统精神，迄未动摇其基础故。”[2] 他对于气韵生动的看法，在前人观点的基础上，不仅融合了当时的西方汉学家及艺术史家对此问题的认知，更赋予了其新意，从而独具一格。

宗白华指出，与西洋的美学理论以艺术为基础一样，中国的美

1　宗白华：《介绍两本关于中国画学的书并论中国的绘画》，见《宗白华全集》第 2 卷，合肥：安徽教育出版社，1994 年，第 46 页。

2　宗白华：《张彦远及其〈历代名画记〉》，见《宗白华全集》第 2 卷，合肥：安徽教育出版社，1994 年，第 443 页。

学理论同样也应以艺术为基础，如同希腊艺术给予其美学以“形式”“自然模仿”等问题，文艺复兴后的近代艺术给予其美学以“生命表现”和“情感流露”等问题，“而中国艺术的中心——绘画——则给予中国画学以‘气韵生动’‘笔墨’‘虚实’‘阴阳明暗’等问题”[1]。而这其中，气韵生动又是中心问题。因为，对绘画的“笔墨”“虚实”“阴阳明暗”的考量，其最终的目的还是实现“气韵生动”的美学追求，所以，气韵生动既是画学问题，也是美学问题。而对于这个观点，宗白华始终未予改变，直到 20 世纪 60 年代，他依然明确地指出：“气韵生动，这是绘画创作追求的最高目标，最高的境界，也是绘画批评的主要标准。”[2] 因此，他才会努力给予气韵生动以“生命的律动”的现代释义，将其具体化为节奏，作为实现气韵生动的手法和批评的标准；同时，还将其作为中国人的宇宙观即“道”的显现，以求“道贯于艺”或“道艺合一”，把气韵生动置于崇高的地位。

一、气韵生动的释义：“生命的律动”

1932 年，宗白华在《介绍两本关于中国画学的书并论中国的绘画》中第一次比较系统地提及中国画学以及美学理论的“气韵生动”问题，也第一次将气韵生动解释为“生命的动”。[3] 其后在 1934 年的

---

1 宗白华：《介绍两本关于中国画学的书并论中国的绘画》，见《宗白华全集》第 2 卷，合肥：安徽教育出版社，1994 年，第 43 页。

2 宗白华：《中国美学史中重要问题的初步探索》，见《宗白华全集》第 2 卷，合肥：安徽教育出版社，1994 年，第 465 页。

3 宗白华：《介绍两本关于中国画学的书并论中国的绘画》，见《宗白华全集》第 2 卷，合肥：安徽教育出版社，1994 年，第 44 页。

《论中西画法的渊源与基础》中，他又更具体地指出气韵生动即为“生命的律动”，[1] 以及“生命的节奏”或“有节奏的生命”。[2] 而作出这样的解释既与宗白华受德国生命哲学的影响有关，也与西方的学者将气韵生动译为“生命的节奏”的影响不无关系，当然，也与他对中国艺术及哲学的认识有关。

首先，宗白华将气韵生动释为“生命的律动”或“生命的节奏”，与其接受了德国生命哲学的影响有关。他认为“艺术为生命的表现”。[3] 而这一“生命”的“表现”却需要通过“形式”来实现。这“形式”即为“节奏”和“条理”，而生命就是其所表现的“内容”，这其中又有中国传统的《易》的哲学的影响。

> 凡一切生命的表现，皆有节奏和条理，《易》注谓太极至动而有条理，太极即泛指宇宙而言，谓一切现象，皆至动而有条理也，艺术形式即此条理，艺术内容即至动之生命。至动之生命表现自然之条理，如一伟大艺术品。[4]

宗白华在此指出，生命或一切宇宙现象其自身即“至动”而有“条理”，故其本身即可看作“艺术品”。因此，艺术若欲表现生命的内容，则需要以艺术形式的条理性表现出生命自身的条理性或者节奏。

1　宗白华：《论中西画法的渊源与基础》，见《宗白华全集》第 2 卷，合肥：安徽教育出版社，1994 年，第 103 页。

2　宗白华：《论中西画法的渊源与基础》，见《宗白华全集》第 2 卷，合肥：安徽教育出版社，1994 年，第 109 页。

3　宗白华：《艺术学》，见《宗白华全集》第 1 卷，合肥：安徽教育出版社，1994 年，第 545 页。

4　宗白华：《艺术学》，见《宗白华全集》第 1 卷，合肥：安徽教育出版社，1994 年，第 548 页。

> 所以，美与美术的特点是在“形式”，在“节奏”，而它所表现的是生命的内核，是生命内部最深的动，是至动而有条理的生命情调。“一切的艺术都是趋向于音乐的状态。”这是派脱（W. Pater）最堪玩味的名言。[1]

因此，宗白华将气韵生动解释为“生命的律动”或“生命的节奏”，可以说是他的这一思想的应用，“生命内部最深的动”或“生命的情调”即是美术所表现的内容，是“生命”的“动”或“生动”，“气韵”即为借助艺术形式所表现出来的“节奏”或“条理”，正因为其具有“节奏”或“条理”，所以给人一种“律动”之感或“音乐的状态”。这就是宗白华给予“气韵生动”的定义。有意思的是，他的好友郭沫若早在1925年就谈到了对于气韵生动的相似的看法，也同样引用了佩特的这句话来说明自己的观点。

> 如英国的裴德（Walter Pater）的《文艺复兴》（Renaissance）上有句话说得好：“一切的艺术都趋向于音乐的”。这便是说一切空间艺术打破了静的空间的界限，趋向于动的方面。譬如现代绘画中的后期印象派，未来派，表现派，我们都可以看出他们在努力表现动的精神。……从这一点来说，我觉得中国的艺术实在比他们先进了。那很有名的南齐的谢赫，他所创的画的六法，第一法便是“气韵生动”。这便与西洋近代艺术的精神不谋而同。动就是动的精神，生就是有生命，气韵就是有节奏。[2]

1　宗白华：《论中西画法的渊源与基础》，见《宗白华全集》第2卷，合肥：安徽教育出版社，1994年，第98页。

2　郭沫若：《生活的艺术化：在上海美术专门学校讲》，见《郭沫若全集》文学编第15卷，北京：人民文学出版社，1990年，第209页。

不过，郭沫若的观点虽然表面上与宗白华相似，但更趋向于对气韵生动的现代解释，强调艺术的“动”的精神，即强调艺术要有节奏，用“艺术的精神”使“生活艺术化”，并“美化”人们的“内在生活”，养成一个“美的灵魂”，而无后者的观点中所强调的艺术为生命表现的理论背景。

其次，宗白华将气韵生动解为“生命的律动”或“生命的节奏”，也与20世纪初西洋汉学家和艺术史学者对谢赫六法的关注有关，尤其是他们对“气韵生动”的翻译。这其中的代表就是英国学者翟理斯（Herbert Allen Giles）于1905年出版的《中国绘画艺术史导论》(*An Introduction to the History of Chinese Pictorial Art*)中的翻译“rhythmic vitality”，这个英译来自之前日本学者冈仓天心于1903年出版的英文著作《东方的理想》(*The Ideals of the East*)中“气韵生动”最早的英译“The life-movement of the spirit through the Rhythm of Things”。[1] 显然，“rhythmic vitality”可以直接回译为“有节奏的生命”或“有韵律的生命”。

在当时诸多探讨气韵生动的中国学者中，滕固颇具代表性，他先于日本留学学习艺术学，后又赴柏林大学留学，学习艺术史，其导师亦为宗白华留学时的导师德索。他于1926年所著的《中国美术小史》中，谈到六法时，特地对气韵生动作了德语的译注，从中可以看出对其比较通行的现代解释：“（六法）其第一义气韵生动，永为中国艺术批评的最高准则。在现今美学上说，气韵就是Rythmus，生动就是Lebendige Aktivität，都是艺术上最高的基件。”[2] 而Rythmus的德语意为“节奏”，Lebendige Aktivität为“生命的活动”，合

1　邵宏：《衍义的气韵：中国画论的观念史研究》，南京：江苏教育出版社，2005年，第20，21页。

2　滕固：《中国美术小史》，见《滕固艺术文集》，上海：上海人民出版社，2003年，第82页。

起来可译为“生命活动的节奏”。之后，他又在自己的博士论文《唐宋画论》（1932）中谈到在西方艺术史学者对于气韵生动的翻译中，英国汉学家翟理斯的翻译“Rhythmic vitality”（有韵律的生命力）最好。同时，他也谈到宗白华非常欣赏的德国艺术史学者费歇尔的翻译自英文的德译“Geist Element，Lebens-Bewegung”（精神要素，生命的运动）等。[1] 1931 年 11 月，中华书局出版了刘海粟在当年 3 月于德国法兰克福中国学院以“中国绘画上的六法论”为题的演讲稿，他也谈到翟理斯的气韵生动的翻译曲尽其妙：“因此我觉得西人把气韵生动译为‘Rhythmic Vitality’ （参看 Bushell 前书及 Binyon's Painting in the far east）也很适当。我们这样明晰地认识，一切附会的玄妙的不可究诘的解释，自不能混进了。”[2] 宗白华与滕固、刘海粟等人多有交往，对他们有关中国绘画的论述自然不会一无所知，当然，更关键的是，他对西洋学者给对气韵生动的翻译和讨论更是了然于胸。因此，他将气韵生动释为“生命的律动”“生命的节奏”或“有节奏的生命”，让人觉得几乎与翟理斯等人的翻译相同，甚至几可看成“Rhythmic vitality”或“Lebens-Bewegung”的回译。而且，宗白华在第一次提及“‘气韵生动’即‘生命的律动’”以及“中国画的主题‘气韵生动’，就是‘生命的节奏’或‘有节奏的生命’”时，还特地给“生命的律动”“生命的节奏”“有节奏的生命”打上引号，这既可表示强调，但也不无引用之意。[3] 可以说，宗白华对气韵生动的解释从某种意义上讲就是西方学者对其理解的“中国化”并不为过。

1　滕固：《唐宋画论》，见《滕固美术史论著三种》，北京：商务印书馆，2011 年，第 169 页。
2　刘海粟：《中国绘画上的六法论》，上海：上海人民美术出版社，1957 年，第 48 页。
3　宗白华：《论中西画法的渊源与基础》，见《宗白华全集》第 2 卷，合肥：安徽教育出版社，1994 年，第 103 页，第 109 页。

不过，宗白华并未将“气韵生动”拆开解释，也很少分开使用。如他在谈到中国绘画所表现的“最深心灵”或“精神”时，就直接将气韵生动概括为“生命的动”，“它所描写的对象，山川、人物、花鸟、虫鱼，都充满着生命的动——气韵生动”。[1] 显然，在宗白华看来，“生命的动”是气韵生动的第一要义，而且，这“生命的动”不仅是真正的“生命”的“动”，如人物、花鸟、虫鱼等，即使不是“生命”的山川也可以有着“生命的动”。又因为生命本身即有条理，所以“生命的动”并非盲动，也即“生命的律动”。他的这个观点与邓以蛰对“生动”的解释很近似，后者认为“生动”源自汉代艺术对于禽兽人神的“动作之状”或“普遍生命之描写”，且因为山水画在人物画之后出现，“于是知气韵生动非仅为人物画说法，山水画亦莫之能外也”。[2] 宗白华的好友傅抱石对于气韵生动的强调也集中于“生命”的“动”，但作为画家，傅抱石更是以艺术家之眼光与心得来谈气韵生动何以为“生命”之动：

> 中国画学上最高的原则本以“气韵生动”为第一，因为“动”，所以才有价值，才是一件美术品。王羲之写字，为什么不观太湖旁的石头而观庭间的群鹅？吴道子画《地狱变》又为什么要请裴将军舞剑？这些都证明一种艺术的真正要素乃在于有生命，且丰富其生命。有了生命，时间空间都不能限制它，今日我看汉代的画像石仍觉是动的，有生命的，请美国人看也一样。[3]

1　宗白华：《介绍两本关于中国画学的书并论中国的绘画》，见《宗白华全集》第2卷，合肥：安徽教育出版社，1994年，第44页。

2　邓以蛰：《画理探微》，见《邓以蛰全集》，合肥：安徽教育出版社，1998年，第211页。

3　傅抱石：《壬午重庆画展序》，见《傅抱石美术文集》，上海：上海古籍出版社，2003年，第324页。

从宗白华与其同时的人对气韵生动的理解可以看出，他对于其的“生命的律动”或“生命节奏”或“有节奏的生命”的解释，融合中西，在艺术界与艺术理论界有着非常广泛的认同，颇具有代表意义。

二、气韵生动的艺术：节奏的表现

当然，宗白华对气韵生动的现代释义，目的并不仅仅在于理解其所蕴真义，赋予其时代的精神，而是试图解释其在六法中何以成为第一法，并且成为中国画及美学理论的根本问题。因此，他以“骨法用笔”为据，将其视为表现“骨气”即“物象”内部的动态以实现气韵生动的手段；他又将气韵生动具体化为节奏的表现，以其作为批评中国绘画的方法，来系统审视中国的美术史。

首先，宗白华认为气韵生动是六法中的核心之法，其余五法皆围绕其展开，而直接表现其的“手段”就是第二法“骨法用笔”，正是这两点形成了中国绘画及美学追求与西洋的差别。

> 中国画，既以“气韵生动”即“生命的律动”为终始的对象，而以笔法取物之骨气，所谓“骨法用笔”为绘画的手段，于是晋谢赫的六法以“应物象形”“随类赋彩”之模仿自然，及“经营位置”之研究和谐，秩序，比例，匀称等问题列在三四等地位。然而这“模仿自然”及“形式美”即和谐，比例等，却系占据西洋美学思想发展之中心的二大中心问题。希腊艺术理论尤不能越此范围。惟逮至近代西洋人“浮士德精神”的发展，美学与艺术理论中乃产生“生命表现”及“情感移入”等问题。

而西洋艺术亦自二十世纪起乃思超脱这传统的观点。[1]

显然，在宗白华看来，六法中最具中国美学特色的就是骨法用笔对气韵生动的实现，其余如“模仿自然”的“应物象形”与“随类赋彩”二法，还有对“形式美”的结构的“经营位置”法，则为西洋美学苦心孤诣的目标。而有意思的是，宗白华在此也透露了自己的文艺观的来源，那就是近代西洋的“生命表现”与“情感移入”理论，这正是他给予气韵生动以“生命的律动”的现代注解的重要原因。他之前曾对“情感移入”就是“移情”或“同感论”(Einfühlung) 予以较为细致的阐发，认为德国美学家赫尔德以及李普斯等对此多有发挥。[2] 而滕固认为，气韵生动其实也可看作一种移情作用，是人的“感情节奏”即气韵与“事物的生动”的结合，故“这是与 Lipps 的感情移入说（Einfühlungs-theories）同其究竟的了”。[3] 但宗白华的气韵生动虽然也有此意，却更偏重气韵生动的“形式”表现。所以，他特别强调“骨法用笔”对于“骨气”的把握，而“骨气”就是有生命的“物象”或曰“动物形象”的“内部的运动”，所谓“骨法用笔”，即是将其“飞动姿态之节奏和韵律”用线纹表现出来。因为生命之本质就是“动”，“物的骨气”就是“物”的“运动”，将其用线纹表现出来，即可实现气韵生动。这就是中国画的艺术上的特点。

中国的画境，画风与画法的特点当在此种（即商周）钟鼎

1　宗白华：《论中西画法的渊源与基础》，见《宗白华全集》第 2 卷，合肥：安徽教育出版社，1994 年，第 103 页。
2　宗白华：《美学》，见《宗白华全集》第 1 卷，合肥：安徽教育出版社，1994 年，第 438 页。
3　滕固：《气韵生动略辩》，见《滕固艺术文集》，上海：上海人民出版社，2003 年，第 66 页。

> 彝器盘鉴的花纹图案和汉代壁画中求之。在这些花纹中人物，禽兽，虫鱼，龙凤等飞动的形象，跳跃宛转，活泼异常。但它们完全溶化浑合于全幅图案的流动花纹线条里面。物象融于花纹，花纹亦即原本于物象形线的蜕化，僵化。每一个动物形象是一组飞动线纹之节奏的交织，而融合在全幅花纹的交响曲中。它们个个生动，而个个抽象化，不雕凿凹凸立体的形似，而注重飞动姿态之节奏和韵律的表现。这内部的运动，用线纹表达出来的，就是物的“骨气”（张彦远《历代名画记》云：古之画或遗其形似而尚其骨气）。骨是主持“动”的肢体，写骨气即是写着动的核心。中国绘画中六法中之“骨法用笔”，即系运用笔法把捉物的骨气以表现生命动象。所谓“气韵生动”是骨法用笔的目标与结果。[1]

不过，从此段对骨法用笔的讨论中可以看出，宗白华虽然认为可将“气韵生动”理解为“生命的律动”，但直接用于艺术批评却仍显含糊，因此，他又将气韵生动具体化为音乐的“节奏”，以此作为衡量绘画的标准。故他认为西洋油画和中国画皆可以节奏的表现来衡量气韵生动的效果，即可通过画面的明暗、色彩、笔墨、点线的交织形成类似音乐的节奏，从而实现气韵生动。但西洋画与中国画表现节奏的方式却不相同，西洋画以光影、色彩表现，中国画则主要以线条表现，所以，“中画趋向水墨之无声音乐，而摆脱色相。其意不在五色，亦不在形体，乃在‘气韵生动’中之节奏”。[2]

---

1 宗白华：《论中西画法的渊源与基础》，见《宗白华全集》第 2 卷，合肥：安徽教育出版社，1994 年，第 101 页。

2 宗白华：《艺事杂录》，见《宗白华全集》第 2 卷，合肥：安徽教育出版社，1994 年，第 76 页。

与宗白华不同，刘海粟虽然也受到佩特的思想的启发，但是他并未将气韵生动直接视为节奏的表现，而是将整个六法视作一种音乐的节奏。他将应物象形和随类赋彩概括为“写实”法，与骨法用笔即“笔致”法，经营位置即“结构”法，传移模写即“模仿”法，加上作为以上“各要素的复合”的气韵生动，简括为“五法”。

> 实际上宇宙间的生动无处不弥漫着气韵，气韵必然托生动而表显的。要是象以上五法，若用一外国语来代替，我们便可用节奏（Rhythm）一语，已经很适当。英国批评家裴德（Pater）在他的不朽名著“文艺复兴论”中说：“一切艺术，都倾向音乐的状态。”所以节奏，不但是音乐的状态，是恒在全部艺术中的一种状态。明白了这一点，对于谢赫气韵生动之本意，必能易于理解。[1]

与刘海粟不同，宗白华直接以节奏把握气韵生动，将其作为衡量中国画及艺术的标准，从而不仅如邓以蛰一样将气韵生动与汉代艺术所表现出的动物性的生命的动感联系起来，更是将其上溯到商周鼎彝等花纹图案的来源上，进而把气韵生动视作贯穿中国绘画发展的“线索”，勾勒出一部气韵生动的艺术史。这就是靠点线抓取万物的“骨气”，表现出物象内部的运动的节奏，由商周图案花纹始，到汉代壁画脱落形迹，又经东晋人物画之发扬，再到宋元山水及花鸟之光大，一以贯之。

> 商、周的钟鼎彝器及盘鉴上图案花纹进展而为汉代壁画，

1　刘海粟：《中国绘画上的六法论》，上海：上海人民美术出版社，1957 年，第 18 页。

人物、禽兽已渐从花纹图案的包围中解放，然在汉画中还常看到花纹遗迹环绕起伏于人兽飞动的姿态中间，以联系呼应全幅的节奏。东晋顾恺之的画全从汉画脱胎，以线纹流动之美（如春蚕吐丝）组织人物衣褶，构成全幅生动的画面。而中国人物画之发展与西洋大异其趣。——中国画自有它独特的宇宙观点与生命情调，一贯相承，至宋元山水画、花鸟画发达，它的特殊画风更为显著。以抽象的点、线渲皴擦摄取万物的骨相与气韵，其妙处尤在点画离披，时见缺落，逸笔撇脱，若断若续，而一点一拂，具含气韵。以丰富的暗示力与象征力代形象的实写，超脱而浑厚。大痴山人画山水，苍苍莽莽，浑化无迹，而气韵蓬松，得山川的元气；其最不似处、最荒率处，最为得神。似真似梦的境界涵浑在一无形无迹，而又无往不在的虚空中："色即是空，空即是色。"气韵流动，是诗、是音乐、是舞蹈，不是立体的雕刻！[1]

这贯穿中国绘画艺术发展始终的流动的气韵，就是与诗、音乐和舞蹈一样在作品中所表现出的内在的节奏。而由此也可看出，宗白华更注重气韵生动在艺术中的具体的表现，或曰"形式"的表现，如点线的皴擦与姿势、笔墨的浓淡及其所形成节奏和韵律等。与之相较，其老友邓以蛰虽然在1935年的《画理探微》与1946年的《六法通诠》等文中，也都探讨过气韵生动问题，但他很少就其形式表现进行讨论。在前文中他认为气韵生动主要是艺术家之"意"或"心"之"表出"："意或心乃为画者心内无形迹可见之物。前已明

1　宗白华：《论中西画法的渊源与基础》，见《宗白华全集》第2卷，合肥：安徽教育出版社，1994年，第102—103页。

之：凡无形迹可见之物表而出之方为气韵。创作须表出心内意境而非摹仿物之形似，是创作之表现当为气韵矣。”[1] 后文中他则又强调气韵生动为“鉴赏家之法”：“然则鉴赏者于画何为？曰：赏于画之意也。意之萧条淡泊，闲和严静，实气韵生动之谓也。故气韵生动为鉴赏家法。”[2] 但他不管是对气韵生动为艺术家“心”“意”之表现也好，还是为鉴赏家之“鉴赏法”也好，都回避了气韵生动在艺术作品中如何表现的问题。从这个角度来看，宗白华对气韵生动的探讨确实别开生面。

三、气韵生动的形上之道：“宇宙中浑沌创化之原理”

宗白华认为“气韵生动”不仅是中国画的特点，更是中国人的宇宙观即道家与儒家的根本思想在艺术中的表现，或曰形而上的“道”的表现。而这所谓的“道”，就是道家与儒家的视宇宙为“虚空”的思想，但这“虚空”却并不真是“虚空”，其本质就是一种生生不息的节奏。同时，宗白华深刻而果敢地指出，在中国画中，这种“虚空”直接表现为画中的“空白”，当然，这“空白”也非真的空白，而是“宇宙的灵气往来”与“生命的流动”的“意境”。[3] 从这画中的“空白”里所表现出的就是中国人所信奉的形而上的“道”，即生命的节奏，故气韵生动也由此而来。这就是宗白华的贯“道”于“艺”或者“艺道合一”的思想，即其所说的：“中国哲学

1　邓以蛰：《画理探微》，见《邓以蛰全集》，合肥：安徽教育出版社，1998 年，第 215 页。

2　邓以蛰：《六法通诠》，见《邓以蛰全集》，合肥：安徽教育出版社，1998 年，第 260 页。

3　宗白华：《介绍两本关于中国画学的书并论中国的绘画》，见《宗白华全集》第 2 卷，合肥：安徽教育出版社，1994 年，第 45 页。

就是'生命本身'体悟'道'的节奏。'道'具象于生活，礼乐制度。'道'尤表象于'艺'。灿烂的'艺'赋予'道'以形象和生命，'道'给予'艺'以深度和灵魂。"[1]

首先，宗白华认为中国人的宇宙观虽有道家和儒家的区别，但本质上却有相通之处，那就是将宇宙视作一种"虚空"。但是，这虚空虽空无一物，却可以创生万物。

> 中国人感到这宇宙的深处是无形无色的虚空，而这虚空却是万物的源泉，万动的根本，生生不已的创造力。老，庄名之为"道"，为"自然"，为"虚无"，儒家名之为"天"。万象皆从空虚中来，向空虚中去。[2]

更重要的是，这种"虚空"具有一种生生不息的节奏。宗白华认为这是一种宇宙生命的节奏和旋律，"四时的运行，生育万物，对我们展示着天地创造性的旋律的秘密。一切在此中生长流动，具有节奏与和谐。古人拿音乐里的五声配合四时五行，拿十二律分配于十二月（《汉书·律历志》），使我们一岁中的生活融化在音乐的节奏中，从容不迫而感到内部有意义有价值，充实而美"。[3] 这就是中国人所把握的宇宙与生命的节奏的奥秘，与西方人把所掌握的科学权力的奥秘用于征服自然行使霸权借以控制世界不同，我们把这种世界与自然的旋律和天地的节奏的奥秘融入我们的生活，并表现于

---

1 宗白华：《中国艺术意境之诞生（增订稿）》，见《宗白华全集》第2卷，合肥：安徽教育出版社，1994年，第367页。

2 宗白华：《介绍两本关于中国画学的书并论中国的绘画》，见《宗白华全集》第2卷，合肥：安徽教育出版社，1994年，第45页。

3 宗白华：《中国文化的美丽精神往那里去?》，见《宗白华全集》第2卷，合肥：安徽教育出版社，1994年，第401页。

日用品和艺术之中。

> 我们已见到了中国古代哲人是“本能地找到了宇宙旋律的秘密”。而把这获得的至宝，渗透进我们的现实生活，使我们生活表现礼与乐里，创造社会的秩序与和谐。我们又把这旋律装饰到我们日用器皿上，使形下之器启示着形上之道（即生命的旋律）。中国古代艺术特色表现在他所创造的各种图案花纹里，而中国最光荣的绘画艺术，也还是从商周铜器图案，汉代砖瓦花纹里脱胎出来的呢！[1]

因此，宗白华指出这宇宙的奥秘，事物的旋律与节奏，也即“道”，就是中国绘画所表现的对象，它就是气韵生动的由来。“此宇宙生命中一以贯之之道，周流万汇，无往不在；而视之无形，听之无声。老子名为虚无；此虚无非真虚无，乃宇宙中浑沌创化之原理；亦即画图中所谓生动之气韵。画家抒写自然，即是欲表现此生动之气韵；故谢赫列为六法第一，实绘画最后之对象与结果也。”[2] 也就是说，这“道”就是“宇宙中浑沌创化之原理”，绘画所要表现的就是这个宇宙创生的根本大法。宗白华认为中国画中对这种“道”最为直接的表现即为画中的“空白”，“所以纸上的空白是中国画真正的画底”，这“空白”奥妙无穷，既可表现出似乎“虚无”的宇宙创化之原理，更可表现出宇宙生命的节奏。

1　宗白华：《中国文化的美丽精神往那里去?》，见《宗白华全集》第 2 卷，合肥：安徽教育出版社，1994 年，第 401 页。

2　宗白华：《徐悲鸿与中国绘画》，见《宗白华全集》第 2 卷，合肥：安徽教育出版社，1994 年，第 51 页。

> 中国画则在一片空白上随意布放几个人物，不只是人物在空间，还是空间因人物而显。人与空间，溶成一片，俱是无尽的气韵生动。我们觉得在这无边的世界里，只有这几个人，并不嫌其少。而这几个人在这空白的环境里，并不觉得没有世界。因为中国画底的空白在画的整个的意境上并不是真空，乃正是宇宙灵气往来，生命流动之处。笪重光说："虚实相生，无画处皆成妙境。"这无画处的空白正是老庄宇宙观中的"虚无"。它是万象的源泉，万动的根本。[1]

这画底的空白正因与"点线交流的律动"所创造的"形象"相交融，不仅成为"宇宙灵气"与"生命流动"的往来的场所，还因之产生了"虚灵的节奏"，而这节奏又体现了"道"之存在。因此，宗白华说："画幅中飞动的物象与'空白'处处交融，结成全幅流动的虚灵的节奏。空白在中国画里不复是包举万象位置万物的轮廓，而是溶入万物内部，参加万象之动的虚灵的'道'。画幅中虚实明暗交融互映，构成缥缈浮动的氤氲气韵，真如我们目睹的山川真景。"[2]不过，对于宗白华的这个观点，邓以蛰不以为然，他并不认为画（山水画）之气韵生动出自绘画"形式"表现的作用，对宗白华视作中国人宇宙观的"道"之表现的画中的"空白"即"空虚"，予以直接批评：

> 其（气韵生动）在空虚乎？南宗北派巨子最善用虚实衬托。

1　宗白华：《介绍两本关于中国画学的书并论中国的绘画》，见《宗白华全集》第2卷，合肥：安徽教育出版社，1994年，第45页。

2　宗白华：《论中西画法的渊源与基础》，见《宗白华全集》第2卷，合肥：安徽教育出版社，1994年，第101页。

> 虚者空虚也，高深平远之境，微茫荡漾之情，赖之以见。大气流动于空虚为万物之蕴籍。唯表出空虚者为近于气韵生动矣。然王孟端释邪甜俗赖之赖谓：“赖者借也，是暗中依赖也。”借空虚以烘托“情”“境”，皆赖矣。赖为画病，又岂可与气韵生动同语哉？[1]

显然，在邓以蛰看来，画中“空虚”不仅不能让人觉得气韵生动，反而是“画病”的表现。

当然，宗白华将节奏作为气韵生动的核心及具体表现的观点，以及将气韵生动的艺术观与宇宙观相联系的做法，并非独创，因为节奏也是当时的文艺界关心的重要的理论问题，如滕固所言，“艺术之节奏，为近今流行之新语”。[2] 很多人也都对这个问题发表过意见，如宗白华的好友郭沫若 1926 年发表的《论节奏》文中，就将艺术的节奏与宇宙的节奏相联系，以突出节奏之重要性。

> 本来宇宙间的事物没有一样是没有节奏的：譬如寒往则暑来，暑往则寒来，寒暑相推，四时代序，这便是时令上的节奏；又譬如高而为山陵，低而为溪谷，陵谷相间，岭脉蜿蜒，这便是地壳上的节奏。宇宙内的东西没有一样是死的，就因为有一种节奏（可以说就是生命）在里面流贯着的。做艺术家的人就要在一切死的东西里面看出生命出来，一切平板的东西里面看出节奏出来，这是艺术家的顶要紧的职分，也是判别人能不能

1　邓以蛰：《画理探微》，见《邓以蛰全集》，合肥：安徽教育出版社，1998 年，第 215 页。
2　滕固：《艺术之节奏》，见《滕固艺术文集》，上海：上海人民出版社，2003 年，第 372 页。

成为艺术家的标准。[1]

而且，郭沫若不仅将艺术的节奏与宇宙的节奏相联系，还将其与“宇宙论的假说”相联系，“这种假说是说宇宙自体是一个节奏的表现”。[2] 如他认为希腊哲学家安那希曼德（Anaximander）所认为的宇宙万物都是一种“相对的交流”的“节奏”，中国人的“盈虚消涨”等，都是此类。但是，他虽然认为“大凡古代的形而上学家”都有这种思想，却并不认同这种观点，认为“这种把节奏完全认成客观的存在”的“假说”，“过于粗大了”。[3] 与郭沫若的观点不同，宗白华从古希腊哲学家毕达哥拉斯的思想里吸取了灵感，认为艺术的奥秘就是宇宙的奥秘，即“美即是数，数即是宇宙的中心结构，艺术家是探乎于宇宙的秘密的!”[4] 因此，他认为中国画所表现的“道”就是这种儒家和道家的“宇宙论的假说”，即生生不息的宇宙的节奏。

滕固也在同年发表的《艺术之节奏》和《艺术之质与形》等文中，探讨艺术的节奏问题。他将节奏从宇宙贯通至人生与艺术，而且，他还将佩特的艺术趋向于“音乐的状态”的名言直接解释为节奏。他的观点与宗白华很接近：“建筑，雕塑，绘画，音乐，舞蹈，诗歌，演剧等各种艺术，其实质与形式，共同拥戴着一种‘至动而有条理’。所谓一切艺术，恒倾向于音乐的状态（All Art Constantly

---

1 郭沫若：《论节奏》，见《郭沫若全集》文学编第15卷，北京：人民文学出版社，1990年，第353页。

2 郭沫若：《论节奏》，见《郭沫若全集》文学编第15卷，北京：人民文学出版社，1990年，第358页。

3 郭沫若：《论节奏》，见《郭沫若全集》文学编第15卷，北京：人民文学出版社，1990年，第358页。

4 宗白华：《哲学与艺术：希腊大哲学家的艺术理论》，见《宗白华全集》第2卷，合肥：安徽教育出版社，1994年，第54页。

Aspires the Congdition of Music)，这是 Walter Pater 一语道破的了。此音乐的状态就是节奏，所以节奏是美学上久经争论的一个问题。"[1] 同时，他也认为艺术中的节奏并非来自艺术，而是来自"宇宙运行"。

> 节奏（Rhythm），并非起自艺术，但艺术完成节奏。宇宙运行，即存有自然而然的节奏；人生感应宇宙运行的法度，而作周旋进展的流动，亦即存有自然而然的节奏；艺术体验宇宙与人生的生机，以此表现于作品上，更具有自然而然的节奏。艺术中的音乐，最能实现这种自然而然的节奏；所以 Pater 说："一切艺术，常归趋到音乐的状态。"换句话说：一切艺术都要保持音乐的状态，而完成这种自然而然的节奏。[2]

而且，他也将节奏与气韵生动联系起来："中国人最先发见绘画中有诗的音乐的素质——节奏，谢赫提出的最高目标是'气韵生动'；苏东坡赞扬王维的作品是'诗中有画，画中有诗'。"[3] 但是，与滕固不同的是，宗白华不仅指出艺术的节奏来自宇宙自身的节律以及中国人的宇宙观即"道"的认识，更重要的是还指出了艺术的节奏更有赖于自身的"表现"。这是滕固在关于艺术节奏的论述中所未予以重视的地方。而这同样也是邓以蛰讨论节奏问题时存在的问题，他也曾谈到气韵生动中的节奏与中国人的宇宙观有关：

1　滕固：《艺术之质与形》，1926 年 6 月 20 日，《时事新报》，《滕固艺术文集》，上海：上海人民出版社，2003 年，第 376 页。

2　滕固：《艺术之节奏》，1926 年 1 月 1 日，《滕固艺术文集》，上海：上海人民出版社，2003 年，第 371 页。

3　滕固：《艺术之节奏》，见《滕固艺术文集》，上海：上海人民出版社，2003 年，第 374 页。

> （画家）由静观动，则盈天地万物之间者，莫非生气；生气运行实能一以贯之于万物，故董广川之言曰："且观天地生物，特一气运化尔。其功用秘移，与物有宜，莫知为之者，故能成于自然。"气韵生动之理若自大处言之，则气实此一气之气，韵者言此气运化秘移之节奏，生动盖言万物含此气则生动，否则板滞无生气也。[1]

可以发现，邓以蛰虽然谈到了气韵生动为具有形而上意义之"气"的"运化秘移之节奏"，他却依然没有将气韵生动的节奏落实到绘画中去，因此，所谈的"理"止于"大处言之"。而邓以蛰也好，滕固也好，郭沫若也好，虽然都谈到了节奏起于宇宙、行于人生、表现于艺术，但他们都并未能从其具体的表现上，即画的"形式"上给出具体的答案，更未明确从道贯于艺或者艺道合一的角度来予以"贯通"，由形上到形下，由抽象到具体，给予气韵生动以明晰的诠释，故让人仍有坠入云雾之感。而这恰是宗白华气韵生动理论的独到之处。

还需要说明的是，长期以来，很多人认为宗白华的道艺合一的想法来自他所引用的庄子《养生主》中"庖丁解牛"的启发，他也的确对其中所蕴含的"道""技""艺"的思想予以赞赏："庄子是具有艺术天才的哲学家，对于艺术境界的阐发最为精妙。在他是'道'，这形上原理，和'艺'，能够体合无间。'道'的生命进乎'技'，'技'的表现启示着'道'。"[2] 但其实，他的道艺合一的思想除主要受希腊哲学启发外，更是直接来自对于节奏问题的思考，因

1　邓以蛰：《画理探微》，见《邓以蛰全集》，合肥：安徽教育出版社，1998 年，第 223 页。

2　宗白华：《中国艺术意境之诞生（增订稿）》，见《宗白华全集》第 2 卷，合肥：安徽教育出版社，1994 年，第 364 页。

此，他才会认为“道的生命”和“艺的生命”之所以可以贯通，就是因为“音乐的节奏是它们的本体”。[1] 而他引用庄子的“庖丁解牛”，只不过为了更加显豁地说明自己的观点而给予其“中国化”的解释而已。

* * *

因此，宗白华的气韵生动理论并非空中楼阁，而是源于其艺术是生命之表现的文艺观。他借助于西方汉学家及艺术史家对气韵生动的翻译，赋予其以“生命的律动”或“生命的节奏”等现代释义，从而在强调气韵生动的内容为“生动”的同时，又以条理化的“气韵”对其形式化，并将其与中国人的宇宙观即所谓的“道”联系起来，进而以其具体化的生生不息的节奏表现于日常生活行为与器皿以及艺术之中，从而以道贯艺或艺道合一。

> 中国画所表现的境界特征，可以说是根基于中国民族的基本哲学，即《易经》的宇宙观：阴阳二气化生万物，万物皆禀天地之气以生，一切物体可以说是一种“气积”。（庄子：天，积气也）这生生不已的阴阳二气织成一种有节奏的生命。中国画的主题“气韵生动”，就是“生命的节奏”或“有节奏的生命”。伏羲画八卦，即是以最简单的线条结构表示宇宙万相的变化节奏。后来成为中国山水花鸟画的基本境界的老、庄思想及禅宗思想也不外乎于静观寂照中，求返于自己深心的心灵节奏，

1 宗白华:《中国艺术意境之诞生（增订稿）》，见《宗白华全集》第2卷，合肥：安徽教育出版社，1994年，第365页。

> 以体合宇宙内部的生命节奏。[1]

因此，宗白华成功地将气韵生动即“生命的节奏”建构为沟通中国人的宇宙观，人生与艺术的生生不息的节奏，完成了对气韵生动的现代的释义与理论活化工作，让其焕发出了新的生命的节奏。或许正因此，他对自己的气韵生动理论有着一种强大的自信，这可以从其对待后来刘纲纪的批评的态度中看出来。

1960年，刘纲纪的《“六法”初步研究》由上海人民美术出版社出版。在书的第一节“‘六法’的提出”中，他就开宗明义，从“马克思主义的方法论和一般美学理论”出发，批评了之前的两种研究方法：一种是对“六法”进行寻章摘句式的研究，试图从古人的只言片语中寻找答案，而未能从“实际的历史的发展中去考察‘六法’”；而另一种是从“西方资产阶级的唯心主义、形式主义的美学理论”，如克罗齐、李普斯、佩特等思想出发，对“六法”进行阐释，把“毫不相关的思想加在谢赫身上”。[2] 他尤其在第五部分“对于‘气韵生动’的唯心主义，形式主义的解释”中借批评刘海粟的《中国绘画上的六法论》将此观点明确化：

> 《中国绘画上的六法论》一书，用英国裴德（Pater）的“一切艺术都倾向音乐状态”的形式主义来解释“气韵”，认为“气韵”就是裴德所说的“音乐状态”，即“节奏”。把艺术归结为“音乐状态”的表现，这自然就要否定艺术对于现实的反映，否

1　宗白华：《论中西画法的渊源与基础》，见《宗白华全集》第2卷，合肥：安徽教育出版社，1994年，第109页。

2　刘纲纪：《“六法”初步研究》，见《刘纲纪文集》，武汉：武汉大学出版社，2009年，第790页。

定艺术的内容，把绘画艺术的创作归结为形，色，线等的组合，在这种组合中去找寻“节奏”。把艺术归结为“节奏”，就是把艺术归结为形式，这自然是纯粹的形式主义理论。“气韵”就其为一幅画的艺术效果，艺术感染力而言，可以包含“节奏”这一因素在内，因为服从于内容表现的形式节奏感现实主义并不排斥。……但我国画家绝不认为“气韵”就是“节奏”，艺术的创造就在于取得某种形式的节奏感。这种纯粹的形式主义理论和我国绘画的现实主义理论是毫无共同之处的。至于“骨法”，这本书中说是所谓“生生的力量”，也完全是没有根据的牵强附会，不过是在以资产阶级艺术理论中神秘空洞的词句来附会“六法”。[1]

刘纲纪的这部书稿是其本科毕业论文扩展而成，他初生牛犊不怕虎，以马克思主义的方法对六法进行批评，观点确实比较新颖，所以，书出版之后，他将其寄赠自己的北大的老师邓以蛰、朱光潜与宗白华，请他们予以批评。而有意思的是，这三个人中，唯独邓以蛰对刘纲纪书中的批评对号入座，如芒在背，颇有觉今是昨非之感。

《“六法”初步研究》已读完第一遍，第一章六法的提出与骨法用笔，气韵生动和第五章资产阶级学说批判（实包括多人，不止滕固，我读全编处处感到鞭策!）诸章最为精辟！据我看来，实当今用历史唯物主义和辩证法的观点研究六法及一般画

1　刘纲纪：《“六法”初步研究》，见《刘纲纪文集》，武汉：武汉大学出版社，2009 年，第 790 页。

论之第一部著作也。虽曰初步，顶峰实已在望矣！[1]

然而，与刘纲纪也有师生之谊的朱光潜在看到他的书后并不像邓以蛰所感到的那么震动，虽然他曾以克罗齐、李普斯等人观点讨论过美学及文艺问题。而且，早在 1943 年，他在《诗论》中讨论诗的节奏时，不仅引用了佩特的那句著名的话，即“一切艺术都以逼近音乐为指归”，[2] 同时，他还给予节奏以极高的评价，认为“节奏是一切艺术的灵魂”。[3] 但他却对刘纲纪对克罗齐还有“资产阶级唯心主义”的批评置若罔闻。他表示自己虽然收到刘的书很久，可是直到回信前才“抽暇拜读”，在肯定其“叙述清楚，论证确切，没有一般小册子简单化的毛病”，是本“好书”之后，又认真指出其在讨论骨法用笔中说中画重线条西画重明暗不全正确，因为西方只是在油画出现印象派崛起后才开始重明暗。[4] 宗白华的态度与朱光潜相近，他显然也并不觉得刘纲纪的批评有多么正确，对他批评佩特和“形式主义理论”也充耳不闻，只是在 1962 年的回信中客气了几句：“你的《六法论》以前已读过，觉得很好，颇有新意，现重加补订，日内拟细细阅读，以资启发。”[5] 而且，此后的 1963 年，宗白华在给学生讲授中国美学史时，不仅依然坚持自己的气韵生动的观点，还再次提到了佩特的那句著名的话：

1 邓以蛰：《给刘纲纪信》，见《邓以蛰全集》，合肥：安徽教育出版社，1998 年，第 400 页。
2 朱光潜：《诗论》，见《朱光潜全集》第 3 卷，合肥：安徽教育出版社，1987 年，第 123 页。
3 朱光潜：《诗论》，见《朱光潜全集》第 3 卷，合肥：安徽教育出版社，1987 年，第 124 页。
4 刘纲纪：《朱光潜先生书信》，见《刘纲纪文集》，武汉：武汉大学出版社，2009 年，第 1027 页。
5 宗白华：《复刘纲纪函》，见《宗白华全集》第 3 卷，合肥：安徽教育出版社，1994 年，第 397 页。

> 气韵，就是宇宙中鼓动万物的“气”的节奏与和谐。绘画有气韵，就能给欣赏者一种音乐感。……其实不单绘画如此，中国的建筑，园林，雕塑中都潜伏着音乐感——即所谓的韵。西方有的美学家说：一切的艺术都趋向于音乐。这话是有部分的真理的。[1]

宗白华的这种理论自信当然来自其对气韵生动的深刻的思考和对西方美学理论的汇通，这也是他的气韵生动理论至今仍有其不可忽视的价值的原因。他对气韵生动的创造性的解读及应用，或许也可以给今人提供一条“活化”中国古典诗学或者美学原则的途径。

1　宗白华：《中国美学史中重要问题的初步探索》，见《宗白华全集》第 3 卷，合肥：安徽教育出版社，1994 年，第 465 页。

第十三章　诗人与思想家的民族

——宗白华对德国思想的认识

1935 年，宗白华在介绍席勒的人文主义和美育论时，曾引述英国作家托马斯·卡莱尔的话，称赞“德国民族是‘诗人与思想家的民族’”。[1] 不过，他对卡莱尔的这个看法的赞同并非人云亦云，而是有着自己对德国民族思想和文化的深入理解在内。

早在新文化运动时期，宗白华就因对叔本华、康德等人的哲学的介绍而知名，并被人视为深受德国思想影响的青年学人，为此他还与当时如日中天的新文化的倡导者陈独秀产生了思想冲突。1919 年，宗白华致信《少年中国》，建议杂志多发表“鼓吹青年”“研究学理”“评论社会”等三类文字，同时他还批评了当时的一些“著名的新杂志”多发表“文学的文字同批评的文字”，而“阐发学理”，尤其是提倡“科学精神”的文字极少，其实对中国的新文化的进步助益不大，因此，他建议《少年中国》以“打破中国人的文学脑筋，改造个科学脑筋”为办刊目的。[2] 而陈独秀认为宗白华点名批评的

1　宗白华：《席勒的人文思想》，见林同华主编《宗白华全集》第 2 卷，合肥：安徽教育出版社，1994 年，第 113 页。

2　宗白华：《致〈少年中国〉编辑诸君书》，见《宗白华全集》第 1 卷，合肥：安徽教育出版社，1994 年，第 52—53 页。

“文学脑筋”的“著名的新杂志”就是自己主编的《新青年》，立撰《告上海新文化运动的诸同志》予以强烈回击，并怒斥宗之所以有这样的看法就是因其所受到的“德国式的歧形思想”的影响。

> 像那德国式的歧形思想，一部分人极端的盲目崇拜自然科学万能，造成一种唯物派底机械的人生观；一部分人极端的盲目崇拜非科学的超实际的形而上的哲学，造成一种离开人生实用的幻想；这都是思想界过去的流弊，我们应该加以补救才是；若是把这两种歧形思想合在一处，便可算是“中学为体西学为用”底新注脚了。[1]

宗白华却对陈独秀的批评“有恃无恐”，虽觉自己被陈“痛骂了一顿”，他依然不卑不亢，立即以《答陈独秀先生》一文回应，对其所指责的“德国式的歧形思想”进行辩护和“正形”。他首先指出德国思想界不仅不崇拜“自然科学万能”，反而有从认识论上取消科学万能的新康德派，而德国的科学家兰因克（Reink）也从生物学上打破“唯物派底机械人生观”，并且德国思想界也没有“纯粹的彻底的唯物论”。至于陈所说的德国人“极端的盲目崇拜非科学的超实际的形而上的哲学”，宗指出也是偏见，因为德国的大哲学家如文德尔班（Wilheim Windelband）、马霍（Ernst Mach）、费希纳、阿芬那留斯（Richard Avenarius）、赫克尔（Ernst Haeckel）等也是大科学家，而德国哲学家的思想也非“离开人生实用的幻想”，奥伊肯的人生哲学就是对“人生实际的价值和意义”的热烈探讨。所以，宗白华的结

1　陈独秀：《告上海新文化运动的诸同志》，见《宗白华全集》第1卷，合肥：安徽教育出版社，1994年，第144页。

论是："陈先生对于德国现代哲学，丝毫没有研究"，甚至，"陈先生对于德国现代哲学，简直没有研究"。[1] 对宗的不留情面的讥诮，陈独秀只能作罢，因为对德国现代哲学，他确实没有研究，或者说没有宗的研究深广。但这次学术的激烈交锋，并未影响两人的友谊，宗在陈独秀被羁押于南京狱中时与胡小石同往探视，陈独秀于抗战时期寓居江津时，还在宗主编的《学灯》上发表《〈小学识字教本〉自序》。[2]

当然，为"德国式的歧形思想"辩护时，宗白华对德国思想的学习其实还只是开始，1920 年 5 月，他远赴德国留学，以求取"真经"，而他的一生也因此与德国思想结下了不解之缘。作为对德国思想有着深入研究的留德学人，宗白华对德国思想的看法具有相当的代表性，从中不仅可以看出德国思想对其美学思想的影响，也可以看出那个时代的中国的学人对德国思想的认识。本章从他对德国思想的认识和接受入手，以探讨他对德国思想特点的看法，然后再考察他对德国思想的缺陷的认识，从而还原他的德国思想观的生成与生发的过程，同时探讨他的德国思想观对其研究和批评中国艺术与美学及文化的影响。

一、德国思想的认识："灰色"的"理论"与"常青"的"人生的金树"

宗白华对德国思想的认识最初来自 1914 年起在国内所受到的系

1　宗白华：《答陈独秀先生》，见《宗白华全集》第 1 卷，合肥：安徽教育出版社，1994 年，第 139，140 页。

2　宗白华：《〈修改宋史考略〉等编辑后语》，见《宗白华全集》第 2 卷，合肥：安徽教育出版社，1994 年，第 213 页。

统的德式教育，尤其是就读同济期间所接受的训练，在这个过程中，他逐渐对德国思想产生了兴趣，并决定弃医从文，从事哲学与文学的研究。其次，来自他于1920夏到1925年夏留德期间的学习，在此期间，他不仅更为深入地学习德国思想，而且还真切地接触并沉浸于德国的生活中，这使得他对德国思想的了解逐渐加深，并因此确定了日后努力的学术方向，从哲学研究转为文化批评与美学和艺术的研究。

1914年春，17岁的宗白华自南京赴青岛德华大学（Deutsch-Chinesische Hochschule）中文科读书。德华大学是1909年中德两国联合设立的大学，奉行德式教育，他主要在此学习德文。当年秋天，宗白华转入1907年建立的上海同济德文医工学堂德文科继续学习。其时，他的伯父宗嘉谟在校教授国文，这可能是他转学同济的助力。[1] 自此，他开始就学同济德文科，1916年夏又升入医预科，至1918年毕业。在同济这所师资主要由德国学者构成，并且主要使用德语为教学语言的学校，宗白华受到了严格的德式教育的训练。而他在德文科及医预科的学习，使他对德国的思想文化产生了浓厚的兴趣，也因此，宗白华对医学不再感兴趣，决定弃医从文："在五四运动的前夕，我在上海同济大学学习德文后，因法租界封闭了同济，同济迁吴淞，我无意学医，自己在家阅读德国古典文学，歌德、席勒、赫尔德林等诗人的名著，同时也读了一些哲学书，如康德、叔本华、尼采的著作。"[2] 不过，他对自己此一阶段对德国哲学文学的

1　李乐曾：《一战期间上海德文医工学堂接纳青岛德华大学学生探析》，《德国研究》2019年第2期。1914年8月，一战爆发，日军围攻胶州湾，德华停办，故有多位德华学生被校方安排转学同济，但尚不清楚宗是否因为受此影响而转学同济。

2　宗白华：《少年中国学会回忆点滴》，见《宗白华全集》第3卷，合肥：安徽教育出版社，1994年，第579页。

学习并不满意："当时的学术兴趣异常浓厚，虽然所知晓的是浅薄浮泛。"[1] 而这或也是他赴德留学求取"真经"的动力。

1920 年 5 月底，23 岁的宗白华负笈西行，至他梦寐以求的德国留学。他先入法兰克福大学学习哲学心理学等，1921 年春，又转至柏林大学，继续学习哲学、心理学、美学等。在此期间，他不仅对德国哲学及美学等学科的有了系统的了解，还真切地感受和体验了德国的生活，使得他对德国思想与现实的关系有了深入的理解。他喜欢的歌德曾在《浮士德》中借靡菲斯特之口谈及理论与生活的关系，即"灰色是一切的理论，只有人生的金树常青"。[2] 他在德国既深入地学习"理论"又热情地投入生活，尽力把"灰色"的"理论"和"常青"的"人生的金树"联系到一起。当时法兰克福大学哲学系开设的课程既有哲学史的课程，也有如费希特、叔本华等人的研讨课，还有"文化哲学"、心理学方面的课程，而这对宗白华来说非常重要。正是在法兰克福的学习，让他确定了后来的学术目标，从哲学转到了文化批评以及美学与艺术学的研究。他在入学两个月后，于《自德见寄书》中致信国内友人称其"在此进学已两月，听讲读书，非常快乐"。但他更"快乐"的是找到了自己的研究方向："因为研究的兴趣方面太多，所以现在以'文化'（包括学术艺术伦理宗教）为研究的总对象，将来的结果，想做一个小小的'文化批评家'，这也是现在德国哲学中的一个很盛的趋向。所谓'文化哲学'颇为发达。"其目的就是想"借外人的镜子照自己面孔"，"以寻出新

1 宗白华：《少年中国学会回忆点滴 》，见《宗白华全集》第 3 卷，合肥：安徽教育出版社，1994 年，第 580 页。

2 ［德］歌德：《浮士德》，郭沫若译，北京：人民文学出版社，1978 年，第 96 页。

文化建设的真道路来”。[1] 当然，他眼中的“镜子”就是对中国文化感兴趣的德国人的思想。宗白华同时也深深地融入了德国的生活，他在致国内朋友柯一岑的信中说：“我这两年在德的生活，差不多是实际生活与学术并重，或者可以说是把二者熔于一炉了的。我听音乐，看歌剧，游图画院，浏览山水的时间，占了三分之一。”[2] 这使得他对德国思想产生的背景与土壤也有了真切踏实的感受，因而对其理解也更深。

这当然不是推测，正如他本人在《我和诗》中谈到这一时期的生活所言：“民国九年（1920）五月我到德国去求学，广大世界底接触和多方面人生的体验使我的精神非常兴奋，从静默的沉思转到生活的飞跃。”[3] 反过来，“生活的飞跃”也让他开阔了眼界，从而也更好地与“静默的沉思”互为表里。让他把之前对德国思想的纸上的遐思变成生动的存在。

二、德国民族的复兴：“乐观的”文学与“民族自信力”

宗白华在德国留学之际，正是德国一战战败谋求重新崛起之时，这也使得他有机会近距离接触和观察德国人的生活与工作，并且对德国民族的国民性有了具体的认识，而他也因此发现在其复兴的过程中，文学艺术的弘扬对其民族“自信力”的激发所起到的积极的

---

1 宗白华：《自德见寄书》，见《宗白华全集》第 1 卷，合肥：安徽教育出版社，1994 年，第 321 页。

2 宗白华：《致柯一岑书》，见《宗白华全集》第 1 卷，合肥：安徽教育出版社，1994 年，第 416 页。

3 宗白华：《我和诗》，见《宗白华全集》第 2 卷，合肥：安徽教育出版社，1994 年，第 153 页。

促进作用。同时，因为真切地置身于德国的诗与思相互激励的生活中间，他诗兴大发，创作了将近五十首“流云”小诗，成为了一个新诗诗人。所以，他在德国生活期间，虽然对“德国民族的粗鲁”“社会的冷酷”“党派的争执”很不喜欢，但是，他对其国民性却是非常欣赏：“他们那种冷静的意志，积极的工作，创造的魄力，确使我惊叹羡慕；也因为我们中国民族正缺乏这种优性，正需要这种东西。”[1] 他对德国民族的工作的勤奋，努力与坚忍不拔的精神的发现，正与他欣赏的费希特对德国民族的国民性的概括相似：“前一种民族（德意志人）做一切事情，都很诚实，勤奋与认真，而且不辞辛苦。”[2]

宗白华认为，德国民族的这种国民性的养成，除了哲学的影响之外，更与诗相关，也即与文学艺术的影响有关。当然，宗白华的这个看法并不新鲜，除了卡莱尔所说的德国民族是诗人和思想家的民族，斯太尔夫人（Madame de Staël）也很早就谈过德国民族的这个特点：“德国人既具备了想象力，又能凝神静观——这是难能可贵的——，所以他们比大多数其他民族更善于做抒情诗。”[3] 这里的“想象力”就是诗的能力，而“凝神静观”则是哲学的思考能力，而德国人正是因拥有这种“难能可贵”的以形象表现思想的能力，使其变成了一个诗的民族。宗白华到德国学习后，更是深刻意识到了德国民族的这个特点，他从德国民族对诗的热爱中，看出诗或文学对德国民族的振兴所起到的积极的作用，也即诗或文学可以改变人

1　宗白华：《致舜生寿昌书》，见《宗白华全集》第 1 卷，合肥：安徽教育出版社，1994 年，第 422 页。

2　［德］费希特：《对德意志民族的演讲》，梁志学等译，北京：商务印书馆，2010 年，第 70 页。

3　［法］斯太尔夫人：《论诗》，见《德国的文学与艺术》，丁世中译，北京：人民文学出版社，1981 年，第 44 页。

的人生观，从而激励和改变民族的精神。所以，他指出“文学底责任不只是做时代的表现者，尤重在做时代的‘指导者’”。[1] 他坦承自己的人生观也与文学的影响密不可分，称自己因读《浮士德》而“人生观一大变”，读莎士比亚则人生观变得“深刻”。也因此，他认为一个民族的精神状况与文学的状况是相互关联相互影响的，“向来一个民族将兴时代和建设时代的文学，大半是乐观的，向前的”。[2] 因此，他称赞惠特曼的那些充满“伟大乐观”的豪情的诗歌，也是对美洲少年的勇猛奋进的精神的激励，而罗曼·罗兰的充满昂扬斗志的“乐观的文学”也对未来的法国和欧洲有着“好影响”，反之，法国颓废派的文学是不可能鼓励法国的“民气”的。

这当然也与宗白华对现实中德国民族的表现的认真的观察有关。他发现，德国民族其时的处境虽然可以说是世界上“最困苦，最可悲了”，可是他“搜遍”德国出版的“文集诗歌”，“不看见一首关于时代的悲调。他们国民人人自信德国必定复兴。这种盲目的乐观，就是德国复兴唯一的基础”。[3] 其实，这种“盲目的乐观”并非来自“盲目”，而是有着乐观的文学的激励。因此宗白华呼吁应以德国为镜鉴：“所以我极私心祈祷中国有许多乐观雄丽的诗歌出来，引我们泥涂中可怜的民族入于一种愉快舒畅的精神界。从这种愉快乐观的精神界里，才能养成向前的勇气和建设的能力呢！”[4] 而他对诗歌的这种看法，其实在出国前就已经形成，出国后看到的事实只是让他

1　宗白华：《乐观的文学：致一岑》，见《宗白华全集》第 1 卷，合肥：安徽教育出版社，1994 年，第 419 页。

2　宗白华：《恋爱诗的问题：致一岑》，见《宗白华全集》第 1 卷，合肥：安徽教育出版社，1994 年，第 417 页。

3　宗白华：《恋爱诗的问题：致一岑》，见《宗白华全集》第 1 卷，合肥：安徽教育出版社，1994 年，第 417 页。

4　宗白华：《恋爱诗的问题：致一岑》，见《宗白华全集》第 1 卷，合肥：安徽教育出版社，1994 年，第 417 页。

更加确信自己的判断而已。因此，他赞同歌德对诗歌的看法，“应该拿现实提举到和诗一般地高”，[1] 因为只有这样诗才能起到引导和鼓励人们的作用。

宗白华通过与德国人的交往，也坚信了这个看法。1923 年，他参加德国作家浩朴德曼（Gerhart Hauptmann）六十岁生日的庆祝聚会，这个作家不仅精神健旺，还鼓励国人要相互“了解”和“亲爱”，“他相信德国必定复兴，只要国民不要失去了这个复兴的信仰”。[2] 正是有了这样的看法，宗白华一直主张用文学和艺术来鼓励人，以提高和坚强民族的自信力。1935 年，他在《唐人诗歌中所表现的民族精神》一文的“文学与民族的关系”一节中，强调民族“自信力”的重要，而又特别举例德国以说明。

> 因为一民族的盛衰存亡，都系于那个民族有无“自信力”。所以失掉了“自信力”的犹太人虽然有许多资产阶级掌握着欧洲的经济枢纽，但他们很不容易以复国土。反之，经了欧洲的重创，和凡尔赛条约宰割的德意志，她却能本着她的民族“自信力”向着复兴之途迈进。最近的萨尔收复运动，就可表明她的民族自信力的伟大——然而这种民族“自信力”——民族精神——的表现与发扬，却端赖于文学的熏陶，我国古时即有闻歌咏以觇国风的故事。因为文学是民族的表征，是一切社会活动留在纸上的影子；无论诗歌，小说，音乐，绘画，雕刻，都可以左右民族思想的。它能激发民族精神，也能使民族精神趋

---

1 宗白华：《我和诗》，见《宗白华全集》第 2 卷，合肥：安徽教育出版社，1994 年，第 155 页。

2 宗白华：《致舜生寿昌书》，见《宗白华全集》第 1 卷，合肥：安徽教育出版社，1994 年，第 421 页。

> 于消沉。就我国的文学史来看：在汉唐的诗歌里都有一种悲壮的胡笳意味和出塞从军的壮志，而事实上汉唐的民族势力极强。晚唐诗人耽于小己的享乐和酒色的沉醉，所为歌咏，流入靡靡之音，而晚唐终于受外来民族的欺侮。……由此看来，文学能够转移民族的习性，它的重要，可想而知了。”[1]

抗战爆发后，宗白华更是坚持自己的看法，依然认为文学等对民族自信力的培养，对民族的复兴有着重要的作用，他不仅以德国一战后的复兴为例，而且也把德国民族抵御曾经外侮并统一强盛的境遇与抗战时的中国类比，强调其统一与复兴均有赖于文艺的助力：“而文化学术光芒百丈，也是民族复兴的原因。”[2]

或许正是在德国留学时看到德国民族对于诗和文学的重视，耳濡目染，使得他一改自己之前不想作诗也不能作诗的想法，开始尝试写诗并成为一个诗人。他在出国前，虽然认为自己将来可能会从哲学转向文学，却觉得自己没有作诗的才能。他曾对田汉说：“你是由文学渐渐的入于哲学，我恐怕要从哲学渐渐的结束在文学了。因我已从哲学中觉得宇宙的真相最好用艺术表现，不是纯粹的名言所能写出的，所以我认将来最真确的哲学就是一首‘宇宙诗’，我将来的事业也就是尽力加入这首诗的一部分罢了（我看我们三人的道路都相同）。但我现在的心识总还偏在理解的一方面。感觉情绪也有些，所缺少的就是艺术的能力和训练。因我从小就厌恶形式方面的

1　宗白华：《唐人诗歌中所表现的民族精神》，见《宗白华全集》第 2 卷，合肥：安徽教育出版社，1994 年，第 122 页。

2　宗白华：《〈亚里士多德及其文学批评〉等编辑后语》，见《宗白华全集》第 2 卷，合肥：安徽教育出版社，1994 年，第 190 页。

艺术手段，明知形式的重要，但总不注意到他。”[1] 而他在给郭沫若的信中也说过：“我从来没存过想做诗的心，对于文学诗学的见解全凭直感，不能说出实在的根据。”[2] 不过，与他一样深受歌德影响的郭沫若对他进行了鼓励，当然，郭沫若也谈了诗与哲学的异同：“我想诗人与哲学家底共通点是在同以宇宙全体为对象，以透视万事万物底核心为天职；只是诗人底利器只有纯粹的直观，哲学家底利器更多一种精密的推理。诗人是感情底宠儿，哲学家是理智底干家子。诗人是‘美’底化身，哲学家是‘真’底具体。”[3] 显然，能够把这两种才能融为一体是困难的。

而德国民族的可贵之处就如斯太尔夫人所言，既有想象力，又有凝神静观的能力，在于可以把郭沫若说的“美”与“真”，也即诗与思融于一身，这也是宗白华以及郭沫若欣赏德国这个“诗人和思想家”的民族的重要原因。所以，宗白华认为，正是对文学的热爱，对思想的重视，才成就了德国民族的独特性，也使得他们在面对苦厄时，既有文学的鼓励，又有思想的指引，可以一次次从危难的境遇中复兴。

三、德国学者的治学：“哲学的精神”与“精细周密”

宗白华除了对作为思想家的民族的德国民族充满崇敬之外，对

---

1 《三叶集》，见《郭沫若全集》文学编第 15 卷，北京：人民文学出版社，1990 年，第 27 页。

2 《三叶集》，见《郭沫若全集》文学编第 15 卷，北京：人民文学出版社，1990 年，第 32 页。

3 《三叶集》，见《郭沫若全集》文学编第 15 卷，北京：人民文学出版社，1990 年，第 23 页。

德国思想的产生的前提条件，也即德国学者的学术研究的精神，或者治学的态度推崇有加。他认为德国人的治学精神有两个特点，那就是“哲学的精神”与“精细周密”。而这也影响到了他在从事中国美学及艺术研究时的态度，使得他的文化批评也具有了“哲学的精神”和“精细周密”的特点。

当然，对于德国是思想家的民族的说法，宗白华所征引的卡莱尔的话比较简略，卡莱尔对德国民族的这个特征还有较为详细的描述：“他们的民族性格中有一种严肃认真的东西，是一个善于思辨的民族。……（他们的全部神话）都隶属于一个思想深邃的民族。”[1]而在其之前，斯太尔夫人对德国民族的思辨能力也青眼有加：“没有任何别的民族比德国人更适合于从事哲学研究的了。”[2] 此外，宗白华所欣赏的德国诗人海涅不仅赞同斯太尔夫人的这个观点，更是以德国人的身份，对德国人的哲学热予以文学化的描述：“德国被康德引入了哲学的道路，因此哲学变成了一件民族的事业。一群出色的大思想家突然出现在德国的国土上，就像用魔法呼唤出来的一样。”[3]宗白华对康德早已烂熟于心，自然对海涅所说的由康德所引起的德国人对哲学的热衷别有会心，但他更关心的是德国哲学滋生的土壤。

宗白华认为思想或者哲学的思辨之所以成为德国的民族特征，与德国学术气氛的浓烈紧密相关。他到德国后，对此立即有了真切的感受。他从青年人的精神气质上就发现了二者的差别，当时的中国的青年大都缺乏“勇气”，老气横秋，每日自称“弱者”，口说

1　[英] 卡莱尔：《卡莱尔文学史演讲集》，姜智芹译，桂林：广西师范大学出版社，2005年，第127页。

2　[法] 斯达尔夫人：《德国文学》，见《论文学》，徐继曾译，北京：人民文学出版社，1986年，第209页。

3　[德] 海涅：《论德国宗教和哲学的历史》，海安译，北京：商务印书馆，2016年，第118页。

“悲哀”，浑噩度日，而德国的青年却“生气勃勃”，他们虽然“生活困苦”之至，就是中国的学生界也“不能想象”，可是他们之中到大学读书的人却比战前增加了一倍。[1] 这说明德国青年对学术的积极的向往，正是这么多青年热衷追求学术的进步，才使得德国思想的发生与哲学的发展成为可能。诚如斯太尔夫人对德国人对思想与学术的努力所发出的感慨：“为德意志民族增添光彩的科学著作和玄学著作真是数不胜数！其中凝聚着多少研究功夫，多少坚韧不拔的毅力啊！德意志人没有一个政治上的祖国，他们却为自己建立了一个文学和学术的祖国，对于这个祖国的光荣，他们充满着最崇高的豪情。”[2] 不过，德国思想的繁荣，除了德国浓烈的学术气氛使得青年投身学术事业之外，宗白华认为最为关键的还是德国学者的独特的治学精神使然，这就是他们治学时所秉持的“哲学的精神”和“精细周密”的态度。他对此的看法主要表现在对李长之翻译德国学者玛尔霍兹的《文艺史学与文艺科学》的“跋”中。他对这本书很赞赏，并且鼓励当时同在重庆中大任教的李长之完成了这部书的翻译，所以，他特地为这本书写了跋语，对德国学者的治学精神进行了概括：

> 德国学者治学的精神有它的特点：一方面他们都富于哲学的精神，治任何一门学问都钻研到最后的形而上学的问题，眼光阔大而深远，不怕堕于晦涩艰奥；另一方面却极端精细周密，不放松细微末节，他们缺乏英国人的潇洒风度，也不及法国人

1 宗白华：《致舜生寿昌书》，见《宗白华全集》第1卷，合肥：安徽教育出版社，1994年，第422页。

2 ［法］斯达尔夫人：《德国文学》，见《论文学》，徐继曾译，北京：人民文学出版社，1986年，第210页。

的一清如水。[1]

在宗白华看来，所谓的“哲学的精神”，就是要将自己研究的问题逐步深化直至推到形而上学方面，因此，德国学者“不怕堕于晦涩艰奥”；而“极端惊喜周密”，就是对所探讨问题的研究充分全面，这是一种科学精神，不达目的誓不罢休。因此，宗白华对李长之在书中所作的对话体的序言为德国学者的“晦涩”进行“辩护”表示赞赏，并为之“感动”。李长之认为一般人只看到德国人的著作“沉闷而冗长”的“坏处”，却没有看到其“好处”：“简单说至少是周密和精确，又非常深入，对一问题，往往直捣核心，有形而上学意味。幽默，轻松，明快，本不是德人所长，我们也不求之于德人著作呢。”因此，李长之更进一步指出：“周密和精确”实际上是一种“科学”研究的态度：“研究却不同，研究就要周密，精确和深入。中国人一向不知道研究文学也是一种‘学’，也是一种专门之学，也是一种科学。关于数学的论文，一般人看了不懂，不以为怪；为什么看了关于文学的论文，不懂，就奇怪呢？”[2]

李长之对于“周密和精确”的解释和宗白华对于德国学者的研究问题的“精细周密”的意思是一样的，不过他说得更清楚，那就是凡是“科学”的研究必须认真、周密、精确。而德国学者是把文艺的研究也作为科学研究的对象的，因此李长之又特地强调德国书的好处：“我又说到德国书的长处了，那长处就是让人的精神一刻也不能松懈，紧张到底，贯彻到底，这是因为否则就不能把握。这是

---

1 宗白华：《跋〈文艺史学与文艺科学〉》，见《宗白华全集》第 2 卷，合肥：安徽教育出版社，1994 年，第 472 页。

2 李长之：《〈文艺史学与文艺科学〉译者序一》，见《李长之文集》第 9 卷，石家庄：河北教育出版社，2006 年，第 128 页。

一个很好的训练啦，所以，我常劝人看德国书，至少也要常看德国书的译文。”[1] 也因此，当李长之批评人们思想上的错误大多是来自“懒”时，宗白华非常赞成：

> 李长之先生说，“懒是思想上的错误最基本的原因”，我觉得大多数人懒于思想，正合于一个社会要他们保守“正确思想”的目的。所以我们中国自从先秦诸子争吵以后，思想界懒到连错误也没有了。像尼采那样整个生命苦闷燃烧于思想探索之中，不让一个问题轻轻放过，不让一个久已不成问题的问题逃过他的分析，中国有没有？我们既缺少特立独行的思想家，自然也少有“荒谬绝伦”的创见。[2]

正是对德国学者的治学精神有此认识，宗白华在自己的学术研究中也努力向德国学者学习，虽然他没有讲自己是否像尼采那样把生命燃烧在思想的探索中，但是他的研究却颇具德国学者的特色，那就是如其所言，他的研究大都富于“哲学的精神”，喜欢把问题深入“最后的形而上学问题”，显现出“眼光的阔大深远”。他在探讨中国绘画所表现的“中国心灵”时，就直接将其从画家个人的艺术表现追溯到中国人整体的“宇宙观”，可谓“深远”之至。他先以古希腊人为例，指出他们的心灵所反映的世界是一个“宇宙”(cosmos)，这是一个“圆满的，完成的，和谐的，秩序井然的宇宙”，而人体就是这个大宇宙中的“小宇宙”，所以，希腊的艺术以

---

1 李长之：《〈文艺史学与文艺科学〉译者序一》，见《李长之文集》第9卷，石家庄：河北教育出版社，2006年，第130页。

2 宗白华：《〈亚里士多德及其文学批评〉等编辑后语》，见《宗白华全集》第2卷，合肥：安徽教育出版社，1994年，第225页。

人体的雕刻为主，体现了追求一种“和谐”与“秩序”的心灵，是一种以“和谐”为美的哲学。而文艺复兴以来，人们把和谐的宇宙视作“无限的空间与无限的活动”，其心灵为之改变，“向着无尽的宇宙作无止境的奋勉”，而艺术表象出了这种心灵，如高耸入云的哥特式教堂直刺苍穹、伦勃朗的画像后的空间“苍茫无底”、歌德的浮士德“永不停息的前进追求”等，与之相较，宗白华认为中国绘画所表现的“最深心灵”既与古希腊不同，也与近代的欧洲不同，而是独出心裁：

> 它既不是以世界为有限的圆满的现实而崇拜模仿，也不是向一无尽的世界作无尽的追求，烦闷苦恼，彷徨不安。它所表现的精神是一种深沉静默地与这无限的自然，无限的太空浑然融化，体合为一。它所启示的境界是静的，因为顺着自然法则运动的宇宙是虽动而静的，与自然精神合一的人生也是虽动而静的。它所描写的对象，山川，人物，花鸟，虫鱼，都充满着生命的动——气韵生动。[1]

因此，宗白华更指出，中国的绘画中山水花鸟虽然有一种“深深的静寂”，却有一种“生动”的“气韵”，而画中的“空白”所表现的“虚空”，就是老庄称之为“道”“自然”“虚无”，以及儒家所名之的“天”。所以，宗白华认为，“中国人感到这宇宙深处是无形无色的虚空，而这虚空却是万物的源泉，万动的根本，生生不已的

1　宗白华：《介绍两本关于中国画学的书并论中国的绘画》，见《宗白华全集》第 2 卷，合肥：安徽教育出版社，1994 年，第 44 页。

创造力”，[1] 这正是中国人的独特的宇宙观或者哲学。宗白华这样的由艺术现象深入宇宙观或者“最后的形而上学问题”的研究方法，也是其学术研究的特色，从中既可以看到他所受到的德国治学精神的影响，也可以看到他对学术研究的“哲学精神”的追求，同时也体现出他的研究“精细周密”的特点。

四、德国的精神文化：“可以说是音乐化了的”

除了德国民族的诗性和思想性之外，宗白华留德期间对于德国的精神文化的本质也有了更为具体和深刻的认识，那就是德国精神文化所具有的“音乐化”的特质。这个认识既来自他对叔本华等人的音乐理论的理解，也来自他对于德国音乐的直接接触和接受。而从音乐出发对中国的文化艺术进行批评，也成为他从事文化批评及美学与艺术研究的一个非常重要的方法。

不过，出国前，他在文章里很少谈论音乐。当然，在理论上，他对德国人对音乐的喜爱并非一无所知，他喜欢的叔本华认为，在艺术中，音乐具有至高无上的地位，因为音乐既不像绘画一样依赖“现象世界”，也不依靠“理念”，而是对我们所生活的世界的本源的“意志”的“直接客体化和写照”，所以，“在某种意义上说即令这世界全不存在，音乐却还是存在”。[2] 因此叔本华把音乐视作最高级的艺术：

1　宗白华：《介绍两本关于中国画学的书并论中国的绘画》，见《宗白华全集》第 2 卷，合肥：安徽教育出版社，1994 年，第 45 页。

2　［德］叔本华：《作为意志和表象的世界》，石冲白译，杨一之校，北京：商务印书馆，1982 年，第 357 页。

> 因为音乐决不是表现着现象，而只是表现一切现象的内在本质，一切现象的自在本身，只是表现着意志本身。因此音乐不是表示这个或那个个别的、一定的欢乐，这个或那个抑郁、痛苦、惊怖、快乐、高兴，或心神的宁静，而是表示欢愉、抑郁、痛苦、惊怖、快乐、高兴、心神宁静等自身；在某种程度内可以说是抽象地、一般地表示这些［情感］的本质上的东西，不带任何掺杂物，所以也不表示导致这些［情感］的动机。[1]

叔本华对音乐的形而上的推崇对宗白华的音乐认识不无影响，但他对音乐的喜爱和真正的理解主要还来自他留德后生活经验的直接养成。在德国学习期间，宗白华狂热地喜欢上了德国的古典音乐，他不仅经常去听音乐会，还购买大量唱片在家里随时聆听。他的老友田汉在上海听到朋友谈到宗在德国的音乐发烧友生活时，就不无羡慕地提到了这一点："闻兄拥有满室之图书，绝大之留音机，出入老师硕儒之门，美人名士之会，赋诗，观剧，听音乐，其乐无穷。"[2]宗白华在给朋友的信《致柯一岑书》中也说：

> 我在德国两年来印象最深的，不是学术，不是政治，不是战后经济状况，而是德国的音乐。音乐直接表现了人生底内容，一切人生境界，命运界（即对世界的种种关系）各种繁复问题，都在音乐中得到了超然的解脱和具体的表现。德国音乐本来深刻而伟大。Beethoven 之雄浑，Mozart 之俊逸，Wagner 之壮丽，

1　［德］叔本华：《作为意志和表象的世界》，石冲白译，杨一之校，北京：商务印书馆，1982 年，第 362 页。

2　田汉：《田汉复宗白华函》，见《宗白华全集》第 1 卷，合肥：安徽教育出版社，1994 年，第 426 页。

> Grieg之清扬，都给我无限的共鸣。尤其以Mozart的神笛，如同飞泉洒林端，萧逸出尘，表现了我深心中的意境。[1]

从这番描述里，既可以看到他受到叔本华对音乐的看法的影响，也能看到他对德国古典音乐大师的音乐精神的理解之深，贝多芬、莫扎特、瓦格纳、格里格等人的作品，让他深入地认识到了音乐的伟大与感人至深。所以，他得出结论："德国全部的精神文化差不多可以说是音乐化了的。……我常说，法国的文化是图画式的，德国的文化是音乐式的。"[2] 而宗白华说德国的精神文化是"音乐化"的，或者是"音乐式"的，是因为他发现德国的精神文化都富有音乐性或者表现出了音乐的特质，如戈特弗里德·凯勒的小说如人生的"悲歌"，叔本华的思想被瓦格纳"化入"自己的诗剧，尼采的《查拉图斯特拉如是说》被作曲家理查德·施特劳斯演绎为同名的"超人曲"等；阿诺德·勃克林、库尔特·施维特斯、汉斯·托马斯等人的画作不仅富有节奏与韵律，甚至把很多乐器直接画入作品，"谱音乐入山川人物之中"；雕刻家马克斯·克林格的代表作即为贝多芬的雕像等。所以，在他看来，德国的文学、哲学、绘画、雕刻等，无不具有音乐的特质，或者说音乐就是德国精神文化的灵魂。

正是宗白华在德国所受到的音乐的影响，使得他不仅把德国音乐视作世界艺术的高峰，还将其作为衡量伟大艺术的标准。在对中国的绘画进行批评时，为了凸显其价值，他除了将其与希腊的雕刻并列之外，还与德国的音乐相提并论："中国的绘画，与希腊的雕刻

---

1 宗白华：《致柯一岑书》，见《宗白华全集》第1卷，合肥：安徽教育出版社，1994年，第414页。

2 宗白华：《致柯一岑书》，见《宗白华全集》第1卷，合肥：安徽教育出版社，1994年，第415页。

和德国的音乐鼎足而三。”[1] 他也因此很赞成英国文艺批评家佩特的音乐与艺术关系的观点，即“一切的艺术都趋向音乐的状态”。[2] 而从音乐性入手对中国的艺术进行考察也成为宗白华非常重要的艺术研究方法。除此之外，他还从音乐出发对国人的生活及文化精神进行批判，他认为中国的音乐自从唐以后就衰落了，这使得中国的生活变得枯燥，人性变得粗粝，因此，他对中大同事法语教授徐仲年介绍法国诗人保儿·福尔的文章大发感慨：

> 读了徐先生的文章，感到韵律节奏的生活才是真正的生活，才是健康壮大的生活，才是一切创造力的源泉，但中国文化里丧失最多的是乐教。唐代以后的中国几乎成了一个无音乐的国土。比起近代欧洲国家，真是惭愧。乐教丧失，一种人类的狭隘，自私，暴戾，浅薄，空虚，苦闷，充塞了社会。不能有真的同情与团结，不能发扬愉快光明的创造精神。生活没有节奏韵律，简直不是人的生活。中国古代乐教衰落，还幸喜有普遍于社会的写字艺术来表现各人的及时代的情调韵律，各种微妙的境界。[3]

正是如此，宗白华非常重视音乐在人们生活中的作用。在抗战期间他主持《学灯》时，就始终不忘向国人提倡音乐：“现代中国人需要悲壮热烈牺牲的生活，但也需要伟大深沉的生活，音乐对于人

1　宗白华：《介绍两本关于中国画学的书并论中国的绘画》，见《宗白华全集》第 2 卷，合肥：安徽教育出版社，1994 年，第 47 页。

2　宗白华：《论中西画法的渊源与基础》，见《宗白华全集》第 2 卷，合肥：安徽教育出版社，1994 年，第 98 页。

3　宗白华：《〈当代法国大诗人保儿·福尔〉等编辑后语》，见《宗白华全集》第 2 卷，合肥：安徽教育出版社，1994 年，第 199 页。

生的深沉化有关系，我预备发表几篇音乐家的故事。”[1] 不过，宗白华认为中国的音乐虽然缺失，还好“写字的艺术”即书法却起到了音乐的作用，多少调节了一下国人因缺乏真正的音乐而枯燥的生活。他在向西人介绍自己的好友徐悲鸿的画作时谈到中国的书法，同样强调了其音乐性的特征或美感的音乐性：“故中国书法为中国特有之高级艺术：以抽象之笔墨表现极具体之人格风度及个性情感，而其美有如音乐。”[2]

当然，宗白华不仅以音乐来批评中国的生活与艺术，还以其来考察中国文化的精神。他在《中国文化的美丽精神往那里去?》中就借泰戈尔所赞赏的“中国文化的美丽精神”来强调中国文化中的音乐性，“中国人本能地找到了事物的旋律的秘密”，与西洋人获得“科学权力”的秘密不同，“中国古代哲人却是‘默而识之’的观照态度，去体验宇宙间生生不已的节奏，太戈尔所谓旋律的秘密”：

> 而我们已见到了中国古代哲人是“本能地找到了宇宙旋律的秘密”。而把这获得的至宝，渗透进我们的现实生活，使我们生活表现在礼与乐里，创造社会的秩序与和谐。我们又把这旋律装饰到我们日用器皿上，使形下之器启示着形上之道（即生命的旋律）。中国古代艺术特色表现在他所创造的各种图案花纹里，而中国最光荣的绘画艺术，也还是从商周铜器图案，汉代砖瓦花纹里脱胎出来的呢！[3]

---

1 宗白华：《〈论艺术〉等编辑后语》，见《宗白华全集》第2卷，合肥：安徽教育出版社，1994年，第209页。

2 宗白华：《徐悲鸿与中国绘画》，见《宗白华全集》第2卷，合肥：安徽教育出版社，1994年，第49页。

3 宗白华：《中国文化的美丽精神往那里去?》，见《宗白华全集》第2卷，合肥：安徽教育出版社，1994年，第401页。

宗白华在此不仅把中国的艺术“音乐化”，也把中国的文化精神“音乐化”了。这其中虽然有中国艺术及文化精神固有的音乐性的一面，但更不能忽视的是宗白华因受到德国精神文化“音乐化”的影响，有意无意戴着德国音乐的“有声眼镜”来审视中国的艺术与文化，才有意无意地使中国的艺术与文化也“音乐化”了。

*　*　*

宗白华因特殊的教育及生活经历，既对德国思想了解颇深也深受其影响，因此他由衷赞赏这个“诗人与思想家的民族”的融合诗与思的才能与力量。他不仅对文艺在其民族的“自信力”的养成中起到的作用予以肯定，对德国学者的治学中体现出的“哲学的精神”和“精细周密”的科学态度欣赏不已，同时，他也对德国精神文化的音乐化产生共鸣。而正因为他对德国思想的深刻的理解，他才得以将其思想转化为自己研究中国艺术与文化的方法，独出机杼，建立了自己独特的美学体系。

德国思想并非完美无缺，宗白华对此虽有认识，但也许是爱之过深，又兼身在其中，所以阐发不多。与他相知甚深的朋友李长之却对此认识颇为深刻，或可补充其没有说出的话。1943 年 12 月，李长之在其《论德国学者治学之得失与德国命运》一文中，既阐发了德国民族的“优长”，也直言不讳地谈论了与之相伴的“毛病”。与宗白华一样，他也认为德国人是偏于音乐的民族，但是他同时不无深刻地指出了其缺点，与偏于绘画的民族喜欢向外看不同，德国喜欢向里看，而“太喜欢向里看的结果，是太集中于自己，而和外界隔膜”。[1] 同

1　李长之：《论德国学者治学之得失与德国命运》，见《李长之文集》第 3 卷，石家庄：河北教育出版社，2006 年，第 336 页。

样，德国的学术是其“优长”，而其学术有一种“哲学的兴趣”，“偏于一种形而上的冲动”，其好处是可以“深入”问题，把握“问题的核心”，可以透过表象把握内在，而且可以形成“一个大系统”。但是，李长之同时也提醒，德国学术的哲学化的缺陷也不可忽视：“深入是思精，系统是体大，体大思精是他们的长处。但毛病也就同时来了！因为体大，往往一个观念错，跟着全体也就错。”[1] 同时，“思精”也会导致失去和谐，偏于一隅，因此多“偏才”而少“通才”，因此德国的学者不关心政治，很容易被“流氓式的政客操持并利用”，这对一个民族和国家来说是危险的。因此，李长之大胆预言：“这就是德国人精神！彻底一方面是尽，一方面是极。德国人不荒谬则已，一荒谬必至荒谬绝顶。德国人不失败则已，一失败必至一败涂地。”[2] 而后来德国的战败，确证了李长之的看法。

当然，德国的二战后的再次崛起同样也证实了宗白华对德国民族和德国思想的判断。德国民族和德国思想就是这么复杂和丰富，对宗白华来说，它永远是自己的思想深处和情感深处的不朽的诗篇：

> 这时我了解近代人生的悲壮剧、都会的韵律、力的姿式。对于近代各问题我都感到兴趣，我不那样悲观，我期待着一个更有力的更光明的人类到来。然而莱茵河上的故垒寒流、残灯古梦，仍然萦系在心坎深处，使我常时做做古典的浪漫的美梦。[3]

也许，用李长之的话来说，“这就是德国人精神！”

1　李长之：《论德国学者治学之得失与德国命运》，见《李长之文集》第 3 卷，石家庄：河北教育出版社，2006 年，第 335 页。

2　李长之：《论德国学者治学之得失与德国命运》，见《李长之文集》第 3 卷，石家庄：河北教育出版社，2006 年，第 336 页。

3　宗白华：《我和诗》，见《宗白华文集》第 2 卷，合肥：安徽教育出版社，1994 年，第 153 页。

第十四章　借外人的镜子照自己面孔

——宗白华对中国文化的批判

宗白华在1920年赴德留学之前，就对德国哲学非常喜爱，他介绍过叔本华的人生观，研究过康德的思想，同时他对德国的文学艺术也颇为看重，尤其是对歌德的气象宏阔的诗歌与丰富坚强的人格非常迷恋和欣赏，这也是他毅然负笈西行的原因。而到德国留学后，他却突然发现，其时德国学术界及文化界盛行的话题并不是对纯粹哲学的探讨，也不是对纯粹文学的研究，除了对爱因斯坦提出的相对论的争鸣外，另一个颇让人关注的现象就是对所谓“‘文化’的批评”，其中最有影响的著作就是斯宾格勒1918年开始出版的《西方文化的消极观》(即《西方的没落》)，还有一部就是1919年出版的盖沙令（Hermann Keyserling，今译赫尔曼·凯泽林，1880—1946）的《哲学家的旅行日记》，这是作者从1911年开始漫游埃及、印度、中国、日本及美国记录自己所思所想的著作，这两部书“皆畅论欧洲文化的破产，盛夸东方文化的优美”。[1] 这让一心前来德国学习哲学和文艺的宗白华震惊不已。不过，在惊讶之余，他也有眼界大开

1　宗白华:《自德见寄书》，见《宗白华全集》第1卷，合肥: 安徽教育出版社，1994年，第320页。

之感。

因为他在国内时，更多的还是以介绍德国及欧洲的哲学与文艺为己任，对中国的哲学与文艺虽然也很喜爱，但并没有将其放在自己的研究和学习的重点上，如今来到德国，却意外发现在国内时被自己人批评的落后的中国文化竟然被德人所重视，这多少有点意外。尽管他知道这种文化上的“东西对流”的原因与背景并不相同，斯宾格勒等批评欧洲文化“破产”，是因为第一次世界大战所带来的灾难让他们不得不反思自身文化存在的问题，幻想把东方的文化作为解药予以救治，所以由“动”的文化中求“静”；而中国“正在做一种倾向于西方文化的运动”，则是因近代以来被帝国主义的坚船利炮所震慑故欲谋求西方文化的启迪以自强，于“静”的文化中求“动”。可他也因此对德国的这种“文化批评”的潮流非常感兴趣：“我们在此借外人的镜子照自己面孔，也颇有趣味。”[1] 显然，这是一面“文化之镜”，可以从中照见东西文化的同异，并可从中发现文化的“趣味”来，这让宗白华对中西文化的研究产生了兴趣，他也因之确定了以“文化批评”作为自己未来的学术志向：“因为研究的兴趣方面太多，所以现在以‘文化’（包括学术艺术伦理宗教）为研究的总对象。将来的结果，想做一个小小的‘文化批评家’，这也是现在德国哲学中的一个很盛的趋向。所谓‘文化哲学’颇为发达。”[2] 从这点来说，宗白华可以说是中国“文化批评”的鼻祖，而他此后的研究，也有意转向了对中国“文化哲学”的探索，即中国的“文化批评”。宗白华有此意识，与他所受的哲学训练和自己的人生理想

---

1 宗白华：《自德见寄书》，见《宗白华全集》第1卷，合肥：安徽教育出版社，1994年，第320页。

2 宗白华：《自德见寄书》，见《宗白华全集》第1卷，合肥：安徽教育出版社，1994年，第320页。

有关，他曾明言："'认识你自己'，这话悬于一切真正哲学史的开端，也是一切人生思想的终极目的。"[1] 而他之所以想对中国文化进行批评，其实也就是希望能够"认识"中国，"认识"自己。

当然，就像他所说的那样，他的批评更多的是"借外人的镜子照自己面孔"，这个"外人的镜子"就是欧洲的文化与艺术，所以，他对中国文化的批评多为一种比较性的思考，而非单向的自我反思，从中我们既可以看到中国文化的不足，也可看到西方文化的优势所在。宗白华认为，两者之间最大的差别就在于双方对科学、哲学、宗教及音乐等的理解不同，态度不同，结果也就不同。

一、科学的匮乏："于是中国'名学'演变而成为'名教'"

宗白华认为，人是知行并重的动物，天生就有对知识的追求，科学就是系统化的知识，而使知识得以系统化的工具是逻辑。但宗白华发现，中西逻辑的路径是有差异的，正是这种差异导致了两者对知识的价值取向的差异，最终使得中国并未能产生出西方那样的近代科学。而对逻辑的探讨不仅仅与科学的产生有关，还影响到了文化其他方面的发展，所以宗白华说："研究中西学术史'名学'或'逻辑'的产生和演变，是一很有趣味的问题，并且可以窥探到两种学术文化史的中心特点。"[2]

可以说，抓住逻辑来考求中西方文化的不同，显示了宗白华的

1　宗白华：《〈自我之解释〉编辑后语》，见《宗白华全集》第2卷，合肥：安徽教育出版社，1994年，第293页。

2　宗白华：《〈中国古名家言总叙〉编辑后语》，见《宗白华全集》第2卷，合肥：安徽教育出版社，1994年，第193页。

敏锐与深刻，因为逻辑是人思考问题的最为基本的工具，中国虽习称“名学”，但其功能与逻辑并无不同。而源自古希腊的西洋逻辑，最初就是为了建立一个“系统的学说理论”服务的，其“注重概念定义的准确和思想系统的通贯融合，组织严密。它的步骤是‘以形察名，以名查形’，最后以成系统的立说，把握客观的真理”。[1] 这样一种谨严的思考的方法，经过苏格拉底的确立和亚里士多德等人的推动，最终成为西方科学和哲学思想的基础。宗白华指出，中国的“名学”最初也与西洋的逻辑相似，如墨翟与荀卿等人的“正名”“析辞”“立说”“明辨”所谋求的就是同一事物，但其后中国的“名学”却走上了另外一条道路，脱离了“逻辑”的“名学”，走向了“教化”的“名教”。他在评论以研究墨家及诸子著名的学者伍非百的《中国古名家言总叙》时，就着重谈了自己的这个观点：

> 中国的形名学是出于刑书（见伍先生说），“君操其形，臣效其名，形名参同，赏罚乃生。”可见中国名学的起源和主要倾向不是构成系统理论以探讨真理，而是法术家用以“综核名实”，做政治刑赏的准绳。起于讼而非起于辩。孔子的正名较之苏格拉地的正名，其目的在于礼乐刑政。于是中国“名学”演变而成为“名教”，支配了两千年的中国文化。即穷理致知，建立纯理的系统思想的逻辑，未诞生即流产。名学衰微，中国从秦汉以后不再产生独立的创造的“持之有故，言之成理”的伟大哲学传统。名学亡则哲学不振，哲学兴趣衰落则科学穷理的兴趣也无从产生。近代西洋科学的进步多由于“逻辑”指示途

1　宗白华：《〈中国古名家言总叙〉编辑后语》，见《宗白华全集》第2卷，合肥：安徽教育出版社，1994年，第193页。

> 径方法（如培根，笛卡尔等大哲），检讨名词概念，指示推理的进行，组织“系统的综述”。逻辑是科学之母，无可置疑。中国名学不振，秦汉以后的学术乃折入“经学”，“注疏”，“语录”，“札记”一条路线。印度传来的“因明”也不曾发生影响。[1]

这个认识可谓只眼独具，从苏格拉底和孔子为逻辑所作的“正名”中析解出逻辑的走向，让中西逻辑的分野于此尽显。自此以后，西方逻辑的“求真”与中国逻辑的“务实”使两者分别尽力于不同的方向，服务于不同的目的，前者成为“科学之母”，为真理求真理，使西洋在一番嬗变后进入近代社会，后者则化为“名教之父”，为务实求务实，使中国坠入两千年不变的儒家专制社会。而正是科学的精神，催生了近代技术即机器技术，随之促成了现代的资本主义社会的产生，使得中国不得不面对与其遭遇后所发生的国家与文化危机的现实。

宗白华深刻地指出，近代社会是以瓦特蒸汽机标志的，但这个发明并不只是个简单的机器的发明而已，它其实是西洋自文艺复兴以来达·芬奇等人所开创的“技术发明的路线”与伽利略、牛顿等人所揭示的“数理自然科学的路线”结合后在瓦特身上显示出来的现象，其本质当然是以逻辑为手段的科学的作用。而近代的机器技术也并非只供人驱使去完成相关的工作，机器技术本身也有着内在的精神价值：“在助成人类理想的实现上技术固有了它的文化价值，然而它本身也具有它的精神价值，近代技术也陶冶了一种近代的人

1　宗白华：《〈中国古名家言总叙〉编辑后语》，见《宗白华全集》第 2 卷，合肥：安徽教育出版社，1994 年，第 194 页。

生精神和态度。”[1] 所以，技术不仅仅是技术，而科学也不仅仅是科学，要想真正掌握技术与理解科学，还要看到其后的看不见的东西，那就是逻辑所导向的对知识的尊崇和对真理的寻求。因为，在宗白华看来，西洋的科学史实际上是“西洋精神悲壮的成功史”：

> 要提倡科学研究的精神和兴趣，最好是读科学发展的历史。它告诉我们许多科学假设的发挥和放弃，方法的探视和成功，科学家在理论上的冒险伴着方法的缜密和研究的耐心。一部科学史是西洋精神悲壮的成功史。读科学史使我们不拘执成见而又肯定知识之可能。它告诉我们问题的产生和解决的路线。这是活的科学生命，不是死的科学成绩。[2]

这其实是宗白华对西洋的科学精神的强调，这种科学的精神就是“求真的精神”。他举印度人的逻辑学即“因明”发达为例，谈到他们“互相辩难”时，有一种“异常激烈”的求真精神，那就是辩论者如果失败，或自杀，或反以对方为师，“它一扫辩时种种直觉，成见，权威等依据，而一以纯理的论证为归”。这显然是与“中国人爱以生活体验真理，却不爱以思辨确证真理”的取向是相冲突的。[3] 所以，宗白华认为，即使唐玄奘从印度留学归来后也翻译介绍了印度的因明学，也没能产生什么影响。从根本上来说，科学的缺乏，还是中国人缺乏这种令人生畏也令人尊敬的“求真精神”，不肯对知

1　宗白华：《近代技术的精神价值》，见《宗白华全集》第 2 卷，合肥：安徽教育出版社，1994 年，第 167 页。

2　宗白华：《〈中国信用货币之起源〉等编辑后语》，见《宗白华全集》第 2 卷，合肥：安徽教育出版社，1994 年，第 192 页。

3　宗白华：《〈神话传说与故事的演变〉等编辑后语》，见《宗白华全集》第 2 卷，合肥：安徽教育出版社，1994 年，第229 页。

识进行纯粹的探求所致。

二、哲学的匮乏："遮掩了人对于死的沉思和追问"

宗白华认为，"综合科学知识和人生智慧建立宇宙观，人生观，就是哲学"，[1] 它所探究的是一个民族的文化的心灵和精神。但与希腊所开启的西洋哲学相较，中国的哲学或"玄学"却缺乏"形上学"的精神。这同样可从孔子与苏格拉底对待死亡的不同的态度上看出端倪，因为人在世上所面对的最终的也是最本质的问题就是死亡，对于这人人都无法回避的必然的命运的看法，可以暴露出其人生所追求的终极的意义和根本的价值。而孔子在弟子子路问其对死亡的态度时，他以"未知生，焉知死"来作答，这一方面说明了他对死亡问题的有意的回避；另一方面，也说明了他对超越现实的"形上"思想的拒斥。宗白华深刻地说："其实在'死'的面前，人才能真正理解生。苏格拉底在临死的片刻演说'死的意义'，其实所讲的即是那最深的'生的意义'。儒家在繁琐的丧礼上，遮掩了人对于死的沉思和追问，于是中国哲学里埋没了形上学的兴趣和努力。"[2] 因此，宗白华不无遗憾地指出，正是缺乏这种"向死而生"的态度，使得中国哲学的深度和广度都受到限制，因为只有当一个人直面死亡时，才能真正直面自己和这个世界，意识到生命的有限和天地的无限，从而可以深刻地估量一个人的生命价值，也可把自己的追求不仅仅

1　宗白华：《论文艺的空灵与充实》，见《宗白华全集》第2卷，合肥：安徽教育出版社，1994年，第344页。

2　宗白华：《〈病人〉编辑后语》，见《宗白华全集》第2卷，合肥：安徽教育出版社，1994年，第304页。

局限在一己或现实的功名利禄与悲欢上。“这时心与心相见，心与世界相见，心能够扩张到和世界一般广大，一般深厚，天上的音乐在心里面演奏起来。”[1] 这不仅是一种“形上”的追求，同时也是超越的宗教精神得以产生的条件，“负荷着人类的病”的维摩诘与“负荷着人类的罪”的基督就是由此才产生，他们摆脱“小己”而进入“全整的世界”，在给人同情的同时，自身也获得了伟大脱俗的精神。但中国的哲学却从孔子开始，就有意规避了对这一条形上之路的探讨，走上了一条现实的“致用”之路。

> 中国自从孔子罕言性与天道，老子也说：“道可道，非常道。”《周易・系辞传》说：“神无方而易无体”，“显诸仁，藏诸用。”庄子说：“六合之外，圣人存而不论。”于是中国玄学探讨之门已闭，而阴阳五行鬼神迷信之教，乃泛滥于天下。正统派学者诚如宋代邵雍所说，“自汉代以来，学者以利禄为心”，倡言学以致用。《汉书・艺文志》说儒家希望“助人君，顺阴阳，明教化”，道家是“君人南面之术”衍而为形名法术，都是想辅助人君治国平天下，其目的在做官。自从秦始皇，李斯焚书，汉武帝，董仲舒罢黜百家，限制学术于“致用”，“利禄”之途，中国哲学思想的活跃与逻辑问题的分析，几乎熄迹。此后有不负责任的“玄谈”，没有严肃的形而上学的探讨。（只有西来佛学刺激一线玄学思潮。）学以“致用”是二千年来一贯的口号。……哲学精神晦而不彰，使纯粹的科学穷理的兴趣也无从启发。至今犹然。……试拿秦汉以来中国的“致用之学”和

1 宗白华：《〈病人〉编辑后语》，见《宗白华全集》第2卷，合肥：安徽教育出版社，1994年，第304页。

西洋的玄学相比，两方的收获是什么？[1]

宗白华对孔子的批评并不意外，但他对老子庄子以及道家的批评却振聋发聩。这也说明了他对这两者内在精神的认识之深，显然，他已经看到儒家与道家对现实的不同方式的执着的确影响了他们对于终极问题的思索。而这种汲汲于现实人生的思想传统，影响到一般平民的生活，“就到了现在这种纯粹物质生活，肉的生活，没有精神生活的境地”[2]。宗白华因此曾富有深意地说：“人类的文明和尊严起始于‘仰视天象’。”[3] 对“形而上学”的探讨正是“仰视天象”，撇开那些“致用”的知识和地上的事物，让自己的灵魂飞升于天地之外，从而认识到人生和世界的有限性并超越其有限性，才能探求真正的“文明”，也才能获得真正的“尊严”。所以，宗白华对中国历史上富有哲学思辨色彩的魏晋时代欣赏不已，并将其称为中国的“第二个哲学时代”，在《清谈与析理》一文中还试图为其“正名”，“被后世诟病的魏晋人的清谈，本是产生于探求玄理的动机”，而“‘论天人之际’，当时魏晋人‘共谈析理’的最后目标”。[4] 但让人惋惜的是，这个时代只是昙花一现而已。究其根源，还是科学的缺乏，宗白华曾言：“在建造新国家的大业中技术和哲学是两根重要的柱

---

1 宗白华：《〈亚里士多德及其文学批评〉等编辑后语》，见《宗白华全集》第2卷，合肥：安徽教育出版社，1994年，第190页。

2 宗白华：《新人生观问题的我见》，见《宗白华全集》第1卷，合肥：安徽教育出版社，1994年，第205页。

3 宗白华：《〈夜之赞〉编辑后语》，见《宗白华全集》第2卷，合肥：安徽教育出版社，1994年，第306页。

4 宗白华：《清谈与析理》，见《宗白华全集》第2卷，合肥：安徽教育出版社，1994年，第309页。

石，而这两根柱石都是植根于科学的研究。”[1] 但逻辑不立，科学不彰，哲学的形上之思自然是很难开展起来的。

因此，宗白华颇为赞成“柏拉图对话集”的翻译者郭斌龢对当时国人的批评：“默察国人心理，缺乏想象，崇拜物质者，必不喜柏拉图；他日喜柏拉图者，又将为神思恍惚，放诞不羁之徒，使柏拉图之名与卢梭，雪莱相提并论，是可忧也。”他也认为，对“物质”的崇拜，对现实的执着，其实也反映了国人的精神状态的不容乐观，因为“想象与理智的衰落是表示着热情和生命力的衰落”[2]。而宗白华对兼具“严密之理智与丰富之想象”的柏拉图也非常看重，更把他作为了解西洋文化精神的“一个最重要的导师”和“出发点”，其中原因既有对柏拉图这个“玄学家”的“爱智”精神的尊崇，也有他就是那个在《斐多篇》里借自己的老师苏格拉底勇敢地直面死亡并毫不畏惧地探讨死亡的人。

三、音乐的匮乏：“简直不是人的生活”

在宗白华看来，如果说科学、哲学与宗教精神的匮乏，致使中国文化走上了与西洋不同的道路的话，那么音乐的匮乏，却是中国文化里的致命伤。

> 但中国文化里丧失最多的是乐教。唐代以后的中国几乎成

1　宗白华：《近代技术的精神价值》，见《宗白华全集》第 2 卷，合肥：安徽教育出版社，1994 年，第 168 页。

2　宗白华：《〈《柏拉图对话集》的汉译〉编辑后语》，见《宗白华全集》第 2 卷，合肥：安徽教育出版社，1994 年，第 238 页。

> 了一个无音乐的国土。比起近代欧洲国家，真是惭愧。乐教丧失，一种人类的狭隘，自私，暴戾，浅薄，空虚，苦闷，充塞了社会。不能有真的同情与团结，不能发扬愉快光明的创造精神。生活没有节奏韵律，简直不是人的生活。[1]

这么讲，确实与音乐本身在人的生活中的作用有关。不过，更多的也与宗白华本人对音乐的推崇有关。当然，他对于中国音乐的衡量也是来自西洋音乐。他曾与研究神学与哲学的郭本道教授谈到中西民族在文艺方面所呈现出来的“特性”，对郭以“诗”与“音乐”来区分中西民族特性的观点颇为赞成。

> 前天我同郭本道先生偶然谈到中西民族从文艺方面探讨它们的特性的问题。郭先生说：“中国民族性是‘诗’的，西洋民族性是‘音乐’的。诗是向内的，蕴藉的，温柔敦厚的，回旋婉转，悒郁多愁。音乐是向外发扬的，淋漓慷慨，情感舒畅，雄壮而欢乐的。”他这话颇含至理。所以中国的“音乐”也近于“诗”，倾向个人的独奏。月下吹箫，是音乐的抒情小品。西洋的诗却近于音乐，欢喜长篇大奏，繁弦促节，沉郁顿挫，以交响乐为理想。西洋诗长篇抒情叙事之作最多，而西洋民众合唱的兴致和能力也最普遍。[2]

而中国的“民族性”近于“诗”而不近于“音乐”，实际上也说

1　宗白华：《〈当代法国大诗人保儿·福尔〉编辑后语》，见《宗白华全集》第 2 卷，合肥：安徽教育出版社，1994 年，第 199 页。

2　宗白华：《〈谈朗诵诗〉等编辑后语》，见《宗白华全集》第 2 卷，合肥：安徽教育出版社，1994 年，第 212 页。

明了中国文化中音乐不够发达。这正是宗白华认同郭的这个判断的原因。所以，虽然中国在唐代以后也不能说完全没有音乐，可与西洋的“交响乐”相比，“月下吹箫”在规模气势以及韵律的编排上不免相形见绌，充其量也只能算作“音乐”的“小品”，最多是供个人浅吟低唱的“诗”罢了。宗白华认为中国只有在唐代时最接近近代的西洋，那时民族劲健有力，诗歌音乐流行，可以说是个诗歌的国度，但是宋代以后，诗人的诗歌就已经不再能感染民众，中国民族也离诗渐行渐远，所以谈我们的民族是“诗”的，也是有点勉强的。当然，宗白华有此观点的最主要的原因，还是中国民族唐以后音乐匮乏的现实。他认为这也是作为音乐的替代品的中国书法艺术勃兴的原因，“中国乐教衰落，建筑单调，书法成了表现各时代精神的中心艺术”。[1] 可是，虽然书法代替了音乐，起到了与音乐相似的作用，却并不是真的音乐。还是对中国文化的丰富与中国“民族性”的养成产生了不可弥补的缺憾。

宗白华认为，音乐的匮乏和“乐教”的缺席不仅使得人们的生活浅薄空虚、精神萎靡不振、心灵狭隘粗鄙，还集中表现在我们文艺的格局不够宏阔与深刻上，最明显的标志就是文艺中悲剧的发展不尽如人意。他引用了尼采对艺术的看法来探讨这个缺失，尼采认为艺术精神由太阳神阿波罗和酒神狄奥尼索斯两种不同的精神构成，前者如“梦”，制造“形象”，后者如“醉”，产生音乐的体验。“醉的境界是无比的豪情（如音乐）。这豪情使我们体验到生命里最深的矛盾，广大的复杂的纠纷；‘悲剧’是这壮阔而深邃的生活的具体表现。所以西洋文艺顶推重悲剧。悲剧是生命充实的艺术。西洋文艺

1　宗白华：《〈中国书学史·绪论〉编辑后语》，见《宗白华全集》第2卷，合肥：安徽教育出版社，1994年，第203页。

爱气象宏大、内容丰满的作品。荷马、但丁、莎士比亚、塞万提斯、歌德，直到近代的雨果、巴尔扎克、斯丹达尔、托尔斯泰等，莫不启示一个悲壮而丰实的宇宙。”[1] 而与之相较，中国因为缺少对音乐的深度体验，悲剧的创作付之阙如。宗白华对此不仅觉得惋惜，甚至也感到沉痛，他觉得这就像外国人所看到的中国人脸上那暧昧的不明就里的“笑”一样，让人觉得麻木和可怜，所以，他不无忿激也不无哀矜地说：“中国人能忍受着悲剧而缺乏真正的悲剧意识！”[2]

* * *

实际上，作为“文化批评家”的宗白华对中国文化的批评的态度是冷静的，他的“文化批评”很少是激于意气所发，而是先与西洋文化作出比较后才尽可能予以客观的判断。他曾夸奖伍非百先生的先秦名学著作“是用哲学的头脑写成的”，[3] 他的这些“文化批评”的文字，也可以说是“用哲学的头脑写成的”，故富有逻辑性，见解也颇为深刻。

再者，他的“文化批评”具有很强的综合性，其批评的对象不仅有科学、哲学、宗教，还有音乐、文学、绘画等。这主要是由于他对西洋即欧洲文化有着比较深入的理解，所以才能做到既全面又有所侧重。他曾不止一次谈到欧洲现代文化产生的原因是多方面的：“罗马法治精神虽是构成欧洲‘现代国家’的一个主要因素，然而希腊的哲学与艺术，基督教的深刻的人生情绪与伦理意识，加上‘文

1　宗白华：《论文艺的空灵与充实》，见《宗白华全集》第2卷，合肥：安徽教育出版社，1994年，第348页。

2　宗白华：《〈笑〉等编辑后语》，见《宗白华全集》第2卷，合肥：安徽教育出版社，1994年，第243页。

3　宗白华：《〈中国古名家言总叙〉编辑后语》，见《宗白华全集》第2卷，合肥：安徽教育出版社，1994年，第194页。

艺复兴’的科学精神，才汇流而构成欧洲现代文化的丰富，繁盛，与矛盾。”[1] 他也是以这样的综合性的思考来审视中国文化，以发现相对于“现代”的欧洲文化我们的文化中存在的问题。因此，他也并不回避对中国政治文化的批评，他认为与西方相比，中国政治最大的问题是缺乏“法治”精神，“而道家的清静无为和儒家的经典主义（以《春秋》治狱）代替了法治。于是皇帝独裁于朝，官吏豪绅专制于野，二千年来有‘统治’而无‘法治’。有名的‘唐律’也不曾养成中国政治的法治精神”。[2] 推而广之，他甚至觉得中国的政治并不存在，就像中国的逻辑自成特色一样，中国的政治也是自成一体的：

> 中国几千年的政治史上的特色，是有官而无政治。官者是为皇帝服务，而不为人民服务。在收集钱粮和讼费之后，无为而治。人民的事情让人民自理。一切关于物质精神生活的培植改进，官是不管的。所以我们自夸为地球上最早的民治国家。可惜民则有之，治则未也。百年一大乱，十年一小乱，一部二十五史是乱的历史，不是治的历史。我疑心中国历史上没有过真正的政治。从事政治的人往往误解政治只是政权。[3]

这样的批评不可谓不尖锐，不可谓不沉痛。而宗白华之所以对中国的文化持这样的批评态度，不能说不与他所处的那个国破家亡

1 宗白华：《〈法家与法治〉编辑后语》，见《宗白华全集》第 2 卷，合肥：安徽教育出版社，1994 年，第 239 页。
2 宗白华：《〈法家与法治〉编辑后语》，见《宗白华全集》第 2 卷，合肥：安徽教育出版社，1994 年，第 239 页。
3 宗白华：《〈三百年前一位青年抗战的民族文艺家〉等编辑后语》，见《宗白华全集》第 2 卷，合肥：安徽教育出版社，1994 年，第 172 页。

的时代有关。这就是他的文化批评的第三个特点，即具有很强的现实性和针对性。他的这些批评文字大多是抗战时期所作，其时他随中央大学流亡至重庆，感时伤怀，对中国文化时有哀其不幸怒其不争之感，故他在编辑《时事新报·学灯》（渝版）的过程中常有感而发以“编辑后语”的形式写下不少意见，同时，在自己写的文章中也有意识地对中国文化的缺陷进行批评。但他的批评的目的并不止于批评，更多的是想借自己的批评为中国文化的建设找到一个出路，进而促进中国的现代化。

> 魏晋六朝的中国，史书上向来处于劣势地位。鄙人此论希望给予一定新的评价。秦汉以来，一种广泛的“乡愿主义”支配着中国精神和文坛已两千年。这次抗战中所表现的伟大热情和英雄主义，当能替民族灵魂一新面目。在精神生活上发扬人格底真解放，真道德，以启发民众创造的心灵，朴简的感情，建立深厚高阔，强健自由的生活，是这篇小文的用意。环视全世界，只有抗战中的中国民族精神是自由而美的了。[1]

这其实不仅是他在写这篇“小文”的“用意”，也是他此一时间从事“文化批评”写作的“用意”，所以，考虑到音乐的匮乏对中国文化的不良影响，他在介绍友朋编辑的《英法德美军歌选》一书时，就大声疾呼，此时正在与日本侵略者进行殊死搏斗的中国“岂能没有歌”？[2] 而我们也不妨把他的这些“文化批评”，当成一首“民族的

1　宗白华:《论〈世说新语〉和晋人的美》，见《宗白华全集》第 2 卷，合肥：安徽教育出版社，1994 年，第 267 页。

2　宗白华:《〈英法德美军歌选〉编辑后语》，见《宗白华全集》第 2 卷，合肥：安徽教育出版社，1994 年，第 267 页。

歌”来看待。当然，他的哲学以西方文化为参照对中国文化进行的批评，也不仅仅是战时的临时创作的急就章，他早在1920年去德国留学时就已经确立介绍西学从事中国的“文化批评”的目的：“但是现在却是不可不借些西洋的血脉和精神来，使我们的病体复苏。”[1]

倏忽之间，距宗白华写下这些话已经将近一个世纪。今日读来，仍发人深省。

1　宗白华：《自德见寄书》，见《宗白华全集》第1卷，合肥：安徽教育出版社，1994年，第217页。

附录 1　宗白华留德资料

1920 年 5 月底，宗白华从上海乘船赴德留学，7 月到巴黎，与已经在此留学的“少年中国学会”的会员，如周太玄、曾琦、李劼人等人相见，又去拜访了徐悲鸿等人。[1] 随后，他于 7 月 24 日与周太玄到法兰克福，与已经在 4 月初离沪先其一步抵达法兰克福的同济同学魏时珍以及朋友王光祈等人相见。[2] 后宗白华秋天与魏时珍等入法兰克福大学，次年春他转学柏林大学。但出于种种原因，宗白华留德期间就读这两所大学的具体情况一直未有确凿的信息。而宗本人也未对其在德的学院生活有更多描述，这使得对其该阶段的学习及思想状况的研究付之阙如。2020 年夏，我烦请时在法兰克福大学艺术史系攻读硕士研究生的同济学生王晓芬同学与法兰克福大学及柏林大学档案馆取得联系，获得宗白华入读这两所大学的相关信息，并请晓芬同学择要翻译，具体如下，以供参考。

1　邹士方：《宗白华评传》，北京：西苑出版社，2013 年，第 68 页。

2　林同华：《宗白华生平及著述年表》，见《宗白华全集》第 1 卷，合肥：安徽教育出版社，1994 年，第 708 页。

一、在法兰克福大学时的档案

宗白华在法兰克福大学的档案馆的资料不多，只有两张纸，一页为入学时由学生本人填写的学籍登记卡，另一页为离校时的肄业证明。宗白华的档案目录号是 UAF Abt. 604，Nr. 4290，其注册名为 Chi-Kui Chung，即其原名宗之櫆；他的注册号即学生证号码为 9271。

根据学籍登记卡，他于 1897 年 1 月 6 日出生在上海，常居南京，于 1920 年 11 月 2 日入读美因河畔法兰克福大学哲学系。申请入学的毕业文凭为“上海德国医学工程学校”（即同济德文医工学堂）。在专业一栏，他只填了“哲学”。其居住地址为 Bockenheimer Landstraße 133 Ⅲ，就在法兰克福大学附近。

他的肄业证明表明他在法兰克福大学的哲学学习从 1920 年 11 月 2 日开始直到 1920/1921 年冬季学期结束。

有意思的是，宗白华的肄业证明是其时就读于法兰克福大学的 Gee Mai KING 于 1921 年 3 月 15 日签收的。Gee Mai King 即金其眉（即金井羊，字其眉，1891—1932），江苏宝山人。他与宗白华一样，从 1920 年 11 月 1 日开始于法兰克福大学学习经济及社会科学，直到 1921 年夏季学期结束。后在基尔大学获博士学位，1924 年回国，先从教后从政，不幸于 1932 年因病英年早逝。

因为没有宗白华的选课表，所以关于这个阶段的学习情况很难了解，但从他所披露的自己的学习兴趣，或可以猜测一二。他在初到法兰克福后与朋友们致少年中国学会的信里说自己“终身欲研究

Universität Frankfurt a. Main　**Reichsausländer**　Anmeldekarte　1

Ph

Familienname: Chung

Vorname (Rufname): Chi-kui

Geburtsjahr und -tag: 6. Januar 1897　Alter in Jahren: 23

Geburtsort: Schanghai

Provinz, Staat: Kiangsu

Staatsangehörigkeit: China　Religion: ~

Stand des Vaters: Lehrer

Wohnort der Eltern: Nanking, Kiangsu

Mafukai　Straße Nr. 3

Karte nicht brechen!

Schulbildung: Reifezeugnis des Gymnasiums / Realgymnasiums /

der Oberrealschule zu Deutsche Medizin-

(bei Frauen Studienanstalt): Ingenieurschule, Schanghai

Zahl der bisherigen Universitätssemester: ~

Zahl d. bish. Sem. an Technisch., Handels-Hochschulen usw. ~

Zuletzt besuchte Hochschule: ~

Bisheriges Studium (Fach):

Jetziges Studium in Frankfurt (Fach): Philosophie

Wohnung: Bockenheimer Warte　Straße Nr. 133[III]

Beurlaubt: ✓

Datum	Grundliste Nr.	Matrikel Nr.	Abgangs-Zeugnis
2. NOV. 1920	9346	9271	5286 7.III.21

宗白华在法兰克福大学的学籍登记卡

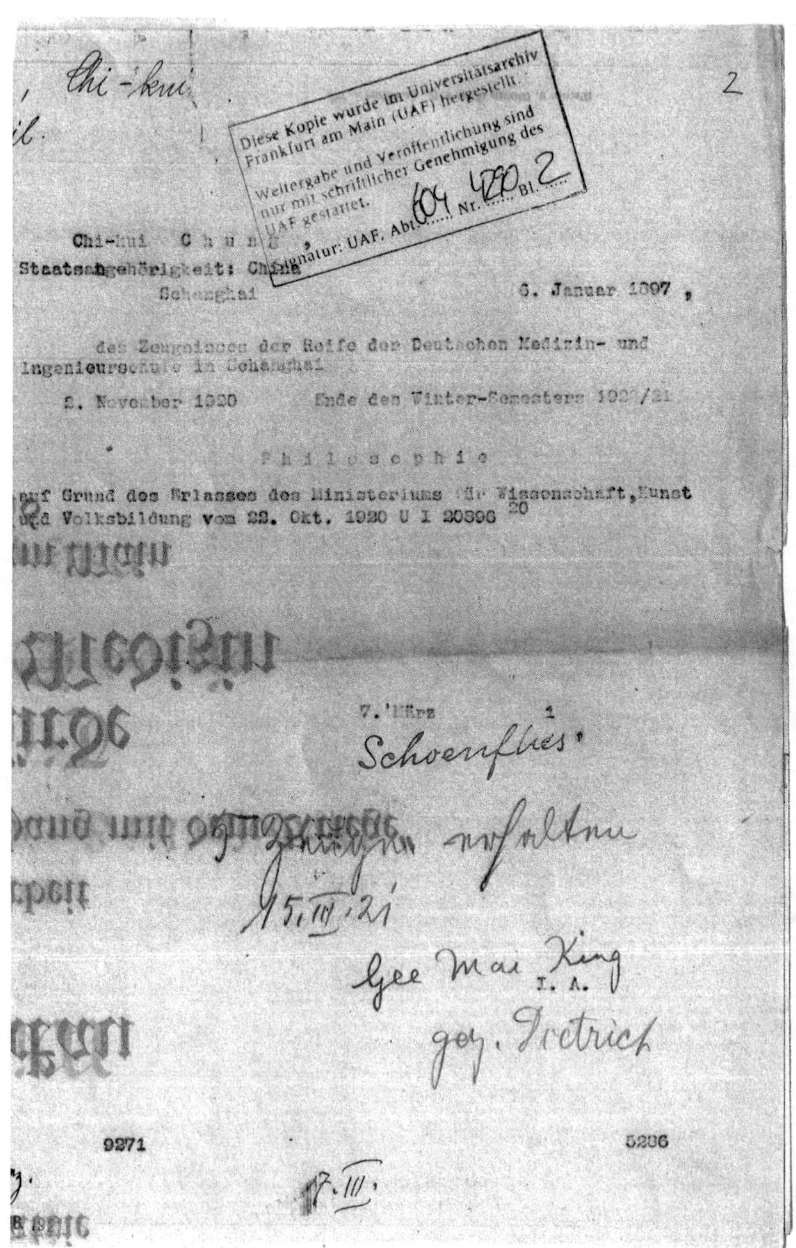
Chi-kui

2

Chi-kui Chung,
Staatsangehörigkeit: China
Schanghai 6. Januar 1897,

des Zeugnisses der Reife der Deutschen Medizin- und Ingenieurschule in Schanghai

2. November 1920 Ende des Winter-Semesters 1920/21

Philosophie

auf Grund des Erlasses des Ministeriums für Wissenschaft, Kunst und Volksbildung vom 22. Okt. 1920 U I 20896 20

7. März 1

Schoenflies

Zeugnis erhalten

15. III. 21

Gee Mai King

I. A.

gez. Dietrich

9271 5286

17. III.

宗白华法兰克福大学肄业证明

之学术”为“哲学，心理学，生物学”；[1] 入学两个月后，他觉得“听讲读书，非常快乐”，同时学习的目标逐渐具体清晰起来，那就是从事“文化的批评”。“因为研究的兴趣方面太多，所以现在以‘文化’（包括学术艺术伦理宗教）为研究的总对象。将来的结果，想做一个小小的‘文化批评家’，这也是德国哲学中的一个很盛的倾向。所谓‘文化哲学’颇为发达。”[2] 从他的这番自述中，可以看到他在法兰克福大学受到的影响。

法兰克福大学的冬季学期从1920年10月15日开始到1921年3月15日结束，而哲学系这个学期开设的课程中既有哲学史之类的通识课程，还有一些专题的课程，可能宗白华比较感兴趣，如“文化哲学Ⅰ：文化史与教育问题历史以及基础文化理论）”（Kulturphilosophie Ⅰ: Geschichte des Kultur-und Bildungsproblems und elementare Kulturtheorie），“叔本华：他的生平与哲学”（Schopenhauer: Sein Leben und seine Philosophie），“关于叔本华《伦理学的两个基本问题》的读本，含讨论（道德哲学入门）”（Lektüre von Schopenhauers Schrift “Die beiden Grundprobleme der Ethik”, mit anschließender Erörterung [zur Einführung in die Philosophie der Moral]），“费希特”（Fichte）等。[3] 在这些课程中，叔本华、费希特，尤其是前者是他在出国前就已经感兴趣和研读较多的哲学家，而“文化哲学”等课程则是启发他的“新知”，对其学术道路的选择起到了重要的作用。

---

1 宗白华等：《致少年中国学会》，见《宗白华全集》第1卷，合肥：安徽教育出版社，1994年，第306页。

2 宗白华：《自德见寄书》，见《宗白华全集》第1卷，合肥：安徽教育出版社，1994年，第320页。

3 参见《法兰克福大学课程目录》（冬季学期1920/21）（Vorlesungsverzeichnis der Universität Frankfurt a. M., Winterhalbjahr 1920/21），第27页。

二、在柏林大学时的档案

宗白华在柏林大学档案馆的资料也不是很多，主要是他的入学注册信息和肄业证明。他的注册名仍为 Chi-kui CHUNG，其学号为 3513/111。

他是在 1921 年 4 月 13 日注册为柏林弗里德里希·威廉大学（即柏林大学）哲学系的学生，参加了从 1921 年夏季学期起直到 1924 年夏季学期的课程的学习，于 1925 年 1 月 24 日注销学籍。居住地址为 Chbg. Leibniz 82（即柏林夏洛滕堡区莱布尼茨街 82 号，Leibnizstraβe82，Berlin-Charlottenburg），距柏林大学较远，到学校须乘车前往，为当时中国留学生聚居地。

他的肄业证明于 1925 年 4 月 6 日签发，其中注明两门讲授课程“民族志社会学”和“艺术哲学”未能找到书面证明。这或许是宗白华上课时未留下签名等信息所致，或许因他对这两门课程的知识已经掌握而未修读。还有一个有意思的地方是，肄业证明说宗白华是因为“患病”而中止学业。但因为肄业证明的这些文字是手写体，识别困难，虽然也经王晓芬同学请教德国学者，仍有无法识别之处，所以不能完全确定其信息的完全性，但这多少也提供了宗白华未完成学业拿到学位而离德回国的可能的原因。

宗白华在柏林大学就读期间哲学系开设课程比较丰富，其中最重要的就是哲学家、心理学家及艺术学家马克斯·德索的课程，其课程分为三种类型：一是哲学通识类，二是心理学类，三是美学类。如 1921 年夏季学期，德索教授开设有“哲学导论”（Einleitung in die Philosophie）与“哲学通史”（Allgemeine Geschichte der Philosophie），1922 年冬季学期开设有“精神分析与心灵生活的非正常现

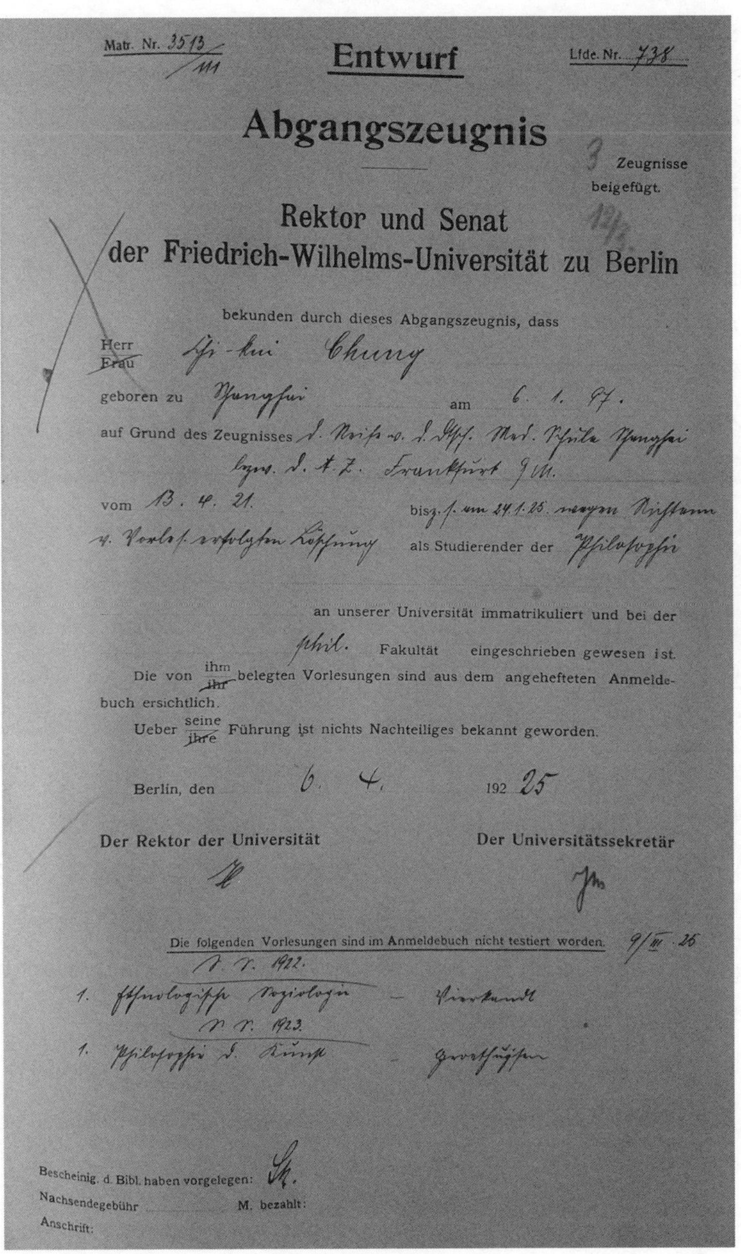

Matr. Nr. 3513 / 111

Entwurf

Lfde. Nr. 738

Abgangszeugnis

3 Zeugnisse beigefügt.

Rektor und Senat der Friedrich-Wilhelms-Universität zu Berlin

bekunden durch dieses Abgangszeugnis, dass

Herr ~~Frau~~ [illegible]

geboren zu [illegible] am 6. 1. 97.

auf Grund des Zeugnisses [illegible]

vom 13. 4. 21. bis [illegible] als Studierender der Philosophie

an unserer Universität immatrikuliert und bei der phil. Fakultät eingeschrieben gewesen ist.

Die von ihm ~~ihr~~ belegten Vorlesungen sind aus dem angehefteten Anmeldebuch ersichtlich.

Ueber seine ~~ihre~~ Führung ist nichts Nachteiliges bekannt geworden.

Berlin, den 6. 4. 1925

Der Rektor der Universität　　　Der Universitätssekretär

Die folgenden Vorlesungen sind im Anmeldebuch nicht testiert worden. 9/III. 25

S. S. 1922.

1. [illegible] — [illegible]

S. S. 1923.

1. Philosophie d. Kunst — [illegible]

Bescheinig. d. Bibl. haben vorgelegen:

Nachsendegebühr .... M. bezahlt:

Anschrift:

宗白华柏林大学肄业证明

象”(Psychologie, mit Einschluss der abnormen Erscheinungen des Seelenlebens) 等课程，此外还开有美学课程，如 23 年夏季学期的“黑格尔美学练习课”(Übungen über Hegels Ästhetik)、23 年冬季学期的“美学基础”(Grundzüge der Ästhetik) 等课程。德索被认为是艺术学的创立人和推动者，他的美学思想尤其是艺术学理论对宗白华产生了重要的影响，他 1906 年出版的《美学与一般艺术学》颇为著名，因此，宗白华在自己的美学及艺术学讲稿中多次引用，并予以赞美，“艺术学本为美学之一，不过，其方法和内容，美学有时不能代表之，故近年乃有艺术学独立之运动，代表之者为德之 Max Dessoir，著有专书，名 Ästhetik und allgemeine Kunstwissenschaft (即：《美学与一般艺术学》)，颇为著名”[1]。而德索也是宗白华好友滕固 1932 年在柏林大学攻读博士和答辩时的哲学专业教授之一。

其次，还有如狄尔泰的学生、哲学家斯普朗格 (Eduard Spranger) 所开设的课程，如“青少年心理学”(Psychologie der Jugendlichen)、“精神科学的心理学基础”(Grundzüge der geisteswissenschaftlichen Psychologie)、“系统教育学”(Systematische Pädagogik)、“文化哲学”(Kulturphilosophie) 等。宗白华后来在任教中央大学哲学系时的“美学”讲稿中曾谈到他的观点：“美学家分析美感，因其着重之点不同，遂有各派别发现，Spranger 谓吾人不当先研究某派之学说，如应当先研究某家个人之态度。”[2] 而斯普朗格是 1940 年宗白华的学生陈康的博士答辩口试导师。

此外，新康德主义的代表人物里尔也开设有“逻辑与认识论”(Logik und Erkenntnistheorie)、“历史呈现中的伦理学”(Ethik in ge-

---

1 宗白华：《艺术学》，见《宗白华全集》第 1 卷，合肥：安徽教育出版社，1994 年，第 496 页。

2 宗白华：《美学》，见《宗白华全集》第 1 卷，合肥：安徽教育出版社，1994 年，第 449 页。

schichtlicher Darstellung)、“斯宾诺莎，伦理学”（Spinoza，Ethica）、“休谟和康德后的因果律的练习课”（Übungen über das Kausalgesetz nach Hume und Kant）、“《纯粹理性批判》解读”（Erklärung der “Kritik der reinen Vernunft”）等。而俞大维1921年从美国至德国，亦曾随里尔读《纯粹理性批判》。[1]

当然，因为档案馆没有其选课记录及相关资料，难以确定宗白华是否选修过这些课程。除此之外，还有很多别的老师开设的课程，如“苏格拉底与柏拉图”（Sokrats und Plato）、“从费希特到尼采的哲学史”（Geschichte der Philosophie von Fichte bis Nietzsche）、“对歌德《浮士德》的哲学解释”（Philosophische Erläuterungen zu Goethes “Faust”）、“希腊思想者概述”（Profile griechischer Denker）、“从黑格尔到马克思”（Von Hegel zu Marx）等，也许曾对宗白华的思想的形成产生过一定影响。

1　高山杉：《俞大维学习数理逻辑和梵文一事的背景》，《世界哲学》2006年第5期。

附录 2　他们都富有文学的情味

——谈南大哲学的学术风格

2020 年 5 月，是南京大学 118 年校庆，也是南大哲学系百年华诞。南大哲学系不仅仅是一个走过了一百年的中国现代大学的哲学系科，更关键的是它提供了一种中国现代哲人研究哲学的独特的路径，并因之形成了中国现代大学哲学系的一种别具一格的学术风貌。不说别的，仅以“新儒家”的代表人物方东美、唐君毅、牟宗三等人皆与南大哲学系有着深厚的关系就可见一斑，他们三个人不仅先后做过南大哲学系中央大学时期的系主任，其中方东美和唐君毅还有师生之谊。所以借此机会反思一下南大哲学系所走过的道路，从中既可知先贤筚路蓝缕之功，也可启未来之门，更何况哲学本来就是反思的学问，对以反思为己任的哲学系的反思当然更应是题中之义。

南大哲学系 1920 年正式成立于其前身南京高等师范学校时期，是继北大设立“哲学门”之后南方的国立大学建立的第一个哲学系。1921 年南高改制为东南大学，1928 年更名为中央大学，1949 年定名为南京大学，哲学系也随之迁变至今，其间虽因时代变幻有名称的更替，甚至暂停，但其基本的学术精神却绵延不绝，而南大哲学系也因此成为百多年来中国大学中为数不多的有着自身学术传统的哲学系。1980 年，牟宗三在台大哲学系的讲座“谈民国以来的大学哲学系”中评说中国大学哲学系发展的历史时曾指出当时“较完整之哲学系者仅清华，北大及南京中央大学”[1]。那么，与清华、北大相比，南大哲学系彼时到底有着什么样的学术特点呢？

这个问题其实并不好回答，因为一个系的学术风格的形成不仅要有自己的有意识的建构，还需要有同行的承认才行。而巧的是，1958 年牟宗三在《五十自述》中回顾自己的学术道路时，谈到他的挚友“出身”中大哲学系的唐君毅的印象时就中大哲学系的风格进行了批评，认为“他们都富有文学的情味”：

> 抗战前，我并不认识他。但也曾见过他几篇文章。我不喜欢他那文学性的体裁。他是中大出身，受宗白华、方东美诸先生的影响，他们都富有文学的情味。我是北大出身，认为哲学必以理论思辨为主。[2]

牟宗三因此最初并不是很喜欢唐君毅的这种“走文学的路”且有“无定准的形上学的思考”的哲学风格的，可是唐君毅的“哲学的气质”“玄思的心力”与“理论的思辨力”却使他折服。所谓旁观者清，牟宗三虽然一向自视甚高且臧否人物口无遮拦，但他对唐君毅乃至中大哲学系的这个看法或可以作为南大当时的哲学风格的佐证。这不仅因为牟宗三 1933 年毕业于北大哲学系，出乎其外，有他者的眼光，他还入乎其内，于 1945 年至 1947 年间应唐君毅之请到中大哲学系教书，并且在 1946 年轮值过哲学系的系主任。因此他与

1　牟宗三：《时代与感受》，台北：鹅湖出版社，1984 年，第 139 页。
2　牟宗三：《五十自述》，台北：鹅湖出版社，1989 年，第 108 页。

众多中大哲学系的教授都曾共事过，也知道他们在哲学上所持的基本的立场，所以，他的这个判断不仅仅是针对唐君毅一人的评价，也含有对中大哲学系的整体学术风格的评价。

显然，在牟宗三看来，中大哲学系的这种“文学的情味”与北大哲学系的“认为哲学必以理论思辨为主”不同，而且，也与清华哲学系的风格不同。牟宗三认为与北大“比较重视古典哲学”不同，清华因为有金岳霖，比较重视逻辑，其“哲学立场”则以实在论和经验主义为主。从这个角度来看，也可以说北大哲学系是重“思”的，而南大哲学系是重“诗”的。但是，这么讲，并不是说北大哲学系就不关心“诗”，而南大哲学系就不重“思”，从牟宗三对唐君毅的“哲学的气质”与“理论的思辨力”的赞赏就可看出，南大同样重“思”，只是说二者的侧重点和呈现的风格有所不同而已。因为哲学毕竟是致知的工作，起于惊讶而成于思，若无思至，哲学也就不成其为哲学了。关于北大和清华哲学系的差别，很多人持和牟宗三相似的观点，如30年代任教于清华哲学系的张岱年就说，“北大哲学系比较重视考据，重视哲学史的研究，在方法论上比较推崇直觉”，而“清华哲学系比较重视义理，重视理论建树，在方法论上比较推崇分析”。[1] 还有40年代曾就读西南联大哲学系的汪子嵩也讲过意思差不多的话，“清华注重哲学体系，而北大重视哲学史。重视哲学体系的注重哲学问题，重在‘思’；而注重哲学史的则重视哲学家的著作，注重读书，重在‘学’”，所以，“清华培养出来的大多是哲学家或逻辑学家，北大培养出来的则往往是哲学史家”。[2] 总而言之，北大爱做哲学史的研究，清华则关心哲学问题的分析与讨论，

1　张岱年：《回忆清华哲学系》，《学术月刊》1994年第8期。

2　汪子嵩：《中西哲学的交会——漫忆西南联大哲学系的教授》，《读书》1999年第9期。

所以，如果说北大哲学系是“以史为思”，清华哲学系是“以论为思”，那么，相较而言，南大哲学系就可称之为“以诗为思”了。

而南大哲学之所以形成这种“以诗为思”的风格，或如牟宗三所说的“富有文学的情味”的特点，当然与南大哲学系那个时代的主事者的“哲学立场”有关。牟宗三就认为唐君毅之所以以“走文学的路”而致思，就是因为受到了宗白华与方东美等人的影响，也就是说，在他看来，宗方二人是代表中大哲学系风格的灵魂人物。因此，也可以说，宗方二人是奠定南大哲学系的“富有文学的情味”传统的关键人物。当然，这么讲也并非空穴来风。

南大哲学系虽然由在美国西北大学获哲学博士的刘伯明(1887—1923) 于 1920 年建立，可遗憾的是，他尚未来得及对哲学系产生思想上的直接的影响，三年后即因染病而英年早逝。但是刘伯明作为当时南高师的文史部主任和东南大学的实际的校务负责人，眼光高远，广为招揽留美学生前来东大任教，如同为哈佛毕业的梅光迪、吴宓、汤用彤等人就接踵而至，他还努力支持以他们为主的《学衡》杂志的出版，对日后“学衡派”的出现和东大的学风的形成产生了重要的影响。三人中，汤用彤于 1922 年被聘为哲学系教授，其后又担任哲学系的主任，除了 1926 年他至南开哲学系任教一年外，汤在东大及改名后的中央大学哲学系共执教 7 年。虽然汤用彤在此也讲授和撰写汉魏六朝的佛教史等，但他似乎并未能对哲学系的学术风气产生方向性的影响，直到 1931 年他应胡适之请到北大哲学系任教后，可能和北大哲学系的那种“以史为思”的学术风格契合，才人地两宜，发挥持久的影响。不过，汤用彤离开中大哲学系时推荐了宗白华接任自己的系主任，却对南大哲学系的学术风格的形成产生了根本性的影响。自此宗白华担任系主任，直至抗战中大内迁重庆办学，1942 年方东美接任系主任，至 1944 年他们的学生唐君毅担任系主任，两人一前一后执掌中大哲学系主任之职十余年，终于使得中大哲学系成为与北大、清华鼎足而三且“富有文学的情味”哲学系。

宗白华（1897—1986）与方东美（1899—1977）的经历非常相似。两人均是在外国人办的现代大学接受西式的教育，之后几乎同时出国留学，回国后又同年到东南大学哲学系任教，不过，因为两人一沐“欧风”，一浴“美雨”，在学术背景和具体的方向上还是有所差异，前者更多地注力于美学及艺术学研究，是第一个在中央大学也是国内开设艺术学课程的人；后者则更多地关注形上学及文化哲学的研究。宗白华1918年毕业于德国人办的同济大学，深受德国文化影响，因学业优秀，毕业时曾获校方赠送康德的《纯粹理性批判》以示奖励。1920年他赴德国留学，先后在法兰克福及柏林大学学习，1925年回国后即至东大哲学系任教。但他早在出国前就因身为“少年中国学会”的主要成员，在“少年中国学会”的会刊《少年中国》和自己主编的《学灯》上撰写大量文章，介绍叔本华、康德、柏格森等西方哲学家及思想文化的论文而知名。尤其是他在此期间还发现了郭沫若的诗才，并在1920年出版了与郭沫若和田汉的通信集《三叶集》而声名鹊起。方东美则于1920年毕业于美国基督教会创办的金陵大学，第二年即赴美国威斯康星大学哲学系留学，1924年回国后先在武昌高师任教，1925年亦被聘为东大哲学系教授，从此与宗白华成为同事，直到1947年方东美离校赴台为止，两人共事有二十余年之久。而实际上，方东美与宗白华同为“少年中国学会”的成员，而且他还是“少年中国学会”南京分会的发起人之一，他也在《少年中国》上发表过介绍柏格森、詹姆士等人的哲学的文章。他们在人生的理想上有着共同的追求，这也影响到他们的学术关切，特别是对人生哲学的兴趣，以及对中国文化的重视，就应与这段经历有关。

当然，他们在学术上最大的共同处还是对“文学的情味”的认同，且两人均有诗人之名，可称为“诗人哲学家”。宗白华受柏格森影响，认为哲学家需要融合“科学家”和“诗家”的“天资”方可成为哲学家，如庄子、费希勒、叔本华等人即如此，因为，“科学家偏于智慧推理的知识，诗家偏于本能直觉的知识”，而“哲学的知识就是从本能直觉化成智慧概念”。[1] 他甚至在与郭沫若通信时说：“我恐怕要从哲学渐渐的结束在文学了。因我已从哲学中觉得宇宙的真相最好是用艺术表现，不是纯粹的名言所能写的，所以我认将来最真确的哲学就是一首‘宇宙诗’，我将来的事业也就是尽力加入做这首诗的一部分罢了。”[2] 而且，宗白华并非叶公好龙，他说到做到，在德国留学期间，他开始有意创作白话新诗，并于 1923 年出版了诗集《流云小诗》，成为一名真止的诗人。而方东美同样对文学情有独钟，在美留学期间他在《少年中国》的会员通讯里，他就批评美国人不喜爱文学艺术：“美国人富有俗气，固因多沾了铜臭气，然不好文学，不好艺术，亦是主因之一。”[3] 方东美亦认为，理想的哲学家除了善“思”之外，也需要有“诗人”及“艺术家”的资格，才算“完备”，这就是他受柏拉图的“大痴及天才四态”的影响所提出的“哲人三才”说：“本来是兼综先知先觉、诗人、艺术家同圣人的资格，然后才构成完备的哲学家”。他 1973 年在台北的世界诗人大会上的发言“诗与生命”中更以“诗人兼哲学家的身份”自命，写了上千首诗歌，且有《坚白精舍诗集》存世，与宗白华不同的是他写

1　宗白华：《读柏格森“创化论”杂感》，见《宗白华全集》第 1 卷，合肥：安徽教育出版社，1994 年，第 78 页。

2　宗白华：《三叶集》，见《宗白华全集》第 1 卷，合肥：安徽教育出版社，1994 年，第 225 页。

3　黄克剑，钟小霖编：《方东美集》，北京：群言出版社，1993 年，第 12 页。

的更多是古典诗词。抗战军兴，中央大学内迁重庆，宗白华在离开南京前将自己喜爱的一尊隋唐时代的佛头埋入地下，方东美因感其事，后特赠宗白华诗《倭逼京师宗白华埋佛头于地下》，其中有“庄严兼相好，断颈不低头。身受唐人拜，心萦汉域愁”之句，既让人感怀不已，也让人看到两人相通的情谊。

而且，宗方二人不仅都是诗人，对文学有着共同的喜好，他们对文学与哲学的关系也有着相近的见解，那就是文学艺术与哲学不可分割，并且相互影响，具有和哲学同样的价值。宗白华受康德影响，认为文学艺术与追求“真”的哲学和追求“善”的道德或宗教并肩而立，并且是沟通二者的桥梁：

> 哲学求真，道德或宗教求善，介乎二者之间表达我们情绪中的深境和实现人格的谐和的是“美”。文学艺术是实现“美”的。文艺从它左邻“宗教”获得深厚热情的灌溉，文学艺术和宗教携手了数千年，世界最伟大的建筑雕塑和音乐多是宗教的。第一流的文学作品也基于伟大的宗教热情。《神曲》代表着中古的基督教。《浮士德》代表着近代人生的信仰。文艺从它的右邻“哲学”获得深隽的人生智慧、宇宙观念，使它能执行“人生批评”和“人生启示”的任务。[1]

方东美和宗白华的看法基本一致，他认为哲学不可能脱离文学艺术而独立发展，他也在《诗与生命》中提到他所赞同的怀特海的“哲学与诗境相接”的说法。1936 年，他在中国哲学会南京分会成立

1　宗白华：《论文艺的空灵和充实》，见《宗白华全集》第 2 卷，合肥：安徽教育出版社，1994 年，第 344 页。

会议上宣读的论文《生命悲剧之二重奏》中，称自己平生最服膺“乾坤一场戏，生命一悲剧”这句名言，将悲剧视为“宇宙人生”的至理。他认为古希腊哲学的发展与希腊的诗歌雕塑及戏剧不可分，希腊的哲学家对于人和自然的关系的“深透”的把握，也是因为他们“富有悲剧的智慧”。

> 希腊人深尝人世苦痛之后，积健为雄，发舒创造天才，征服万种困难，使生命精神铺张扬厉，酣畅饱满，渐臻至善；同时却又发挥艺术想像，使客观世界含章定位，垂象铺形，底于纯美。生命的醉意与艺术的梦境深相契合，产生一种博大精深的统一文化结构。在这里面，雄奇壮烈的诗情（大安理索斯的精神，见之于悲剧合唱），与锦绚明媚的画意（爱婆罗的精神，见之于雕塑），融会贯通，神化入妙。这便是希腊悲剧智慧的最上乘。[1]

而且，方东美还认为与希腊人和欧洲人之“宇宙观念”寄身于“科学理趣”不同，中国的“宇宙观念”，“不寄于科学理趣，而寓诸艺术意境”[2]，所以，在文中，他既引《老子》及《易》等来索解其意，也用欧阳修、司空图等人诗句来形容其“妙境”。而他和宗白华的这一思想显然被其学生唐君毅继承。

唐君毅 1928 年由北大哲学系转学于东大哲学系，1932 年毕业于易名后之中央大学哲学系，他在就读期间在学业上既接受方东美的

1　方东美：《生命悲剧之二重奏》，见《中国现代学术经典：方东美卷》，石家庄：河北教育出版社，1996 年，第 257 页。

2　方东美：《生命情调与美感》，见《中国现代学术经典：方东美卷》，石家庄：河北教育出版社，1996 年，第 222 页。

指点，也受到宗白华的提携，并且，他也始终与两位恩师保持良好的关系。他后来在谈到文学和哲学的关系时，认为“将哲学关联贯通于文学时，亦有三种之哲学观可说”：一是“从哲学内容兼表哲学家之情志与想象，而视哲学为文学者”；二是“从文学之启示表达真理，于文学中认识哲学者”；三是“以文学语言为理想的哲学语言者”。在唐君毅看来，首先从哲学的内容来说，不管是“形上学”还是“价值理想”的思考，其实均来自哲学家的“情志”与“想象”，与其人格不可分离，这恰是文学的特点，所以把哲学“可视如一类之文学”。他引了克罗齐的话，认为黑格尔的形上学中“充满浪漫想象之处”，是个“诗人”。他更引自己喜欢的怀特海的话来说明这个观点，哲学是“高贵情操之集结”，“且一切哲学皆染上一幽秘之想象背景之色彩。则由哲学包涵情感与想象，而称之为诗歌，称哲学家为诗人，亦可为最高之称誉。如人以柏拉图为诗人之为一最高之称誉”。[1] 其次，就是文学本身来说，文学本来就可“启示表达真理”，可使人“认识哲学”。唐君毅引康德的《判断力批判》观点，“谓真与善之会合于美”，同时，他着重引用了黑格尔的观点，认为“艺术文学皆不特表情，而亦显理”，并且，他由黑格尔的“披上感性事物之外衣”的“真理”必须由艺术而宗教再哲学才能达到“自觉之境”，进一步指出：“然此亦同于谓不经艺术宗教，不能入哲学之门。”所以，既有文学家席勒的《美学书信》、歌德的《谈话录》等“文学而兼哲学”的“文艺批评之文”，也有哲学家“兼为哲学文学”的“论文学艺术之文”，如叔本华尼采等哲学家的如谈悲剧的文字即是这样的“哲学文学”。再次，就是有很多哲学家认为“理想的哲学语言”就是“文学语言”，也即用文学的语言来表达哲学的思

1　唐君毅：《哲学概论》，北京：中国社会科学出版社，2005 年，第 25 页。

想。唐君毅这段话表现出自己的追求，也可以看出他的“文学的情味”来。

> 在人类思想史中之大哲，恒有由觉到类似科学语言与历史语言之系统化的哲学语言，不足表示超妙，玄远，新鲜，活泼或简易，真切之哲学思想，而以哲学思想当舍弃系统化的表达方式，而以不成系统之文学性语言，加以表达者。在柏拉图与庄子之哲学中，每遇超妙玄远之境，不易以一般哲学语言表达者，则诉诸文学性之神话，与荒唐之故事。……而近代之尼采，则感于其无尽孳生之新鲜活泼之思想，不能以抽象名词集合之系统的哲学语言表示；遂以人之思想之求系统化者，皆由于其思想观念之贫乏，而只能相依相傍以进行。尼采倒宁甘于以零碎而似不相连贯之文学式语言，表其哲学。[1]

其实，唐君毅的这段话不仅可以用在自己的身上，同样可以用在其师方东美和宗白华身上。因为他们都喜欢用“文学性语言”来表达自己的哲学思想和对人生的思索。唐君毅认为 1944 年出版的《人生之体验》是可代表自己思想的第一本著作，而这本书就很有尼采的风格，“以零碎而似不相连贯之文学式语言，表其哲学”。所以，在序言里，他自问“本书何以不用确切的语言表真理”，然后又用歌德的话来自答，“只有不确切的，才是富于创生性的”。[2] 多年后这本书重版，他又说：“此书颇带文学性，多譬喻象征之辞，重在启发诱导人向其内在的自我，求人生智慧，而不是直接说教。”如第一节

1　唐君毅：《哲学概论》，北京：中国社会科学出版社，2005 年，第 26 页。
2　唐君毅：《人生三书》，北京：中国社会科学出版社，2005 年，第 4 页。

“说人生之智慧”中谈人生的智慧不应向外而应向“生命之自身”寻求：“人生是怪东西，你不对他反省时，你觉无不了解。你愈对他反省，你愈将觉你与他生疏。正好像一熟习的字，你忽然觉得不像，你愈看便愈觉不像。但是你要了解宇宙人生之真理，你正须先对之生疏。你必须对宇宙人生生疏，与之有距离，然后你心灵的光辉，才能升到你生命之流上，而自照你生命之流上的涟漪。”[1] 这其中有康德的意味在里面。而在第八节“说了解人”中，谈如何认识自己这个古老的哲学问题时用的则是“零碎”的格言：“你当了解他人，以你的心贯入他人的心。但你当先了解自己，因为你只能根据你自己，去了解他人。但是你必须根据你对于你自己的了解，去了解他人，你才能真了解你自己。因为在你去了解他人时，在他人中，你才看见你自己的影子。”[2] 这其中又有黑格尔的神采。当然，因为唐君毅用的并不是“确切的语言”，这两则“人生之体验”还蕴含更多的耐人寻味的东西。

所以，牟宗三说唐君毅的文章是“文学性的体裁”，又说宗白华、方东美等中大哲人“富有文学的情味”，就是这个意思。方东美在其《生命情调与美感》中，更是以“戏场”来比拟和透析古希腊人、近代西洋人和中国人的不同的文化，试着让古希腊人、近代西洋人和中国人粉墨登场，从他们所擅占的“场合”“缀景”“主角”“景象”等几个方面来透析出他们的“美感”。如他认为可以代表的希腊文化的“主角”是阿波罗，近代西洋的是浮士德，中国的则为“诗人词客”。这也可以是唐君毅所称的“诉诸文学性之神话，与荒唐之故事”之一例了。至于宗白华，他的文章本来就具有中国传统

1　唐君毅：《人生三书》，北京：中国社会科学出版社，2005 年，第 19 页。

2　唐君毅：《人生三书》，北京：中国社会科学出版社，2005 年，第 38 页。

的诗文的特点，这让自认“没有文学气质”和“文学灵魂”的牟宗三颇为头疼，“宗白华讲美学是辞章式的方式，是在诗评品题中烘托出来的，这不算美学”，他甚至近而迁怒于宗白华翻译的《判断力批判》：

> 宗白华先生翻译康德的《判断力之批判》上半部，但不达。韦卓民翻译下半部，也不达，但译得比宗白华好，能表达一些，宗白华则一句也不达。我不能说他德文不好，但他译做中文则是完全不能达意。对不起中国人，也对不起康德。[1]

因为牟宗三觉得康德的美学是“概念式的义理的讲法”，宗白华用的不是“概念性”的“词语”来翻译康德，自然会“对不起中国人，也对不起康德”了。不过，先不谈牟宗三的评价是否正确，至少也从一个侧面看出宗白华“表示”思想的“文学式语言”或者中国传统的诗文即“辞章式的方式”对牟宗三的刺激与影响之大。

出身清华任教于北大的贺麟 1943 年在《五十年来中国哲学》文中谈到唐君毅、方东美和宗白华等中大哲人时，也说到了他们三个人的这个共有的“文学性”的特点，但他用的不是“文学性”这样的说明性词语而是用“诗意”这个誉扬的说法。贺麟首先把唐君毅和方东美作为当时中国“唯心论”的代表人物予以评述：“唐君毅先生不仅唯心论色彩浓厚，而他的著作有时且富于诗意。”[2] 在谈到方东美时，他再次提到了“诗意”这个词：“他的思想，他的文字和他所用的名词，似乎都含有诗意。”[3] 继而，贺麟在谈到对“美学有创

1　牟宗三：《康德美学讲演录》，《鹅湖月刊》第 34 卷第 11 期。

2　贺麟：《五十年来的中国哲学》，上海：上海人民出版社，2012 年，第 57 页。

3　贺麟：《五十年来的中国哲学》，上海：上海人民出版社，2012 年，第 60 页。

见”的宗白华、邓以蛰、朱光潜等人的贡献时，对后二人虽然也都有赞许之处，如称邓以蛰的文章“精当有力”、朱光潜的《谈美》“雅俗共赏”，但是谈到宗白华时，他毫不犹豫地赠予其“诗意”的桂冠：“宗白华先生对于艺术意境的写照，不惟具有哲理且富诗意。他尤善于创立新的透彻的艺术原理，以解释中国艺术之特有的美和胜长处。”[1] 贺麟从唐君毅的“著作”的“富于诗意”，到方东美不仅是“文字”和“名字”，乃至“思想”都“含有诗意”，再到宗白华的“不惟具有哲理且富诗意”，处处不离“诗意”二字，而谈北大、清华哲学系的人时却付之阙如，所以，前文说南大哲学的特点是“以诗为思”，也不算勉强之言。

不过，牟宗三对唐君毅、宗白华和方东美所在的中大哲学系“富有文学的情味”的判断中，其实还蕴含着一个没有明说的观点，那就是他们都比较重视与“文学情味”密切相关的生命哲学和文化哲学的研究。方东美在《生命悲剧之二重奏》正文开篇即引用佩特的话来对“哲学的功能”进行指认：“哲学之有助于文化，不在阐发绝对幽玄的知识，以求标新立异，逞艳斗奇，而在提示种种问题，令人可以了悟生命情绪，领受生命奇趣，观感生命之戏剧的景象。”[2] 他们的这个共同特点，也可以用方东美的文章《生命情调与美感》的题目来概括，正因为“生命情调与美感”，所以，他们都喜欢谈人生观。唐君毅时有《人生之体验》等著作自不待言，方东美在 1937 年即已出版《科学哲学与人生》，虽然主要介绍近代西洋哲学，但紧紧围绕人生展开，其中《生命悲剧之二重奏》即为第六章，抗战时他讲演“中国人生哲学概要”，从“中国先哲”的“宇宙观”“人性

1　贺麟：《五十年来的中国哲学》，上海：上海人民出版社，2012 年，第 68 页。

2　方东美：《生命悲剧之二重奏》，见《中国现代学术经典：方东美卷》，石家庄：河北教育出版社，1996 年，第 232 页。

论”“生命精神”“道德理念”等方面来探讨他们的“人生哲学”。而宗白华早在 1920 年前后即有对“艺术人生观”的提倡。并且，宗白华和方东美都曾对柏格森的生命哲学有所研究，前者在 1919 年发表《读柏格森“创化论”杂感》，后者在威斯康星大学的硕士论文即为《柏格森生命哲学之评述》。这使得他们在后来的学思中对人的生命的展开均比较关注。唐君毅更是自承，其所写的有关《人生之体验》中的“自我生长之旅程”，及其后著作中所写的《人生之智慧》《孔子与人格世界》《人生之艰难》等篇，“皆尝以带文学性而宛若天外飞来之独唱，独语说之。此乃吾一生之思想学问之本原所在，志业所存，所谓诗言志，兴于诗者也”。[1]

其次，也是由于对于人的生命的关注，宗白华和方东美均把思想关注的对象扩展到了“文化批评”或“文化哲学”上，因为文化不仅仅是人的创造同时也对人的生命的样式产生影响。宗白华在留学德国时因受到当时的德国哲学界兴起的“文化”批评的影响，看到斯宾格勒的《西方文化的消极观》等“风行一时”，即已经立志在以后做一名“文化批评家”：

> 因为研究的兴趣方面太多，所以现在以‘文化’（包括学术艺术伦理宗教）为研究的总对象。将来的结果，想做一个小小的‘文化批评家’，这也是现在德国哲学中的一个很盛的趋向。所谓‘文化哲学’颇为发达。”[2]

1　唐君毅：《生命存在与心灵境界》，见《中国现代学术经典：唐君毅卷》，石家庄：河北教育出版社，1996 年，第 3 页。

2　宗白华：《自德见寄书》，见《宗白华全集》第 1 卷，合肥：安徽教育出版社，1994 年，第 320 页。

之后，他果然以文化的批评尤其是中国的艺术及美学研究为目标。早在1932年，他就自信地指出中国的绘画可以和希腊的雕塑及德国的音乐“鼎足而三”，并列为世界最伟大的三种艺术。1943年，他的《中国艺术意境之诞生》通过诗歌和绘画的批评对中国人的“宇宙意识”和“生命情调”进行描摹，以直观民族的伟大的心灵，并以继承了那个“活跃的，至动而有韵律的心灵”感到“深衷的喜悦”。[1] 而方东美也对斯宾格勒等人情有独钟，他更是把哲学作为“文化生态”的一种揭示，即所谓的“文化哲学”来看待。他的《哲学三慧》即为代表作，在文中，他把中国人的智慧与希腊人，欧洲人的智慧并列为世界三大智慧形态，并希望发扬尼采之超人理想，从这三种智慧中找到“共命慧”，“三人合德”以成“完人”，以充实尼采的超人，使得人类及世界的文化相互补充并且良性发展。而多年后，他在谈到自己撰写《哲学三慧》的原因时，就曾解释过为何自己会注力于这一点：

> 吾尝端届幽思，觉哲学所造之境，应以批导文化生态为其主旨，始能潜入民族心灵深处，洞见其情与理，而后言之有物，所谓入乎其内者有深情，出乎其外者乃见显理也，此意尝于《生命情调与美感》（一部分已刊载中央大学《文艺丛刊》第一卷第一期）中发之。[2]

《哲学三慧》当初正是刊登在宗白华主编的1938年6月26日的《学灯》上，宗白华在编辑后语谈《哲学三慧》时，特地引方东美也

1　宗白华：《中国艺术意境之诞生》，见《宗白华全集》第2卷，合肥：安徽教育出版社，1994年，第338页。

2　方东美：《哲学三慧》原委，见《方东美集》，北京：群言出版社，1993年，第59页。

非常喜欢的司空图《诗品》中的“豪放”风格的诗句“天风浪浪，海山苍苍，真力弥满，万象在旁”来赞美方东美的这篇文章，他同时也指出：“文学家诗人所追慕的幻景与意象是一个个的人生及其命运，哲学家所冥想探索的是一个个民族文化的灵魂及其命运。”[1] 中国人过去接触印度文化，近代又接触了西洋文化，虽然中国人的人生因此而丰富，但与之相伴的就是产生了“许多问题与危机”，所以宗白华认为，在应付这些问题与危机时，中国思想家也有必要对“东西文化及其哲学”产生“兴趣”。因为感到《哲学三慧》“闳博深奥”，读者可能难懂，他还推荐了方东美的《科学哲学与人生》一书。唐君毅 1943 年的第一部著作《中西哲学思想之比较论文集》就是对中西文化的比较。1951 年，他在《中国文化之精神价值》的序言中谈到在中国文化问题的思考上，“方东美，宗白华先生之论中国人生命情调与美感”等，对他本人的“民族精神之自觉”是很有启发的。[2]

当然，他们对“中国人的生命情调和美感”的共同关注，也有其共同的追求，这用宗白华 1939 年评价唐君毅的《中国哲学中自然宇宙观之特质》的话予以揭示最为合适：

> 在我们民族思想空前发扬的现代，这种沉静的沉思和周详的检讨是寻觅中国人生的哲学基础和理解我们文化前途的必要途径。军事上最后的胜利已经遥遥在望，继之者当是这优美可爱的“中国精神”，在世界文化的花园里而放出奇光异彩。我们

1　宗白华：《〈哲学三慧〉等编后语》，见《宗白华全集》第 2 卷，合肥：安徽教育出版社，1994 年，第 173 页。

2　唐君毅：《中国文化之精神价值》自序，见《唐君毅全集》（第 9 卷），北京：九州出版社，2016 年，第 83 页。

并不希求拿我们的精神征服世界，我们盼望世界上各型的文化人生能各尽其美，而止于其至善，这恐怕也是真正的中国精神。[1]

因此，宗白华认为只有努力找回失落的”中国文化的美丽精神”，才能重建中国的辉煌，而这也是方东美及唐君毅等哲人的共同的理想。

1949 年，新中国成立，中央大学改名南京大学，此时方东美已于 1946 年至台湾讲学未归，唐君毅与牟宗三 1947 年至无锡江南大学任教，1949 年又离开内地至香港，“三驾马车”中只剩宗白华一人。1952 年，院系调整开始，全国所有的大学哲学系都撤销并入北大哲学系，南大哲学系的师生也北上并入北大哲学系，这其中有何肇清、熊伟、苗力田等人。

而宗白华到了北大哲学系后，就少有大作。这不仅仅是年龄的原因，应也有政治的原因，当时北大给教授评级，宗白华只被评为三级，这让被定为二级的熊伟感觉“不合适”，他认为这是受到极左思想的影响，“领导认为对旧中央大学（反动大学）的名教授定职称时要向下压，结果还是定为二级”。[2] 其实，这并非孤例，从清华过来的冯友兰就因为政治原因被定为四级教授。

1960 年，南大开始恢复哲学专业，其间又随着国家的形势起起伏伏，但南大哲学系始终在国内哲学系占有重要的地位，尤其是 1978 年南大哲学系教师胡福明主笔的《实践是检验真理的唯一标准》一文所引起的思想解放的作用之大，让南大哲学系再次回到中国思想的前沿。转瞬之间，这一页也已经成为历史。迨至今日，倏忽之

1　宗白华：《中国哲学中自然宇宙观之特质》编辑后语，见《宗白华全集》第 2 卷，第 242 页。

2　邹士方：《宗白华评传》，北京：西苑出版社，2013 年，第 278 页。

间，已是百年之身。

回首 20 世纪 90 年代初，我在南大中文系读研究生时，与哲学系的研究生同楼，我们经常在一起聊天，也经常去听哲学系老师的讲座，而我也有同学在南大哲学系受教。这些年来，因为我到同济人文学院工作后，学术兴趣逐渐转向法国哲学，于是和南大哲学系做外国哲学的朋友的来往也频繁起来，所以，我常感到，在他们身上，总是有意无意间显露出一种“文学的情味”或“诗意”来，让我这个南大文学“出身”的人感到亲切不已。

2009 年秋天，我曾随同在同济任教的高宣扬老师一起去看望他北大哲学系的老师张世英先生。那天阳光很好，在张先生家里，我们一起随性漫谈。当张先生知道我毕业于南大时，很高兴地谈起了当年西南联大哲学系和中大哲学系的不同风格。他说，当年他们这些年轻人都觉得西南联大的哲学系比较新，比较洋派，搞欧美的东西比较多，中大哲学系则比较“旧”，比较保守，搞中国的东西比较多，可现在看来，中大哲学系的人像方东美、唐君毅，那批人的成就似乎比西南联大的只大不小。

当时，因为我并未对南大哲学系的风格有所研究和体悟，所以，听到张先生的话后，我只是礼貌性地点了点头。现在忽然想起这件事，觉得张先生的话也未尝不是一种中肯的评价。或许，这也是我动手写此文的一个原因吧。

后记　“一切消逝者，只是一象征”

张　生

现在想想，我这些年来把主要的精力放在研究宗白华先生的美学思想上，并陆续写下这些文字，似乎是很多原因促成的。其中的一个原因就是我二十世纪八十年代在武汉华中师范大学中文系读书时恰逢“美学热”，当时在文学概论和美学课上老师们言必称康德，不仅推荐我们看宗白华翻译的《判断力批判》上卷，还推荐他的《美学散步》和《艺境》，所以，我当时根据老师的推荐看了康德，也看了宗白华的一些文章，甚至还买了一本《艺境》，可是没怎么看懂。尽管宗先生的文笔优美，谈起中国的艺术如数家珍，但我总觉得和看他翻译的康德一样，雾里看花，不能窥其堂奥。

我自 1994 年南京大学研究生毕业到上海交通大学工作后一直教文艺理论方面的课程，每年都要看一下宗先生翻译的康德和他写的书，渐渐觉得心有所感，感到宗先生文章的难“懂”，既有行文简练且多引用中国古典诗论画论进行论述等原因，但更主要的还是因为他在仰观俯察中化用了德国的思想而变得深沉。但我那时因为忙于写作和做别的研究，一直没有找到合适的机会。直到我 2007 年底调到同济大学工作多年之后，才下定决心来做一下宗先生的研究。不仅仅因为同济是宗先生的母校，我觉得有责任来了解一下他的美学思想；还因为宗先生和我也是南大的校友，他自1925年夏从德国留学归国后就到东南大学及改制后的中央大学和其后的南京大学任教，直至1952年院系调整才到北大教书，在南大前后工作了27年。可能正因此，我在看他的文章时，总有一种亲切感，似乎对他的思想可以理解得更深透一些。而又因为宗先生最重要的学术研究几乎都是在三四十年代的中大时期做出的，我很想这本研究他的书在南大出版。当我把这个愿望告诉了南大出版社的沈卫娟女史后，她立即表示支持，所以也才有了今天这本书在南大母校出版的可能。这也算是我作为同济和南大的双重校友献给宗先生的一个特别的礼物吧。

有时想想，一个人在一生中遇到什么人，做什么事，从事什么样的研究，甚至在哪里出书，大概冥冥之中，都有那么一些缘分在吧。

也正是我开始研究宗先生的美学思想，才让我能够“以宗白华的眼睛”看世界。这些年来，我去巴黎、法兰克福、柏林、罗马、雅典等地访学和游玩，不管是初次涉足还是故地重游，我都有意到宗先生曾经走过的地方去看看。在巴黎，我特地去了罗丹美术馆，看到了当年宗先生描述过的那尊《行步的人》的青铜雕塑；在柏林，我去了宗先生的母校柏林大学哲学系，特别高兴的是，我碰巧在老国家艺术画廊举办的德国浪漫主义画家大卫·弗里德里希的“无尽的风景”（Unendliche Landschaften）大展上，看到了宗先生提到过的那幅《海滨孤僧》；在法兰克福，我去了宗先生到德国留学的第一站法兰克福大学，参观了歌德故居，还专程到叔本华的墓地凭吊了一番；还有罗马的圣彼得教堂、雅典的帕特农神庙。我希望可以重走宗先生当年走过的道路，以身临其境地体察他的思想生发的环境，我逐渐感到他留在发黄的纸上的文字似乎也变得鲜活了起来，因而富有“生命的情调”，让我共鸣。

为了更深入地研究宗白华，我捡起了研究生时曾学过的一点德语，在同济的德国学术中心的德语班又从字母开始念了起来，毫无疑问，我是班里年龄最大的一个学生。有时，我会忽然想到，当初宗白华在同济读书学习德语时，大概也是像我现在一样吧。

一切消逝者
只是一象征
Alles Vergängliche
ist nur ein Gleichnis

这是歌德的《浮士德》第二部最后一节的诗句。宗先生认为这是全书“最后的智慧”，在世界的一切生灭的形象里，有着生命的真谛和人生的真义，而作为象征的我们不管如何短暂，如何刹那即逝，都可以经由我们自己赋予其“深沉永久的意义”而获得“永久”的价值，因此他常常在自己的文章中引用，以表明自己的心志。我感到宗先生那代学者，眼界的宽广，思想的沉着，对世界的了解之深，对祖国观察之彻，是我们这代生于二十世纪六十年代的学人可望而不可及的。而今他们那代人虽然早已经离我们远去，却给我们留下了他们静穆的背影和对祖国悠久的思想文化的眷恋之情，他们所拥有和建构的伟大活泼且飞跃的“中国心灵”，至今仍深深地让人感动。

而我的这本书里的文章，只能说是自己学习和理解宗先生美学思想的一些心得，算不上什么高深的研究，也谈不上有什么严格的系统，因为囿于自己的学识，我在研究宗先生的过程中，常感到力有不逮，如今能够把这些心得分享给感兴趣的朋友，还要感谢很多师友的助力。我曾冒昧地就叔本华对王国维的影响问题请教过罗钢教授，他不仅惠赠我研究王国维的专著《传统的幻象》，还于夜晚在操场散步时接受我的电话打扰。而他对德国美学影响中国美学的研究给我带来很多的启发。还需要感谢的是我们同济人文学院的王晓芬同学，我曾麻烦当时在法兰克福大学读研究生的她帮助我了解宗白华留德学习的情况，她设法在法兰克福大学和柏林大学的档案馆查阅了宗白华的档案，还帮助我翻译了相关资料，这让我在谈论宗先生的留学生活和思想的生成时不至于捉襟见肘。还要感谢的是很多杂志刊物的编辑朋友，我的这些文章因为篇幅都比较长，想必发表时给他们增添了不少版面的压力。

当然，还应该感谢的是这本书的责编刘静涵，她认真高效的工作，使得我的这些研究文章有了书的架构和模样。此外，也要感谢这本书的校对余凯莉老师的辛勤细致的工作。

这本书里的文章并不是按照写作时间的先后编辑起来的，而是大致围绕宗先生对德国哲学及美学思想的接受为主题展开。我希望通过对其美学论述中的“德国理论”的透析，来解析他的美学思想的生成过程，并探讨他发明“中国艺术精神”的方法，以尽力读“懂”他建构“中国心灵”的努力。

从 2017 年到 2023 年基本完成对宗先生美学思想的研究，这七八年来，我想到哪里就写到哪里，在写作时我也没有刻意遵循什么逻辑的顺序，只要兴之所至，就不顾一切地写起来了，所以，在这些文章里，既有观点的重复，也有文字的重复，但每次重复，我都觉得自己有一种思想上的深化，都有一种重新认识和接近宗先生的美学思想的愉悦，还有作为诗人的宗先生的优雅精练和高华的文字给我带来的不可言喻的“华贵而简”的美感。这也许就是宗先生所说的“散步”的精神吧。

> 散步的时候可以偶尔在路旁拾到一枝鲜花，也可以在路上拾起别人弃之不顾而自己感到兴趣的燕石。无论鲜花或燕石，不必珍视，也不必丢掉，放在桌上可以做散步后的回念。（宗白华：《美学的散步》）

只是，忽然间发现竟然不知不觉已经和宗先生一起“散步”了这么多年，如今要分手，多少有点不舍。

或许，人生一路走过来，总是有很多不舍。而这不舍，就是一种珍贵的价值感吧。我想，在如今纷扰而喧嚣的现实中，我这些年消逝的生命，因为研究宗先生的美学思想，也算是获得了一些永久的意义，而让我觉得心安。

2024 年 11 月 19 日匆草于上海五角场。

图书在版编目(CIP)数据

中国心灵：宗白华美学思想研究 / 张生著.
南京：南京大学出版社，2025. 8. -- ISBN 978 - 7 - 305
- 28544 - 8

Ⅰ. B83 - 092

中国国家版本馆 CIP 数据核字第 202442W0N2 号

出版发行 南京大学出版社
社　　址 南京市汉口路 22 号　邮编 210093

ZHONGGUO XINLING：ZONG BAIHUA MEIXUE SIXIANG YANJIU
书　　名 中国心灵：宗白华美学思想研究
著　　者 张 生
责任编辑 刘静涵
照　　排 南京紫藤制版印务中心
印　　刷 徐州绪权印刷有限公司
开　　本 880 mm×1230 mm 1/32 印张 14.75 字数 384 千
版　　次 2025 年 8 月第 1 版 2025 年 8 月第 1 次印刷
ISBN 978 - 7 - 305 - 28544 - 8
定　　价 78.00 元
电子邮箱 Press@NjupCo.com
网　　址 http://www.njupco.com
官方微博 http://weibo.com/njupco
官方微信 njupress
销售咨询 025 - 83594756